21世纪全国高职高专机电系列技能型规划教材

电气控制与PLC程序设计
（松下系列）

主　编　姜秀玲　陈丽敏
参　编　卫广太　苗百春

北京大学出版社
PEKING UNIVERSITY PRESS

内 容 简 介

本书是将继电器-接触器控制系统与PLC控制系统结合起来，根据高职高专人才培养目标，结合专业教育教学改革与实践经验，本着“教、学、做”一体化的原则而编写的。本书共分5个模块，模块1主要讲解继电器-接触器控制，模块2主要讲解典型机械设备电气控制系统，模块3介绍PLC程序设计与应用，模块4是继电器-接触器实验，模块5是PLC实验。前3个模块以项目形式由浅入深地对相关知识进行了阐述。

本书可作为电气自动化、供配电技术、机电一体化、电子应用工程等专业的高职高专学生教材，也可以作为从事工业自动化及PLC程序设计及维护开发等工作的工程技术人员的参考书。

图书在版编目(CIP)数据

电气控制与PLC程序设计：松下系列/姜秀玲，陈丽敏主编. —北京：北京大学出版社，2011.8

(21世纪全国高职高专机电系列技能型规划教材)

ISBN 978-7-301-19272-6

Ⅰ. ①电… Ⅱ. ①姜…②陈… Ⅲ. ①电气控制—高等职业教育—教材②可编程序控制器—高等职业教育—教材 Ⅳ. ①TM571.2 ②TM571.6

中国版本图书馆CIP数据核字(2011)第145762号

书　　名：电气控制与PLC程序设计（松下系列）

著作责任者：姜秀玲　陈丽敏　主编

策 划 编 辑：赖　青　张永见

责 任 编 辑：张永见

标 准 书 号：ISBN 978-7-301-19272-6/TH・0246

出　版　者：北京大学出版社

地　　址：北京市海淀区成府路205号　100871

网　　址：http://www.pup.cn　http://www.pup6.com

电　　话：邮购部62752015　发行部62750672　编辑部62750667　出版部62754962

电 子 邮 箱：pup_6@163.com

印　刷　者：河北滦县鑫华书刊印刷厂

发　行　者：北京大学出版社

经　销　者：新华书店

787mm×1092mm　16开本　19.75印张　456千字

2011年8月第1版　2011年8月第1次印刷

定　　价：36.00元

前　言

“电气控制与 PLC 程序设计”是自动控制、电气自动化、供配电技术、船舶电气、机电一体化、电子工程等相关专业的主干课程。本书根据高职高专人才培养目标，结合专业教育教学改革与实践经验，本着“教、学、做”一体化的原则而编写。

本书在编写过程中力求突出以下特色。

(1) 以模块为单元，采用项目形式编写，将知识点贯穿于各个项目中。

(2) 每个项目大部分都按项目目标、项目内容、相关知识、项目实现、知识拓展、应用实例、项目小结和复习思考题顺序编写，体例新颖。

(3) 书中所涉及低压电器全都给出实物图、结构图、电气图形符号及文字符号，方便读者查阅。

(4) 将知识点和能力点紧密结合，注重培养学生实际动手的能力和解决工程实际问题的能力，突出高等职业教育的应用特色和能力本位。

本书内容共分 5 个模块，其中模块 1 主要讲解继电器-接触器控制，由 4 个项目组成，分别是三相笼型异步电动机的全压启动控制、降压启动控制、调速控制和制动控制，并将低压电器的相关知识贯穿于各个项目中。模块 2 主要讲解典型机械设备电气控制系统，内容包括车床、磨床、钻床和铣床的工作过程、电气控制原理、常见故障及维修技术。模块 3 介绍松下系列 PLC 的程序设计，主要内容包括 PLC 的基本指令程序设计、功能指令程序设计、比较指令程序设计、数据处理指令程序设计、PLC 编程软件以及顺序控制程序设计。模块 4 是继电器-接触器实验。模块 5 是 PLC 实验。

本书由大连海洋大学职业技术学院姜秀玲、长春职业技术学院陈丽敏任主编，大连海洋大学职业技术学院卫广太、苗百春参加编写。具体编写分工如下：陈丽敏编写模块 1；苗百春编写模块 2；姜秀玲编写模块 3、模块 5；卫广太编写模块 4。大连海洋大学职业技术学院何首贤、张晶审阅了全书并提出许多宝贵意见和建议。

尽管编者在本书的特色建设方面做出了很大努力，但由于水平有限，书中疏漏之处在所难免，恳切希望各相关高职院校教师和学生在使用本书的过程中给予关注，并将意见和建议及时反馈给我们，以便修订时完善。

编　者

2011 年 3 月

前言

目　录

模块 1

继电器-接触器控制

电器就是接通、断开电路或调节、控制和保护电路中设备的电工器具和装置。电器的用途广泛、功能多样、构造各异、种类繁多，其分类见表 1-1。

表 1-1　电器的分类

分类依据	类　别	定　义	应用实例
按工作电压等级分类	低压电器	工作于交流额定电压1 200V以下或直流额定电压1 500V以下的电路中的电器	
	高压电器	工作于交流额定电压1 200V以上或直流额定电压1 500V以上的电路中的电器	
按动作原理分类	手动电器	需要人工手动操作才能完成指令任务的电器	
	自动电器	不需要人工操作，而是按照电的或非电的信号自动完成指令任务的电器。①自动切换电器：按照信号或某个物理量的变化而自动动作的电器；②非自动电器：通过人力操作而动作的电器	①接触器、继电器等；②开关、按钮等
按用途分类	控制电器	用于各种控制电路或控制系统的电器，用来控制电路的通断	开关、继电器
	主令电器	用于自动控制系统中发送控制指令的电器，发出控制指令控制其他自动电器的动作	按钮、转换开关等
	保护电器	用于保护电路及用电设备的电器；用来保护电源、电路及用电设备，使它们不致在短路、过载状态下运行而遭到损坏	熔断器、热继电器等
	配电电器	用于输送和分配电能的电器	
	执行电器	用于完成某种动作或传动功能的电器；用来完成某种动作或传递功率	电磁铁
按工作原理分类	电磁式电器	依据电磁感应原理工作的电器	接触器、继电器等
	非电量控制电器	靠外力或某种非电物理量的变化而动作的电器	行程开关、按钮、速度继电器、热继电器等

项目1.1 三相笼型异步电动机全压启动控制

项目目标

1. 掌握常用低压电器的用途、工作原理和主要技术参数的选用方法。

2. 了解常用低压电器的基本结构、电气图形、文字符号、常见故障分析和使用与维护方法。

3. 掌握三相笼型异步电动机的全压启动控制线路的工作原理。

4. 掌握三相笼型异步电动机的全压启动控制线路的连接过程。

项目内容

三相笼型异步电动机全压启动控制线路是由各种有触点的接触器、按钮、行程开关等的低压电气元件按照不同的连接方式组合而成的，其目的是实现对电力拖动系统的全压启动、正、反转控制和保护功能，满足生产工艺的要求，从而实现生产过程的自动化。

三相笼型异步电动机全压启动，即启动时加在电动机定子绕组上的电压为额定电压，故也称其为直接启动。直接启动的优点是电气设备少、线路简单、维修量小。

图1.1是采用按钮与接触器进行控制的三相笼型异步电动机全压直接启动单向点动控制线路图。启动时，合上刀开关QS，按下启动按钮SB，接触器KM线圈得电，其常开主触点闭合，使电动机M接通电源运行；当松开启动按钮SB时，接触器KM线圈失电，其常开主触点断开，使电动机M断开电源停止运行。

图1.2是采用按钮与接触器进行控制的三相笼型异步电动机全压直接启动单向连续运行控制线路图。合上电源开关QS后，按下启动按钮SB2，接触器KM线圈得电吸合，KM 3个常开主触点闭合，电动机M通电启动；同时又使KM与SB2并联的一个动合触点闭合，这个触点叫自锁触点，松开SB2，控制线路通过KM自锁触点使线圈仍保持得电吸合。如需电动机停转，只需按一下停止按钮SB1，接触器KM线圈就会失电释放，则KM的主、辅触点断开，电动机M断电停转；同时KM自锁触点也断开。所以，松开SB1后，接触器KM线圈不再得电，若要电动机运转则需重新启动。

如何选用低压电器连接控制线路完成上述任务呢？

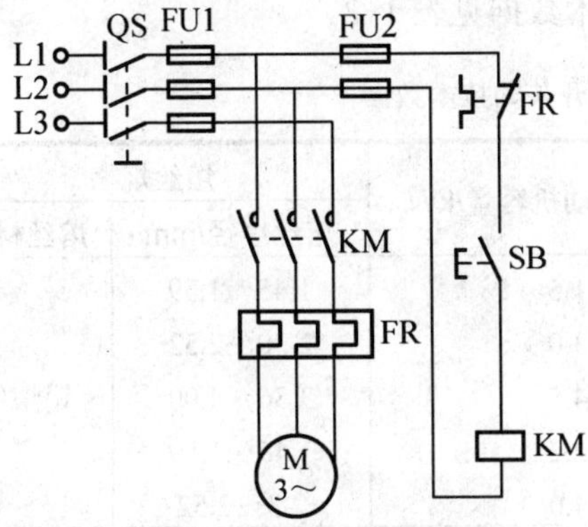

图 1.1　单向点动控制线路

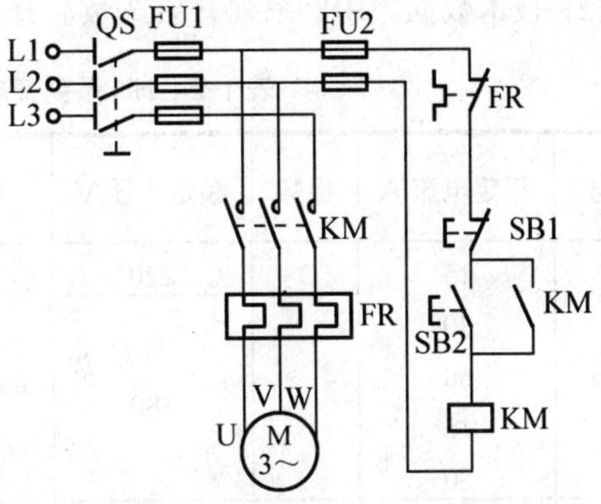

图 1.2　单向连续运行控制线路

相关知识

一、开关电器

开关电器常用来频繁地接通或分断控制线路，或者用来直接控制小容量电动机，也可以用来隔离电源或自动切断电源从而起到保护电路的作用。这类电器包括刀开关、转换开关、自动空气断路器等。

1. 刀开关

刀开关俗称闸刀开关，可分为不带熔断器式和带熔断器式两大类，它们都可用于隔离电源和在无负载情况下的电路转换，其中用于后者的刀开关还具有短路保护功能。最常用的刀开关有以下两种。

1) 开启式负荷开关

(1) 开启式负荷开关的结构。开启式负荷开关又称为瓷底胶盖闸刀开关，常用的有HK1、HK2 系列。它由刀开关和熔断器组合而成，瓷底板上装有进线座、静触点、熔丝、出线座、带瓷质手柄的闸刀，其实物图及结构图如图 1.3 所示。

(a) 实物图

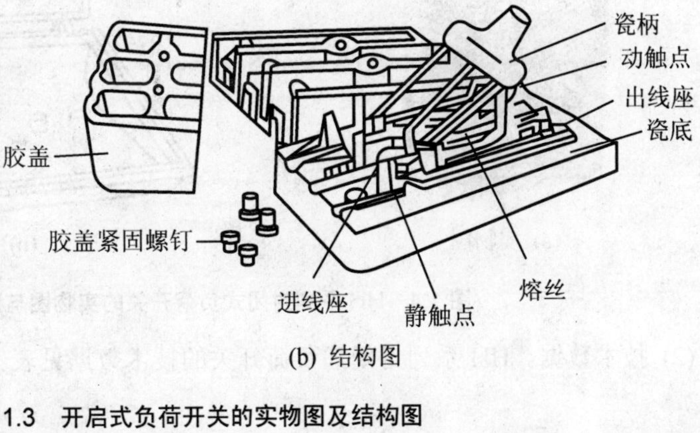

(b) 结构图

图 1.3　开启式负荷开关的实物图及结构图

(2) 技术数据。HK 系列开启式负荷开关的技术数据见表 1-2。

表 1-2　HK 系列开启式负荷开关的技术数据

型号	额定电流/A	极数	额定电压/V	可控制电动机容量/kW	熔丝规格	
					熔丝线径/mm	熔丝材料
HK1	15	2	220	1.5	1.45～1.59	铅熔丝
	30	3	380	3.0	2.30～2.52	
	60			4.5	3.36～4.00	
	15			2.2	1.45～1.59	
	30			4.0	2.3～2.52	
HK2	10	2	250	1.1	0.25	纯铜丝
	15			1.5	0.41	
	30			3.0	0.56	
	10			2.2	0.45	
	15			4.0	0.71	
	30			5.5	1.12	

2) 封闭式负荷开关

(1) 封闭式负荷开关的结构。封闭式负荷开关又称铁壳开关，图 1.4 所示为常用的 HH 系列封闭式负荷开关的实物图与结构图。它由刀开关、熔断器、灭弧装置、操作机构和外壳构成，其中 3 把闸刀固定在一根绝缘方轴上，由操作手柄操纵。操作机构设有机械联锁，即当外壳打开时，手柄不能合闸；手柄合闸时，外壳不能打开，这样保证了操作安全。在手柄转轴与底座间还装有速动弹簧，它使刀开关接通与断开的速度与手柄的动作速度无关，从而抑制了电弧过大。

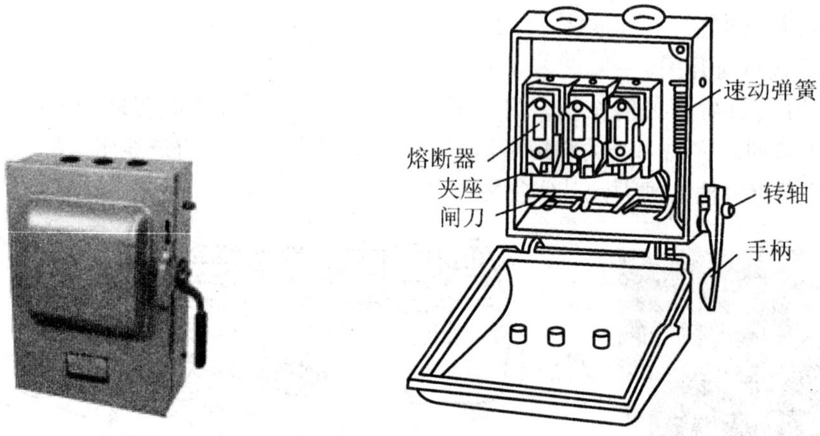

(a) 实物图　　(b) 结构图

图 1.4　HH 系列封闭式负荷开关的实物图与结构图

(2) 技术数据。HH 系列封闭式负荷开关的技术数据见表 1-3。

表 1-3　HH 系列封闭式负荷开关的技术数据

型号	额定电压/V	额定电流/A	极数	熔体规格		
				额定电流/A	熔体线径/mm	材料
HH3	250/440	15	2/3	6	0.26	纯铜丝
				10	0.35	
				15	0.46	
		30		20	0.65	
				25	0.71	
				30	0.81	
		60		40	1.02	
				50	1.22	
		100		80	1.62	
				100	1.81	
		200		200	熔管	熔管
HH4	380	15	2/3	6	1.08	铅熔丝
				10	1.25	
				20	0.61	纯铜丝
		30		25	0.71	
				30	0.80	
				40	0.92	
		60		50	1.07	
	440	100	3	60、80、100	熔管额定电流与开关额定电流相同	RTO 系列熔断器
		200		100、150、200		
		300		200、250、300		
		400		300、350、400		

3) 负荷开关的型号含义、电气图形和文字符号

(1) 开启式负荷开关的型号含义。

HK □ – □

- HK：开启式负荷开关
- 第一个□：设计序号
- 第二个□：额定电流

(2) 封闭式负荷开关的型号含义。

HH 4 – □ / □

- HH：封闭式负荷开关
- 4：设计序号
- 第一个□：额定电流
- 第二个□：极数

(3) 开启式和封闭式负荷开关的电气图形和文字符号分别如图 1.5(a)和图 1.5(b)所示。

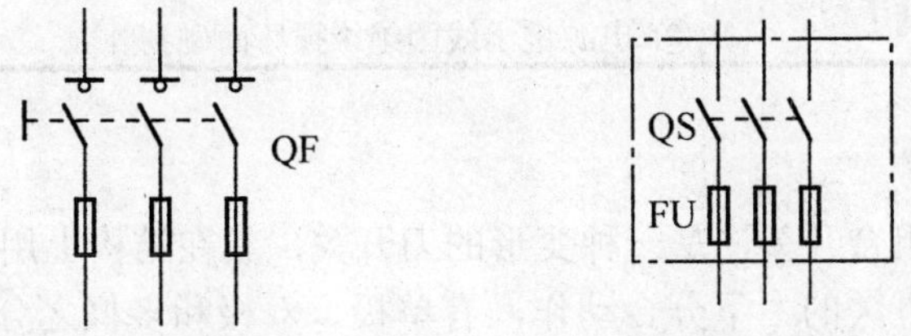

(a) 开启式负荷开关　　(b) 封闭式负荷开关

图 1.5　电气图形和文字符号

4) 负荷开关的类型及参数的选择

(1) 照明或电热电路：负荷开关的额定电流等于或大于被控制电路中各负载的额定电流之和。

(2) 电动机电路：根据经验，开启式负荷开关的额定电流一般是电动机额定电流的 3 倍；封闭式负荷开关的额定电流一般是电动机额定电流的 1.5 倍。

(3) 熔丝的额定电流选择方法如下。

① 对于变压器、电热器和照明线路，熔丝的额定电流宜等于或稍大于实际负荷电流。

② 对于配电线路，熔丝的额定电流宜等于或略微小于线路的安全电流。

③ 对于电动机线路，熔丝的额定电流一般为电动机额定电流的 1.5～2.5 倍。

5) 负荷开关的使用及维护方法

(1) 负荷开关不准横装或倒装，更不允许将开关放在地面上使用，而必须垂直地安装在控制屏或开关板上。

(2) 负荷开关安装接线时，应注意电源进线和出线不能接反。开启式负荷开关的电源进线应接在上端进线座，负载应接在下端出线座，以方便更换熔丝；60A 以上的半开启式负荷开关的电源进线应接在上端进线座，60A 以下的应接在下端进线座。

(3) 半开启式负荷开关的外壳应可靠地接地，以防止意外的漏电使操作者发生触电事故。

(4) 更换熔丝必须在负荷开关的闸刀断开的情况下进行，并且新熔丝与原用熔丝规格相同。

(5) 应经常检查负荷开关的触点，并清理灰尘和油污等物。操作机构的摩擦处应定期加润滑油，以使其动作灵活，延长其使用寿命。

(6) 当修理负荷开关时，要注意保持手柄与门的连锁，不可轻易进行拆除。

6) 负荷开关的常见故障及分析

故障现象	可能的故障原因
合闸后一相或两相断电	① 夹座弹性消失或开口过大，使夹座与动触点不能接触 ② 熔丝熔断或连接不良 ③ 夹座、动触头氧化或有尘污 ④ 电源进线座或出线座因氧化而接触不良
夹座或动触点过热或烧坏	① 开关容量太小 ② 分、合闸时动作太慢而造成电弧过大，以致烧坏触点 ③ 夹座表面烧毛 ④ 动触点与夹座压力不足 ⑤ 负载过大
半开启式负荷开关的操作手柄带电	① 外壳接地线未可靠接地 ② 电源进出线因绝缘损坏而碰到外壳

2. 转换开关

转换开关又称为组合开关，是一种变形的刀开关，其在结构上用动触片代替了闸刀，用左右旋转代替了刀开关的上下分合动作，有单极、双极和多极之分，常用的系列有 HZ 系列等。

1) 转换开关的结构

转换开关共有 3 副静触片，每一副静触片的一边固定在绝缘垫板上，另一边伸出盒外并附有接线柱以供电源和用电设备接线使用。3 个动触片装在另外的绝缘垫板上，垫板套在附有手柄的绝缘杆上。手柄能沿任意一个方向旋转 90° 并带动 3 个动触片分别同与之对应的 3 副静触片接通或断开。在开关转轴上装有扭簧储能装置，使开关的分合速度也与手柄的动作速度无关，有效地抑制了电弧过大。图 1.6 所示的是 HZ10-10/3 型转换开关的实物图与结构图。

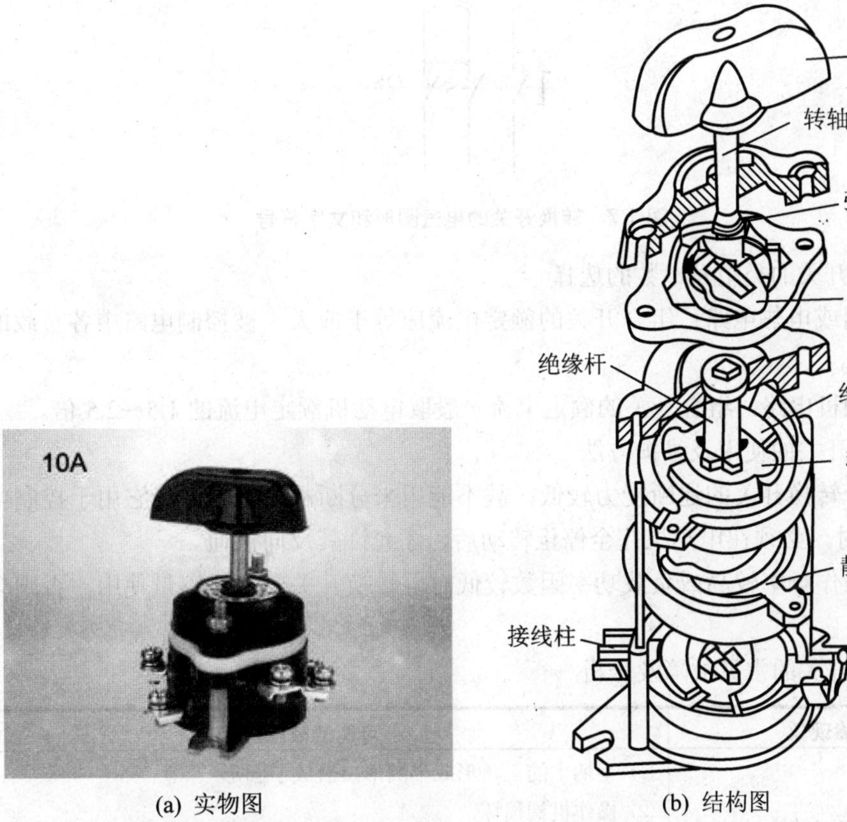

(a) 实物图　　(b) 结构图

图 1.6　HZ10-10/3 型转换开关的实物图与结构图

2)技术数据

HZ10 系列组合开关的技术数据见表 1-4。

表 1-4　HZ10 系列组合开关的技术数据

型　号	额定电压/V	额定电流/A	级数	极限操作电流/A		可控制电动机最大容量和额定电流		通断次数			
								AC cos ϕ		DC 时间常数/S	
				接通	分断	容量(kW)	额定电流/A	≥0.8	≥0.3	≤0.002 5	≤0.01
HZ10-10	DC220 AC380	6	单极	94	62	3	7	20 000	20 000	20 000	10 000
		10	2,3								
HZ10-25		25		155	108	5.5	12				
HZ10-60		60									
HZ10-100		100						10 000	5 000	10 000	5 000

3) 转换开关的型号含义、电气图形和文字符号

(1) 转换开关的型号含义。

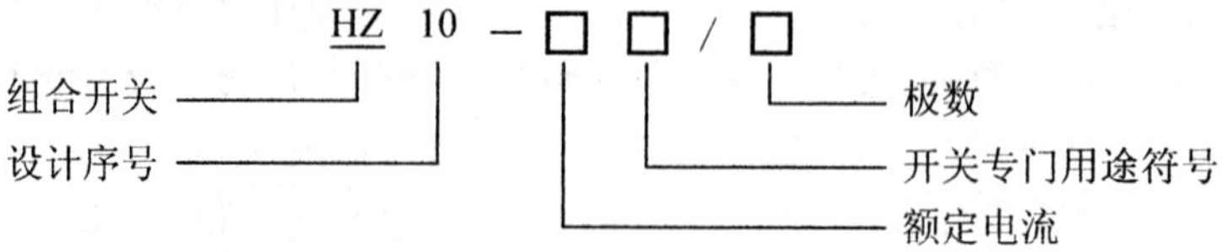

(2) 转换开关的电气图形和文字符号如图 1.7 所示。

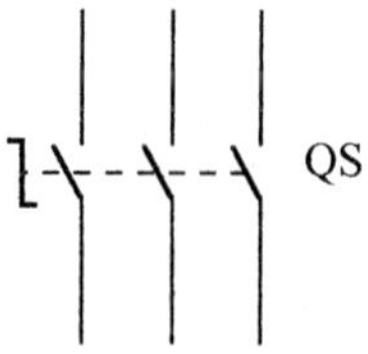

图 1.7　转换开关的电气图形和文字符号

4) 转换开关的类型及参数的选择

(1) 照明或电热电路：组合开关的额定电流应等于或大于被控制电路中各负载的额定电流之和。

(2) 电动机电路：组合开关的额定电流一般取电动机额定电流的 1.5～2.5 倍。

5) 转换开关的使用及维护方法

(1) 由于转换开关的通断能力较低，故不能用来分断故障电流。当它用于控制电动机作可逆运转时，必须在电动机完全停止转动后，才允许其反向接通。

(2) 当操作频率较高或负载功率因数较低时，转换开关要降低容量使用，否则会影响开关的寿命。

6) 转换开关的常见故障及分析

故障现象	可能的故障原因
手柄转动90°而内部触点未动	① 手柄上的三角形或半圆形口磨成了圆形 ② 操作机构损坏 ③ 绝缘杆由方形磨成了圆形 ④ 转轴与绝缘杆装配不紧
手柄转动90°而3副静触点和动触点不能同时接通或断开	① 开关型号不对 ② 修理后，触点的装配位置不正确 ③ 触点失去弹性或有尘污
开关接线柱间短路	一般是由于长期不清扫，使铁屑或油污附在接线柱间形成导电层，将胶木烧焦，破坏绝缘而形成短路

3. 自动空气断路器

自动空气断路器过去被称为自动开关(或称低压断路器)，按其结构和性能不同可分为框架式、塑料外壳式和漏电保护式自动空气断路器 3 类。它是一种既能作开关用，又具有电路自动保护功能的低压电器，所以可用于电动机或其他用电设备作不频繁通断操作和线路转换。当电路发生过载、短路、欠电压等故障时，它能自动切断与它串联的电路，从而

有效地保护故障电路中的用电设备。由于低压断路器具有操作安全、动作电流可调整、分断能力较强等优点，因而在各种电气控制系统中得到了广泛的应用。

1) 自动空气断路器的结构和工作原理

自动空气断路器主要有 DZ 和 DW 两大系列，它们的基本构造和工作原理基本相同，主要由触点系统、灭弧装置、操作机构、保护装置(各种脱扣器)及外壳等几部分组成。图 1.8 为常用的塑壳式 DZ5-20 型自动空气开关的实物图与结构图，其结构为立体布置，操作机构居中，红色分闸按钮和绿色合闸按钮伸出壳外，主触点系统在后部，有一对动合和一对动断共两对辅助触点。

(a) 实物图

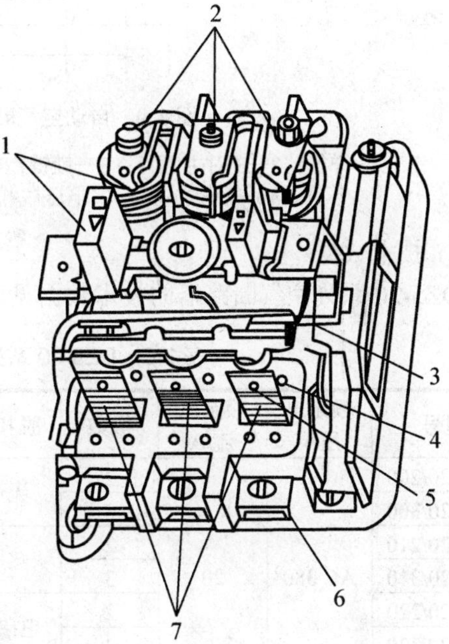

(b) 结构图

图 1.8　DZ5-20 型自动空气开关的实物图与结构图

1—按钮；2—电磁脱扣器；3—自动脱扣器；4—动触点；5—静触点；6—接线柱；7—热脱扣器

在图 1.9 中，2 是自动空气断路器的 3 对主触点，它们与被保护的三相主电路串联。手动闭合电路后，其主触点经锁键 3 钩住搭钩 4，克服弹簧 1 的拉力，保持闭合状态，搭钩 4 可绕轴 5 转动。当被保护的主电路正常工作时，电磁脱扣器 6 中的线圈所产生的电磁吸合力不足以将衔铁 8 吸合；当被保护的主电路发生短路而产生较大电流时，电磁脱扣器 6 中的线圈所产生电磁吸合力随之增大，直至将衔铁 8 吸合，并推动杠杆 7，将搭钩 4 顶离。在弹簧 1 的作用下，主触点断开，切断主电路起到保护作用。又当电路电压严重下降或消失时，欠电压脱扣器 11 产生的吸力减少或失去吸力，衔铁 10 被弹簧 9 拉开，推动杠杆 7，将搭钩 4 顶开，从而断开了主触点切断主电路起到保护作用，当电路发生过载时，过载电流会流过发热元件 13，使双金属片 12 受热而向上弯曲，推动杠杆 7，断开主触点，切断主电路起到保护作用。

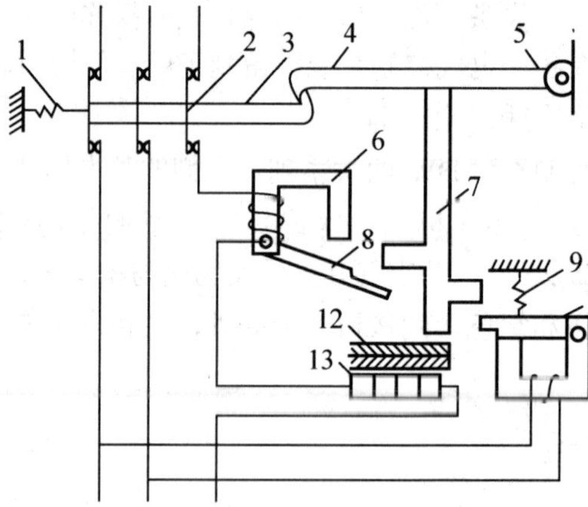

图 1.9　自动空气断路器的工作原理示意图

1、9—弹簧；2—3 对主触点；3—锁键；4—搭钩；5—轴；6—电磁脱扣器；7—杠杆；8、10—衔铁；11—欠电压脱扣器；12—双金属片；13—发热元件

2) 技术数据

DZ5-20 系列空气断路器的技术数据见表 1-5。

表 1-5　DZ5-20 系列空气断路器的技术数据

型号	额定电压/V	额定电流/A	极数	脱扣器类别	脱扣器额定电流(括号内为整定电流调节范围)/A	电磁脱扣器瞬时动作整定值
DZ5-20/200	AC 380	20	2	无脱扣器	——	——
DZ5-20/300			3			
DZ5-20/210			2	热脱扣器	0.15(0.10～0.15)	为热脱扣额定电流的 8～12 倍(出厂时整定为 10 倍)
DZ5-20/310			3		0.20(0.15～0.20)	
DZ5-20/220			2	电磁脱扣器	0.30(0.20～0.30)	
DZ5-20/320			3		0.45(0.30～0.45)	
DZ5-20/230			2	复式脱扣器	0.65(0.45～0.65)	
DZ5-20/330	DC 220	20	3	复式脱扣器	1(0.65～1) 1.5(1～1.5) 2(1.5～2)3(2～3) 4.5(3～4.5) 6.5(4.5～6.5)10(6.5～10) 15(10～15) 20(15～20)	为热脱扣额定电流的 8～12 倍(出厂时整定为 10 倍)

3) 自动空气断路器的型号含义、电气图形和文字符号

(1) 自动空气断路器的型号含义。

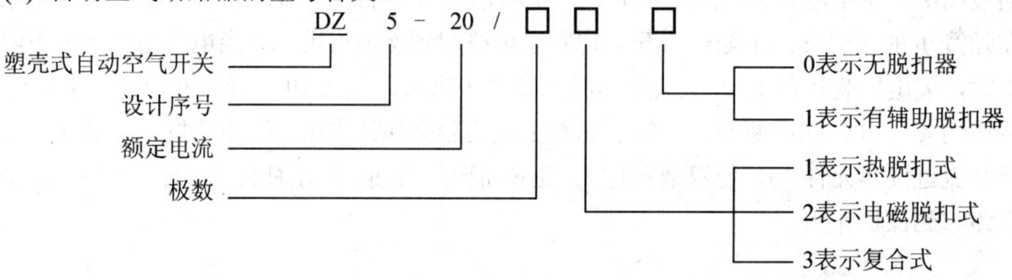

(2) 自动空气断路器的电气图形和文字符号。自动空气断路器的电气图形和文字符号如图 1.10 所示。

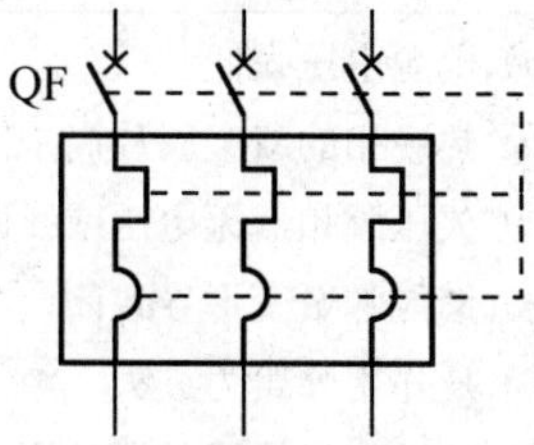

图 1.10　自动空气断路器的电气图形和文字符号

4) 自动空气断路器的选用

(1) 选择空气断路器的一般原则如下。

① 断路器的额定电压(V)大于或等于被保护线路的额定电压(V)。

② 断路器的额定电流(A)大于或等于被保护线路计算负荷电流(A)。

③ 断路器的额定通断能力(kA)大于或等于被保护线路中可能出现的最大短路电流(kA)，一般按有效值计算。

④ 线路末端单相对地短路电流(A)大于或等于 1.25 倍的断路器瞬时(或短延时)脱扣器整定电流(A)。

⑤ 断路器的欠电压脱扣器的额定电压(V)等于被保护线路的额定电压(V)。

⑥ 断路器的分励脱扣器的额定电压(V)等于控制电源的额定电压(V)。

(2) 用于保护电动机的断路器的选择。

① 断路器的长延时整定电流值(A)等于电动机的额定电流(A)。

② 当用于保护笼型异步电动机时，断路器的整定电流瞬时值(A)等于 K_f 与电动机的额定电流(A)的乘积，系数 K_f 与电动机的型号、容量和起动方式有关，其大小约在 8～15 之间。

③ 当用于保护绕线转子异步电动机时，断路器的整定电流瞬时值(A)等于 K_f 与电动机的额定电流(A)的乘积，系数 K_f 大小约在 3～6 之间。

5) 自动空气断路器的使用及维护方法

(1) 在安装前，应将断路器脱扣器的电磁铁工作面的防锈油脂抹净，以免影响电磁机构的动作。

(2) 当断路器与熔断器配合使用时，熔断器应尽可能装在断路器之前，以保证断路器使用安全。

(3) 电磁脱扣器的整定值一经调好就不允许随意更动，使用一段时间后要检查其弹簧是否生锈卡住，以免影响其动作。

(4) 断路器在分断短路电流后，应在切除上一级电源的情况下及时地检查触点，若发现有严重的电灼痕迹，可用干布擦去；若发现触点烧毛，可用砂纸或细锉小心修整，但主触点一般不允许用锉刀修整。

(5) 应定期清除断路器上的积尘并检查各种脱扣器的动作值，操作机构在使用一段时间(1～2 年)后，应在传动机构部分加润滑油(小容量塑壳式断路器不需要)。

(6) 在灭弧室分断短路电流或较长时间的使用后，应清除灭弧室内壁和栅片上的金属颗粒与黑烟灰，如果灭弧室已破损，则绝不能继续使用。

6) 空气断路器的常见故障及分析

故障现象	可能的故障原因
手动操作断路器时不能闭合	① 电源电压太低 ② 热脱扣的双金属片尚未冷却复原 ③ 欠压脱扣器无电压或线圈已损坏 ④ 储能弹簧变形导致闭合力减小 ⑤ 反作用弹簧力过大 ⑥ 锁键和搭钩因长期使用而磨损
欠电压脱扣器不能使断路器分断	一般为反力弹簧弹力变小或储能弹簧断裂或弹簧力变小
欠压脱扣器噪声大	一般为反作用弹簧力太大、铁心工作面有油污或短路环断裂
当电动机启动时，断路器立即分断	一般为过电流脱扣器瞬时动作整定值太小，脱扣器、橡胶膜等损坏或脱扣器反力弹簧断裂落下
断路器闭合后经一定时间自行分断	一般是过电流脱扣器长延时整定值不符合条件或热元件老化
断路器温升过高	一般为触点压力过小、触点表面过分磨损或接触不良，或两个导电零件的连接螺钉松动

二、熔断器

熔断器是在低压配电网络和电力拖动系统中主要用作短路保护的电器，使用时串联在被保护的电路中。当电路发生短路故障，通过熔断器的电流达到或超过某一规定值时，其自身产生的热量使熔体熔断，从而自动分断电路，起到保护作用。它具有结构简单、价格便宜、动作可靠、使用维护方便等优点，因此得到了广泛的应用。

熔断器主要由熔体、安装熔体的熔管和熔座 3 部分组成。熔体按材料不同分为两种，一种熔体是由铅、铅锡合金或锌等低熔点材料制成的，装有这种熔体的熔断器多用于小电流电路；另一种熔体是由银、铜等较高熔点的金属制成的，装有这种熔体的熔断器多用于大电流电路。

熔断器按结构形式不同可分为半封闭插入式熔断器、无填料封闭管式熔断器、有填料封闭管式熔断器和快速熔断器。

1. 熔断器的结构和类型

以下内容介绍熔断器的结构和类型，其中半封闭插入式熔断器包括 RC1A 系列瓷插式熔断器和 RL1 系列螺旋式熔断器。

1) RC1A 系列瓷插式熔断器的结构

RC1A 系列瓷插式熔断器由动触点、熔丝、瓷盖、静触点和瓷底 5 部分组成，主要用在交流 50Hz、额定电压 380V 及以下、额定电流 200A 及以下的低压线路的末端或分支电路中，作为电气设备的短路保护及一定程度的过载保护。其实物图及结构图如图 1.11 所示。

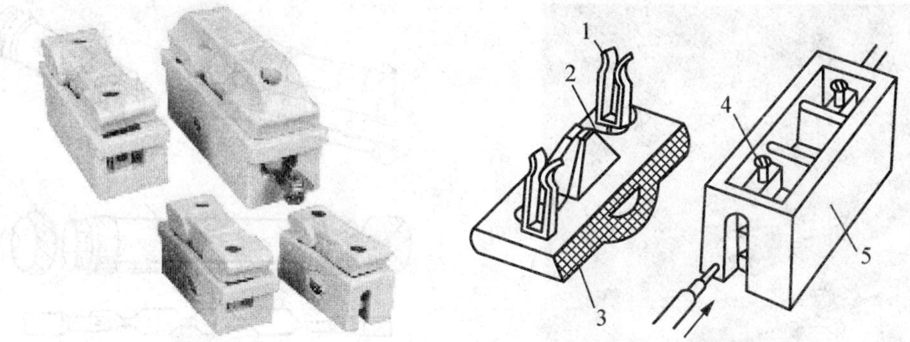

(a) 实物图　　(b) 结构图

图 1.11　RC1A 系列瓷插式熔断器实物图及结构图

1—动触点；2—熔丝；3—瓷盖；4—静触点；5—瓷底

2) RL1 系列螺旋式熔断器的结构

RL1 系列螺旋式熔断器主要由瓷帽、金属螺管、指示器、熔管、瓷套、下接线端、上接线端及瓷座等几部分组成，它属于有填料封闭管式熔断器。其实物图及结构图如图 1.12 所示。

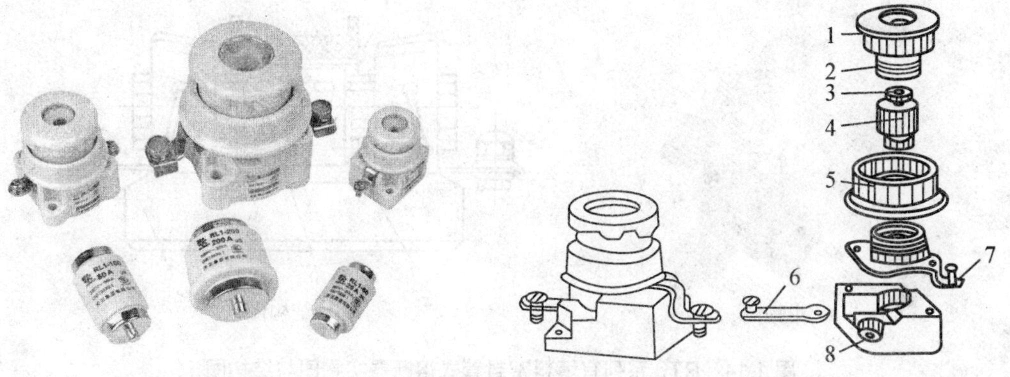

(a) 实物图　　(b) 结构图

图 1.12　RL1 系列螺旋式熔断器的实物图和结构图

1—瓷帽；2—金属螺管；3—指示器；4—熔管；5—瓷套；6—下接线端；7—上接线端；8—瓷座

3) 其他熔断器

其他常见的熔断器还有 RM10 系列无填料密封管式熔断器、RT0 系列有填料密封管式熔断器和快速熔断器。RM10 系列无填料密封管式熔断器主要由夹座、底座、熔断器、硬质绝缘管、钢纸管、黄铜套管、黄铜帽、插刀、熔体和夹座组成，其实物图与结构图如图 1.13 所示。RT0 系列有填料密封管式熔断器主要由熔断指示器、石英沙填料、指示器熔丝、插刀、底座熔体和熔管组成，其实物图和结构图如图 1.14 所示。它适用于交流 50Hz、额定电压 380V 或直流 440V 及以下电压等级的动力网络和成套配电设备中，可作为导线、电缆及较大容量电气设备的短路和连续过载保护。

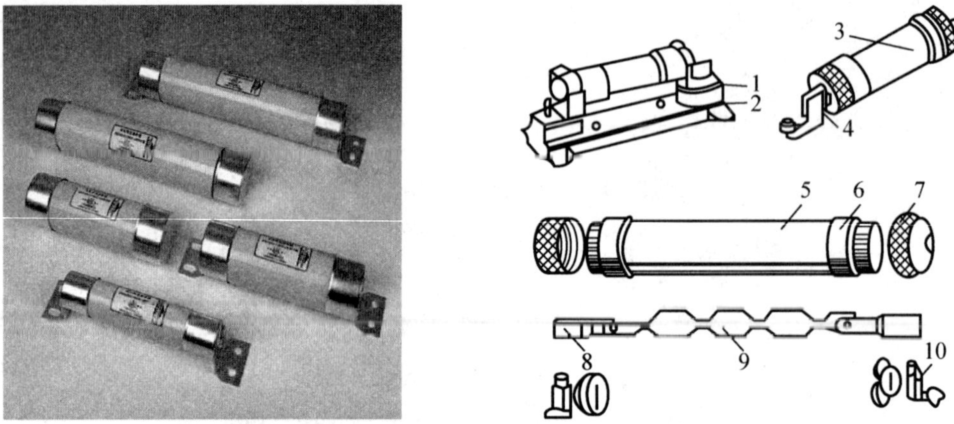

(a) 实物图　　(b) 结构图

图 1.13　RM10 系列无填料密封管式熔断器实物图与结构图

1—夹座；2—底座；3—熔断器；4—硬质绝缘管；5—钢纸管；6—黄铜套管；7—黄铜帽；8—插刀；9—熔体；10—夹座

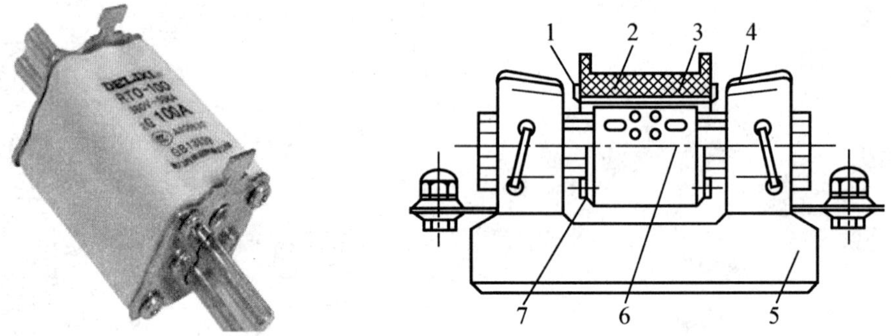

(a) 实物图　　(b) 结构图

图 1.14　RT0 系列有填料密封管式熔断器实物图与结构图

1—熔断指示器；2—石英沙填料；3—指示器熔丝；4—插刀；5—底座；6—熔体；7—熔管

快速熔断器又被称为半导体保护熔断器，主要用于半导体功率元件的过电流保护，其结构简单，使用方便，动作灵敏可靠。目前常用的快速熔断器有 RS0、RS3、RLS2 等系列。

4) 熔断器的型号含义、电气图形和文字符号

(1) 熔断器的型号含义。

R □□ — □/□

熔断器——R
结构型式——第一个□
设计序号——第二个□
熔断器额定电流/A——第三个□
熔体额定电流/A——第四个□

结构型式：C—瓷插式；L—螺旋式；T—无填料封闭管式；M—有填料封闭管式

(2) 熔断器的电气图形和文字符号。

熔断器的电气图形和文字符号如图 1.15 所示。

2. 熔断器的保护特性和主要技术参数

1) 熔断器的保护特性

熔断器的保护特性是指流过熔体的电流与熔体熔断的时间的关系曲线，也称安秒特性。图 1.16 是一条熔断器的保护特性曲线。

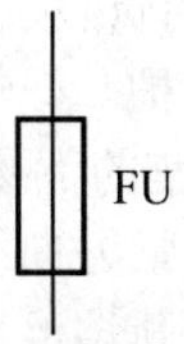

图 1.15　熔断器的电气图形和文字符号

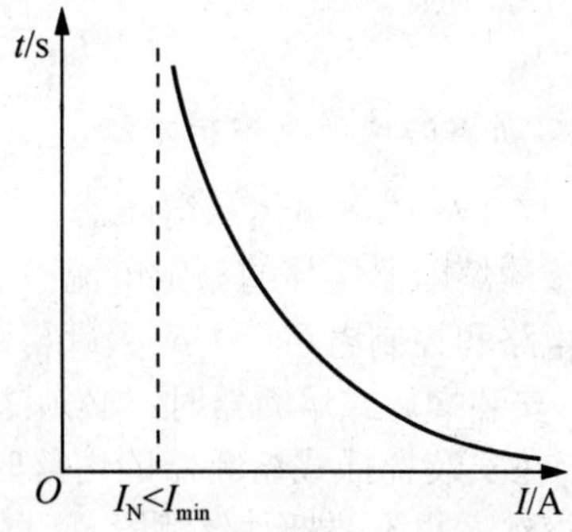

图 1.16　熔断器的保护特性

图中 I_{min} 为熔体的最小熔化电流或临界电流，当流过熔体的电流等于 I_{min} 时，熔体能达到稳定温度并熔断。I_N 为熔体额定电流，熔体在 I_N 下不会熔断，所以可以得到 $I_{min}>I_N$。I_{min} 与 I_N 之比称为最小熔化系数，用 β 表示，其对应不同的形式会有不同的值，一般在 1.6 左右，因此它是表征熔断器保护灵敏度的特性指标之一。

2) 熔断器的主要技术参数

在选配熔断器时，经常需要考虑以下几个主要技术参数。

(1) 额定电压：指熔断器(熔壳)长期工作时及分断后能够承受的电压值，一般大于或等于电气设备的额定电压。

(2) 额定电流：指熔断器(熔壳)长期通过的、不超过允许温升的最大工作电流值。

(3) 熔体的额定电流：指熔体长期通过的而不熔断的最大电流值。

(4) 熔体的熔断电流：指通过熔体并使其熔断的最小电流值。

(5) 极限分断能力：指熔断器在故障条件下能够可靠地分断电路的最大短路电流值。

3. 熔断器类型及参数的选择

1) 熔断器类型的选择

(1) 应根据使用场合选择熔断器的类型。电网配电线路一般用管式熔断器；电动机保护线路一般用螺旋式熔断器；照明线路一般用瓷插式熔断器；晶闸管线路则应选用快速熔断器。

(2) 熔断器的额定电压应大于或等于电路的工作电压。

(3) 熔断器的额定电流应大于或等于电路的负载电流。

(4) 电路上、下两级都设有熔断器保护时，其上、下两级熔体额定电流大小的比值应不小于 1.6。

2) 熔断器参数的选择

(1) 对于电阻性负载(如电炉、照明电路)，熔断器可作过载和短路保护，熔体的额定电流应大于或等于负载的额定电流。

(2) 对于电感性负载的电动机电路，熔断器只作短路保护而不宜作过载保护。

(3) 对于单台电动机电路，熔断器熔体的额定电流 I_{RN} 应不小于电动机的额定电流 I_N 的 1.5～2.5 倍，即 $I_{RN} \geqslant (1.5 \sim 2.5)I_N$。电动机轻载启动或启动时间较短时，系数可取在 1.5 附近；带负载启动、启动时间较长或启动较频繁时，系数可取在 2.5 附近。

(4) 对于多台电动机电路，熔断器熔体的额定电流 I_{RN} 应不小于容量最大的一台电动机的额定电流 I_{max} 的 1.5～2.5 倍再加上其余同时使用的电动机的额定电流之和($\sum I_N$)，即

$$I_{RN} \geqslant (1.5 \sim 2.5)/I_{max} + \sum I_N$$

4. 熔断器的使用及维护方法

(1) 应正确选用熔体和熔断器。电路有分支时，分支电路的熔断器熔体的额定电流应比前一级的熔断器熔体的额定电流小 2～3 级；对不同性质的负载，如照明电路、电动机电路的主电路和控制电路等，应尽量装设单独的熔断器分别保护。

(2) 安装螺旋式熔断器时，必须注意将电源线接到瓷底座的下接线端。

(3) 在安装瓷插式熔断器的熔丝时，熔丝应顺着螺钉旋紧方向绕过去，同时应注意不要划伤熔丝，也不要把熔丝绷紧，以免减小熔丝截面积或扯断熔丝。

(4) 更换熔体时应切断电源，并应换上相同额定电流的熔体，不能随意更改熔体规格。

(5) 电动机启动瞬间熔体即熔断，其故障的原因一般是熔体安装时受损伤或熔体规格太小以及负载侧短路或接地。

(6) 熔丝未熔断但电路不导通，其故障的原因一般是熔体两端或接线端接触不良。

三、接触器

当电动机功率稍大或启动频繁时，使用手动开关控制既不安全，又不方便，更无法实现远距离操作和自动控制，此时就需要用自动电器来替代普通的手动开关。

接触器是一种用来频繁地接通或分断交、直流主电路及大容量控制电路的自动切换电器，主要用于控制电动机、电热设备、电焊机和电容器组等，是电力拖动自动控制系统中应用最广泛的电器元件之一。

接触器按其主触点通过电流的种类不同，分为交流接触器和直流接触器。由于它们的结构大致相同，所以下面仅以交流接触器为例，来分析接触器的组成和作用。

目前常用的交流接触器有 CJ0、CJ10 和 CJ20 等系列以及从国外引进的 3TB 系列、3TH 系列等，其外形结构如图 1.17 所示。

(a) CJ0 系列　　(b) CJ10 系列

图 1.17　交流接触器外形结构

(c) CJ20 系列　　　　　　(d) 3TB、3TH 系列

图 1.17　交流接触器外形结构(续)

1. 交流接触器的结构及工作原理

1) 交流接触器的结构

交流接触器主要由 4 个部分组成，如图 1.18 所示。

(1) 电磁机构。电磁机构由线圈、衔铁和铁心等组成，它能产生电磁吸力，从而驱使触点动作。在铁心头部的平面上装有短路环，目的是消除交流电磁铁在吸合时可能产生的振动和噪声。当交变电流过零时，电磁铁的吸力为零，衔铁被释放；但当交变电流过零后，衔铁又被吸合，这样一放一吸，会使衔铁发生振动。在装上短路环后，可以在短路环中产生感应电流，这个电流能阻止交变电流过零时磁场的消失，使衔铁与铁心之间始终保持一定的吸力，从而消除了振动现象。

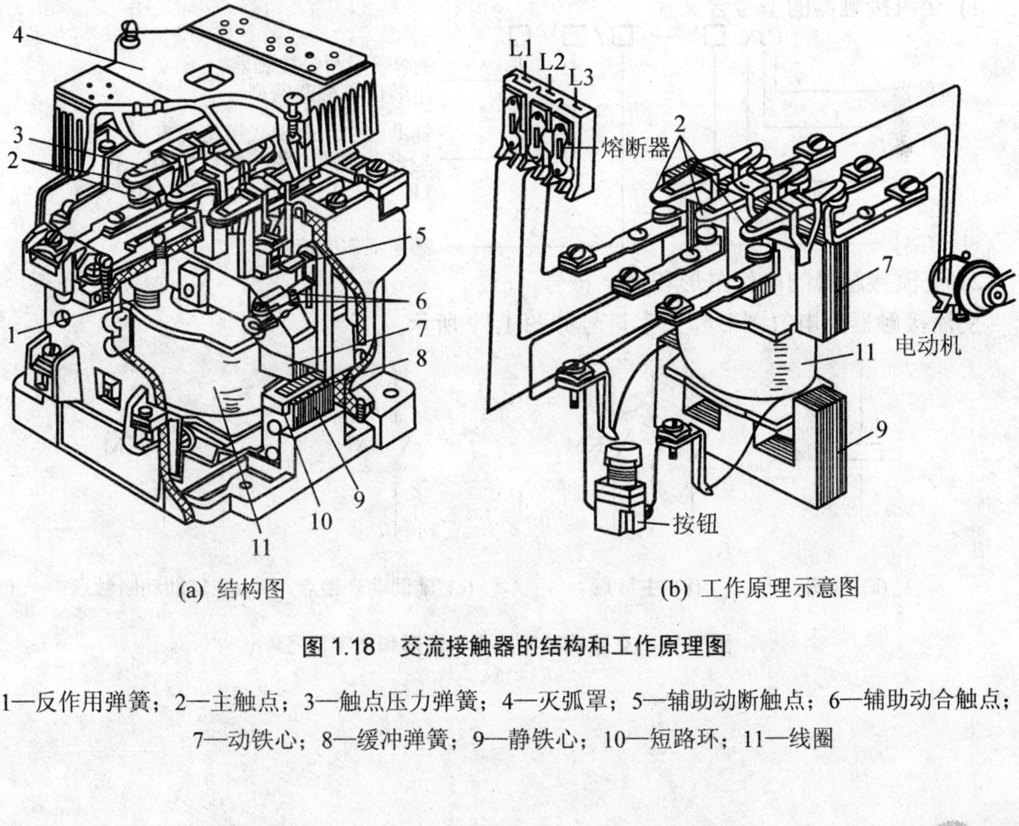

(a) 结构图　　　　　　(b) 工作原理示意图

图 1.18　交流接触器的结构和工作原理图

1—反作用弹簧；2—主触点；3—触点压力弹簧；4—灭弧罩；5—辅助动断触点；6—辅助动合触点；
7—动铁心；8—缓冲弹簧；9—静铁心；10—短路环；11—线圈

(2) 触点系统。触点系统包括主触点和辅助触点，主触点用于接通和分断主电路，通常为 3 对动合触点；辅助触点用于控制电路，起到电气连锁作用，故又称为连锁触点，一般有动合、动断触点各两对。在线圈未得电时(即平常状态下)，处于相互断开状态的触点称作动合触点，又称作常开触点；线圈未得电时，处于相互接触状态的触点称作动断触点，又称常闭触点。接触器中的动合和动断触点是联动的，当线圈得电时，所有的动断触点先行分断，然后所有的动合触点跟着闭合；当线圈失电时，在反作用弹簧的作用下，所有触点都恢复到原来的平常状态。

(3) 灭弧罩。额定电流在 20A 以上的交流接触器通常都设有陶瓷灭弧罩，它的作用是能迅速切断触点在分断时所产生的电弧，避免发生触点烧毛或熔焊。

(4) 其他部分。其他部分包括反作用弹簧、触点压力簧片、缓冲弹簧、短路环、底座和接线柱等。反作用弹簧的作用是当线圈失电时使衔铁和触点复位；触点压力簧片的作用是增大触点闭合时的压力，从而增大触点的接触面积，避免因接触电阻增大而产生的触点烧毛现象；缓冲弹簧可以吸收衔铁被吸合时产生的冲击力，起到保护底座的作用。

2) 交流接触器的工作原理

当线圈得电时，线圈中电流产生的磁场会使铁心产生电磁吸力而将衔铁吸合，衔铁带动动触点动作，使动断触点断开，动合触点闭合；当线圈失电时，电磁吸力消失，衔铁在反作用弹簧的作用下释放，各触点随之复位。

2. 交流接触器的型号含义、电气图形和文字符号

1) 交流接触器的型号含义

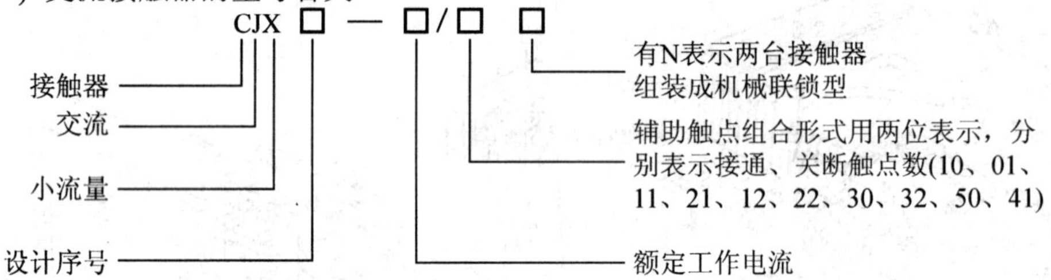

2) 交流接触器的电气图形和文字符号

交流接触器的电气图形和文字符号如图 1.19 所示。

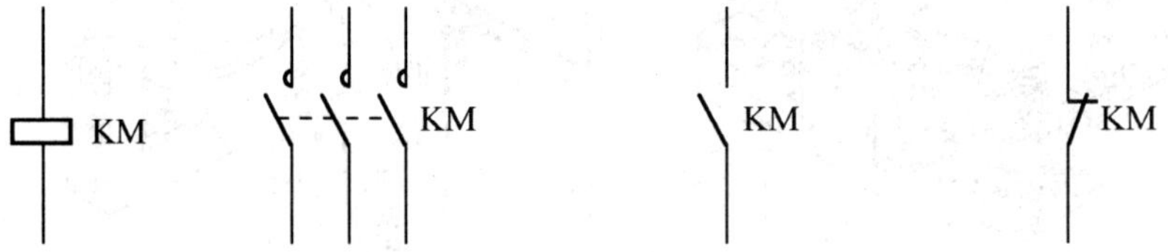

(a) 线圈　(b) 主触点　(c) 辅助动合触点　(d) 辅助动断触点

图 1.19　交流接触器的电气图形和文字符号

3. 交流接触器的技术参数

1) CJ20 系列交流接触器的技术参数

CJ20 系列交流接触器的技术参数见表 1-6。

表 1-6　CJ20 系列交流接触器的技术参数

型号	频率/Hz	辅助触点额定电流/A	吸引线圈额定电压/V	主触点额定电流/A	额定电压/V	可控制电动机最大功率/kW
CJ20-10	50	5	36、110、127、220、380	10	380/220	4/2.2
CJ20-16				16	380/220	7.5/4.5
CJ20-25				25	380/220	11/5.5
CJ20-40				40	380/220	22/11
CJ20-63				63	380/220	30/18
CJ20-100				100	380/220	50/28
CJ20-160				160	380/220	85/48
CJ20-250				250	380/220	132/80
CJ20-400				400	380/220	220/115

2) 交流接触器的主要技术参数

(1) 额定电压。接触器铭牌上的额定电压是指主触点的额定电压。交流额定电压的等级有 127V、220V、380V 和 500V。

(2) 额定电流。接触器铭牌上的额定电流是指主触点的额定电流。交流额定电流的等级有 5A、10A、20A、40A、60A、100A、150A、250A、400A 和 600A。

(3) 吸引线圈的额定电压。交流额定电压的等级有 36V、110V、127V、220V 和 380V。

4. 交流接触器的选择

交流接触器的选择主要考虑如下因素。

(1) 依据负载电流的性质选择接触器的类型，即直流负载选用直流接触器，交流负载选用交流接触器。

(2) 额定电压与额定电流。接触器主触点的额定电压与额定电流要满足以下条件。

$$U_{KMN} \geqslant U_{CN}$$

$$I_{KMN} \geqslant I_N = \frac{P_{MN} \times 10^3}{KU_{MN}}$$

式中：U_{KMN}——接触器的额定电压，V；

U_{CN}——负载的额定线电压，V；

I_{KMN}——接触器的额定电流，A；

I_N——接触器主触点电流，A；

P_{MN}——电动机功率，kW；

U_{MN}——电动机额定线电压，V；

K——经验常数，K=1～1.4。

(3) 吸引线圈的额定电压与控制电路的电压相一致。

(4) 主触点与辅助触点中动合触点和动断触点的数量应满足电路需求。

5. 交流接触器的使用及维护方法

(1) 接触器安装前应先检查线圈的额定电压等技术数据是否与实际相符合，然后将铁心极面上的防锈油脂或黏结在极面上的锈垢用汽油擦净，以免多次使用后铁心被油垢粘住，造成接触器断电时不能释放。

(2) 接触器一般应垂直安装，如有倾斜，其倾斜角也不得超过5°，否则会影响接触器的动作特性。安装有散热孔的接触器时，应将散热孔放在上下位置处，以利于散热从而降低线圈的温度。

(3) 在安装接触器与接线时，应注意不要把零件遗落或掉入接触器内，以免引起卡阻而烧毁线圈。同时，应将螺钉拧紧，以防振动松脱。

(4) 接线器的触点应定期清扫并保持整洁，不允许涂油。当触点表面因电弧作用形成金属小珠时，应及时予以清除。若是银及银合金触点表面所产生的氧化膜，由于其接触电阻很小，可不必锉修。

6. 交流接触器的常见故障及分析

故障现象	可能的故障原因
接触器不吸合	一般为接触器线圈断线或电源电压过低、线圈额定电压低于电源电压、铁心机械卡阻
接触器线圈失电，铁心不释放	一般为铁心极面有油污或尘埃粘着、接触器主触点发生熔焊、反力弹簧损坏、E形铁心的中柱去磁气隙消失使剩磁增大
接触器主触点熔焊	一般为操作频率过快或长期过负载使用、触点弹簧压力过小、负载侧短路、控制回路电压过低或触点表面有突起的金属颗粒
接触器的电磁铁铁心噪声过大	一般为电源电压过低、铁心短路环断裂、触点弹簧压力过大或铁心极面有油污
接触器线圈过热或烧毁	一般为电源电压过高或过低、操作频率过快或线圈匝间短路

7. 直流接触器

直流接触器是一种主要用于额定电压至440V、额定电流至1 600A的直流电力线路中，作为远距离接通和分断电路或控制直流电动机的频繁启动、停止和反向的器件。当直流电磁机构通以直流电时，因为铁心中无磁滞和涡流损耗，因而铁心不发热，而吸引线圈的匝数多、电阻大、铜耗大，线圈本身发热，因此吸引线圈做成长而薄的圆筒状，且不设线圈骨架，使线圈与铁心直接接触，以利于散热。

直流接触器的触点系统也有主触点与辅助触点之分。主触点一般做成单极或双极，单极直流接触器用于一般的直流回路中，双极直流接触器用于分断后电路完全隔断的电路以及控制电动机正反转的电路中。由于主触点通断电流大、通电次数多，故采用滚滑接触的指形触点；由于辅助触点通断电流小，故常采用点接触的桥式触点。

直流接触器的灭弧装置一般采用磁吹式灭弧装置。

国内常用的直流接触器有CZ18、CZ21、CZ22等系列。

直流接触器的型号含义如下：

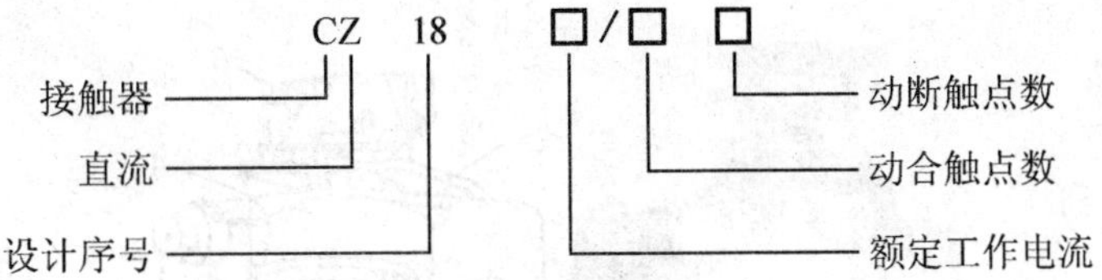

直流接触器的电气图形和文字符号同交流接触器。

四、继电器

继电器是一种根据外界输入的一定信号(电量或非电量)来控制电路中电流通断的自动切换电器，具有输入电路(又称感应元件)和输出电路(又称执行元件)。当感应元件中的输入量(如电流、电压、温度、压力等)变化到一定值时，继电器开始动作，执行元件便接通或断开控制电路。

继电器的种类繁多，常用的有电流、电压继电器，中间继电器，时间继电器，热继电器，以及温度、压力、计数、频率继电器等。下面介绍几种经常使用的继电器。

1. 电流、电压继电器

根据输入电流的大小而决定是否动作的继电器称为电流继电器。电流继电器的线圈串接在被测电路中，以反应电流的变化，其触点接在控制电路中，用于控制接触器线圈或信号指示灯的通断。为了不影响被测电路的正常工作，电流继电器线圈阻抗应比被测电路的等效阻抗要小得多，因此，电流继电器的线圈应该匝数少、导线粗。

电流继电器按用途可分为过电流继电器和欠电流继电器。过电流继电器的任务是当电路发生短路及过电流故障时立即将电路切断，因此过电流继电器线圈中通过的电流小于其整定电流时，继电器不动作，只有超过其整定电流时，继电器才动作。过电流继电器的动作电流整定范围：交流过流继电器为 110%～350%I_N，直流过流继电器为 70%～300%I_N。欠电流继电器的任务是当电路电流过低时立即将电路切断，因此欠电流继电器线圈中通过的电流大于或等于其整定电流时，继电器吸合，只有电流低于其整定电流时，继电器才动作。欠电流继电器动作电流整定范围：吸合电流为 30%～50%I_N，动作电流为 10%～20%I_N，欠电流继电器一般是自动复位的。

与此类似，电压继电器是根据输入电压的大小决定是否动作的继电器，其结构与电流继电器相似，不同的是电压继电器的线圈与被测电路并联，以反应电压的变化，因此，它的线圈匝数多、导线细、电阻大。电压继电器按用途可分为过电压继电器和欠电压继电器。过电压继电器动作电压整定范围为 105%～120%U_N。欠电压继电器吸合电压调整范围为 30%～50%U_N，动作电压调整范围为 7%～20%U_N。下面以过流继电器为例来介绍电流、电流继电器的结构、工作原理和技术参数等。

1) 过电流继电器的结构和工作原理

过电流继电器主要用于重载或频繁起动的场合，作为电动机和主电路的过载和短路保护。常用的 JL12 和 JL14 系列过电流继电器的实物图与结构图如图 1.20 所示。

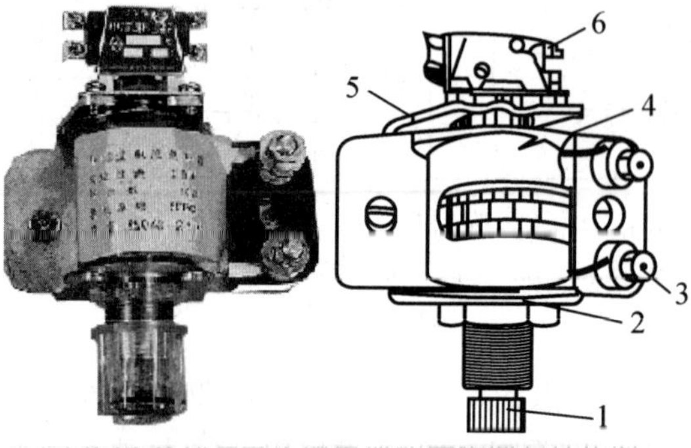

(a) JL12 系列过电流继电器的实物图与结构图

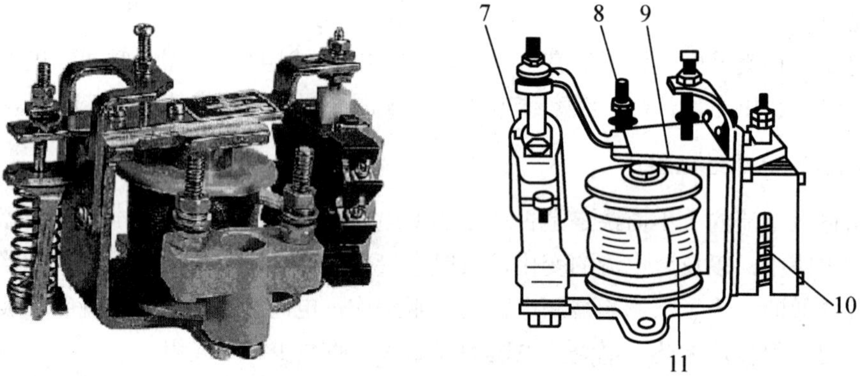

(b) JL14 系列过电流继电器的实物图与结构图

图 1.20　过电流继电器的实物图与结构图

1—封帽；2—紧固螺母；3—接线座；4—线圈；5—磁心；6—微动开关；
7—触点；8—静铁心；9—衔铁；10—反作用弹簧

当过电流继电器的线圈中通过的电流为额定值时，它所产生的电磁吸力不足以克服反作用弹簧的反作用力，此时衔铁不动作；当其线圈通过的电流超过整定值时，电磁吸力大于弹簧的反作用力，铁心吸引衔铁动作，带动动断触点断开，动合触点闭合。通过调整反作用弹簧的作用力，可整定继电器的动作电流值。该系列中有的过电流继电器带有手动复位机构，这类继电器过电流动作后，当电流再减小甚至减小到零时，衔铁也不能自动复位，只有当操作人员检查并排除故障后，手动松掉锁扣机构衔铁才能在复位弹簧作用下返回，从而避免重复过电流事故的发生。

2) 过电流继电器的型号含义

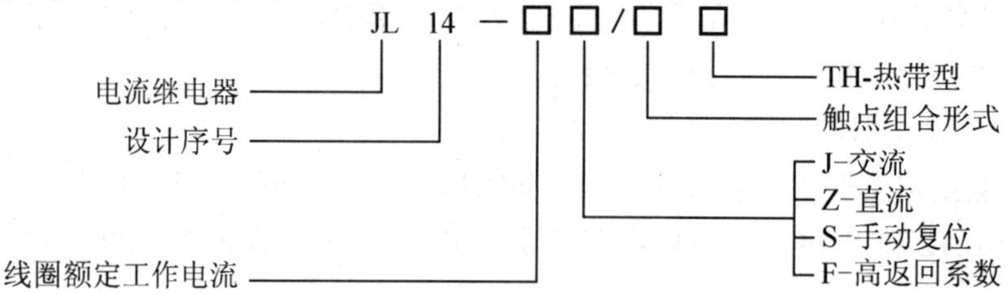

3) 过电流继电器的选择

(1) 过电流继电器线圈的额定电流一般可根据电动机长期工作的额定电流来选择，对于频繁启动的电动机，考虑启动电流在继电器中的热效应，过电流继电器线圈的额定电流可选大一级的。

(2) 过电流继电器的动作电流整定值一般为电动机额定电流的 1.7～2 倍，在频繁启动的场合可取 2.25～2.5 倍。

4) 过电流继电器的使用及维护方法

(1) 安装前检查过电流继电器的额定电流及动作电流整定值是否与实际使用要求相符。

(2) 安装后应在过电流继电器的主触点不带电的情况下，使吸引线圈得电动作几次，以此来看继电器动作是否可靠。

(3) 定期检查过电流继电器的各部件是否有松动及损坏现象，并保持触点的清洁使接触可靠。

5)过电流继电器的常见故障

过电流继电器的常见故障同接触器类似。

6) 电流、电压继电器的电气图形和文字符号

电流、电压继电器的图形符号和文字符号如图 1.21 所示。

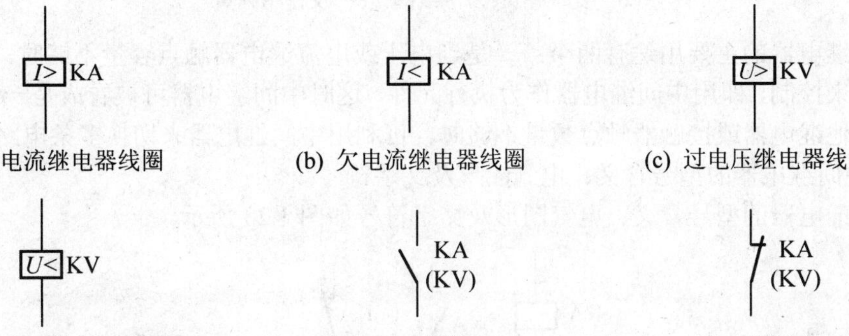

(a) 过电流继电器线圈　　(b) 欠电流继电器线圈　　(c) 过电压继电器线圈

(d) 欠电压继电器线圈　　(e) 动合触点　　(f) 动断触点

图 1.21　电流、电压继电器的图形符号和文字符号

2. 中间继电器

中间继电器是将一个输入信号变成多个输出信号或将信号放大(即增大触点容量)的继电器，其实质上为电压继电器，但它的触点数量较多、动作灵敏。

中间继电器按工作电压不同可分为两类：一类是用于交直流电路中的 JZ 系列，另一类是只用于直流操作的各种继电保护线路中的 DZ 系列。下面以中间继电器 JZ7 系列为例来介绍中间继电器的结构、工作原理和技术参数等，其实物图与结构图如图 1.22 所示。

1) JZ7 系列中间继电器的结构和工作原理

JZ7 系列中间继电器采用立体布置，铁心和衔铁由 E 形硅钢片叠装而成，线圈置于铁心中柱组成双 E 形直动式电磁系统，触点采用桥式双断点结构，上、下两层各有 4 对触点，下层触点只能是常开的，故触点系统可按 8 动合，6 动合、2 动断及 4 动合、4 动断组合。总之，中间继电器的基本结构及工作原理与接触器的基本相同，故又被称为接触器式继电器。与接触器不同的是，中间继电器的触点对数较多，并且没有主、辅之分，各对触点允许通过的电流大小是相同的，其额定电流均为 5A。

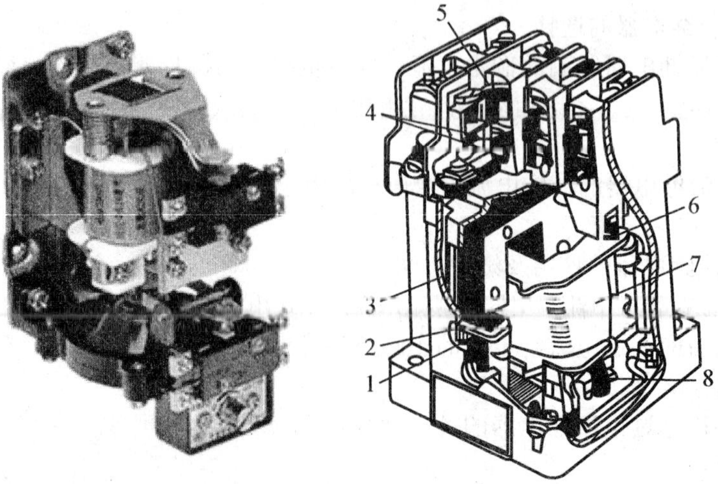

(a) 实物图　　(b) 结构图

图 1.22　JZ7 系列中间继电器实物图与结构图

1—静铁心；2—短路环；3—动铁心；4—动合触点；5—动断触点；
6—复位弹簧；7—线圈；8—反作用弹簧

中间继电器的主要用途有两个：一是当电压或电流继电器触点容量不够时，可借助中间继电器来控制，即用中间继电器作为执行元件，这时中间继电器可被看成是一级放大器；二是当其他继电器或接触器触点数量不够时，可利用中间继电器来切换多条电路。

2) 中间继电器的型号含义、电气图形及文字符号

中间继电器的型号含义、电气图形及文字符号如图 1.23 所示。

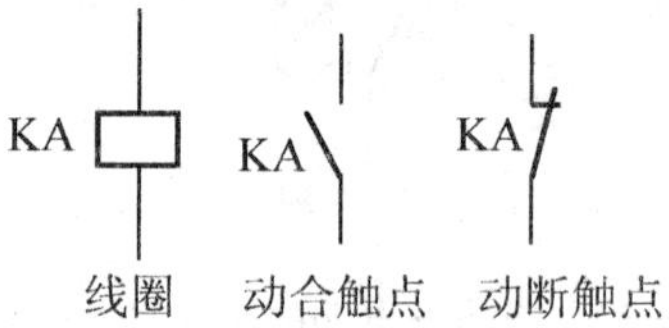

(a) 电气图形和文字符号

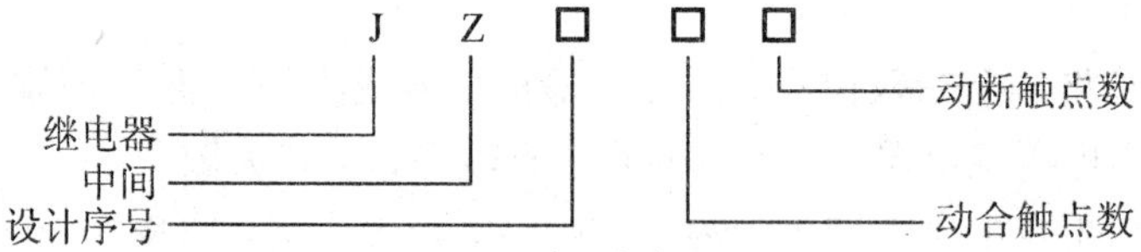

(b) 型号含义

图 1.23　中间继电器的型号含义、电气图形和文字符号

3) 中间继电器的选择

一般根据负载电流的类型、电压等级和触点数量来选择中间继电器。

4) 中间继电器的使用及维护方法

中间继电器的使用及维护方法与接触器类似，但中间继电器由于触点容量较小，一般不能接到主线路中应用。

5) 中间继电器的常见故障及分析

中间继电器的常见故障及检修方法与接触器类似。

3. 热继电器

热继电器是利用电流的热效应对电动机或其他用电设备进行过载保护的控制电器。热继电器主要用于电动机的过载保护、断相保护、电流不平衡运行的保护及其他电气设备发热状态的控制。

热继电器的形式有很多种，其中双金属片式的热继电器最多。按极数划分，热继电器可分为单极、两极和三极 3 种；按复位方式分，热继电器有自动复位式和手动复位式两种。

目前我国在生产中常用的热继电器有 JR0、JR16、JRS 等系列及引进的 T 系列等，这些均为双金属片式热继电器，其实物图如图 1.24 所示。下面以 JR16 系列热继电器为例来介绍热继电器的结构、工作原理和技术参数等。

(a) JR0、JR16 系列　　(b) JRS 系列　　(c) T 系列

图 1.24　热继电器实物图

1) 热继电器的结构及工作原理

如图 1.25 所示，双金属片热继电器主要由热元件、触点系统、动作机构、复位按钮、电流整定装置和温度补偿元件等几部分组成。热元件由主双金属片及环绕其上的电阻丝组成，双金属片是由两种线膨胀系数不同的金属经机械碾压而成的。热元件串接在电动机定子电路中，当电动机正常运行时，热元件产生的热量虽能使双金属片发生弯曲变形，但还不足以使热继电器的触点动作；当电动机过载时，过载电流流过热元件，从而使热元件产生的热量增多，双金属片弯曲位移增大推动导板使继电器触点动作，从而切断电动机控制电路，实现电动机的过载保护。

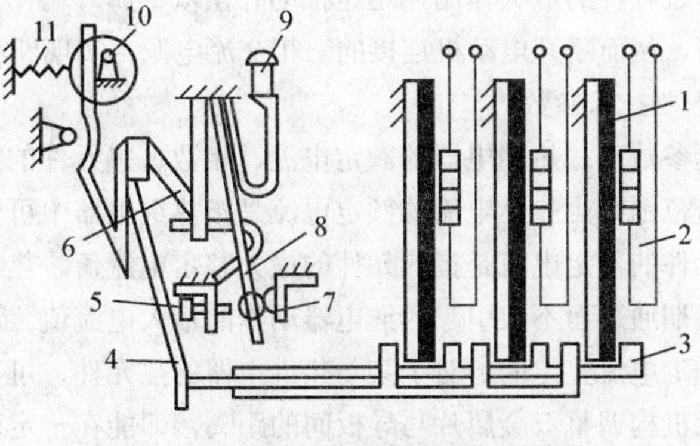

图 1.25　双金属片热继电器原理结构图

1—主双金属片；2—电阻丝；3—导板；4—温度补偿双金属片；5—螺钉；6—推杆；
7—静触点；8—动触点；9—复位按钮；10—调节凸轮；11—弹簧

调节凸轮是用来调节整定电流的。旋转凸轮改变了补偿双金属片与导板间的距离，即改变了使热继电器动作所需的主双金属片弯曲位移，即改变了热继电器的动作电流整定值。

温度补偿双金属片可在规定范围内补偿环境温度对热继电器的影响。如周围环境温度升高，则主双金属片向右弯曲的程度加大。此时，温度补偿双金属片也向右弯曲，使导板与温度补偿双金属片的距离保持不变，从而使环境温度变化获得补偿。

2) 具有断相保护功能的热继电器

当二相同时出现过载时，图 1.25 中的热继电器就能起到保护作用。但当发生一相电源断路，电动机又是三角形连接时，如图 1.26 所示，就有可能出现热继电器不动作的现象。如电动机在 58%额定负载下运行，在不考虑功率因数和效率变化的情况下，电动机的线电流即流过热继电器主双金属片的电流刚好等于热继电器的额定电流 I_N，转差率 $S \approx 0.58S_N$；如果此时发生一相电源断线，则转速变慢，转差率恢复到 S_N，那么跨接全压下电动机绕组的相电流 $I_{P3} \approx I_N$，另两相绕组串联后跨接在全压下的相电流 $I_{P1}=I_{P2}=(1/2)I_{P3}$，而此时线电流 $I_L=I_{P1}+I_{P3}=1.5I_N$，所以接在线路中的热继电器不动作，而跨接全压下的那一相电动机绕组电流已达到额定相电流。为了对缺相运行的电动机进行过载保护，需采用带断相保护的热继电器。带断相保护的热继电器是三相热继电器，即 3 个热元件分别接在三相电路中，导板采用差动机构，如图 1.27 所示，差动机构由上导板 1、下导板 2 及装有顶头 4 的杠杆 3 组成，其间均用转轴连接。

图 1.27(a)为通电前差动机构各部件的位置。图 1.27(b)为三相电流小于整定电流时继电器的工作状态，三相双金属片均匀受热，同时向左弯曲，上、下导板同时向左平行移动一小段距离，但顶头 4 尚未碰到补偿双金属片 5，故继电器不动作。图 1.27(c)为三相同时均匀过载的工作状态，此时，三相双金属片同时向左弯曲，推动下导板，也同时带动上导板左移，顶头碰到补偿双金属片端部，使继电器常闭触点动作。图 1.27(d)为 W 相发生断路时的情况，此时 W 相的双金属片逐渐冷却，W 相双金属片的端部推动上导板右移，而另外两相双金属片在电动机作用下受热向左弯曲，带动下导板左移，上下导板一右一左的移动产生了差动作用，再通过杠杆的放大作用，迅速推动补偿双金属片动作，使动断触点断开，切断接触器线圈电路，从而断开电动机连接的三相交流电源，实现断相保护的作用。

3) 热继电器的主要技术参数

热继电器的主要参数有：热继电器的额定电流、相数、热元件的额定电流、热继电器的整定电流及其调节范围等。热继电流的额定电流是指热继电器中可以安装的热元件的最大整定电流值。热元件的额定电流是指热元件的最大整定电流值。热继电器的整定电流是指在热元件中能够长期通过而不致引起热继电器动作的最大电流值。通常热继电器的整定电流是按电动机的额定电流整定的。对于某一热继电器的热元件，可手动调节整定电流旋钮，然后通过偏心轮机构调整双金属片与导板间的距离，即能在一定范围内调节其电流的整定值，使热继电器更好地保护电动机。

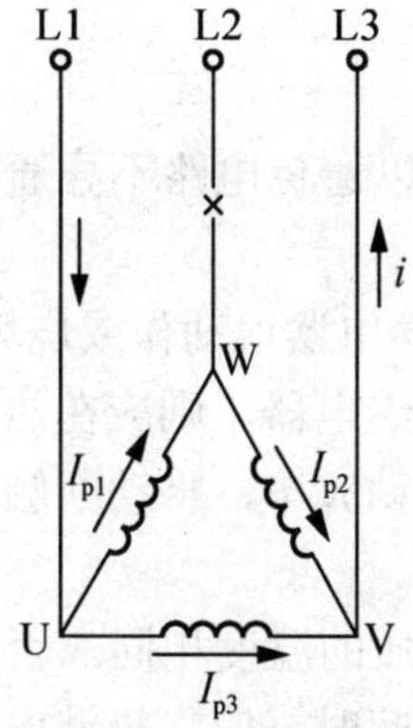

图 1.26　电动机三角形连接 W 相断线时的电流分析

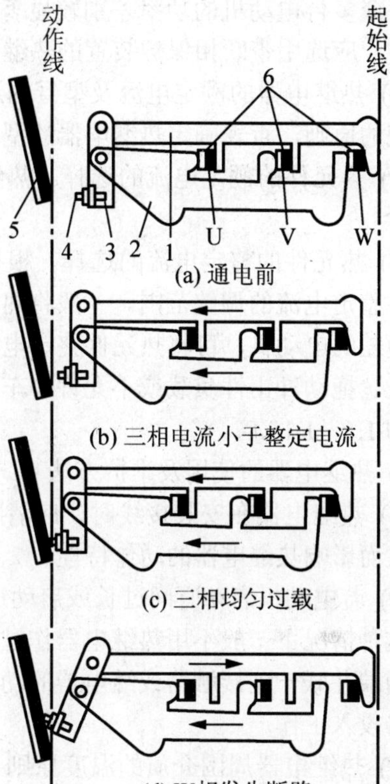

(a) 通电前

(b) 三相电流小于整定电流

(c) 三相均匀过载

(d) W 相发生断路

图 1.27　差动式断相保护继电器结构及工作原理

4) 热继电器的型号含义、电气图形和文字符号

热继电器的电气图形和文字符号、型号含义如图 1.28 所示。

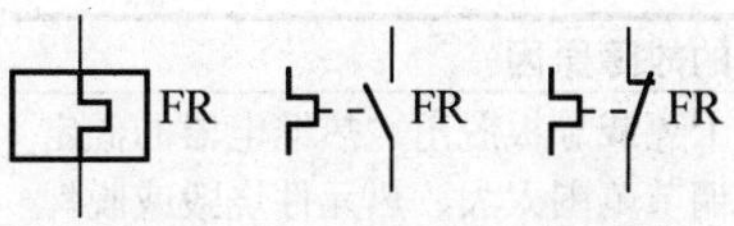

(a) 电气图形和文字符号

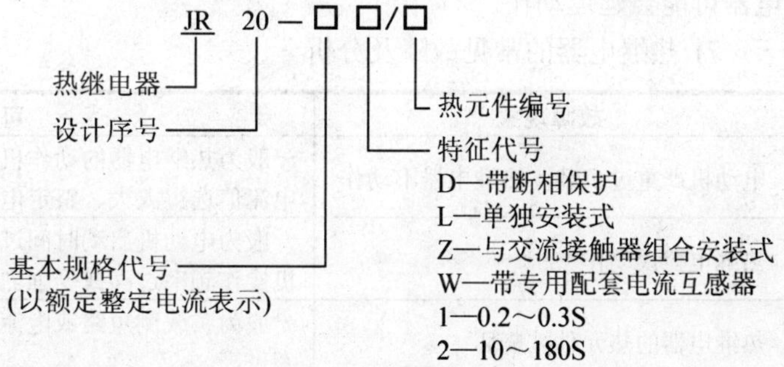

(b) 型号含义

图 1.28　热继电器的电气图形和文字符号、型号含义

5) 热继电器的选择

选择热继电器作为电动机的过载保护时，应使选择的热继电器的安秒特性曲线位于电动机的过载特性曲线之下，并尽可能地接近甚至重合，以充分发挥电动机的带负载能力，同时使电动机在短时过载和启动瞬间(4～7 倍电动机的额定电流)不受影响。

(1) 热继电器类型的选择。一般轻载启动、长期工作的电动机或间断长期工作的电动机，应选择两相结构的热继电器；当电源电压的均衡性和工作环境较差或电动机较少有人照管，或多台电动机的功率差别较显著时，可选择三相结构的热继电器；电动机为三角形连接时，应选用带断相保护装置的热继电器。

(2) 热继电器的额定电流及型号的选择。根据热继电器的额定电流应大于电动机的额定电流的原则，查表确定热继电器的型号。

(3) 热元件的额定电流的选择。热继电器的热元件的额定电流应略大于电动机的额定电流。

(4) 热元件的整定电流的选择。根据热继电器的型号和热元件的额定电流，查表得出热元件整定电流的调整范围。一般将热继电器的整定电流调整为电动机的额定电流；对过载能力差的电动机，可将热元件整定电流调整为电动机额定电流的 0.6～0.8 倍；对启动时间较长、拖动冲击性负载或不允许停车的电动机，热元件的整定电流应调整为电动机额定电流的 1.1～1.15 倍。

6) 热继电器的使用及维护方法

(1) 热继电器在安装接线时，应清除触点表面的污垢，以避免电路不导通或因接触电阻太大而影响热继电器的动作特性。

(2) 若电动机启动时间过长或启动过于频繁，则会使热继电器误动作或烧坏热继电器，故在这种情况下一般不用热继电器作过载保护；但如仍用热继电器，则应在热继电器的热元件两端并联一副接触器或继电器的动断触点，待电动机启动完毕，将动断触点断开，热继电器投入工作。

(3) 热继电器周围介质的温度原则上应和电动机周围介质的温度相同。否则，势必要破坏已调整好的配合情况。当热继电器与其他电器安装在一起时，应将热继电器安装在其他电器的下方，以免其动作特性到其他电器发热的影响。

(4) 热继电器出线端的连接导线不宜太粗，也不宜过细。如连接导线过细，则导线的轴向导热性差，热继电器可能提前动作；反之，如连接导线太粗，则其轴向导热快，热继电器可能会延迟动作。

7) 热继电器的常见故障及分析

故障现象	可能的故障原因
电动机严重过负载，热继电器不动作	一般为热继电器的动作机构卡死或导板脱出、热继电器的额定电流值选得太大、整定电流调节范围太大、热元件烧毁或脱焊
热继电器误动作	一般为电动机启动时间过长、热继电器的整定电流偏小、电动机操作频率过高或受强烈的冲击振动
热继电器的热元件被烧坏	一般为负载侧短路或电流过大、电动机反复短时工作或操作频率过高
控制电路不导通	一般为热继电器的动断触点接触不良或弹性消失、手动复位的热继电器动作后未手动复位、自动复位的热继电器调节螺钉未调到“自动复位”位置

五、主令电器

主令电器是用来发出命令、改变控制系统工作状态的电器，它可以直接作用于控制电路，也可以通过电磁式电器的转换对电路实现控制。其主要类型有按钮开关、行程开关、万能转换开关、主令控制器、光电传感器等。

1. 按钮开关

按钮开关是一种短时接通或分断小电流电路的电器，它不直接去控制主电路的通断，而是在控制电路中发出“指令”去控制接触器、继电器等电器，然后再由它们去控制主电路。

1) 按钮开关的结构

按钮开关一般由按钮帽、复位弹簧、桥式动触点、外壳及支柱连杆等几部分组成。按钮开关按静态时触点分合状况可分为动合按钮(启动按钮)、动断按钮(停止按钮)及复合按钮(动合、动断组合为一体的按钮)。按钮开关的实物图和结构图如图 1.29 所示。

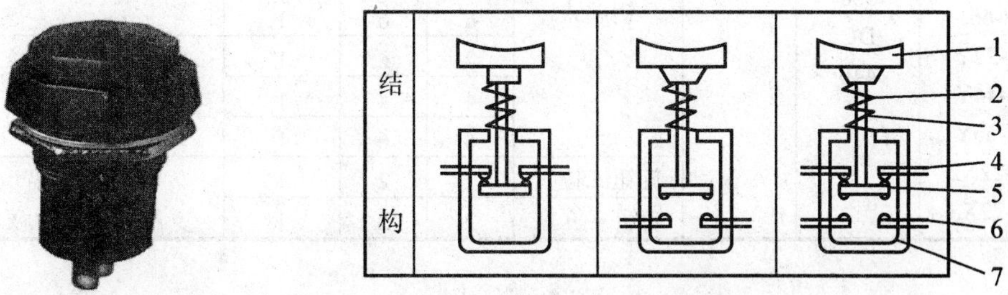

(a) 实物图　　(b) 结构图

图 1.29　按钮开关的实物图与结构图

1—按钮；2—复位按钮；3—支柱连杆；4—动合静触点；5—桥式动触点；6—动断静触点；7—外壳

另外，根据不同的需要，可将单个按钮元件组成双联按钮、三联按钮或多联按钮开关，用于电动机的启动、停止及正转、反转、制动的控制。也可将若干按钮开关集中安装在一块控制板上，以实现集中控制，称之为按钮开关站。按钮帽的不同颜色和符号标志是用来区分按钮的功能及作用的，便于操作人员识别，避免误操作。按钮帽操动部分除常见的直上、直下的操动形式外，还有旋钮、自锁钮、钥匙钮等操动形式。其中旋钮可分为两位置、三位置和自复式旋钮 3 种。

2) 技术数据

按钮开关的技术数据见表 1-7～表 1-9。

表 1-7　按钮开关的技术数据

型号	电压/V	电流/A	结构形式	触点对数		按钮	
				动合	动断	按钮数	颜色
LA10-1	AC 500 DC 440	5	元件开启式保护式	1	1	1	黑、绿、红
LA10-1K				1	1	1	黑、绿、红
LA10-2K				2	2	2	黑、红或绿、红
LA10-3K				3	3	3	黑、绿、红
LA10-1H				1	1	1	
LA10-2H				2	2	2	黑、红或绿、红
LA10-3H				3	3	3	黑、绿、红
LA10-1S			防水式	1	1	1	
LA10-2S				2	2	2	黑、红或绿、红
LA10-3S				3	3	3	黑、绿、红
LA10-2F			防腐式	2	2	2	黑、红或绿、红

续表

型号	电压/V	电流/A	结构形式	触点对数		按钮	
				动合	动断	按钮数	颜色
LA18-22	AC 500 DC 440	5	元件 紧急式 钥匙式	2	2	1	红、绿、黑、白
LA18-44				4	4	1	
LA18-66				6	6	1	
LA18-22J				2	2	1	红
LA18-44J				4	4	1	
LA18-66J				6	6	1	
LA18-22Y				2	2	1	金属
LA18-44Y				4	4	1	
LA18-66Y				6	6	1	
LA18-22X2			旋钮二位置	2	2	1	黑
LA18-22X3			旋钮三位置	2	2	1	

表 1-8　按钮帽颜色的含义

颜色	代表意义	典型用途
红	停车、开断	一台或多台电动机的停车、机器设备的一部分停止运行、磁力吸盘或电磁铁的断电停止周期性的运行
	紧急停车	紧急开断、防止危险性过热的开断
绿或黑	启动、工作、点动	控制回路有励磁辅助功能的一台或多台电动机的启动、机器设备的一部分启动、磁力吸盘装置或电磁铁的点动或缓行
黄	返回的启动、移动出界、正常工作循环或移动一开始去抑制危险情况	在机械已完成一个循环的起始点，机械元件返回；按黄色按钮可取消预置的功能
白或蓝	以上颜色所未包括的特殊功能	与工作循环无直接关系的辅助功能、控制保护继电器的复位

表 1-9　常用按钮中英文的标牌的名称对照

序号	标牌名称		序号	标牌名称	
	英文	中文		英文	中文
1	ON	通	14	RESET	复位
2	OFF	断	15	LIP	上升
3	START	启动	16	DOWM	下降
4	STOP	停止	17	OPEN	开
5	INCH	点动	18	CLOSE	关
6	RUN	运转	19	LEFT	左
7	FORWARO	正转(向前)	20	RIGHT	右
8	REVERSE	反转(向后)	21	HIGH	高
9	FAST	高速	22	LOW	低
10	SECOND	中速	23	TEST	试验
11	SLOW	低速	24	JOG	微动
12	HAND	手动	25	ACKNOWLEDGE	受信
13	AUTO	自动	26	EMERGSTOP	紧停

3) 按钮开关的电气图形和文字符号

按钮开关的电气图形和文字符号如图 1.30 所示。

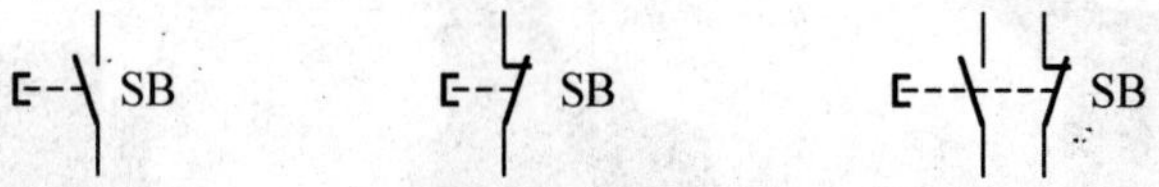

(a) 动合触点　(b) 动断触点　(c) 复式触点

图 1.30　按钮开关的电气图形和文字符号

4) 按钮开关的选择

(1) 根据按钮开关的不同用途，选用合适的按钮开关。

(2) 根据工作状态指示和工作情况的要求，选择按钮开关和指示灯的颜色。

(3) 根据控制回路的需要，确定按钮开关数量。

5) 按钮开关的使用及维护方法

(1) 由于按钮开关的触点间距较小，如有油污则极易发生短路事故，故使用按钮开关时应经常保持其触点间的清洁。

(2) 当按钮开关用于高温场合时，高温易使按钮开关的塑料部分变形老化，以致按钮松动，引起接线螺钉间相碰短路的问题，所以可视情况在安装时多加两个紧固圈，两个拼紧使用，也可在接线螺钉处加套绝缘塑料管来防止短路。

(3) 带指示灯的按钮开关因为灯泡发热，时间长了易使塑料灯罩变形而造成调换灯泡困难，故这种按钮开关不宜用在通电时间较长的地方。如欲使用，可适当降低灯泡电压，以延长按钮开关的使用寿命。

6) 按钮开关的常见故障及分析

故障现象	故障原因
按下启动按钮时有触电感觉	一般为按钮的防护金属外壳与连接的导线接触。或按钮帽的缝隙间充满铁屑使其与导电部分形成通路
停止按钮失灵，不能断开电路	一般为接线错误、线头松动或搭接在一起、灰尘过多或油污使停止按钮两个动断触点间短路
按下停止按钮，再按下启动按钮，被控电器不动作	一般为被控电器有故障、停止按钮的复位弹簧损坏或按钮接触不良

2. 行程开关

在生产过程中，一些生产机械运动部件的行程或位置要受到限制，或者需要在一定范围内自动往返循环以便实现对工件的连续加工的目的。位置开关是一种将机械信号转换为电信号来控制运动部件的位置和行程的自动控制电器。位置开关包括行程开关和接近开关等。行程开关的种类很多，按运动形式分为直动式和转动式行程开关；按触点性质分为有触点式和无触点式行程开关。

1) 行程开关的结构及原理

各种不同的行程开关的基本结构大体相同，都是由触点系统、操作机构和外壳组成。JLXK1 系列行程开关的实物如图 1.31 所示。

图 1.31　JLXK1 系列行程开关的实物

JLXK1-111 型行程开关的结构图和工作原理如图 1.32 所示。当运动部件的挡铁碰压行程开关的滚轮 1 时，杠杆 2 连同转轴 3 一起转动，使凸轮 7 推动撞块 5，当撞块被压到一定位置时推动微动开关 6 快速动作，使行程开关的动断触点断开、动合触点闭合。

行程开关按其触点动作方式不同可分为蠕动型和瞬动型行程开关，两种类型行程开关的触点动作速度不同。JLXK1-111 型行程开关分合速度取决于生产机械挡铁触动操作头的移动速度，当移动速度低于 0.4m/s 时，触点由于分合得太慢易受电弧烧灼，从而缩短触点的使用寿命。

为了使行程开关的触点在生产机械缓慢运动时仍能快速分合，将触点动作机构设计成跳跃式瞬动结构，这样不但可以保证动作的可靠性及行程的控制精度，同时还可减少电弧对触点的灼伤。

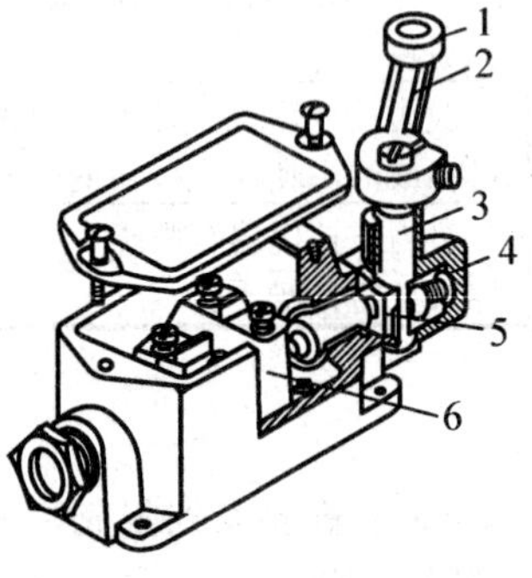

(a) 结构图

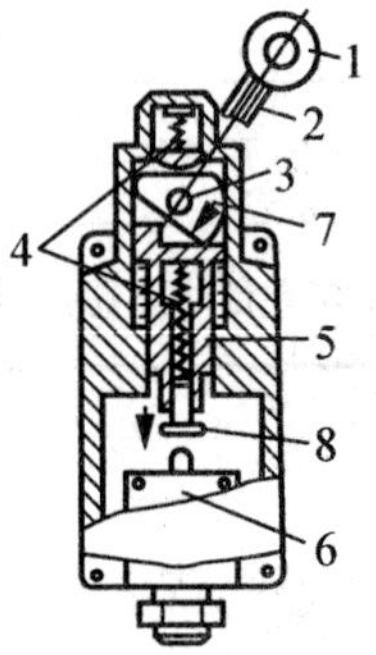

(b) 工作原理

图 1.32　JLXK1-111 型行程开关的结构图和工作原理

1—滚轮；2—杠杆；3—转轴；4—复位弹簧；5—撞块；6—微动开关；7—凸轮；8—调节螺钉

2) 行程开关的电气图形与文字符号

行程开关的电气图形与文字符号如图 1.33 所示。

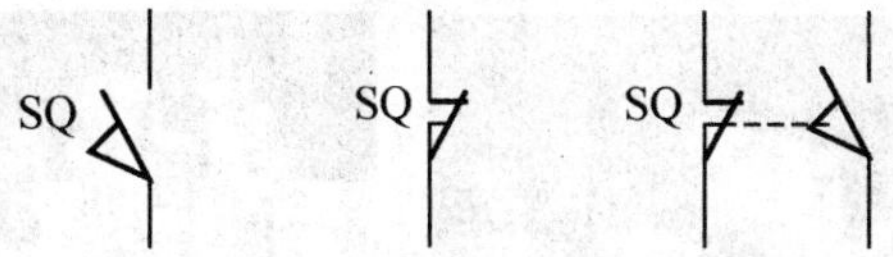

图 1.33　行程开关的电气图形和文字符号

3) 行程开关的选择

(1) 根据应用场合及控制对象来选择是用一般用途开关还是起重设备用行程开关。

(2) 根据安装环境来选择行程开关的防护形式，是开启式还是密闭式防护。

(3) 根据控制回路的电压和电流大小来选择采用何种系列的行程开关。

(4) 根据机械设备与行程开关的传动力形式与位移关系来选择合适的操作头。

4) 行程开关的使用及维护方法

(1) 行程开关安装时位置要准确，否则不能达到行程控制和限位控制的目的。

(2) 应定期清洁行程开关，以免其触点接触不良而达不到行程和限位控制的目的。

5) 行程开关的常见故障及分析

故障现象	可能的故障原因
挡铁碰撞行程开关而其触点不动作	一般为行程开关的安装位置不对(即离挡铁太远)，或者是触点接触不良或连接线松脱
行程开关复位但动断触点不能闭合	一般为触点偏斜或动触点脱落、触杆被杂物卡住、弹簧弹力减退或被卡住
行程开关的杠杆已偏转但其触点不动作	一般为行程开关安装得太低或其触点由于机械卡阻而不动作

3. 接近开关

近年来，接近开关获得了广泛的应用，它是靠移动物体与接近开关的感应头接近时使感应头输出一个电信号而使接近开关动作的电器，故又称之为无触点开关。当应用在继电接触器控制系统中时，接近开关输出电路要驱动一个中间继电器，由中间继电器的触点对继电接触器电路进行控制。

接近开关分为电容式和电感式两种，其实物如图 1.34 所示。电感式接近开关的感应头是一个具有铁氧体磁芯的电感线圈，故只能检测金属物体，常用的型号有 LJ1、LJ2 等系列。图 1.35 为 LJ2 系列晶体管接近开关电路原理图，电路由晶体管 VT_1、振荡线圈 L 及电容器 C_1、C_2、C_3 组成电容三点式高频振荡器，其输出经由 VT_2 放大，再经 VD_3、VD_4 整流成直流信号，然后加到晶体管 VT_5 的基极。其中晶体管 VT_6、VT_7 构成施密特电路，VT_8 为接近开关的输出电路。

当电感式接近开关附近没有金属物体时，高频振荡器谐振，其输出经 VT_2 放大并经 VD_3、VD_4 整流成直流，从而使 VT_2 导通，使施密特电路中的 VT_6 截止、VT_7 饱和导通，输出级 VT_8 截止，接近开关无输出。

当有金属物体接近振荡线圈 L 时，高频振荡器的振荡减弱直到停振，这时 VT_5 截止，施密特电路翻转(VT_7 截止，VT_8 饱和导通)，输出级亦有输出，其输出端可带继电器或其他负载。

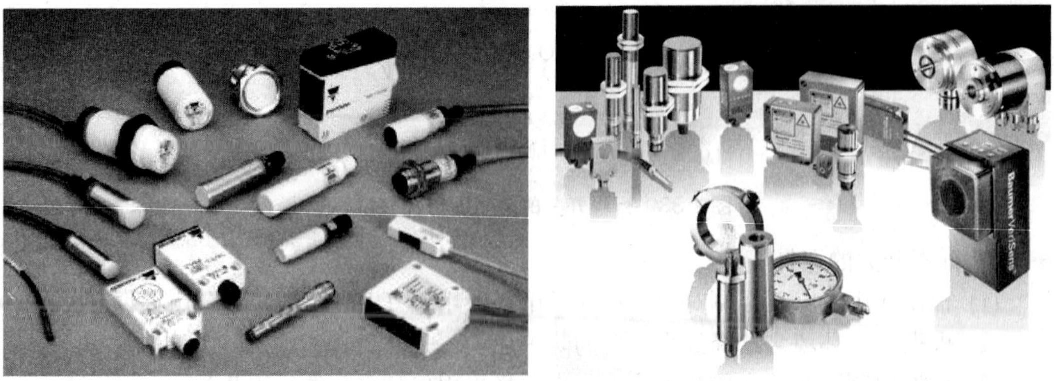

(a) 电感式接近开关　　　　(b) 电容式接近开关

图 1.34　接近开关实物图

电感式接近开关是采用非接触型感应输入和晶体管作无触点输出及放大开关构成的开关，其线路具有可靠性高、使用寿命长、操作频率高等优点。

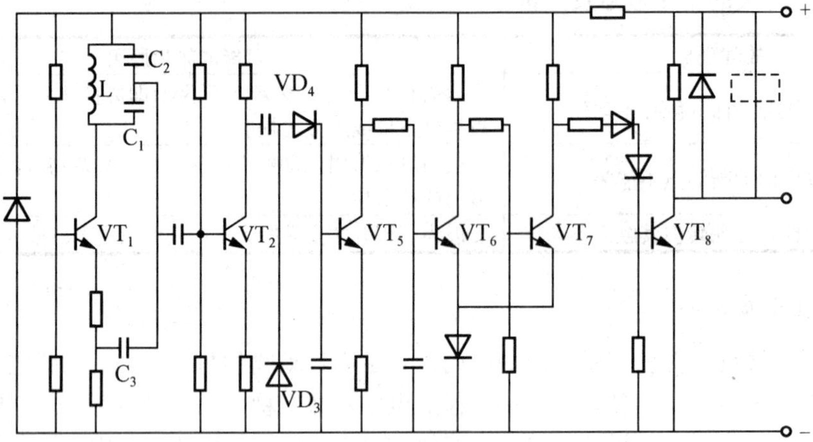

图 1.35　LJ2 系列晶体管接近开关电路原理

电容式接近开关的感应头只是一个圆形平板电极，这个电极与振荡电路的地线形成一个分布电容，当有导体或介质接近感应头时，电容增大而使高频振荡器停振，输出电路发出电信号。由于电容式接近开关既能检测金属，又能检测非金属，因而在国外应用得十分广泛，国内也有 LXI15 系列和 TC 系列等产品。

六、时间继电器

继电器感应部分在感受外界信号后，经过一段时间才能使执行部分动作的继电器，称为时间继电器。时间继电器的吸引线圈得电或失电以后，其触点经过一定的延时后再动作来控制电路的接通或分断。时间继电器的种类很多，主要有直流电磁式、空气阻尼式、电动式、电子式时间继电器等几大类，其延时方式有通电延时和断电延时两种。

1. 空气阻尼式时间继电器

1) 空气阻尼式时间继电器的结构及工作原理

空气阻尼式时间继电器又称气囊式时间继电器，是利用气囊中的空气通过小孔节流的原理来达到延时动作的目的的，根据其触点延时动作的特点，可分为通电延时动作型和断电延时复位型两种，常见的型号有 JS7-A 系列等。

JS7-A 系列时间继电器的实物和结构如图 1.36 所示，它主要由电磁系统、触点系统、空气室、传动机构和基座组成。这种继电器有通电延时与断电延时两种类型。

(a) 实物图

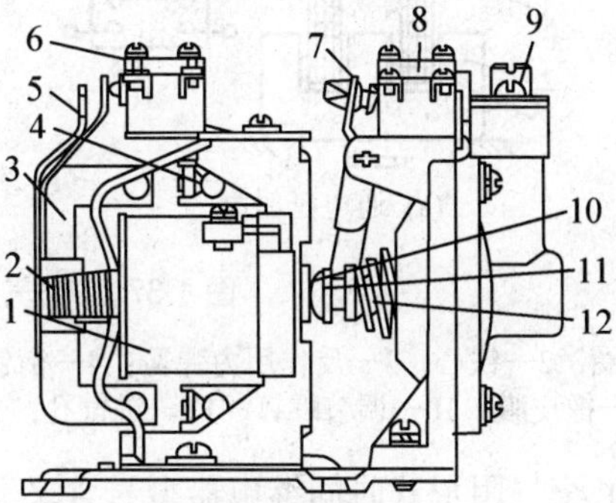

(b) 结构图

图 1.36　JS7-A 系列时间继电器实物图和结构图

1—线圈；2—反作用力弹簧；3—衔铁；4—铁心；5—弹簧片；6—瞬时触头；7—杠杆；8—延时触头；9—调节螺钉；10—推杆；11—活塞杆；12—宝塔性弹簧

通电延时继电器的原理如图 1.37(a)所示，当线圈 1 得电后，铁心 2 产生吸力，衔铁 4 克服反作用力弹簧 3 的阻力与铁心吸合，带动推板 5 立即动作，压合微动开关 16，使其动断触点瞬时断开，动合触点瞬时闭合。同时，活塞杆 6 在宝塔形弹簧 7 的作用下向上移动，带动与活塞 12 相连的橡皮膜 9 向上运动，其运动的速度受进气孔 11 的进气速度的限制。这时橡皮膜下面形成空气较稀薄的空间，与橡皮膜上面的空气形成压力差，对活塞的移动产生阻碍作用，活塞杆带动杠杆 15 只能缓慢地移动。经过一段时间的缓慢移动，活塞才完成全部行程而压动微动开关 13，使其动断触点断开，动合触点闭合。由于从线圈得电到触点动作需一段时间，因此，微动开关 13 的两对触点分别被称为延时闭合瞬时断开的动合触点和延时断开瞬时闭合的动断触点。这种时间继电器延时时间的长短取决于进气速度的快慢，旋转调节螺钉 10 可调节进气孔的大小，即可达到调节延时时间长短的目的。JS7-A 系列时间继电器的延时范围有 0.4～60s 和 0.4～180s 两种。

当线圈 1 失电时，衔铁 4 在反作用弹簧 3 的作用下，通过活塞杆 6 将活塞推向下端，这时橡皮膜 9 的下方腔内的空气通过橡皮膜 9、弱弹簧 8 和活塞 12 局部所形成的单向阀迅速从橡皮膜上方气室缝隙中排掉，使微动开关 13、16 的各对触点均瞬时复位。如果将通电延时型时间继电器的电磁机构翻转 180° 安装，即成为断电延时型时间继电器。

空气阻尼式时间继电器的延时范围大、结构简单、使用寿命长、价格低，但延时误差大，难以精确地整定延时值，且延时值易受周围环境温度、尘埃等的影响。因此，在延时精度要求较高的场合不宜采用空气阻尼式时间继电器，应采用晶体管式时间继电器。

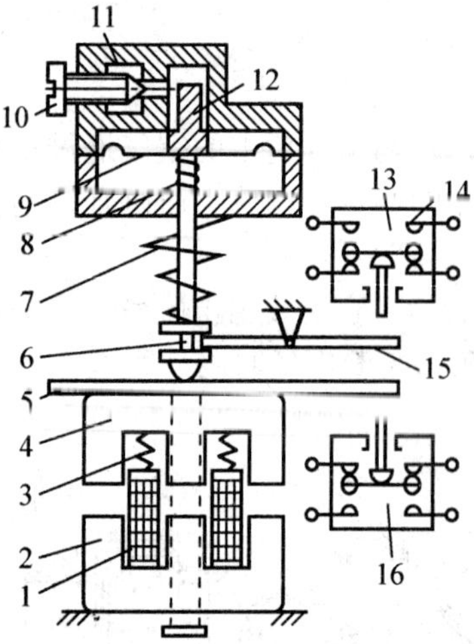

(a) 通电延时型

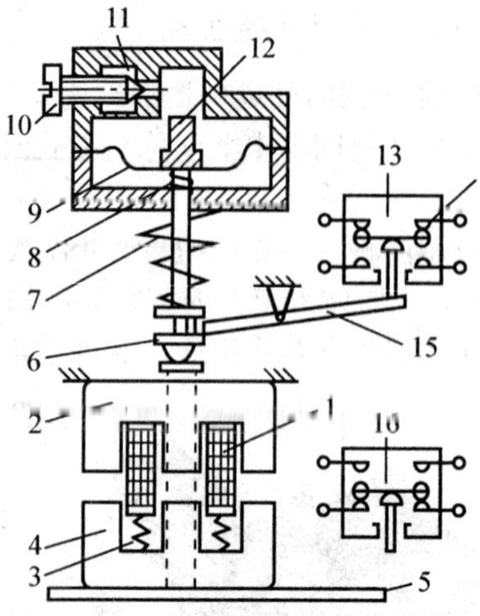

(b) 断电延时型

图 1.37　空气阻尼式时间继电器的结构

1—线圈；2—铁心；3—反作用力弹簧；4—衔铁；5—推板；6—活塞杆；7—宝塔形弹簧；8—弱弹簧；9—橡皮膜；10—调节螺钉；11—进气孔；12—活塞；13、16—微动开关；14—触头；15—杠杆

2) 空气阻尼式时间继电器型号含义

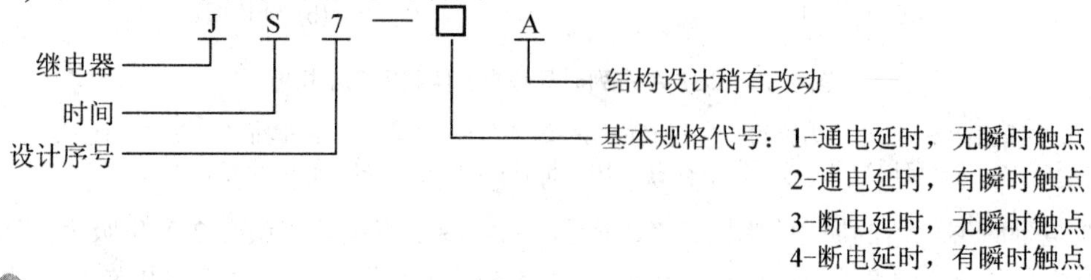

特别提示

空气阻尼式时间继电器的使用及维护

(1) 应经常清除时间继电器上面的灰尘和油污，否则延时误差将增大。

(2) JS7-A 系列时间继电器只要将线圈转 180° 可将通电延时改成断电延时。

(3) JS7-A 系列时间继电器由于无刻度，故不能准确地调整延时时间。

(4) JS11-□1 系列通电延时继电器，必须在分断离合器电磁铁线圈电源时才能调节延时值；而 JS11-□2 系列断电延时继电器，必须在接通离合器电磁铁线圈电源时才能调节延时值。

2. 时间继电器的常见故障分析

故障现象	可能的故障原因
延时触头不动作	一般为电磁铁线圈断线或电源电压低于线圈额定电压；若是电动式时间继电器，则故障的原因为同步电动机线圈断线、棘爪无弹性不能刹住棘齿或游丝断裂
延时时间缩短	若是空气阻尼式时间继电器，故障的原因一般为气室装配不严而漏气或气室内橡胶膜损坏；若是电磁式时间继电器，故障的原因一般为非磁性垫片磨损
延时时间变长	若是空气阻尼式时间继电器，故障的原因一般为气室内有灰尘使气道阻塞；若是电动式时间继电器，故障的原因一般为传动机构缺润滑油

3. 电气图形和文字符号

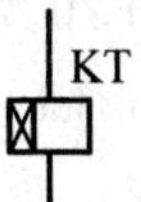

(a) 得电延时线圈

(b) 失电延时线圈

(c) 延时闭合的动合触点

(d) 延时断开的动断触点

(e) 延时断开的动合触点

(f) 延时闭合的动断触点

(g) 瞬时触点(左：动合；右：动断)

4. 时间继电器的选择

(1) 时间继电器按延时方式不同可分为通电延时型和断电延时型时间继电器，因此选用时应确定采用哪种延时方式更方便组成控制线路。

(2) 凡在对延时精度要求不高的场合，一般宜采用价格较低的电磁阻尼式(电磁式)或空气阻尼式(气囊式)时间继电器；若对延时精度要求很高，则宜采用电动机式或晶体管式时间继电器。

(3) 应注意电源参数变化对时间继电器的影响。如在电源电压波动大的场合，采用空气阻尼式时间继电器或电动式时间继电器比采用晶体管式时间继电器好；而在电源频率波动大的场合，则不宜采用电动机式时间继电器。

(4) 应注意环境温度变化对时间继电器的影响。通常在环境温度变化较大的场合，不宜采用空气阻尼式和晶体管式时间继电器。

(5) 对操作频率也要加以注意，因为操作频率过高不仅会影响时间继电器的电气寿命，还可能导致延时误差的增大。

七、速度继电器

速度继电器是反映电动机的转速和转向的继电器，其主要作用是以旋转速度的快慢为指令信号，与接触器配合实现对电动机的反接制动控制，故又称为反接制动继电器。

1. 速度继电器的结构和工作原理

JY1 型速度继电器的结构和工作原理如图 1.38 所示。它主要由定子、转子、可动支架、触点系统及端盖等几部分组成。其转子由永久磁铁制成，固定在转轴上；定子由硅钢片叠成并装有笼型短路绕组，能作小范围偏转；触点系统由两组转换触点组成，一组在转子正转时动作，另一组在转子反转时动作。

当电动机旋转时，带动与其同轴相连的速度继电器的转子旋转在空间中产生旋转磁场，从而在定子的笼型短路绕组中产生感应电流，感应电流与永久磁铁的旋转磁场相互作用产生电磁转矩，从而使定子随永久磁铁转动的方向偏转，与定子相连的胶木摆杆也随之偏转。当定子偏转到一定角度时，胶木摆杆推动簧片，使继电器的触点动作。当转子转速减小到零时，由于定子的电磁转矩减小，胶木摆杆恢复到原状态，触点随即复位。

速度继电器的动作转速一般不低于 100～300r/min，且复位速度在 100r/min 以下。在常用的速度继电器中，JY1 型速度继电器能在 3 000r/min 以下可靠地工作；JFZ0 型速度继电器的两组触点改用两个微动开关，使其动作速度不受定子偏转速度的影响，额定工作转速有 300～1 000r/min(JFZ0-1 型)和 1 000～3 600r/min(JFZ0-2 型)两种。

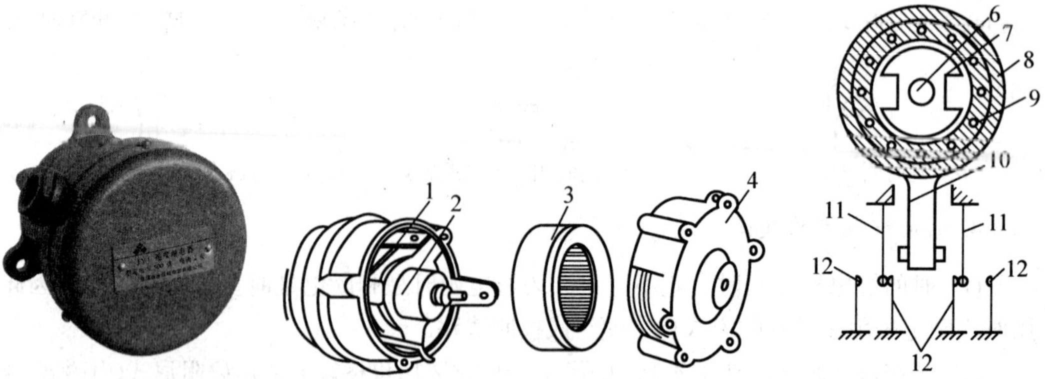

(a) 实物图　　(b) 结构图　　(c) 工作原理

图 1.38　JY1 型速度继电器的实物结构图和工作原理

1—可动支架；2，7—转子(永久磁铁)；3，8—定子；4—端盖；5—连接头；6—电动机轴；9—定子绕组；10—胶木摆杆；11—簧片(动触点)；12—静触点

2. 速度继电器的电气图形及文字符号

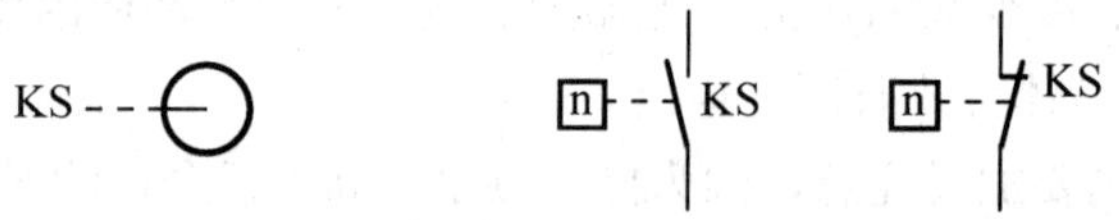

继电器转子　　动合触点　　动断触点

3. 速度继电器的选择

速度继电器主要根据电动机的额定转速来选择。

4. 速度继电器的使用及维护方法

(1) 速度继电器的转轴应与电动机同轴连接。

(2) 速度继电器安装接线时，正反向的触点不能接错，否则不能起到反接制动时接通和断开反向电源的作用。

5. 速度继电器的常见故障及分析

故障现象	可能的故障原因
反接制动时速度继电器失效使电动机不能制动	一般为速度继电器的胶木摆杆断裂、动合触点接触不良、弹性动触点断裂或失去弹性
反接制动时制动不正常	一般为速度继电器的弹性动触片调整不当，可将调整螺钉向上旋，则弹性动触片的弹性减小，当电动机的速度较低时便可推动

项目实现

一、单向点动与单向连续控制线路原理

生产机械不仅需要连续运转，有的生产机械要求用点动运行来完成调整工作。所谓点动控制就是按下按钮，电动机通电运转，松开按钮，电动机断电停止运转的控制方式。点动控制线路不便于令电动机长时间运转，所以不能满足需要电动机连续运转的状况。而单向连续控制就是按按下钮后，电动机通电运转，松开按钮，电动机继续工作。

图 1.1 和图 1.2 为电动机单向点动控制及单向连续控制电路。

1. 单向点动工作原理

按下点动启动按钮 SB，接触器 KM 线圈通电吸合，接触器 KM 主触点闭合，电动机接通三相交流电源启动旋转。当松开按钮 SB 后，接触器 KM 线圈断电释放，其主触点断开三相电源，电动机停止运转。按钮 SB 的按下时间的长短直接决定了电动机接通电源运转时间的长短。

2. 单向连续控制工作原理

合上电源开关 QS，接通整个控制电路电源，按下起动按钮 SB2 后，接触器 KM 线圈通电吸合，KM 常开主触点与并接在启动按钮 SB2 两端的常开辅助触点同时闭合，前者使电动机接入三相交流电源而起动旋转，后者使 KM 线圈经 SB2 的常开触点与接触器 KM 自身的常开辅助触点两路供电而吸合。松开启动按钮 SB2，虽然 SB2 一路已断开，但 KM 线圈仍通过自身常开辅助触点这一通路而保持通电，从而确保电动机继续运转。这种依靠接触器自身辅助触点而使其线圈保持通电的功能称为自锁，起自锁作用的辅助触点称为自锁触点，这段电路称为自锁电路。

要使电动机停止运转，可按下停止按钮 SB1，则接触器 KM 线圈断电释放，KM 的常开主触点、常开辅助触点均断开，切断电动机主电路和控制电路，电动机停止转动。当松开停止按钮后，SB1 的常闭触点在复位弹簧作用下，又恢复到原来的常闭状态，但原来闭合的 KM 自锁触点早已随着接触器 KM 线圈断电而断开，接触器已不能依靠自锁触点这条路通电了。

由此可见，单向点动控制与连续运转控制(也叫长动控制)的根本区别在于电动机的控制电路中有无自锁电路。再者，从主电路上看，电动机连续运转电路应装有热继电器以作长期过载保护，而点动控制电路则可不接热继电器。

电路的保护环节：

(1) 熔断器 FU1、FU2 分别作为主电路与控制电路的短路保护。

(2) 热继电器 FR 具有长期过载保护功能。这是由于热继电器的热惯性较大，只有当电动机长期过载时 FR 才动作，使串接在控制电路中的 FR 常闭触点断开，切断 KM 线圈回路，使接触器 KM 断电释放，主电路 KM 的 3 对常开主触点断开，电动机断电停止转动，实现对电动机的过载保护。

(3) 电路的欠电压与失电压保护，这一保护是依靠接触器自身的电磁机构来实现的。当电源电压降低到一定值或电源断电时，接触器的电磁机构反力大于电磁吸力，接触器衔铁释放，其常开触点断开，电动机停止转动，而当电源电压恢复正常或重新供电时，接触器线圈不会自行通电吸合，只有在操作人员再次按下启动按钮之后，电动机才能重新启动。

这样，一方面防止电动机在电压严重下降时仍低压运行而烧毁电动机，另一方面防止电源电压恢复时电动机自行启动旋转，造成设备和人身事故的发生。

二、单向点动与单向连续控制线路制作与故障检修

1. 工具、仪表及器材建议

工具：测电笔、螺钉旋具、尖嘴钳、斜口钳、剥线钳等常用电工工具。

仪表：兆欧表、钳型电流表、数字万用表等。

器材：三相笼型异步电动机，刀开关、熔断器、交流接触器、控制按钮、控制板、端子排、塑铜线。

2. 主要低压电器及其作用

本任务涉及的低压电器有刀开关、熔断器、按钮开关、交流接触器、热继电器，它们的作用如下。

(1) 刀开关 QS：作为电源的隔离开关。

(2) 熔断器 FU1、FU2：分别作主电路、控制电路的短路保护。

(3) 按钮开关 SB1、SB2：控制接触器 KM 线圈得电与失电。

(4) 接触器 KM 的主触点：控制电动机的起动与停止。

(5) 热继电器 FR 的触点：当电动机长期过载时，把控制电路断开，使交流接触器 KM 的线圈失电，KM 的主触点断开，电动机停止运行，完成长期过载保护。

3. 建议安装步骤及工艺要求

1) 安装电器元件

按照图 1.39，在控制板上将所需电气元件摆放均匀、整齐、紧凑、合理，用螺钉进行固定，并在其旁边贴上醒目的文字符号。

安装工艺要求：

(1) 刀开关、熔断器的受电端子安装在控制板的外侧，以便于手动操作。

(2) 各元件的间距合理，便于元件的更换。

(3) 紧固各元件时应用力均匀，紧固程度适当。用手轻摇，以确保其稳固。

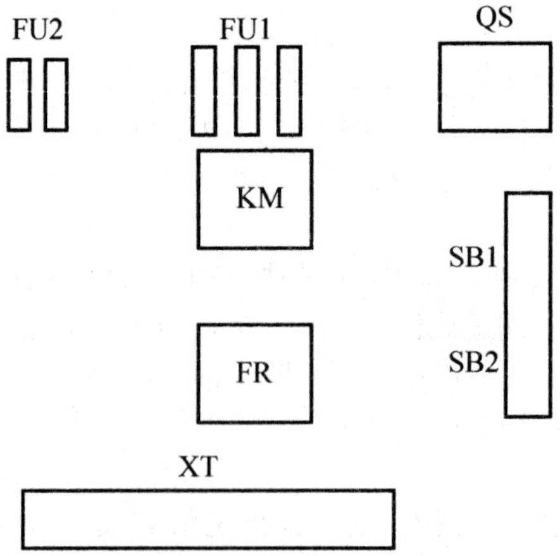

图 1.39　控制线路电器布置图

2) 布线

按照图 1.40 进行布线。

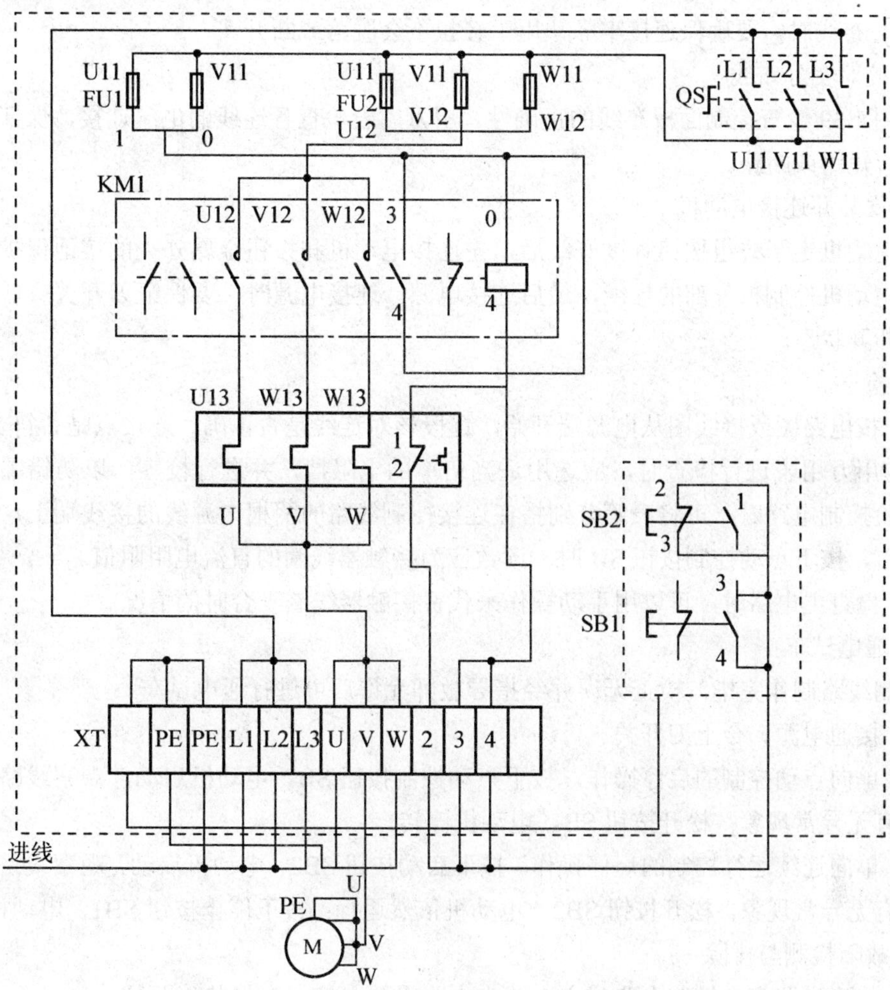

图 1.40　接线图

布线工艺要求：

(1) 布线通道要尽可能少。主电路、控制电路要分类清晰，同一类线路要单层密排，紧贴安装板面布线。

(2) 同一平面内的导线要尽量避免交叉。当必须交叉时，布线线路要清晰，以便于识别。

(3) 布线应横平竖直，走线改变方向时应垂直转向。

(4) 布线一般以接触器为中心，由里向外，由低至高，以不妨碍后续布线为原则。

(5) 布线一般按照先控制线路，后主电路的顺序。主电路和控制电路要尽量分开。

(6) 导线与接线端子或接线柱连接时，应不压绝缘层、不反圈及不露铜过长，并做到同一元件、同一回路的不同接点的导线间距离保持一致。

(7) 一个电气元件接线端子上的连接导线不得超过两根。每节接线端子排上的连接导线一般只允许连接一根。

(8) 布线时，严禁损伤线芯和导线绝缘。

(9) 布线时，不在控制板上的电气元件，要从端子排上引出。

(10) 布线时，要确保连接牢靠，用手轻拉不会脱落或断开。

3) 校对实际布线

按图1.39检查控制面板布线的正确性。用万用表检查各连线的电气连接，保证连接正确，没有短路或断路。

4) 安装并连接电动机

将电动机定子绕组按铭牌接好线后，先连接电动机和按钮金属外壳的接地保护线，然后连接电动机控制板外部的导线，最后连接电源。连接电源时，要保证刀开关或低压断路器处于断开状态。

5) 检查

(1) 按电路图或接线图从电源端开始，逐段核对连线是否正确，连接点是否符合要求。

(2) 用万用表进行检查时，应选用适当倍率的电阻挡，并进行校零，以防错漏短路故障。校验控制电路时，可将表笔分别搭在连接控制线路的两根电源线的接线端上，读数应为“∞”，按下点动控制按钮SB时，读数应为接触器线圈的直流电阻阻值。

(3) 检查主电路时，可以用手动操作来代替接触器线圈吸合时的情况。

6) 通电试车

控制线路制作完毕，检查无误并经指导教师允许后可进行通电试车。

(1) 接通电源。合上刀开关。

(2) 单向点动控制的启停操作。按下点动控制按钮SB，电动机启动，观察线路和电动机运行有无异常现象；松开按钮SB，电动机停转。

(3) 单向连续运行控制的启停操作。按下启动按钮SB2，电动机启动，观察线路和电动机运行有无异常现象，松开按钮SB2，电动机依然运行；按下停止按钮SB1，电动机停转。

7) 故障检测与排除

(1) 故障设置。在控制电路或主电路中人为设置电气、自然故障两处。

(2) 教师示范检修。教师进行示范检修时，可把下述检修步骤及要求贯穿其中，直至将故障排除。

① 用实验法来观察故障现象。主要注意观察电动机的运行情况、接触器的动作和线路的工作情况等，如发现有异常情况，应马上断电检查。

② 用逻辑分析法缩小故障范围，并在电路图上用虚线标出故障部位的最小范围。

③ 用测量法正确、迅速地找出故障点。

④ 根据故障点的不同情况，采取正确的修复方法，迅速排除故障。

⑤ 排除故障后通电试车。

(3) 学生自行检修。教师示范检修后，再由指导教师重新设置两个故障点，让学生进行检修。在学生检修的过程中，教师可进行启发性的指导，并让学生作好维修记录，包括故障现象、故障点及故障排除的具体方法。

8) 注意事项

(1) 螺旋式熔断器的接线要正确，以确保用电安全。

(2) 电动机和按钮的金属外壳必须可靠接地。

(3) 接至电动机的导线必须结实，并有良好的绝缘性能。

(4) 安装完毕的控制线路板必须经过认真的检查并经指导教师允许后方可通电试车，以防止严重事故的发生。

(5) 故障检测训练前要熟练掌握电路图中各个环节的作用。

(6) 要认真听取指导教师在示范过程中的讲解并仔细观察检修操作。

(7) 工具和仪表的使用方法要正确，同时要做到安全操作和文明生产。

经过以上学习后，学生自行制作单向连续运行的控制线路，使其既可实现三相异步电动机单向点动控制又可实现单向连续运转控制，并分别针对具体控制电路进行故障检测与维修。

知识拓展

一、两地及多地控制

在一些大型生产机械和设备上，要求操作人员能在不同方位进行操作与控制，即实现多地控制，多地控制是用多组启动按钮、停止按钮来进行的。电动机两地启动和两地停止控制线路如图 1.41 所示。

电动机若要两地启动，可按按钮 SB3 或 SB4；若要两地停止，可按按钮 SB1 或 SB2。若要实现多地启动控制，可同 SB3、SB4 并联多个按钮；若要实现多地停止控制，可同 SB1、SB2 串联多个按钮。

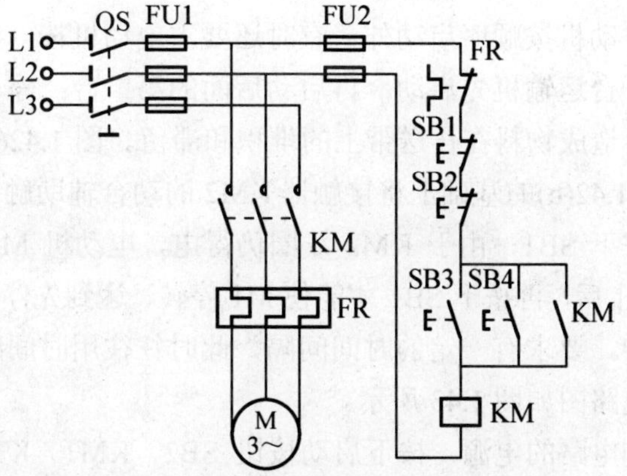

图 1.41　两地启动和两地停止控制线路

二、两台及多台电动机顺序启动控制

在实际生产过程中，有些设备往往要求其上的多台电动机按一定顺序启动和停止，如磨床上就要求先启动液压泵电动机，再启动主轴电动机。顺序启停控制电路常见的有顺序

启动、同时停止控制电路和顺序启动、顺序停止的控制电路。两台电动机顺序控制电路图如图 1.42 所示。

图 1.42(a)为两台电动机顺序控制主电路，图 1.42(b)、(c)为两种不同控制要求的控制电路。其中图 1.42(b)为按顺序启动的电路图，合上主电路与控制电路的电源开关，按下启动按钮 SB2，KM1 线圈得电并自锁，电动机 M1 启动运转。同时，串联在 KM2 控制电路中的 KM1 动合辅助触点也闭合，此时再按下按钮 SB4，KM2 线圈得电并自锁，电动机 M2 启动运转。如果先按下按钮 SB4，由于 KM1 动合辅助触点断开，电动机 M2 不可能先启动，达到按顺序启动 M1、M2 的目的。

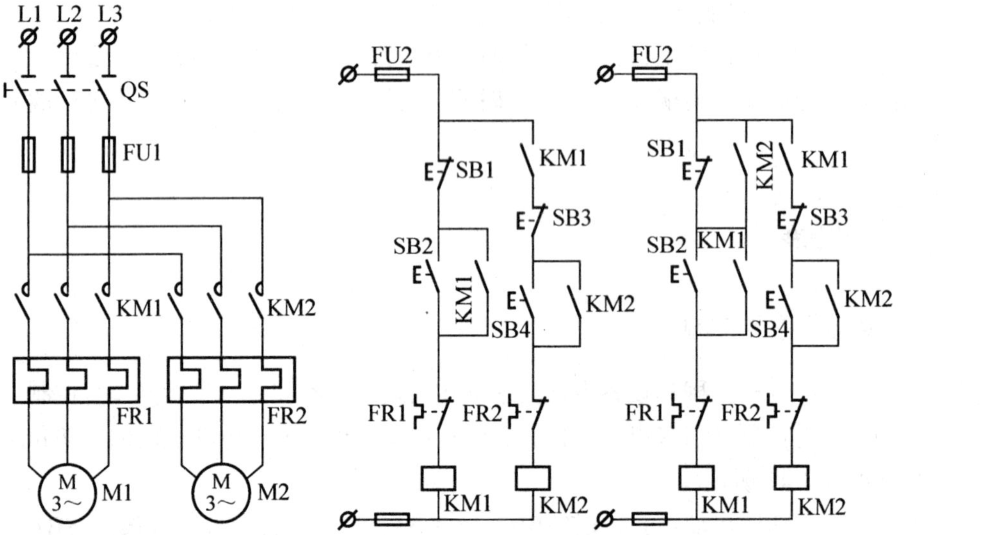

(a) 顺序控制主电路　(b) 按顺序启动电路　(c) 按顺序启动、停止的控制电路

图 1.42　两台电动机顺序控制线路

生产机械除要求电动机按顺序启动外，有时还要求电动机按一定的顺序停止。如传送带运输机，前面的第一台运输机先启动，再启动后面的第二台；停车时应先停第二台，再停第一台，这样才不会造成物料在传送带上的堆积和滞留。图 1.42(c)为按顺序启动与停止的控制电路，它是在图 1.42(b)的基础上将接触器 KM2 的动合辅助触点并联在停止按钮 SB1 的两端，这样即使先按下 SB1，由于 KM2 线圈仍得电，电动机 M1 不会停转，只有按下 SB3，电动机 M2 先停止后，再按下 SB1 才能使 M1 停转，达到先停 M2，后停 M1 的要求。

在许多顺序控制中，要求有一定的时间间隔，此时往往用时间继电器来实现。时间继电器控制的顺序启动电路图如图 1.43 所示。

接通主电路与控制电路的电源，按下启动按钮 SB2，KM1、KT 的线圈同时得电并自锁，电动机 M1 启动运转，当通电延时型时间继电器 KT 的延时时间到时，其延时闭合的动合触点闭合，接通 KM2 线圈电路并自锁，电动机 M2 启动运转，同时 KM2 动断辅助触点断开并将时间继电器 KT 线圈电路切断，使 KT 不再工作。

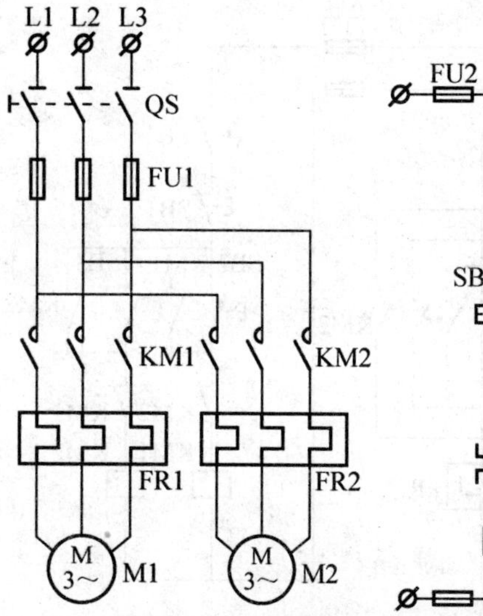

图 1.43　时间继电器控制的顺序启动线路

三、正、反转及自动往返控制

生产机械往往要求运动部件可以向正、反两个方向运行，这就要求电动机可以正、反转控制。若将接至电动机的三相电源进线中任意两相对调接线，即可达到反转的目的。常用的电动机正、反转控制线路有以下几种。

1. 接触器互锁的正、反转控制线路

接触器互锁的正、反转控制线路如图 1.44 所示。

图 1.44 中采用两个接触器，即正转用的接触器 KM1 和反转用的接触器 KM2。当接触器 KM1 的 3 对主触点接通时，三相电源的进线按 L1、L2、L3 的顺序接入电动机，电动机即正转；而当 KM2 的 3 个主触点接通时，三相电源的进线按 L3、L2、L1 的顺序接入电动机，电动机即反转。

线路要求接触器 KM1 和 KM2 不能同时得电，否则它们的主触点就会一起闭合，造成 L1 和 L3 两相电源短路。为此，在 KM1 和 KM2 线圈各自支路中相互串联一个动断辅助触点，以保证接触器 KM1 和 KM2 的线圈不会同时得电。接触器 KM1 和 KM2 的两个动断辅助触点在线路中所起的作用称为互锁作用，这两个动断触点就叫做互锁触点。

正转控制时，按下正转按钮 SB2，接触器 KM1 线圈得电吸合，其主触点闭合，电动机 M 启动正转。同时，KM1 的自锁触点闭合，互锁触点断开。

反转控制时，必须先按停止按钮 SB1 使接触器 KM1 线圈失电释放，其触点复位，电动机 M 断电。然后按下反转按钮 SB3，接触器 KM2 线圈得电吸合，其主触点闭合，电动机 M 启动反转。同时，KM2 自锁触点闭合，互锁触点断开。

接触器互锁的正、反转控制线路的缺点是操作不方便，因为要改变电动机的转向必须先按停止按钮 SB1，然后再按反转按钮 SB3 才能使电动机反转。

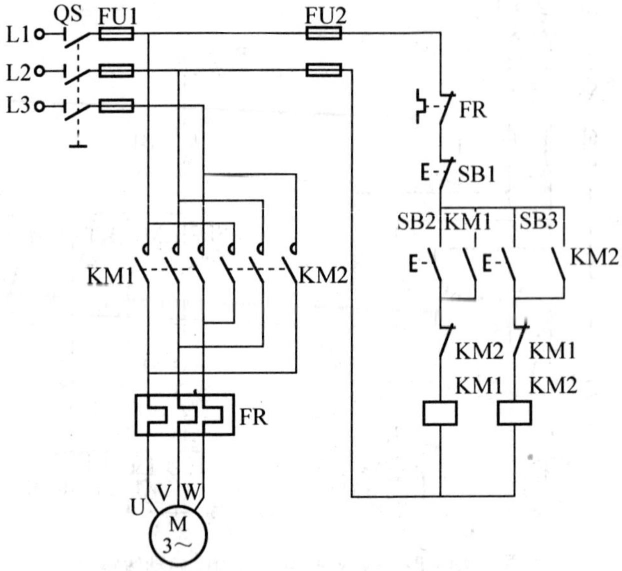

图 1.44　接触器互锁的正、反转控制线路

2. 按钮互锁的正、反转控制线路

按钮互锁的正、反转控制线路如图 1.45 所示。按钮互锁的正、反转控制线路的工作原理与接触器互锁的正、反转控制线路的工作原理基本相似。但由于前者采用了复合按钮，即当按下反转按钮 SB3 时，使接在正转控制线路中的 SB3 动断触点先断开，正转接触器 KM1 线圈失电，其主触点断开，电动机 M 断电，接着按钮 SB3 的动合触点闭合，使反转接触器 KM2 线圈得电，其主触点闭合，电动机 M 反转启动。这样既保证了正、反转控制接触器 KM1 和 KM2 失电，又可不按停止按钮 SB1 而直接按反转按钮 SB3 进行反转启动。要想由反转运行转换成正转运行，直接按正转按钮 SB2 即可。

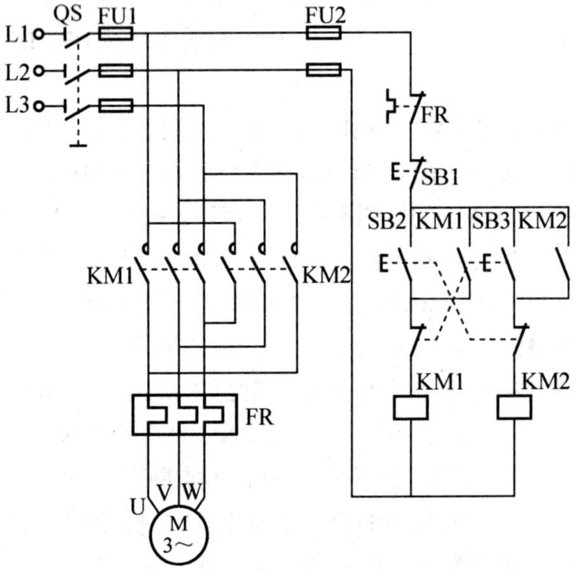

图 1.45　按钮互锁的正、反转控制线路

按钮互锁的正、反转控制线路的优点是操作方便，缺点是易产生短路故障。如当正转接触器 KM1 主触点发生熔焊故障而不能分断时，若按反转按钮 SB3 进行换向，则会产生短路故障。

3. 按钮、接触器双重互锁的正、反转控制线路

按钮、接触器双重互锁的正、反转控制线路如图 1.46 所示。

按钮、接触器双重互锁的正、反转控制线路是把上述两个线路的优点结合起来，即可以不按停止按钮而直接按反转按钮进行反向启动，保证当正转控制接触器主触点发生熔焊故障时不会发生相间短路故障。

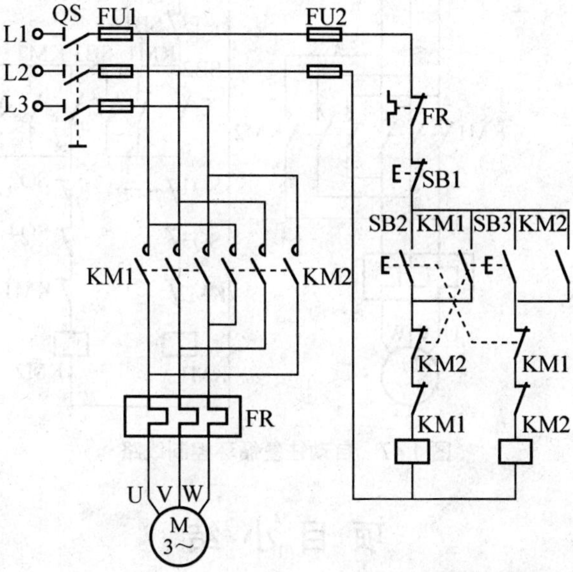

图 1.46　按钮、接触器双重互锁的正、反转控制线路

4. 自动往复循环控制线路

利用生产机械运动的行程来控制其自动往返的控制方法称作自动往复循环控制，它是通过位置开关的动作来实现的，其控制线路如图 1.47 所示。

合上电源开关 QS，按下启动按钮 SB2，接触器 KM1 线圈得电，其主触点闭合，电动机 M 正转启动，工作台向左移动。当工作台移动到一定位置时，挡铁 1 碰撞位置开关 SQ1，使 SQ1 动断触点断开，接触器 KM1 线圈失电释放，电动机 M 断电。与此同时，位置开关 SQ1 的动合触点闭合，接触器 KM2 线圈得电吸合，其主触点闭合，使电动机 M 反转，拖动工作台向右移动，此时位置开关 SQ1 虽复位，但接触器 KM2 的自锁触点已闭合，故电动机 M 继续拖动工作台向右移动。当工作台向右移动到一定位置时，挡铁 2 碰撞位置开关 SQ2，SQ2 的动断触点断开，接触器 KM2 线圈失电释放，电动机 M 断电，同时 SQ2 的动合触点闭合，接触器 KM1 线圈又得电动作，电动机 M 又正转，拖动工作台向左移动。如此周而复始，工作台在预定的距离内自动往复运动。图 1.47 中位置开关 SQ3 和 SQ4 安装在工作台往复运动的极限位置上，以防止位置开关 SQ1 和 SQ2 失灵，而使工作台继续运动造成事故。

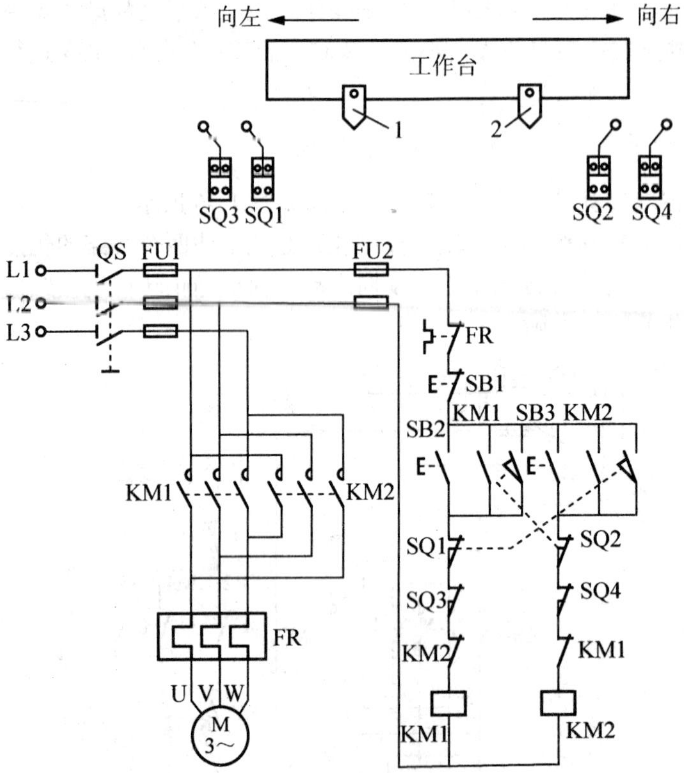

图 1.47 自动往复循环控制线路

项 目 小 结

本项目主要通过三相异步电动机的单向连续控制线路的工作原理及工作线路的制作，来讲述开关电器、熔断器、接触器、继电器、主令电器等低压电器的基本结构、工作原理、主要技术参数、用途、电气图形和文字符号、常见故障分析和使用与维护方法。

复习思考题

1. 简述低压电器的概念和分类。

2. 写出下列电器的作用、图形符号和文字符号。

(1)熔断器；(2)组合开关；(3)按钮开关；(4)自动空气开关；(5)交流接触器；(6)热继电器；(7)时间继电器。

3. 有一台三相异步电动机型号为 Y-1002-4，其额定功率为 2kW，额定电流为 4.2A，额定电压为 380V，接线方式为 Y 形，试选择合适的型号开关。

4. 解释自动空气开关的型号含义。

5. 如何进行自动空气开关的类型及参数的选择？

6. 熔断器的主要技术参数有哪些？

7. 如何进行熔断器的类型及参数的选择？

8. 简述交流接触器的结构、在电路中的作用和工作原理。

9. 简述交流接触器中短路环的作用和工作原理。

10. 如何进行交流接触器的类型及参数的选择？

11. 解释热继电器型号的含义。

12. 如何进行热继器的类型及参数的选择？

13. 在电动机的控制线路中，熔断器和热继电器能否相互代替？为什么？

14. 电动机的启动电流大，启动时热继电器应不应该动作？为什么？

15. 时间继电器 JS7 的工作原理是什么？如何调整其延时范围？画出图形符号并描述各触点的动作特点。

16. 简述速度继电器的结构和工作原理。

17. 简述按钮开关和位置开关的用途及工作原理。

项目 1.2　三相笼型异步电动机降压启动控制

项目目标

1. 掌握常用电气控制线路的图形符号、文字符号及绘图原则。

2. 掌握三相异步电动机的全压启动控制线路、降压启动控制线路和制动控制线路等电气基本控制线路的工作原理和性能。

3. 能够根据控制要求，简单设计制作出降压启动电气控制线路。

项目内容

三相笼型异步电动机降压启动控制线路是由各种有触点的接触器、按钮、行程开关等不同的低压电气元件按照不同的连接方式组合而成的，其目的是实现对电力拖动系统的降压启动、完成其启动保护功能，使其满足生产工艺的要求，从而实现生产过程的自动化。

三相异步电动机降压启动，即电动机的启动电流近似地与定子的电压成正比，因此可采用降低定子电压的办法来限制启动电流，因此也称降压启动。优点是启动设备成本低，方法简单，容易操作。缺点是启动转矩只有额定转矩的 1/3。多用于电动机的容量较大(一般为 13kW 以上)的场合。

图 1.48 是采用时间继电器实现三相笼型异步电动机的 Y-△降压启动的控制线路图。合上电源刀开关 QS 后，按下启动按钮 SB2，接触器 KM1 线圈、KM3 线圈及通电延时型时间继电器 KT 线圈得电，电动机接成 Y 形启动；同时 KM1 的动合辅助触点自锁，时间继电器开始延时计时。当电动机接近额定转速，即时间继电器 KT 延时时间到时，KT 的延时断开动断触点断开，切断 KM3 线圈电路，KM3 线圈断电释放，其主触点和辅助触点复位；

同时，KT的延时闭合的动合触点闭合，使KM2线圈得电，其辅助触点闭合自锁，主触点闭合，电动机接成△形运行。时间继电器KT线圈也因KM2动断触点断开而失电，时间继电器的触点复位，为下一次启动做好准备。

如何通过实际操作来实现三相笼型异步电动机的Y-△降压启动的控制呢？

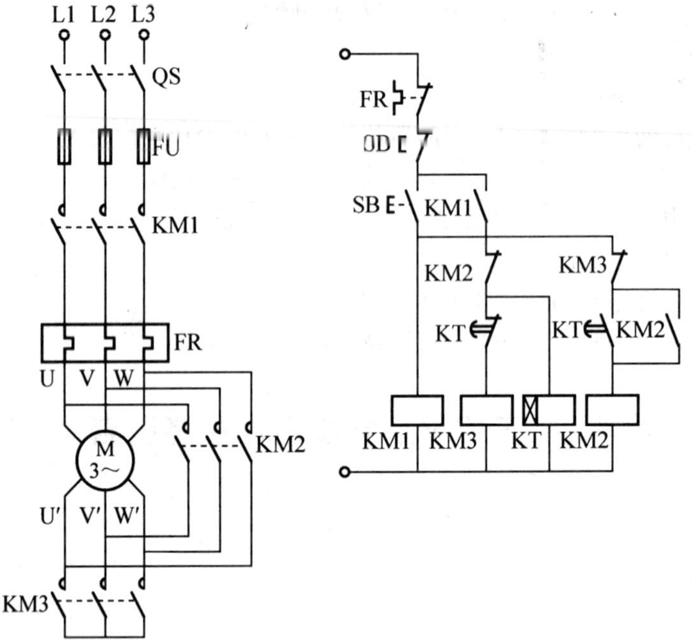

图 1.48　三相笼型异步电动机 Y-△降压启动控制线路

相关知识

一、电气控制线路的图形符号、文字符号及绘制原则

电气控制线路是用导线将电动机、电器、仪表等电气元件按一定的要求和方式连接起来，并能实现某种功能的电气线路。为了在设计、研究分析、安装维修时阅读方便，需要用统一的工程语言即图的形式来表示。在图上用不同的图形符号来表示各种不同的电气元件，用不同的文字符号来进一步说明图形符号所代表的电气元件的名称、用途、主要特征及编号等。因此，电气控制线路应根据简单易懂的原则，采用统一规定的图形符号、文字符号和标准画法来进行绘制。

1. 常用电气设备的图形符号及文字符号

在电气控制系统图中，各种电气元件的图形符号和文字符号必须按照统一的国家标准来绘制。为便于掌握引进的先进技术和先进设备，加强国际交流，国家标准局颁布了GB 4728—1984《电气图用符号》及GB 6988—1987《电气制图》和GB 7159—1987《电气技术中的文字符号制定通则》，规定从1990年1月1日起，电气控制电路中的图形符号和文字符号必须符合最新的国家标准。其中一些常用的电气图形符号和文字符号见表1-10。

表 1-10 电气控制线路中常用的图形符号和文字符号表

名称	新符号			旧符号	
	图形符号 (GB 4728—00)	图形符号 (GB 4728—85)	文字符号 (GB 4728—87)	图形符号 (GB 312—64)	文字符号 (GB 315—64)
直流电					
交流电					
交直流					
导线的连接					
导线的多线连接					
导线不连接					
接地一般符号			E		E
单相自耦变压器			T		B
星形连接的三相自耦变压器			T		ZOB
电流互感器			TA		LH
三相笼型感应电动机			M 3～		JD
三相绕线转子感应电动机			M 3～		JD
他励式直流电动机			M		ZD
并励式直流电动机			M		ZD
永磁式直流测速发电机			TG		SF
熔断器			FU		RD
插头			XP		CT
插座			XS		CZ

续表

名称	新符号			旧符号	
	图形符号 (GB 4728—00)	图形符号 (GB 4728—85)	文字符号 (GB 4728—87)	图形符号 (GB 312—64)	文字符号 (GB 315—64)
单极刀开关	或	或	Q		K
三极刀开关			Q		K
具有动合触点但无自动复位功能的旋转开关			S		
三相断路器			QF		ZK
手动三极开关一般符号			Q		
动合(常开)触点	或	或		或	
动断(常闭)触点					
先断后合的转换触点					
按钮开关动合触点(启动按钮)			SB		QA
按钮开关动断触点			SB		TA
限位开关					
动合触点			SQ		XK
动断触点			SQ		XK
接触器					
线圈			KM		C

续表

名称	新符号			旧符号	
	图形符号 (GB 4728—00)	图形符号 (GB 4728—85)	文字符号 (GB 4728—87)	图形符号 (GB 312—64)	文字符号 (GB 315—64)
动合(常开)触点			KM	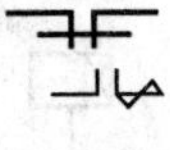	C
动断(常闭)触点	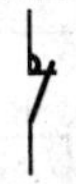		KM		C
继电器					
动合(常开)触点			符号同操作元件		符号同操作元件
动断(常闭)触点					
延时闭合的动合(常开)触点	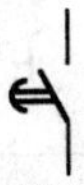	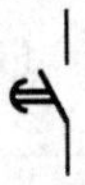	KT		SJ
延时断开的动合(常开)触点	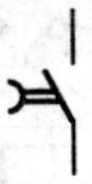	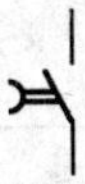			
延时闭合的动断(常闭)触点					
延时断开的动断(常闭)触点					
延时闭合和延时断开的动合(常开)触点					
延时闭合和延时断开的动断(常闭)触点		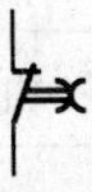			
时间继电器线圈(一般符号)	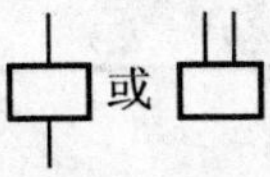	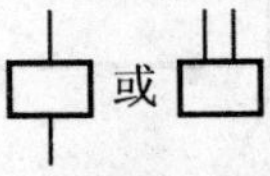	KT	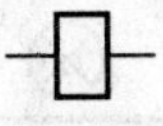	SJ
中间继电器线圈			K	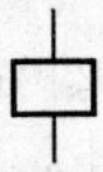	ZJ
缓慢释放(断电延时型)时间继电器			KT		SJ

续表

名称	新符号			旧符号	
	图形符号 (GB 4728—00)	图形符号 (GB 4728—85)	文字符号 (GB 4728—87)	图形符号 (GB 312—64)	文字符号 (GB 315—64)
缓慢吸合(通电延时型)时间继电器线圈			KT	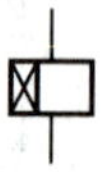	SJ
欠电压继电器线圈			KV		QYJ
过电流继电器线圈		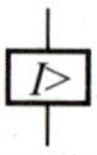	KA	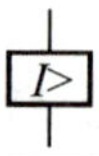	GLJ
热继电器热元件	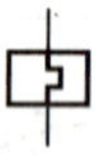		FR		RJ
热继电器的动断触点	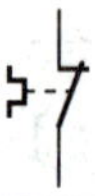	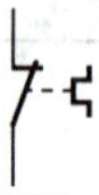	FR		RJ
主令控制器的触点		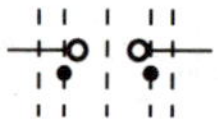	SA	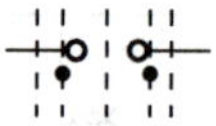	LK
电磁铁		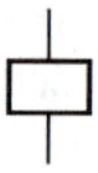	YA	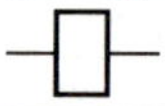	DCT
电磁吸盘			YH	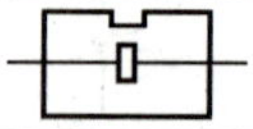	DX
电磁制动器			YB	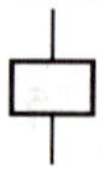	ZC
电铃			HA		DL
扬声器(电喇叭)	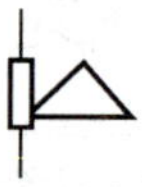	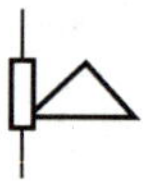	HA	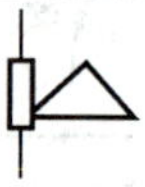	LB
照明灯			EL		ZD
信号灯	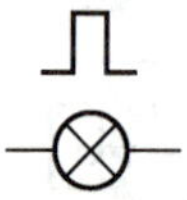		HL		XD

2. 电气控制线路图的绘制原则

电气控制线路是由许多电气元件按一定的要求连接而成的。为了便于阅读分析，通常采用的是电气控制原理图，在此图中用不同的图形符号来表示各种电气元件；用不同的文字符号来表示各电气项目的种类代号。为了使电气控制原理图更具通用性，这些图形符号及文字符号必须采用国家颁布的标准。生产机械电气控制线路常用电气控制原理图、接线图和布置图来表示。

1) 电气控制原理图的绘制、识读原则

电气控制原理图是根据生产机械运动形式对电气控制系统的要求，采用国家统一规定的电气图形符号和文字符号，按照电气设备和电器的工作顺序详细地表示电路、设备或成套装置的全部组成和连接关系，而不考虑其实际位置的一种简图。

电气控制原理图能充分表达电气设备和电器的作用和工作原理，是电气线路安装、调试和维修的理论依据。电气控制线路图一般分电源电路、主电路和辅助电路 3 部分来绘制。绘制电气控制原理图时应遵循以下原则。

(1) 电源电路画成水平线。三相交流电源进线按 L1、L2、L3 的顺序自上而下依次画出，中线 N 和保护地线 PE 依次画在相线之下；直流电源的“＋”端画在上边，“－”端在下边画出；电源开关要水平画出。

(2) 主电路是指受控的动力装置及控制、保护电器的支路等，它由熔断器、接触器的主触点、热继电器的热元件以及电动机等组成。主电路通过的电流是电动机的工作电流，电流较大。主电路图要画在电路图的左侧并垂直于电源电路。

(3) 辅助电路一般包括控制主电路工作状态的控制电路、显示主电路工作状态的指示电路、提供机床设备局部照明的照明电路等。它由主令电器的触点、接触器的线圈及辅助触点、继电器的线圈及触点、指示灯和照明灯等组成。辅助电路通过的电流都较小，一般不超过 5A。画辅助电路图时，辅助电路要跨接在两相电源线之间，一般按照控制电路、指示电路和照明电路的顺序依次垂直画在主电路图的右侧，且在电路中与下边电源线相连的耗能元件(如接触器和继电器的线圈、指示灯、照明灯等)要画在电路图的下方，而电器的触点要画在耗能元件与上边电源线之间。为读图方便，一般应按照自左至右、自上而下的排列来表示操作顺序。

(4) 在电气控制原理图中，各电器的触点位置都应按电路未通电或电器未受外力作用时的常态位置画出。分析控制原理时，应从触点的常态位置出发。

(5) 在电气控制原理图中，不画各电气元件实际的外形图，而采用国家统一规定的电气图形符号。

(6) 在电气控制原理图中，同一电器的各元件不必按它们的实际位置画在一起，而是按其在线路中所起的作用分画在不同的电路中，但它们的动作却是相互关联的，因此，必须标注相同的文字符号。若图中相同的电器较多时，需要在电气元件文字符号后面加注不同的数字以示区别，如 KM1、KM2 等。

(7) 画电气控制原理图时，应尽可能减少线条并避免线条交叉。对有直接电联系的交叉导线连接点要用小黑圆点表示；无直接电联系的交叉导线则不画小黑圆点。

(8) 电气控制原理图采用电路编号法，即对电路中的各个接点用字母或数字编号，主要有如下两点。

① 主电路在电源开关的出线端按相序依次编号为 U11、V11、W11。然后按从上至下、从左至右的顺序，每经过一个电气元件后，编号都要递增，如 U12、V12、W12；U13、V13、W13；…。单台三相交流电动机的 3 根引出线按相序依次编号为 U、V、W。对于多台电动机引出线的编号，为了不引起误解和混淆，可在字母前用不同的数字加以区别，如 1U、1V、1W；2U、2V、2W；…。

② 辅助电路的编号按“等电位”的原则从上至下、从左至右的用数字依次编号，每经

过一个电气元件，编号要依次递增。控制电路的编号的起始数字必须是 1，其他辅助电路编号的起始数字依次递增 100，如照明电路的编号从 101 开始，指示电路的编号从 201 开始等。

2) 接线图的绘制、识读原则

接线图是根据电气设备和电气元件的实际位置和安装情况绘制的，只是用来表示电气设备和电气元件的位置、配线方式和接线方式的，而不明显表示出电气的工作原理，主要用于安装接线、线路的检查维修和故障处理。

在绘制、识读接线图时，应遵循以下原则。

(1) 接线图中一般指出如下内容：电气设备和电气元件的相对位置、文字符号、端子号、导线号、导线类型、导线截面积、屏蔽和导线绞合情况等。

(2) 所有的电气设备和电气元件都按其所在的实际位置绘制在图样上，且同一电器的各个元件根据其实际结构使用与电路图相同的图形符号画在一起，并用点画线框上，其文字符号及接线端子的编号应与电气控制原理图中的标注一致，以便对照检查接线。

(3) 接线图中的导线有单根导线、导线组(或线扎)、电缆等之分，可用连续线和中断线来表示。凡走向相同的导线则可以合并，并用线束来表示，到达接线端子排或电气元件的连接点时再分别画出。在用线束来表示导线组、电缆等时可用加粗的线条表示，在不引起误解的情况下也可采用部分加粗的线条表示。另外，导线及管子的型号、根数和规格都应标注清楚。

3) 布置图的绘制、识读原则

布置图是根据电气元件在控制板上的实际安装位置，采用简化的外形符号(如正方形、矩形、圆形等)绘制的一种简图。它不表达各电器的具体结构、作用、接线情况以及工作原理，主要用于电路中电气元件的布置和安装。图中各电器的文字符号必须与电气控制原理图和接线图的标注相一致。

在实际应用中，电气控制原理图、接线图和布置图要结合起来使用。

项目实现

一、三相笼型异步电动机 Y-△降压启动控制线路及工作原理

图 1.48 为三相笼型异步电动机 Y-△降压启动控制线路工作原理图。

三相笼型异步电动机 Y-△降压启动控制工作原理：在启动过程中，将电动机的定子绕组接成 Y 形，使电动机每相绕组承受的电压为额定电压的$1/\sqrt{3}$，启动电流为三角形连接时启动电流的 1/3。在图 1.49 中，UU′、VV′、WW′为电动机的三相定子绕组，当 KM3 的动合触点闭合，KM2 的动合触点断开时，相当于 U′、V′、W′连在一起，为星形连接；当 KM3 的动合触点断开，KM2 的动合触点闭合时，相当于 U 与 V′、V 与 W′、W 与 U′连在一起，三相绕组首尾相连，为三角形连接。

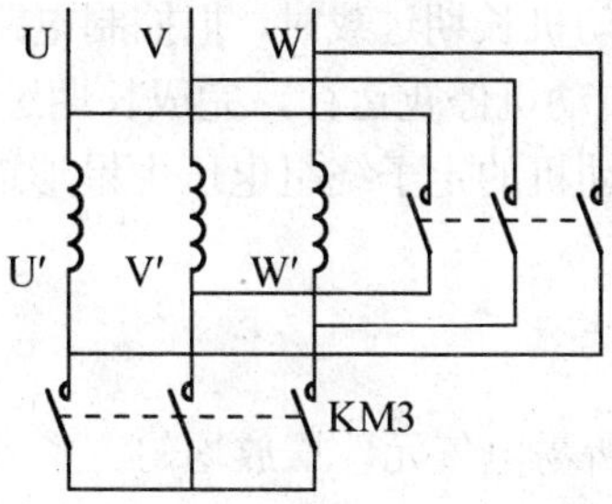

图 1.49　电动机定子绕组 Y-△接线示意图

电路的保护环节：

(1) KM 2、KM 3 动断触点是互锁控制，为防止 KM 2、KM 3 线圈同时得电而造成电源短路。

(2) 熔断器 FU1、FU2 分别作为主电路与控制电路的短路保护。

(3) 热继电器 FR 具有长期过载保护作用。这是由于热继电器的热惯性较大，只有当电动机长期过载时 FR 才动作，使串接在控制电路中的 FR 常闭触点断开，切断 KM 线圈电路，使接触器 KM 断电释放，主电路 KM 3 对常开主触点断开，电动机断电停止运行，实现对电动机的过载保护。

(4) 电路的欠电压与失电压保护。这一保护是依靠接触器自身的电磁机构来实现的。当电源电压降低到一定值时或电源断电时，接触器电磁机构反力大于电磁吸力，接触器衔铁释放，其常开触点断开，电动机停止运行。而当电源电压恢复正常或重新供电时，接触器线圈均不会自行通电吸合，只有在操作人员再次按下启动按钮之后，电动机才能重新启动。这样，一方面防止电动机在电源电压严重下降时仍低压运行而烧毁电动机；另一方面防止电源电压恢复时，电动机自行启动旋转，造成设备和人身事故的发生。

二、三相笼型异步电动机 Y-△降压启动控制线路制作与故障检修

1. 工具、仪表及器材建议

工具：测电笔、螺钉旋具、尖嘴钳、斜口钳、剥线钳等常用电工工具。

仪表：兆欧表、钳型电流表、数字万用表等。

器材：三相笼型异步电动机、刀开关、熔断器、交流接触器、时间继电器、控制按钮、控制板、端子排、塑铜线。

2. 主要低压电器及其作用

本任务涉及的低压电器有刀开关、熔断器、按钮、交流接触器、热继电器、时间继电器。它们的作用如下。

(1) 刀开关 QS：作为电源的隔离开关。

(2) 熔断器 FU1、FU2：分别作主电路、控制电路的短路保护。

(3) 控制按钮 SB1、SB2：控制接触器 KM1 线圈得电与失电。

(4) 接触器 KM1 的主触点：控制电动机的启动与停止。

(5) 接触器 KM2 的主触点：实现电动机的定子绕组电压星形连接。

(6) 接触器 KM3 的主触点：实现电动机的定子绕组电压三角形连接。

(7) 热继电器 FR 的触点：电动机长期过载时，把控制电路断开，使交流接触器 KM 的线圈失电，KM 的主触点断开，电动机停止运行，完成长期过载保护。

(8) 时间继电器 KT：完成电动机的定子绕组电压由星形连接自动过渡到三角形连接。

3. 建议安装步骤及工艺要求

1) 安装电气元件

按照图 1.50，在控制板上将所需电气元件摆放均匀、整齐、紧凑、合理，用螺钉进行固定，并在其旁边贴上醒目的文字符号。

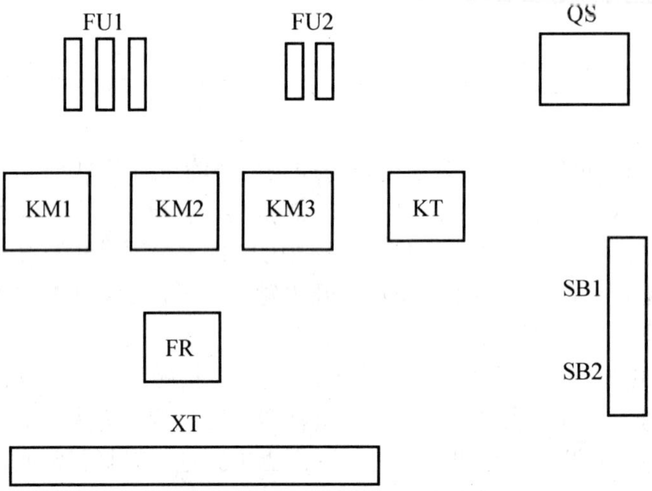

图 1.50　三相笼型异步电动机 Y-△降压启动电气安装布置图

安装工艺要求：

(1) 刀开关、熔断器的受电端子安装在控制板的外侧，以便于手动操作。

(2) 各元件的间距合理，便于元件的更换。

(3) 紧固各元件时应用力均匀，紧固程度适当。用手轻摇，以确保其稳固。

2) 布线

按照图 1.51 实物接线图所示进行布线。

布线工艺要求：

(1) 布线通道要尽可能少。主电路、控制电路要分类清晰，同一类线路要单层密排，紧贴安装板面布线。

(2) 同一平面内的导线要尽量避免交叉。当必须交叉时，布线线路要清晰，以便于识别。

(3) 布线应横平竖直，走线改变方向时应垂直转向。

(4) 布线一般以接触器为中心，由里向外，由低至高，以不妨碍后续布线为原则。

(5) 布线一般按照先控制电路，后主电路的顺序。主电路和控制电路要尽量分开。

(6) 导线与接线端子或接线柱连接时，应不压绝缘层、不反圈及不露铜过长，并做到同一元件、同一回路的不同接点的导线间距离保持一致。

(7) 一个电气元件接线端子上的连接导线不得超过两根。每节接线端子排上的连接导线一般只允许连接一根。

(8) 布线时，严禁损伤线芯和导线绝缘。

(9) 布线时，不在控制板上的电气元件，要从端子排上引出。

(10) 布线时，要确保连接牢靠，用手轻拉不会脱落或断开。

3) 校对实际布线

按图 1.50 检查控制面板布线的正确性。用万用表检查各连线的电气连接，保证连接正确，没有短路或断路。

4) 安装并连接电动机

将电动机定子绕组按铭牌接好线后，先连接电动机和按钮金属外壳的接地保护线，然后连接电动机控制板外部的导线，最后连接电源。连接电源时，要保证刀开关或低压断路器处于断开状态。

5) 检查

(1) 按电路图或接线图从电源端开始，逐段核对连线是否正确，连接点是否符合要求。

(2) 用万用表进行检查时，应选用适当倍率的电阻挡，并进行校零，以防错漏短路故障。校验控制电路时，可将表笔分别搭在连接控制线路的两根电源线的接线端上，读数应为“∞”。

(3) 检查主电路时，可以用手动操作来代替接触器线圈吸合时的情况。

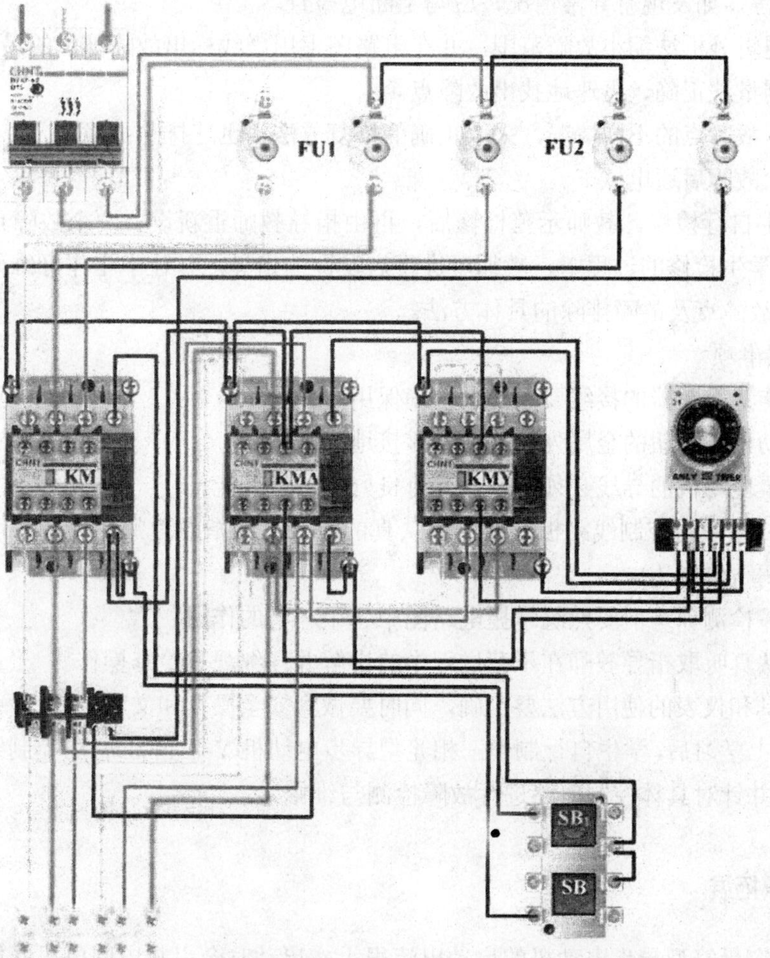

图 1.51　三相笼型异步电动机 Y–△降压启动实物接线图

6) 通电试车

控制线路制作完毕，检查无误并经指导教师允许后可进行通电试车。

(1) 接通电源。合上刀开关。

(2) 三相笼型异步电动机 Y-△降压启动控制的起停操作。按下启动按钮 SB2，接触器 KM1、KM3 线圈得电，电动机接成星形启动；当电动机的转速接近额定转速时，时间继电器动作，线圈 KM3 断电，KM2 线圈得电，其辅助触点闭合自锁，主触点闭合，电动机接成三角形运行。时间继电器 KT 的线圈也因 KM2 动断触点断开而失电，其触点复位，为下一次启动做好准备。按下停止按钮 SB1，电动机停止运行。

7) 故障检测与排除

(1) 故障设置。在控制电路或主电路中人为设置电气、自然故障两处。

(2) 教师示范检修。教师进行示范检修时，可把下述检修步骤及要求贯穿其中，直至将故障排除。

① 用实验法来观察故障现象。主要注意观察电动机的运行情况、接触器的动作和线路的工作情况等，如发现有异常情况，应马上断电检查。

② 用逻辑分析法缩小故障范围，并在电路图上用虚线标出故障部位的最小范围。

③ 用测量法正确、迅速地找出故障点。

④ 根据故障点的不同情况，采取正确的修复方法，迅速排除故障。

⑤ 排除故障后通电试车。

(3) 学生自行检修。教师示范检修后，再由指导教师重新设置两个故障点，让学生进行检修。在学生检修的过程中，教师可进行启发性的指导，并让学生作好维修记录，包括故障现象、故障点及故障排除的具体方法。

8) 注意事项

(1) 螺旋式熔断器的接线要正确，以确保用电安全。

(2) 电动机和按钮的金属外壳必须可靠接地。

(3) 接至电动机的导线必须结实，并有良好的绝缘性能。

(4) 安装完毕的控制线路板必须经过认真的检查并经指导教师允许后方可通电试车，以防止严重事故的发生。

(5) 故障检测训练前要熟练掌握电路图中各个环节的作用。

(6) 要认真听取指导教师在示范过程中的讲解并仔细观察检修操作。

(7) 工具和仪表的使用方法要正确，同时要做到安全操作和文明生产。

经过以上学习后，学生自行制作三相笼型异步电动机 Y-△降压启动控制线路实现降压启动控制，并针对具体控制电路进行故障检测与维修。

知识拓展

由于大容量笼型异步电动机的启动电流很大，启动时会引起电网电压降低，使电动机转矩减小，甚至启动困难，而且可能会影响同一供电网络中其他设备的正常工作，所以大容量笼型异步电动机的启动电流应限制在一定的范围内，即不允许其直接启动。

是否允许电动机直接启动，应由电动机的启动次数、电网的容量和电动机的容量来决定。一般规定：电动机启动时，供电母线上的电压降落不得超过电动机的额定电压的 10%～15%；电动机启动时，变压器的短时过载不得超过最大允许值，即电动机的最大容量不超过变压器容量的 20%～30%。

由于机床电动机一般都是空载启动，所以常采用降低电动机定子绕组电压的方法来减小启动电流。

除了以上介绍的三相笼型异步电动机 Y-△降压启动控制，常用的还有定子绕组串电阻、自耦变压器降压启动控制。

一、定子绕组串电阻降压启动控制

用时间继电器控制串电阻降压启动的控制线路如图 1.52 所示。

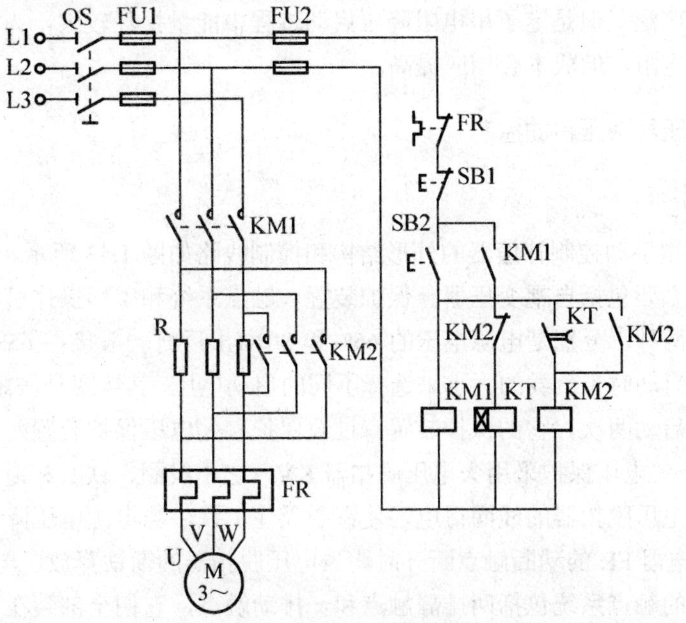

图 1.52　串电阻降压启动控制线路

当按下启动按钮 SB2 后，接触器 KM1 线圈得电吸合，其主触点闭合，电动机 M 串电阻 R 降压启动。与此同时，时间继电器 KT 线圈得电吸合，当电动机接近额定转速时，时间继电器延时闭合触点动作，接触器 KM2 线圈得电并自锁，其主触点闭合，启动电阻 R 被短接，电动机转为全压运行。同时，接触器 KM2 的动断触点断开，时间继电器 KT 线圈失电释放。

定子所串电阻一般采用电阻丝绕制的板式电阻或铸铁电阻，它的阻值小、功率大，允许通过较大的电流。每相串接的降压电阻可用以下经验公式计算：

1) 电阻值的计算公式

$$R = \frac{220}{I_N}\left(\frac{I_{ST}}{I'_{ST}}\right)^2 - 1$$

式中：I_N——电动机额定电流，A；

I_{ST}——额定电压下未串入电阻时的电动机的启动电流，一般取 $I_{ST} = (5 \sim 7)I_N$，A；

I'_{ST}——串入电阻后所要求达到的电流，一般取 $I'_{ST} = (2 \sim 3)I_N$，A。

2) 降压电阻的功率的计算公式

$$P = RI_{ST}^2$$

由于启动电阻只在电动机启动时起作用，而启动时间又很短，所以实际选用的电阻的功率可比功率的计算值小 75%～80%。若电动机定子回路只串接两相启动电阻，则选取的电阻的阻值应按计算值的 1.5 倍选取。

定子串电阻降压启动由于不受电动机的接线形式的限制，且设备简单，所以在中小型生产机械上应用广泛。但是定子串电阻降压启动过程中能量损耗较大，为了节省能量可采用电抗器来代替电阻，但成本会相应提高。

二、自耦变压器降压启动控制

1. 手动控制

常用的 QJ3 型手动控制补偿器的外形结构和控制线路如图 1.53 所示。这种补偿器的内部结构组成部分主要包括自耦变压器、保护装置、触点系统和手柄操作机构等。自耦变压器的抽头电压有两种，分别是电源电压的 65%和 80%(出厂时一般接在 65%电源电压处)，其可根据电动机启动时带负载的大小来选择不同的启动电压。其线圈是按短时通电设计的，只能连续带负载启动两次。它的保护装置有过载保护和欠电压保护装置两种：过载保护采用热继电器 FR；欠电压保护采用失电压脱扣器 KV，它由线圈、铁心和衔铁组成。当电源电压正常时，失电压脱扣器的线圈得电，使铁心吸住衔铁，当电源电压降低到额定电压的 85%以下或热继电器 FR 的动断触点断开时，失电压脱扣器的衔铁释放，电动机断电停转。手动控制补偿器的触点系统包括两排静触点和一排动触点，它们全部装在补偿器的下部，并浸在绝缘油内，绝缘油必须保持清洁，防止水分和杂物的掺入，以保证有良好的绝缘性能。当手柄向前推到“启动”位置时，动触点与上面一排启动静触点接触，电源通过 3 条软金属带、动触点、启动静触点、自耦变压器接至电动机，使电动机降压启动。

当电动机的转速上升到一定值时，将手柄向后迅速扳到“运行”位置，此时动触点与下面一排运行静触点接触，电源通过 3 条软金属带、动触点、运行静触点、热继电器热元件接至电动机，使电动机在额定电压下全压运行。如要停止电动机，只需要按下按钮 SB，失压脱扣器 KV 线圈即失电，其衔铁释放，通过机械机构使补偿器手柄回到“停止”位置，使电动机停转。如误将手柄直接推向“运行”位置，机械联锁装置就会挡住手柄，以防止误操作。

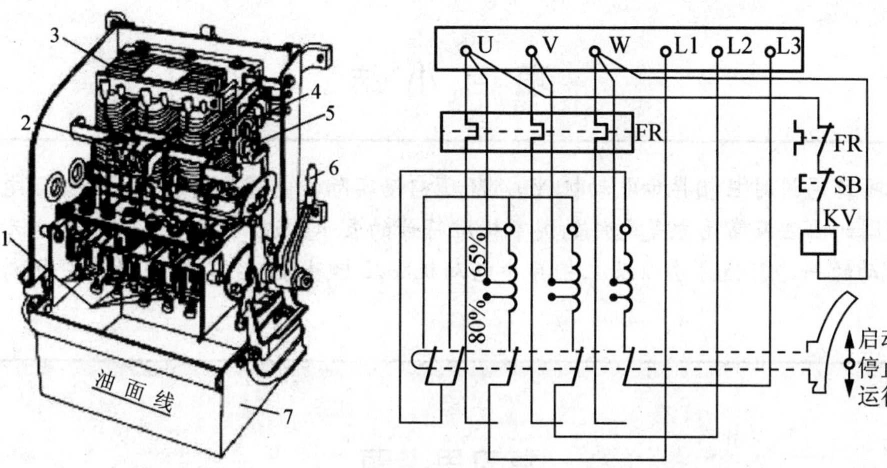

(a) 外形与结构　　(b) 控制线路

图 1.53　QJ3 型手动控制补偿器

1—起动静触头；2—热继电器；3—直耦变压器；4—贝电压保护装量；
5—停止按钮；6—操纵手柄；7—油桶

2. 时间继电器自动控制

时间继电器自动控制的串联自耦变压器的降压启动控制线路如图 1.54 所示。

当按下启动按钮 SB2 时，接触器 KM 1 和 KM 2 的线圈先后得电吸合，电动机串联自耦变压器降压启动，时间继电器 KT 的线圈与接触器 KM 2 的线圈同时得电吸合，KT 动断触点延时断开，KM 1 线圈失电释放，KT 动合触点延时闭合，KM 3 线圈得电吸合，电动机脱离自耦变压器进入全压运行状态。串接在按钮 SB2 和接触器 KM 2 的自锁触点之间的接触器 KM 1 的动合触点的作用是：当接触器 KM 1 线圈断路时，按下 SB2 按钮，KM 3 线圈不会得电，即电动机不会全压启动。

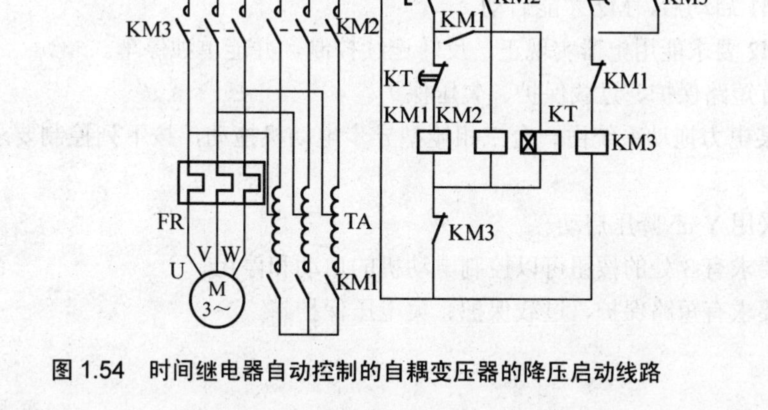

图 1.54　时间继电器自动控制的自耦变压器的降压启动线路

项 目 小 结

本项目通过对三相异步电动机Y-△降压启动实际控制线路的制作，介绍了电气控制原理图的画法及常用电气元件的国家标准符号的表示方法，拓展了三相异步电动机的降压启动的一些其他方法以及三相异步电动机降压启动控制线路常见故障分析与维护方法。

复习思考题

1. 在电动机正、反转控制电路中，何谓电气互锁？何谓机械互锁？如何实现电气互锁和机械互锁？

2. 若要实现电动机直接由正转过渡到反转，其控制要点在何处？画出电气控制原理原理图，并分析其工作原理。

3. 电气控制系统中常用的保护环节有哪些？通常它们各由哪些电器来实现其保护功能？

4. 画出接触器互锁的三相异步电动机正、反转控制电路，并叙述其工作原理。

5. 接触器互锁和按钮互锁三相异步电动机正、反转控制电路各有何特点？

6. 什么叫“互锁”？互锁线路由什么部件组成？它们如何连接？如果用接触器的常开触点作为其自锁触点，将会出现什么现象？

7. 电气图分为哪几类？各有什么用途？

8. 简述电气图的识图要点和识图步骤。

9. 设计一个电气控制线路：3台三相笼型异步电动机启动时，电动机M1先启动，10s后M2自行启动并运行30s，然后M1停止同时使M3自行启动，M3运行30s后，其余两台电动机均停止。

10. 有两台电动机M1和M2，试按如下控制要求设计控制线路。

(1) M1启动后，M2才能启动。

(2) M2要求能用电器实现正、反转连续控制，并能单独停车。

(3) 有短路保护、过载保护、欠压保护。

11. 某电力拖动系统由一台三相笼型异步电动机拖动，按下列控制要求设计电气控制线路。

(1) 采用Y-△降压启动。

(2) 要求有3处的按钮可以控制电动机的启动和停止。

(3) 要求有短路保护、过载保护、欠电压保护。

项目 1.3　三相笼型异步电动机的调速控制

项目目标

1. 掌握三相异步电动机变极调速控制线路的组成及控制原理。

2. 掌握双速、三速异步电动机控制线路中低压电器的作用，并能够正确分析线路工作原理。

3. 能够正确使用电工工具制作双速异步电动机控制线路，并调试运行。

4. 能够对变极调速控制线路及相应的低压电器进行故障检修。

项目内容

三相笼型异步电动机的调速控制就是通过按钮、接触器、时间继电器控制实现的调速控制。

三相异步电动机结构简单、坚固耐用、维护方便、造价低廉，大多被用来拖动转速基本不变的生产机械。在实际应用中，有许多机械需要调速，如车床、机车、风机、水泵等常用闸阀进行调速控制。为了实现节能，则要求设法从电动机本身出发进行电气调速。

根据异步电动机的转差率 S 的表达式：

$$S=\frac{n_1-n}{n_1}$$

可知交流电动机转速公式如下：

$$n=\frac{60f_1}{p}(1-S)$$

式中：n——电动机的转速，r/min；

p——电动机极对数；

f_1——供电电源频率，Hz；

S——异步电动机的转差率。

由上式分析可知三相异步电动机的调速原理，即通过改变定子的电压频率 f_1、极对数 P 及转差率 S 都可以实现交流异步电动机的速度调节，具体可以归纳为变极调速、变转差率调速和变频调速三大类，而变转差率调速又包括调压调速、转子串电阻调速、串级调速等，它们都属于转差功率消耗型的调速方法。

在一些特定的应用场合，要求三相笼型异步电动机的调速范围要宽。本项目要求采用变极调速的方法实现三相笼型异步电动机的双速控制。那么，如何实现三相笼型异步电动机采用时间继电器进行的双速控制呢？

如何设计低压电器连接控制线路完成上述任务呢？

相关知识

一、变极调速

1. 变极调速的方法

变换异步电动机绕组的极数从而改变其同步转速进行调速的方式称为变极调速。变极调速使电动机的转速只能按阶跃方式变化，不能连续变化。变极调速的基本原理是：如果电网频率不变，电动机的同步转速与它的极对数成反比，因此，可变更电动机绕组的结线方式使其在不同的极对数下运行，其同步转速便会随之改变。异步电动机的极对数是由其定子绕组的连接方式决定的，这样就可以通过改变定子绕组的连接方式来改变异步电动机的极对数。变更极对数的调速方法一般仅适用于笼型异步电动机。双速电动机、三速电动机是变极调速中最常见的两种电动机。

2. 变极调速的实现

双速异步电动机是通过改变电动机定子绕组的连接方式来获得不同的磁极数，使电动机同步转速发生变化，从而达到电动机调速的目的。经常采用的方法有△/YY 和 Y/YY 两种。

变极调速的优点是：设备简单，运行可靠，既可适用于恒转矩调速(Y/YY)，也可适用于近似恒功率调速(△/YY)。其缺点是：转速只能成倍变化，为有极调速。Y/YY 变极调速主要应用于起重电葫芦、运输传送带等的调速控制中；△/YY 变极调速主要应用于各种机床的粗加工和精加工控制中。

以△/YY 双速异步电动机控制线路为例，三相定子绕组结成三角形，如图 1.55(a)所示。由 3 个连接点引出 3 个接线端 1、2、3，从每相绕组的中点各接出一个出线端 4、5、6，这样定子绕组共有 6 个出线端。当把三相交流电源分别接到定子绕组的出线端 1、2、3 上而另外 3 个出现端 4、5、6 空着不接时，如图 1.55(b)所示，此时电动机定子绕组结成三角形，磁极为 4 极，同步转速为 1 500r/min，这是一种低速接法。当把 3 个出线端 1、2、3 并接在一起而另外 3 个出线端 4、5、6 分别接到三相交流电源上时，如图 1.55(c)所示，此时电动机定子绕组接成双星形，磁极为两极，同步转速为 3 000r/min，这是一种高速接法。

由于三相异步电动机的转子的转速略小于同步转速，可见双速异步电动机高速运转时的转速几乎是低速运转时转速的两倍。

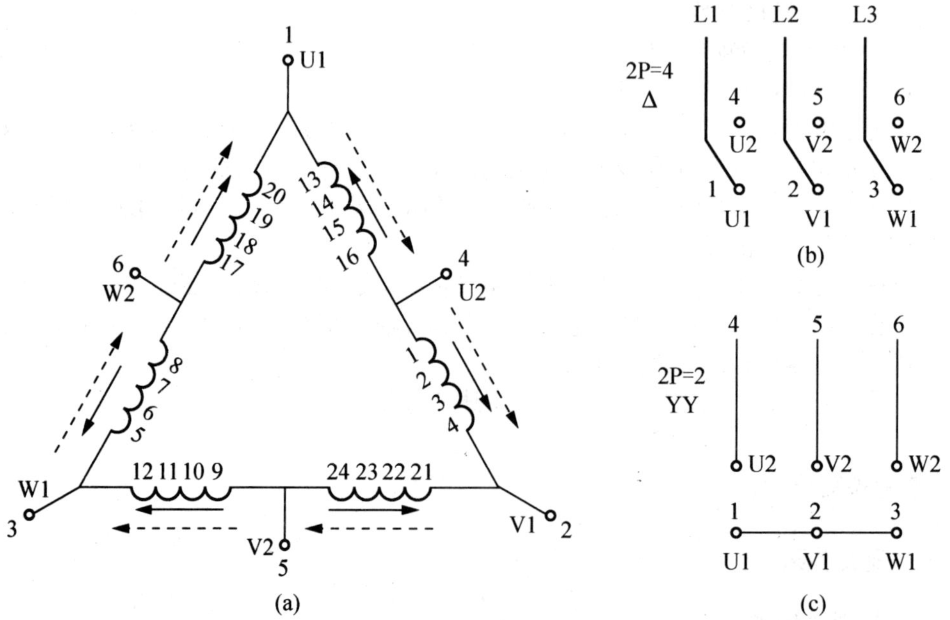

图 1.55　△/YY 连接双速异步电动机定子绕组接线图

二、变转差率调速

1. 变压调速

变压调速是异步电动机调速方法中比较简便的一种。由电气传动原理可知，当异步电动机的等效电路参数不变时，在相同的转速下电磁转矩与定子电压的二次方成正比，因此，改变定子的外加电压就可以改变电动机的机械特性，从而改变电动机在一定输出转矩下的转速。变压调速目前主要采用晶闸管交流调压器进行调速，是通过调整晶闸管的触发角来改变异步电动机的端电压进行调速的一种方式。在使用这种调速方式进行调速的过程中，转差功率损耗在转子里或其外接电阻上，故效率较低，仅用于小容量的电动机。

2. 转子串电阻调速

转子串电阻调速是在绕线转子异步电动机的转子外电路上接入可变电阻，通过调节可变电阻来改变电动机的机械特性斜率来实现调速的一种方式。电动机转速可以按阶跃方式变化，即可以有级调速。其结构简单，价格便宜，但转差功率损耗在电阻上，故效率随转差率增加而等比下降，故不采用目前一般这种方法。

3. 串级调速

绕线转子异步电动机的转子绕组能通过集电环与外部电气设备相连接，可在其转子侧引入控制变量如附加电动势进行调速。前述的在绕线转子异步电动机的转子回路中串入不同数值的可调电阻，从而获得电动机的不同机械特性，以实现转速调节就是基于这一原理的一种方法。

电气串级调速的基本原理是：在绕线转子异步电动机转子侧通过二极管或晶闸管整流桥，将转差频率交流电变为直流电，再经可控逆变器获得可调的交流电压作为调速所需的附加交流电动势，将转差功率变换为机械能加以利用或使其反馈回电源而进行调速的一种方式。这是一种节能型调速方式，已经在大功率风机、泵类等传动电动机上得到应用。

三、变频调速

变频调速是利用电动机的同步转速随频率变化的特性，通过改变电动机的供电频率进行调速的方法。在异步电动机诸多的调速方法中，变频调速的调速性能最好，且调速范围广，效率高，稳定性好。

采用通用变频器对笼型异步电动机进行的调速控制，由于其使用方便、可靠性高并且经济效益显著，所以逐步得到推广。通用变频器是指可以应用于普通的异步电动机调速控制的变频器，其通用性较强。

对异步电动机进行调速控制时，电动机的主磁通应保持额定值不变。若磁通太弱，铁心利用不充分，同样的转子电流下，电磁转矩小，电动机的带负载能力下降；若磁通太强，则铁心发热，波形变坏。如何实现磁通不变？

根据三相异步电动机定子每相电动势的有效值计算公式

$$E_1=4.44f_1N_1\Phi$$

式中：E_1——定子每相由气隙磁通感应的电动势的方均根值，V；

f_1——定子频率，Hz；

N_1——定子相绕组有效匝数；

Φ——每极磁通量，Wb。

如果不计定子阻抗压降，则 $U_1 \approx E_1 = 4.44 f_1 N_1 \Phi$。

若端电压 U_1 不变，则随着 f_1 的升高，气隙磁通 Φ 将减小，又从转矩公式

$$T = C_M \Phi I_2 \cos\phi_2$$

可以看出，磁通 Φ 的减小势必导致电动机的允许输出转矩 T 下降，降低电动机的出力。同时，电动机的最大转矩也将降低，严重时会使电动机堵转。

若维持端电压 U_1 不变，减小 f_1，则气隙磁通 Φ 将增加。使磁路饱和，励磁电流上升，导致铁损急剧增加，这也是不允许的。

因此在许多场合，要求在调频的同时改变定子电压 U_1，以维持 Φ 接近不变，下面分两种情况说明。

1. 基频以下的恒磁通变频调速

为了保持电动机的带负载能力，应保持气隙主磁通 Φ 不变，这就要求在降低供电频率的同时降低感应电动势，保持 E_1/f_1=常数，即保持电动势与频率之比为常数进行控制，这种控制又称为恒磁通变频调速，属于恒转矩调速方式。由于 E_1 难以直接检测和直接控制，可以近似地保持定子电压 U_1 和频率 f_1 的比值为常数，即认为 $E_1 \approx U_1$，保持 U_1/f_1=常数，这就是恒压频比控制方式，是近似的恒磁通控制。

2. 基频以上的弱磁变频调速

这是考虑由基频开始向上调速的情况。频率由额定值向上增大时，电压 U_1 由于受额定电压 U_{1N} 的限制不能再升高，只能保持 $U_1 = U_{1N}$ 不变，这样必然会使主磁通随着 f_1 的上升而减小，相当于直流电动机弱磁调速的情况，即近似的恒功率调速方式。

由上面的讨论可知，异步电动机的变频调速必须按照一定的规律同时改变其定子电压和频率，基于这种原理构成的变频器即所谓的 VVVF(Variable Voltage Variable Freqency)调速控制，这也是通用变频器(VVVF)的基本原理。

根据 U_1 和 f_1 的不同的比例关系，负载有不同的变频调速方式。保持 U_1/f_1 为常数的比例控制方式适用于调速范围不太大或转矩随转速下降而减小的负载，如风机、水泵等；保持 T 为常数的恒磁通控制方式适用于调速范围较大的恒转矩性质的负载，如升降机械、搅拌机、传送带等；保持 P 为常数的恒功率控制方式适用于负载随转速的增高而变轻的场合，如主轴传动、卷绕机等。

3. 变频调速的实现

1) 变频器控制的电动机连续调速

按图 1.56(以西门子 MM420 型变频器方框图为例)接线，用一个 4.7K 的电位器连接变频器的内部电源+10V 端(端子 1)和 0V 端(端子 2)，电位器的中间抽头与变频器的 AIN+(端子 3)相连。连接主电路后接通电源，使 DIN1 端子的开关短接，即可启动变频器，旋动电位器即可改变频率，实现电机速度的连续调整。

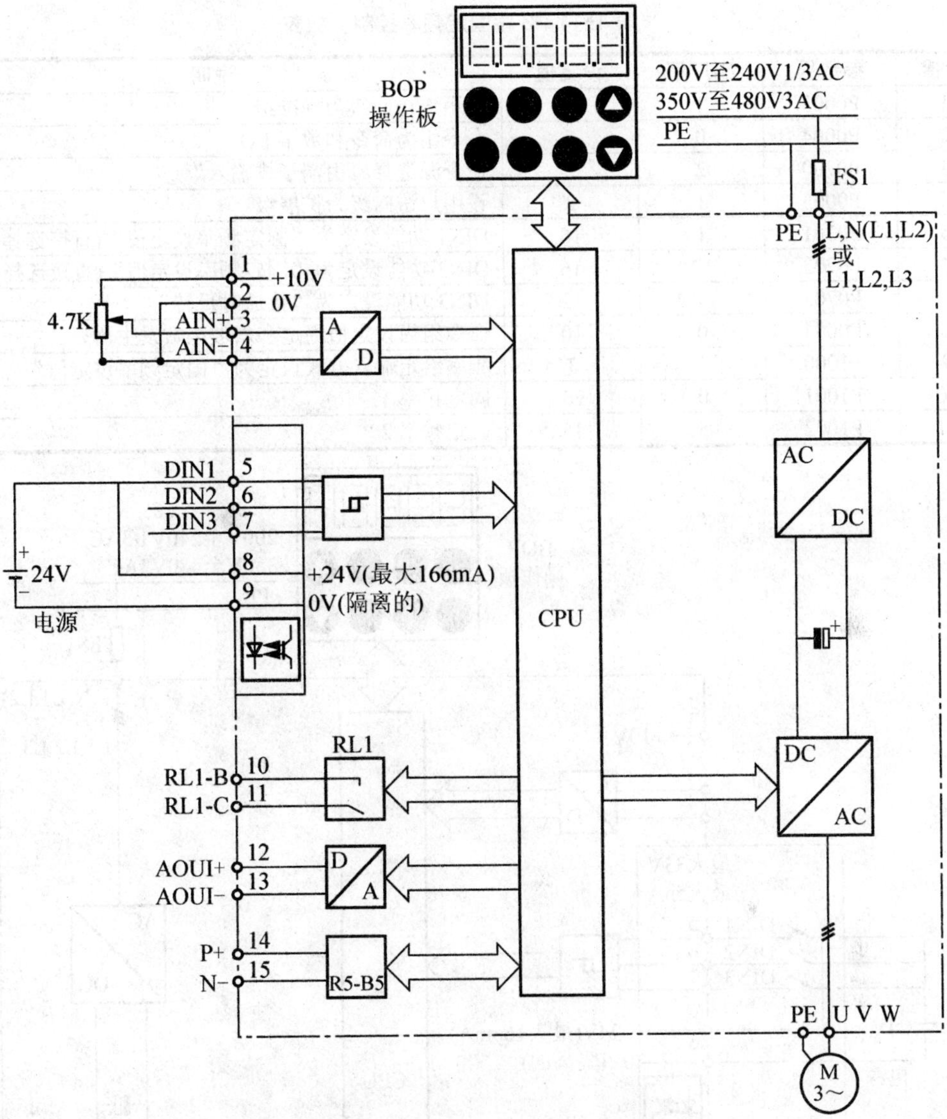

图 1.56　变频器连续调速的端子接线图

2) 变频器控制的电动机 3 段调速

当变频器的命令源参数 P0700=2(外部 I/O)时，选择频率设定的信号源参数 P1000=3(固定频率)，并给数字输入端子 DIN1、DIN2、DIN3 等设定相应的功能后，就可以通过外接的开关器件的组合通断来改变输入端子的状态，实现电机速度的有级调整。这种频率控制电动机调速的方式称为多段速控制。

例如，要求电动机能实现正、反转和高、中、低 3 种转速的调整(高速时运行频率为 40Hz，中速时运行频率为 25Hz，低速时运行频率为 15Hz)，则变频器参数调整的步骤见表 1-11。变频器的外围接线图如图 1.57 所示。

表 1-11　3 段固定频率控制参数表

步骤	参数号	出厂值	设置值	说明
1	P0003	1	1	设用户访问级为标准级
2	P0004	0	7	命令组为命令和数字 I/O
3	P0700	2	2	命令源选择“由端子排输入”
4	P0003	1	2	设用户访问级为扩展级
5	P0701	1	16	DIN1 功能设定为“固定频率设定值”(直接选择+ON)
6	P0702	12	16	DIN2 功能设定为“固定频率设定值”(直接选择+ON)
7	P0703	9	12	DIN3 功能设定为“接通时反转”
8	P0004	0	10	命令组为设定值通道和斜坡函数发生器
9	P1000	2	3	频率给定输入方式设定为“固定频率设定值”
10	P1001	0	25	固定频率 1
11	P1002	5	15	固定频率 2

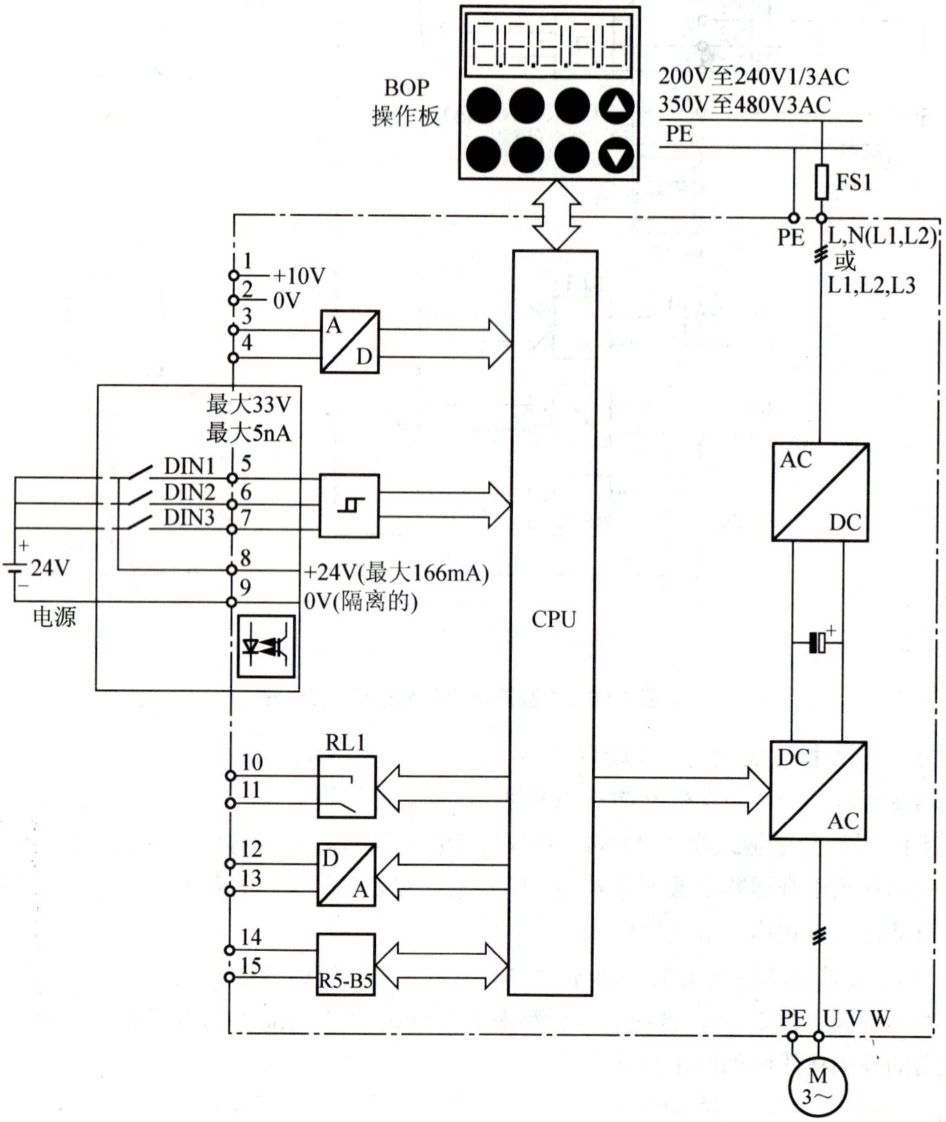

图 1.57　变频器控制的电动机 3 段调速接线图

设置上述参数后，若将 DIN1 置为高电平，DIN2 置为低电平，则变频器输出为 25Hz(中速)；若将 DIN1 置为低电平，DIN2 置为高电平，则变频器输出为 15Hz(低速)；若将 DIN1 置为高电平，DIN2 置为高电平，则变频器输出为 40Hz(高速)。若将 DIN3 置为高电平，则电动机反转。

项目实现

一、三相异步电动机采用时间继电器进行双速控制的控制线路及工作原理

图 1.58 为通过转换开关 SA 选择电动机高、低速运行的双速控制电路工作原理图。图中的转换开关 SA 断开时，选择低速；SA 闭合时，选择高速。

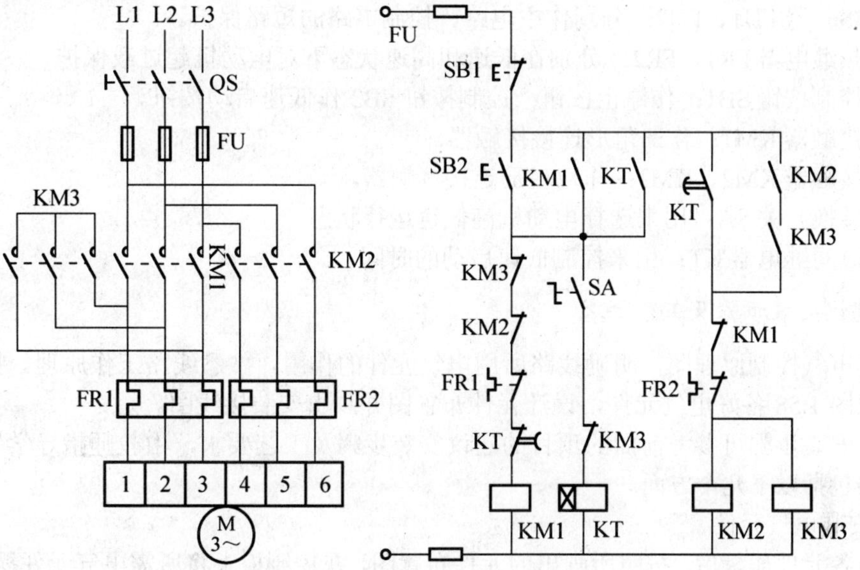

图 1.58　时间继电器控制的双速电动机控制电路

工作原理：当进行电动机的低速控制时，转换开关 SA 置“断开”位置。此时时间继电器 KT 未接入电路，接触器 KM 2、KM 3 无法接通。按下启动按钮 SB 2，接触器 KM 1 线圈得电，其自锁触点闭合，实现自锁。接触器 KM 1 的主触点接通三相交流电源，电动机低速运行。当 SA 置“闭合”位置时，选择低速启动、高速运行。按下启动按钮 SB2，接触器 KM1 线圈、时间继电器 KT 线圈同时得电。KM1 线圈得电，同上面所述，电动机低速启动运行。由于图中的时间继电器为通电延时型时间继电器，因此当 KT 线圈得电时，时间继电器开始延时计时。当时间继电器延时结束时，其延时断开的常闭触点先断开，切断 KM1 线圈支路，电动机处于暂时断电、自由停车状态；其延时闭合的常开触点后闭合，同时接通 KM 2、KM 3 线圈支路，同上所述，电动机由三角形运行转入双星形运行，即高速运行。

特别提示

电动机在低速运行时可用转换开关直接切换到高速运行，但不能从高速运行直接用转换开关切换到低速运行，必须先按停止按钮后，再进行低速运行操作。

二、三相异步电动机双速控制线路的制作与故障检修

1. 工具、仪表及器材建议

工具：测电笔、螺钉旋具、尖嘴钳、斜口钳、剥线钳、电工刀等常用电工工具。

仪表：兆欧表、钳型电流表、数字万用表、转速表。

器材：三相笼型异步电动机、刀开关、熔断器、交流接触器、热继电器、控制按钮、时间继电器、转换开关、控制板、端子排、塑铜线、走线槽、紧固体及编码套管。

2. 主要低压电器及其作用

本任务涉及的低压电器有刀开关、熔断器、按钮、交流接触器、热继电器、时间继电器、转换开关，它们的作用如下：

(1) 刀开关 QS：作为电源的隔离开关。

(2) 熔断器 FU1、FU2：分别作主电路、控制电路的短路保护。

(3) 热继电器 FR1、FR2：分别在低速和高速状态下对电动机起过载保护。

(4) 控制按钮 SB1：作停止按钮；控制按钮 SB2 作低速启动按钮。

(5) 接触器 KM1：作三角形连接接触器。

(6) 接触器 KM2、KM3：作双星形连接接触器。

(7) 转换开关 SA：用来选择电动机高低速运行状态。

(8) 时间继电器 KT：用来控制低速启动的时间。

3. 建议安装步骤及工艺要求

识读电气控制原理图，明确线路所用电气元件的作用，熟悉线路工作原理。按照电气控制原理图 1.58 备好电气元件，设计元件布置图并画出安装接线图。

具体安装步骤可参考前面的项目的建议安装步骤及工艺要求，由教师指导学生自行编写，主要包括以下几个方面。

1) 安装电气元件

检验各元件质量后，按照所画出的元件布置图，在控制板上将所需电气元件摆放均匀、整齐、紧凑、合理，用螺钉进行固定，并在其旁边贴上醒目的文字符号。

安装工艺要求：

(1) 刀开关、熔断器的受电端子安装在控制板的外侧，以便于手动操作。

(2) 各元件的间距合理，便于元件的更换。

(3) 紧固各元件时应用力均匀，紧固程度适当。用手轻摇，以确保其稳固。

2) 布线

按照所画出的安装接线图或电路原理图，进行板前线槽布线，并在导线端部套编码套管。

布线工艺要求：

(1) 布线通道要尽可能少。主电路、控制电路要分类清晰，同一类线路要单层密排，紧贴安装板面布线。

(2) 同一平面内的导线要尽量避免交叉。当必须交叉时，布线线路要清晰，便于识别。

(3) 布线应横平竖直，走线改变方向时应垂直转向。

(4) 布线一般以接触器为中心，由里向外，由低至高，以不妨碍后续布线为原则。

(5) 布线一般按照先控制线路，后主电路的顺序。主电路和控制电路要尽量分开。

(6) 导线与接线端子或接线柱连接时，应不压绝缘层、不反圈及不露铜过长，并做到

同一元件、同一回路的不同接点的导线间距离保持一致。

(7) 一个电气元件接线端子上的连接导线不得超过两根。每节接线端子排上的连接导线一般只允许连接一根。

(8) 布线时，严禁损伤线芯和导线绝缘。

(9) 布线时，不在控制板上的电气元件，要从端子排上引出。

(10) 布线时，要确保连接牢靠，用手轻拉不会脱落或断开。

3) 校对实际布线

按电气原理图 1.58 检查控制面板布线的正确性。用万用表检查各连线的电气连接，保证连接正确，没有短路或断路。

4) 安装并连接电动机

可靠连接电动机和电气元件不带电金属外壳的接地保护线，连接控制板外部的导线，最后连接电源。连接电源时，要保证刀开关处于断开状态。

5) 检查

(1) 按电路图或接线图从电源端开始，逐段核对连线是否正确，连接点是否符合要求。

(2) 用万用表进行检查时，应选用适当倍率的电阻挡，并进行校零，以防错漏短路故障。

(3) 检查主电路时，可以用手动操作来代替接触器线圈吸合时的情况。

6) 通电试车

控制线路制作完毕，检查无误并经指导教师允许后可进行通电试车，并用转速表、钳形电流表测量电动机转速和电流，并做好记录，以备分析之用。

7) 故障检测与排除

(1) 故障设置。在控制电路或主电路中人为设置电气、自然故障两处。

(2) 教师示范检修。教师进行示范检修时，可把下述检修步骤及要求贯穿其中，直至将故障排除。

① 用实验法来观察故障现象。主要注意观察电动机运行过程中速度变化情况，接触器、时间继电器的动作情况等，如发现有异常情况，应马上断电检查。

② 用逻辑分析法缩小故障范围，并在电路图上用虚线标出故障部位的最小范围。

③ 用测量法正确、迅速地找出故障点。

④ 根据故障点的不同情况，采取正确的修复方法，迅速排除故障。

⑤ 排除故障后通电试车。

(3) 学生自行检修。教师示范检修后，再由指导教师重新设置两个故障点，让学生进行检修让学生作好维修记录，包括故障现象、故障点以及故障排除的具体方法。

8) 注意事项

(1) 接线时，注意主电路中接触器 KM 1、KM 2 在两种转速下电源相序是改变，不能接错。否则，两种转速下的电动机的转向相反，换向时将产生很大的冲击电流。

(2) 控制双速电动机三角形接法的接触器 KM 1 和双星形接法的接触器 KM 2 的主触点不能对换接线。否则，不但无法实现双速控制要求而且还会在高速运行时发生电源短路事故。

(3) 通电试车前，要复验一下电动机的接线是否正确，并测试其绝缘电阻是否符合要求。

(4) 通电试车时，必须有指导教师在现场监护，同时做到安全文明生产。

(5) 检修前要认真阅读电路图，掌握线路的构成、工作原理及接线方式。

(6) 检修过程中，要正确使用工具和仪表，分析故障、排除故障的思路和方法要正确，严禁扩大或产生新的故障。

经过以上学习后，学生自行制作由按钮、接触器控制的调速控制电路，并针对具体控制电路进行故障检测与维修。

知识拓展

一、三相异步电动机 3 速控制定子绕组的连接

三速笼形异步电动机的定了绕组的结构与双速笼形异步电动机的定子绕组的结构不同，三速笼形异步电动机定子槽嵌有两套绕组，第一套绕组(双速)有 7 个出线端，即 U1、V1、W1、U3、U2、V2、W2，可作三角形或双星形连接；第二套绕组(单速)有 3 个出线端，即 U4、V4、W4，只作星形连接，其结构如图 1.59(a)所示。

1. 定子绕组的三角形接线

当把三相交流电源分别接到定子绕组的出线端 U1、V1、W1 上，U3、W1 并头，另外 6 个出现端空着不接，如图 1.59(b)所示，此时电动机的定子绕组接成三角形，这是一种低速接法。

2. 定子绕组的星形接线

当只把 3 个出线端 U4、V4、W4 分别接到三相交流电源上而另外 7 个出线端空着不接时，如图 1.59(c)所示，电动机的定子绕组接成星形，这是一种中速接法。

3. 定子绕组的双星形接线

当把三相交流电源分别接到定子绕组的出线端 U2、V2、W2 上，U1、V1、W1、U3 并头，而另外 3 个出线端空着不接时，如图 1.59(d)所示，电动机的定子绕组接成双星形，这是一种高速接法。

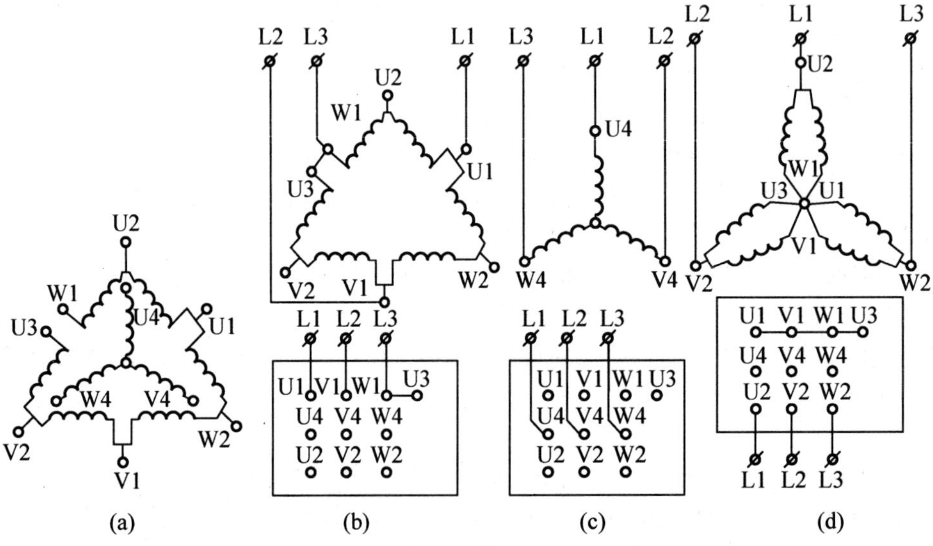

图 1.59　三相异步电动机三速控制定子绕组的连接

二、三相异步电动机 3 速控制电路工作原理分析

图 1.60 为按钮、接触器控制的电路，图中 SB2、KM1 控制电动机的低速运行；SB3、KM2 控制电动机的中速运行；SB4、KM3 控制电动机的高速运行；SB1 为停止控制按钮。

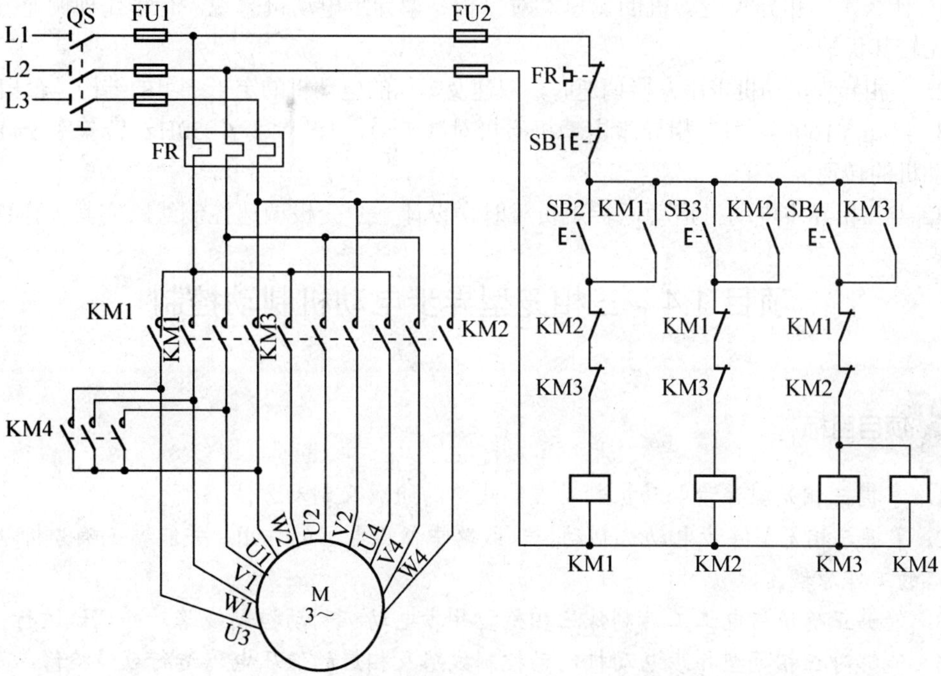

图 1.60　三相异步电动机 3 速控制线路

工作原理：合上 QS，按下低速启动按钮 SB2，接触器 KM1 线圈通电，其自锁触点闭合，实现自锁；其互锁触点断开，实现对 KM 2、KM 3 的互锁；在主电路中，接触器 KM1 的主触点闭合，实现电动机的定子绕组的三角形连接，使电动机工作在低速挡。

按下停止按钮 SB1，接触器 KM1 线圈断电。其自锁触点断开，解除自锁；互锁触点闭合，解除对接触器 KM 2、KM 3 的互锁；主电路中 KM 1 的主触点断开，电动机断电停止。

同理，按下中速或高速起动控制按钮 SB3 或 SB4，对应的接触器 KM 2 或 KM 3、KM 4 线圈通电，其自锁触点闭合，实现自锁；其互锁触点断开，实现对接触器 KM 1、KM 3、KM 4 或 KM 1、KM 2 的互锁；主电路中 KM 2 或 KM 3、KM 4 的主触点闭合，实现电动机定子绕组的星形或双星形连接，使电动机工作在中速挡或高速挡。

线路特点：电动机要从一种速度转换到另一种速度时，必须先按下停止按钮，否则由于接触器互锁的作用，电动机将没有反应。显然，这种电动机调速方法不方便。

项 目 小 结

本项目主要通过三相异步电动机双速控制线路的制作，来讲述三相异步电动机的调速方式及各种调速方法的工作原理。详细介绍了变极调速的双速电动机的控制线路的定子绕组的连接方式及工作原理。拓展了三相异步电动机变极调速的 3 速电动机的控制线路的定子绕组的连接方式及工作原理。

复习思考题

1. 什么是三相异步电动机的调速？对三相笼型异步电动机来说，有哪几种调速方法？分别比较其优缺点。

2. 三相异步电动机采用变极调速时，双速及多速的电动机的定子绕组的结构是否相同？

3. 已知 Y160L-4 型三相异步电动机磁极对数 $P=2$，电源频率 $f_1=50\text{Hz}$，转差率 $S=0.026$，求电动机的转速 n。

4. 当三相异步电动机拖动恒转矩负载时，设计一个变极调速控制线路完其工作任务。

项目 1.4　三相笼型异步电动机制动控制

项目目标

1. 掌握三相笼型异步电动机制动控制线路的组成及制动方法。

2. 掌握三相笼型异步电动机制动控制线路中低压电器的作用，并能够正确分析制动控制线路的工作原理。

3. 能够正确使用电工工具制作三相笼型异步电动机制动控制线路，并调试运行。

4. 能够对三相笼型异步电动机制动控制线路及相应的低压电器进行故障检修。

项目内容

三相笼型异步电动机的制动控制就是通过对电阻、直流电源、速度继电器等控制实现的制动控制，并能够对三相笼型异步电动机制动控制线路的典型故障进行检测及排除。

三相笼型异步电动机除了运行于电动机状态外，还时常处于制动状态。所谓电动机的制动，是指在电动机的轴上加一个与其旋转方向相反的转矩，使电动机减速或停转，对位能性负载(起重机放下重物)来说，制动运行可获得稳定的下降速度。铣床主轴电动机通常需要实现逆铣和顺铣操作，所以在实现其正、反转的状态转换时，中间一定要有反接制动的控制。那么，如何实现三相异步电动机可逆启动反接制动的控制呢？

相关知识

三相异步电动机从其定子绕组断电到电动机完全停转，由于惯性总要运转一段时间，为了适应某些生产机械的工艺要求，也为了缩短电动机停转所需时间，提高生产效率，要求电动机能制动停转。三相异步电动机的制动方法一般有机械制动和电气制动两种。

一、机械制动

机械制动是利用机械装置使电动机迅速停转的方法，经常采用的机械制动设备是电磁抱闸，电磁抱闸的外形结构如图 1.61 所示。

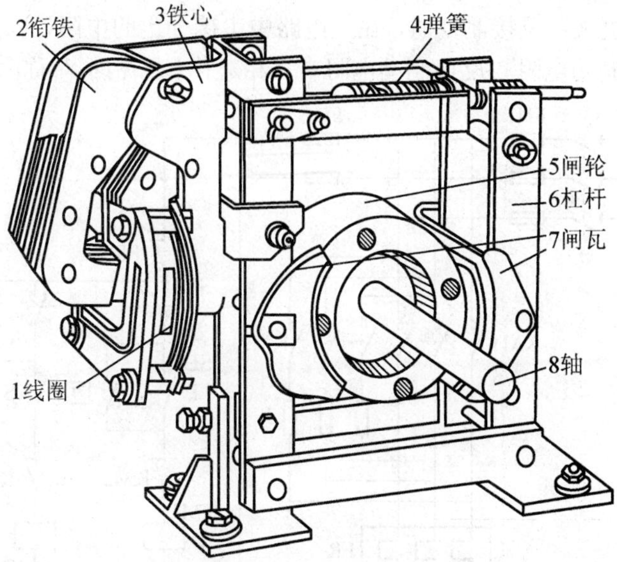

图 1.61　电磁抱闸的外形结构

电磁抱闸主要由两部分构成：制动电磁铁和闸瓦制动器。制动电磁铁由铁心和线圈组成，线圈有的采用三相电源，有的采用单相电源；闸瓦制动器包括闸瓦、闸轮、杠杆和弹簧等，闸轮与电动机装在同一根转轴上，制动强度可通过调整弹簧力来改变。

二、电气制动

常用的电气制动方法有反接制动、能耗制动和回馈制动。

1. 反接制动

异步电动机的反接制动方法有两种，一种是在负载转矩的作用下使电动机倒拉反转进行反接制动，但这种方法不能准确停车；另一种是依靠改变三相异步电动机的定子绕组中的三相电源的相序产生制动转矩，迫使电动机迅速停转的方法。

反接制动的优点是制动力强，制动迅速。缺点是制动准确性差，并且制动过程中冲击强烈，易损坏传动零件，制动能量消耗大，故不宜经常制动。因此，反接制动一般适用于要求制动迅速、系统惯性较大、不经常启动与制动的场合。

单向启动反接制动控制线路如图 1.62 所示。

(1) 启动时，合上电源开关 QS，按下启动按钮 SB2，接触器 KM 1 线圈得电吸合，其主触点闭合，电动机启动运转。当电动机的转速升高到一定数值时，速度继电器 KS 的动合触点闭合，为反接制动做准备。

(2) 停转时，按一下停止按钮 SB1，接触器 KM 1 线圈失电释放，而接触器 KM 2 线圈得电吸合，其主触点闭合，串入电阻 R 进行反接制动，电动机产生反向电磁转矩(即制动转矩)迫使电动机的转速迅速下降，当转速降至 100r/min 以下时，速度继电器 KS 的动合触点断开，接触器 KM2 线圈失电释放，电动机断电，防止了反向启动。

由于反接制动时转子的旋转磁场与定子的旋转磁场的相对速度接近两倍的同步转速，所以定子绕组中流过的反接制动电流相当于全电压直接启动时电流的两倍。为此，一般在 10kW 以上的电动机采用反接制动时，在主电路中串接一定的电阻，以限制反接制动电流，这个电阻称为反接制动电阻。反接制动电阻有三相对称和二相不对称两种接法。

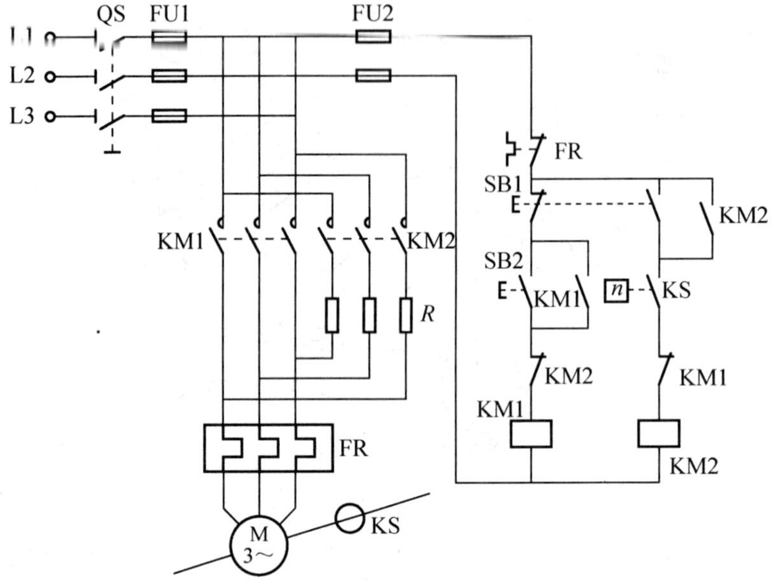

图 1.62　三相异步电动机单向启动反接制动控制线路

2. 能耗制动

在切断电动机的交流电源后，立即在电动机的定子绕组的任意两相中通入直流电，迫使电动机迅速停转的方法叫能耗制动。

能耗制动的原理：先断开电源开关，切断电动机的交流电源，这时转子因为惯性仍沿原方向运转；随后向电动机两相定子绕组中通入直流电，使定子中产生一个恒定的静止磁场，这样做惯性运转的转子因切割磁力线而在转子绕组中产生感应电流，又因其受到静止磁场的作用产生电磁转矩，电磁转矩的方向正好与电动机的转向相反，使电动机迅速停转。由于这种制动方法是在定子绕组中通入直流电以消耗转子惯性运转的动能来进行制动的，所以被称为能耗制动。

能耗制动的优点是制动准确、平稳，且能量消耗较小。缺点是需附加直流电源装置，设备费用较高，且制动力较弱，在低速时制动力矩小。所以，能耗制动一般用于要求制动准确、平稳的场合。

图 1.63 为单向启动能耗制动控制线路。

对于 10kW 以上容量较大的电动机，多采用有变压器全波整流的能耗制动控制线路。图 1.63 为有变压器全波整流的单向启动能耗制动控制线路，该线路利用时间继电器来进行自动控制。其中直流电源由单相桥式整流器 VC 供给，TC 是整流变压器，电阻 R 是用来调节直流电流的，从而调节制动强度。

(1) 启动时，合上电源开关 QS，按下启动按钮 SB1，接触器 KM1 线圈得电吸合，其主触点闭合，电动机启动运转；KM1 动合触点闭合，完成自锁；KM1 动断触点断开完成对能耗制动控制线路的互锁。

(2) 停转时，按一下停止按钮 SB2，接触器 KM1 线圈断电释放，其主触点断开，电动机停止运转；KM1 动断触点闭合，为能耗制动做准备。而接触器 KM2、时间继电器 KT 线圈得电吸合，KM2 主触点闭合，串入电阻 R 进行直流能耗制动，电动机产生反向电磁转矩(即制动转矩)，迫使电动机转速迅速下降，经过一定时间后，时间继电器 KT 的动断触点闭合，接触器 KM2 线圈失电释放，电动机断电，防止了反向启动。

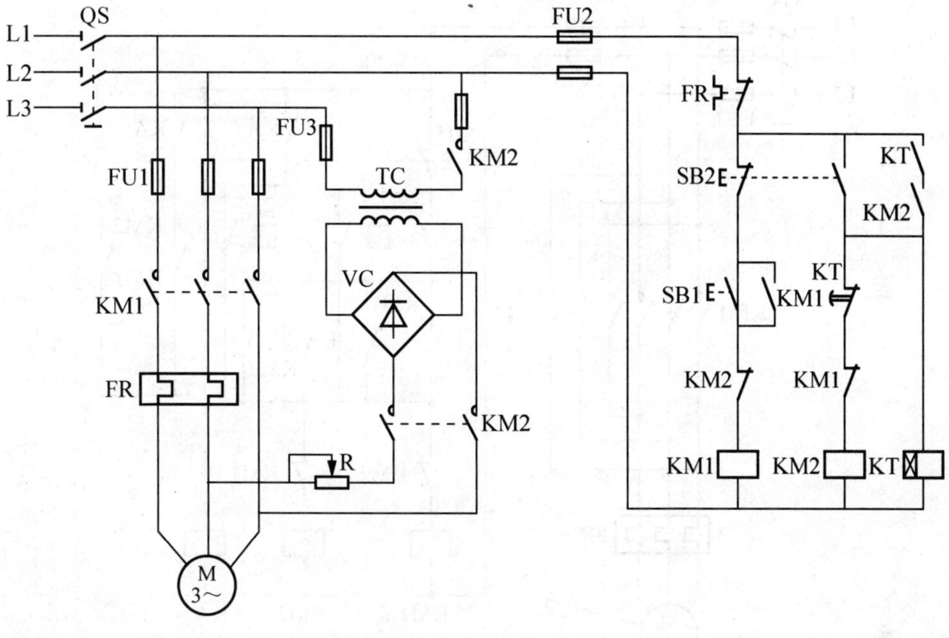

图 1.63　单向启动能耗制动控制线路

3. 回馈制动(又称发电制动、再生制动)

这种制动方法主要用在起重机械和多速异步电动机上。

当起重机从高处开始下放重物时，电动机转速 n 小于同步转速 n_1，这时电动机处于电动运行状态。但由于重力的作用，在重物的下放过程中，会使电动机的转速 n 大于同步转速 n_1，这时电动机处于发电运行状态，转子相对于旋转磁场切割磁力线的运动方向会发生改变，其转子电流和电磁转矩的方向都与电动运行时相反，电磁力矩变为制动力矩，从而限制了重物的下降速度，不至于重物下降得过快，保证了设备和人身安全。

对多速电动机变速时，如使电动机由二级变为四级时，定子旋转磁场的同步转速 n_1 由 3 000r/min 变为 1 500r/min，而转子由于惯性仍以原来的转速 n(接近 3 000r/min)旋转，此时 $n>n_1$，电动机产生发电制动作用。

发电制动是一种比较经济的制动方法。制动时不需改变线路即可从电动运行状态自动地转入发电制动状态，把机械能转换成电能再回馈到电网，节能效果显著。缺点是应用范围较窄，仅当电动机转速大于同步转速时才能实现发电制动。

项目实现

一、三相异步电动机可逆启动反接制动控制线路工作原理

图1.64为三相异步电动机可逆启动反接制动控制线路，当按下SB2时，电动机正转，KS2闭合为反接制动做准备；当按下SB3时，电动机反转，KS1闭合为反接制动做准备。工作原理如下。

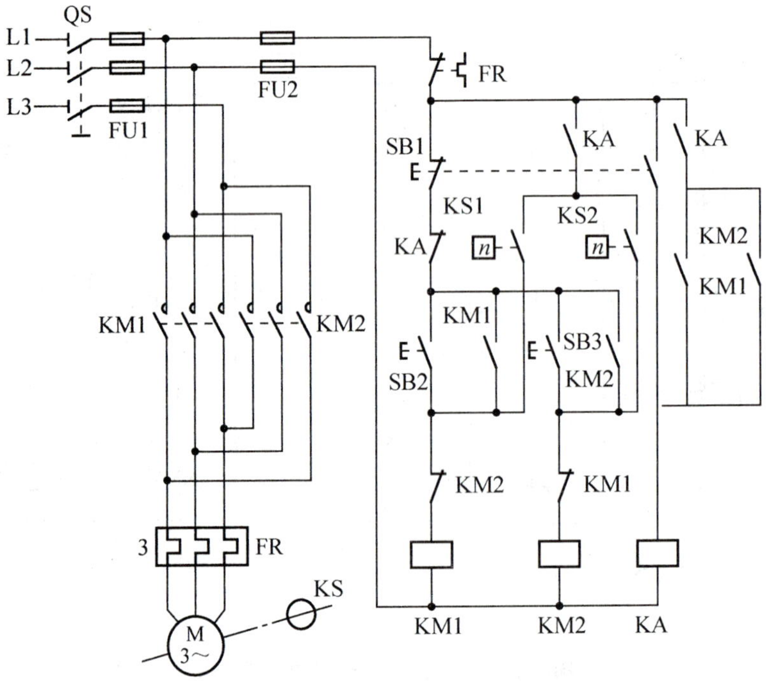

图1.64　三相异步电动机可逆启动反接制动控制线路

1. 正转启动

正转启动时，合上电源开关QS，按一下正转启动按钮SB2，接触器KM1线圈得电，其动断触点断开完成互锁控制；其主触点闭合，电动机正转启动运行，当电动机的转速高于120r/min时，KS2闭合为反接制动做准备。

2. 正转制动

正转制动时，按一下停止按钮SB1，接触器KM1线圈失电，其主触点断开，电动机断电惯性运转；同时中间继电器KA线圈得电，其动合触点闭合，接触器KM2线圈得电，其主触点闭合，电动机反接制动，当电动机的转速低于100r/min时，KS2断开，KA、KM2线圈均断电，电动机断电，防止反向启动。

3. 反转启动

反转启动时，合上电源开关QS，按下反转启动按钮SB3，接触器KM2线圈得电，其动断触点断开完成互锁控制；其主触点闭合，电动机反转启动运行，当电动机的转速高于

120r/min 时，KS1 闭合为反接制动做准备。

4. 反转制动

反转制动时，按一下停止按钮 SB1，接触器 KM2 线圈断电，其主触点断开，电动机断电惯性运转；同时中间继电器 KA 线圈得电，其动合触点闭合，接触器 KM1 线圈得电，其主触点闭合，电动机反接制动，当电动机的转速低于 100r/min 时，KS1 断开，KA、KM1 线圈均断电，电动机断电，防止反向启动。

特别提示

此控制电路中使用中间继电器 KA，是为了防止当操作人员因工作需要用手转动工件或主轴时，电动机带动速度继电器 KS 也旋转，或当电动机的速度达到一定值时，速度继电器的动合触点闭合，电动机获得反向电源而反向启动，造成工伤事故。

二、三相异步电动机可逆启动反接制动控制线路制作与故障检修

1. 工具、仪表及器材建议

工具：测电笔、螺钉旋具、尖嘴钳、斜口钳、剥线钳、电工刀等常用电工工具。

仪表：兆欧表、钳型电流表、数字万用表、转速表。

器材：三相笼型异步电动机、刀开关、熔断器、交流接触器、热继电器、控制按钮、速度继电器、中间继电器、控制板、端子排、塑铜线、走线槽、紧固体及编码套管。

2. 主要低压电器及其作用

本任务涉及的低压电器有刀开关、熔断器、按钮、交流接触器、热继电器、速度继电器、中间继电器，它们的作用如下。

(1) 刀开关 QS：作为电源的隔离开关。

(2) 熔断器 FU1、FU2：分别作主电路、控制电路的短路保护。

(3) 热继电器 FR1：在运行状态下对电动机起过载保护。

(4) 控制按钮 SB1：作停止按钮；控制按钮 SB2、SB3：分别作正反转启动按钮。

(5) 接触器 KM1 、KM2：控制正反转启动及反接制动的接通。

(6) 速度继电器 KS：用来控制制动时的电源的断开，避免反向启动。

(7) 转换开关 KA：用来防止电动机获得反向电源而反向启动，造成工伤事故。

3. 建议安装步骤及工艺要求

识读电气原理图，明确线路所用电气元件的作用，熟悉线路工作原理。按照电气原理图 1.64 备好电气元件，设计元件布置图并画出安装接线图。

具体安装步骤可参考前面项目的建议安装步骤及工艺要求，由教师指导学生自行编写，主要包括以下几方面。

1) 安装电气元件

检验各元件质量后，按照所画出的元件布置图，在控制板上将所需电气元件摆放均匀、整齐、紧凑、合理，用螺钉进行固定，并在其旁边贴上醒目的文字符号。

安装工艺要求：

(1) 刀开关、熔断器的受电端子安装在控制板的外侧，以便于手动操作。

(2) 各元件的间距合理，便于元件的更换。

(3) 紧固各元件时应用力均匀，紧固程度适当。用手轻摇，以确保其稳固。

2) 布线

按照所画出的安装接线图或电路原理图，进行板前线槽布线，并在导线端部套编码套管。

布线工艺要求：

(1) 布线通道要尽可能少。主电路、控制电路要分类清晰，同一类线路要单层密排，紧贴安装板面布线。

(2) 同一平面内的导线要尽量避免交叉。当必须交叉时，布线线路要清晰，便于识别。

(3) 布线应横平竖直，走线改变方向时应垂直转向。

(4) 布线一般以接触器为中心，由里向外，由低至高，以不妨碍后续布线为原则。

(5) 布线一般按照先控制线路，后主电路的顺序。主电路和控制电路要尽量分开。

(6) 导线与接线端子或接线柱连接时，应不压绝缘层、不反圈及不露铜过长，并做到同一元件、同一回路的不同接点的导线间距离保持一致。

(7) 一个电气元件接线端子上的连接导线不得超过两根。每节接线端子排上的连接导线一般只允许连接一根。

(8) 布线时，严禁损伤线芯和导线绝缘。

(9) 布线时，不在控制板上的电气元件，要从端子排上引出。

(10) 布线时，要确保连接牢靠，用手轻拉不会脱落或断开。

3) 校对实际布线

按电气原理图1.64检查控制面板布线的正确性。用万用表检查各连线的电气连接，保证连接正确，没有短路或断路。

4) 安装并连接电动机

可靠连接电动机和电气元件不带电金属外壳的接地保护线，连接控制板外部的导线，最后连接电源。连接电源时，要保证刀开关处于断开状态。

5) 检查

(1) 按电路图或接线图从电源端开始，逐段核对连线是否正确，连接点是否符合要求。

(2) 用万用表进行检查时，应选用适当倍率的电阻挡，并进行校零，以防错漏短路故障。

(3) 检查主电路时，可以用手动操作来代替接触器线圈吸合时的情况。

6) 通电试车

控制线路制作完毕，检查无误并经指导教师允许后可进行通电试车，并用转速表、钳形电流表测量电动机转速和电流，并做好记录，以备分析之用。

7) 故障检测与排除

(1) 故障设置。在控制电路或主电路中人为设置电气、自然故障两处。

(2) 教师示范检修。教师进行示范检修时，可把下述检修步骤及要求贯穿其中，直至将故障排除。

① 用实验法来观察故障现象。主要注意观察电动机运行过程中速度变化情况、接触器、速度继电器的动作情况等，如发现有异常情况，应马上断电检查。

② 用逻辑分析法缩小故障范围，并在电路图上用虚线标出故障部位的最小范围。

③ 用测量法正确、迅速地找出故障点。

④ 根据故障点的不同情况，采取正确的修复方法，迅速排除故障。

⑤ 排除故障后通电试车。

(3) 学生自行检修。教师示范检修后，再由指导教师重新设置两个故障点，让学生进行检修让学生作好维修记录，包括故障现象、故障点以及故障排除的具体方法。

8) 注意事项

(1) 接线时，注意主电路中接触器 KM1、KM2 在两种转速下电源相序是改变，不能接错。否则，两种转速下的电动机的转向相反，换向时将产生很大的冲击电流。

(2) 通电试车前，要复验一下电动机的接线是否正确，并测试绝缘电阻是否符合要求。

(3) 通电试车时，必须有指导教师在现场监护，同时做到安全文明生产。

(4) 检修前要认真阅读电路图，掌握线路的构成、工作原理及接线方式。

(5) 检修过程中，要正确使用工具和仪表，分析故障、排除故障的思路和方法要正确，严禁扩大或产生新的故障。

经过以上学习后，学生自行制作由按钮、接触器、速度继电器控制的可逆启动反接制动控制电路，并针对具体控制电路进行故障检测与维修。

知识拓展

一、短接制动

1. 短接制动控制线路之一

短接制动是在电动机的定子绕组上的供电电源断开的同时，将定子绕组自行短接，这时电动机转子因惯性仍在旋转。由于转子存在剩磁，故形成了转子旋转磁场，此磁场切割定子绕组，使定子绕组中产生感应电动势。因定子绕组此时已被接触器 KM2(或 KM1)的常闭触点短接，所以在定子绕组中产生感应电流，该电流与旋转磁场相互作用，产生制动转矩，迫使电动机停转。

如图 1.65 所示，在制动过程中，由于定子绕组短接，所以定子绕组端电压为零。在短接的瞬间产生瞬间短路电流，其大小取决于剩磁电动势和短路回路的阻抗。虽然瞬间短路电流很大，但电流呈感性，对转子剩磁起去磁作用，使剩磁电动势迅速下降，所以短路电流持续时间很短。另外，瞬时短路电流的有功分量很小，故制动作用不太强。所以，这种制动方法只用于小容量的高速异步电动机及制动要求不高的场所。

当电动机的容量较小时，可采用图 1.65 中虚线所示电路，即用接触器 KM1 的常闭辅助触点取代接触器 KM2。

2. 短接制动控制线路之二

图 1.66 所示的控制线路适用于正常运行时为定子绕组三角形连接的电动机。在电动机三相定子绕组中每相串接一个整流二极管。电动机正常运行时，接触器 KM1、KM2 都得电吸合，KM2 的触点短接二极管。当需要停车时，按停止按钮 SB1，接触器 KM1 和 KM2 线圈均断电释放，二极管串入绕组工作。电动机转子有剩磁，且在惯性作用下继续旋转，转子剩磁磁场切割定子绕组，产生定向的感应电流。定子感应电流与转子的旋转磁场相互作用，产生制动力矩，迫使电动机停转。

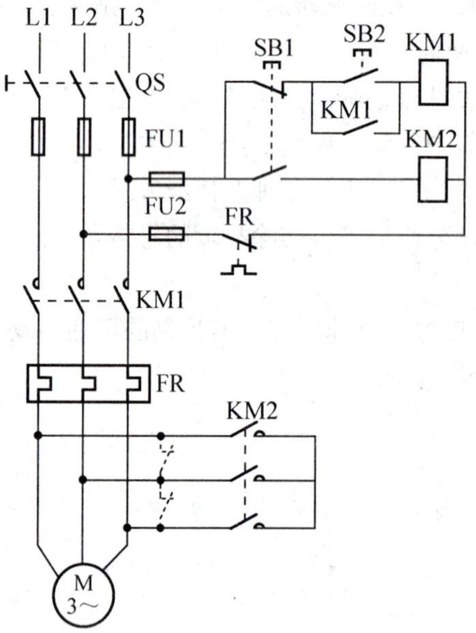

图 1.65　短接制动控制线路之一

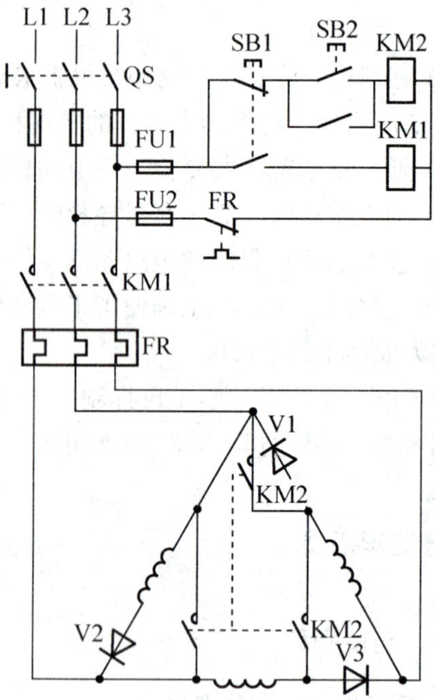

图 1.66　短接制动控制线路之二

请读者自补图 1.65 及图 1.66 中的接线图。这两个图非常简单，也可以不画接线图，按照原理图直接连接电路。

短接制动的优点是简单易行，不需特殊的控制设备，制动时定子的感应电流比电动机空载启动时的电流要小。短接制动的缺点是制动作用不强，定位不准确，且仅适用于小容量的高速电动机。

二、电容制动

电容制动是在工作着的异步电动机在切断电源后，立即在定子绕组的端线上接入电容器而实现制动的一种方法。

电容制动控制线路如图 1.67 所示。

3 组电容器可以接成星形或三角形，与电动机的定子出线端连接形成闭合回路。当运行着的电动机断开电源时，转子内的剩磁切割定子绕组产生感应电动势，并向电容充电，其充电电流在定子绕组中形成励磁电流，建立一个磁场，这个磁场与转子剩磁相互作用，产生一个与转子的旋转方向相反的制动力矩，使电动机迅速停转，完成制动。

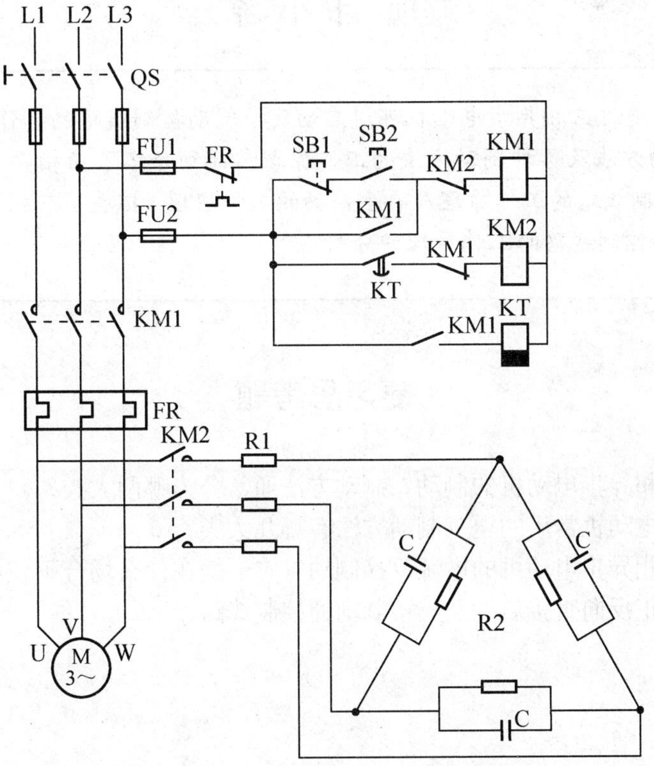

图 1.67　三相异步电动机电容制动控制线路

电容制动控制线路的工作原理如下。

启动过程：闭合电源开关 QS 并按下启动按钮 SB2，接触器 KM1 线圈得电吸合并自锁；KM1 动断触点断开，闭锁了接触器 KM2 的线圈；接触器 KM1 的主触点闭合，电动机得电运转；KM1 动合触点闭合使时间继电器 KT 线圈得电吸合，KT 的延时断开动合触点瞬间闭合，为 KM2 得电作准备。需要停车时，按一下停止按钮 SB1 使接触器 KM1 线圈断电释放，其主触点、动合触点、动断触点均恢复至原始状态。其中 KM1 的动断触点恢复闭合时，接触器 KM2 线圈得电吸合，其主触点闭合，将三相制动电容器及电阻 R1、R2 接入定子绕组，电动机被制动，直至停转；同时，接触器 KM1 的动合触点的断开使时间继电器 KT 线圈失电释放，其延时断开动合触点延时至电动机停止后自动断开，切断接触器 KM2 线圈回路，使接触器 KM2 线圈失电释放。至此，控制线路全部均恢复至原始状态。

控制线路中的电阻 R1 是调节电阻，用以调节制动力矩的大小，电阻 R2 为放电电阻。对于 380V、50Hz 的笼型异步电动机，根据经验，每千瓦每相大约需 150μF 的制动电容，电容的工作电压应不小于电动机的额定电压。

电容制动对高速、低速运转的电动机均能迅速制动，且制动能量损耗小，设备简单，一般用于 10kW 以下的小容量电动机，并且可用于制动较频繁的场合。

项 目 小 结

本项目主要通过三相异步电动机可逆启动反接制动控制线路的制作，来讲述三相异步电动机的制动方法及各种制动方法的工作原理。详细介绍了三相异步电动机反接制动、能耗制动控制线路的工作原理及再生制动的工作原理。拓展了三相异步电动机短接制动与电容制动控制线路的工作原理的分析。

复习思考题

1. 什么是三相异步电动机的制动？制动方法通常分为哪两大类？
2. 三相异步电动机常用的电气制动方法有哪几大类？
3. 什么是三相异步电动机的电源反接制动？它一般在什么场合下使用？
4. 设计一个正反向直接启动及反接制动的控制线路。

模块 2

典型机械设备电气控制系统

项目 2.1　普通车床的电气控制

项目目标

1. 掌握车床的主要结构和运动形式。
2. 掌握车床的电气原理分析。
3. 掌握车床常见的电气故障的排除方法和电气线路的安装步骤。

项目内容

车床是主要用车刀对旋转的工件进行车削加工的机床。在车床上还可用钻头、扩孔钻、铰刀、丝锥、板牙和滚花工具等进行相应的加工。车床主要用于加工轴、盘、套和其他具有回转表面的工件，是机械制造和修配工厂中使用最广的一类机床。

普通车床的加工对象范围广，主轴转速和进给量的调整范围大，能加工工件的内外表面、端面和内外螺纹。这种车床主要由工人手工操作，生产效率低，适用于单件、小批量生产和修配车间。实物图如图 2.1 所示。

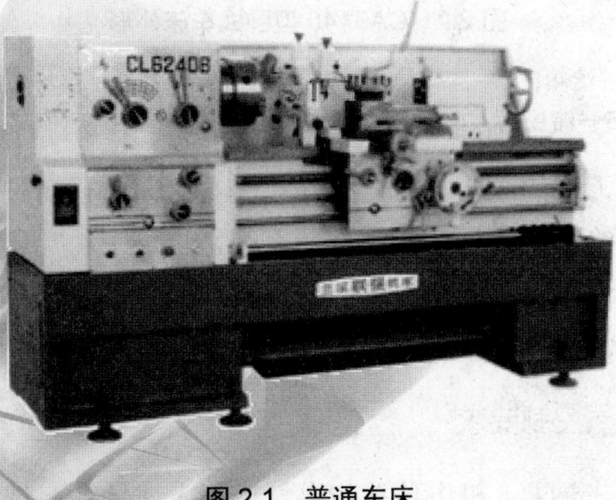

图 2.1　普通车床

CA6140型卧式车床控制系统主要由3台交流笼型异步电动机组成，即主轴电动机，冷却泵电动机以及刀架快速移动电动机。其中，主轴电动机是CA6140型卧式车床电气控制线路的重要组成部分；冷却泵电动机利用旋转开关启动控制，并与主轴电动机联锁，即只有在主轴电动机运行状态下，冷却泵电动机才能启动，这符合车削加工的实际需要；刀架快速移动电动机是专门为使刀具沿纵、横两个方向快速进行位置调整而配置的，有缩短切削加工辅助时间的作用，装于溜板箱上。另外，还有漏电保护自动开关、继电器、控制变压器、熔断器、按钮和开关等组成部分。

相关知识

一、主要结构及运动情况

图2.2为CA6140型普通车床的外形图，主要由床身、主轴变速箱、挂轮箱、进给箱、溜板箱、刀架、尾座、光杠和丝杠等部分组成。

车床的主运动为工件的旋转运动，由主轴通过卡盘或顶尖带动工件旋转。由于工件的材料、工件尺寸、车刀、加工方式及冷却条件等不同，因此切削速度也不同，这就要求主轴有相当大的调速范围，卧式车床的调速范围 D 一般大于70。另外，为适应加工螺纹的需要，要求主轴能实现正反转运行。

图2.2 CA6140型卧式车床外形

1—进给箱；2—挂轮箱；3—主轴变速箱；4—溜板与刀架；
5—溜板箱；6—尾座；7—丝杠；8—光杠；9—床身

车床的进给运动为刀架的纵向与横向直线运动。纵向与横向进给运动可由主轴变速箱的输出轴经挂轮箱、进给箱、光杆传入溜板箱获得，也可手动实现。加工螺纹时，工件的旋转速度与刀具的进给速度应有严格的比例关系。

车床的辅助运动为溜板箱的快速移动、尾座的移动和工件的夹紧与松开等。

二、机电传动与电气控制要求

根据车床的加工工艺要求，机电传动与电气控制应满足以下要求。

(1) 为保证主运动与进给运动的严格比例关系，两者采用一台电动机拖动，而且从经济性、可靠性出发，主拖动电动机选用笼型异步电动机。

(2) 为满足调速要求，采用机械变速，主拖动电动机与主轴之间用齿轮箱连接。有的车床采用机电联合调速，即采用多速笼型异步电动机与变速箱联合进行调速。对于重型或超重型车床，为实现无级变速，主轴往往采用直流电动机拖动。

(3) 为车削螺纹，主轴要求能正、反转。有的车床采用机械方法实现，有的小型车床采用主轴电动机正反转来实现。

(4) 主拖动电动机一般采用直接启动。当电动机容量较大时，常采用 Y-Δ 降压启动。

(5) 车削加工时，刀具与工件都可能产生高温，应设一台冷却泵。冷却泵电动机只需单向旋转，但冷却泵电动机应在主拖动电动机启动后方可启动，当主拖动电动机停止时，冷却泵电动机应自动停止。

(6) 为提高工作效率，减少工人劳动强度，车床刀架快速移动由一台电动机单独拖动。有些小型车床采用手动拖动。

(7) 应有必要的保护环节及信号电路。

(8) 需有安全电压供电的局部照明电路。

三、型号含义

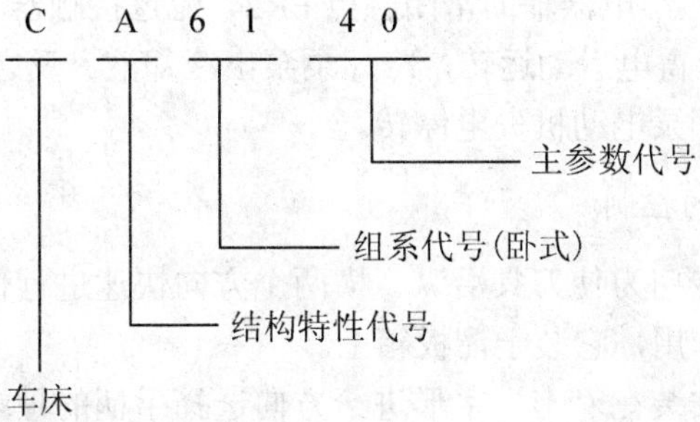

四、控制线路特点

(1) 控制系统的电源总开关采用带漏电保护自动开关。在控制系统发生漏电或过载时，能自动脱扣以切断电源，对操作人员、电气设备进行保护。

(2) 车床中 3 个电动机容量都比较小，都采用全压启动方式，全部单向旋转，其中一个电动机为点动控制。

(3) 冷却泵电动机与主轴电动机联锁控制，在主轴电动机优先启动后，冷却泵电动机才能启动。

(4) 设置挂轮箱门与电气控制箱门关闭情况检测开关。只有当挂轮箱门、电气控制箱门关闭到位后，两个检测开关方使控制电路与主电路通电，电动机启动操作才能有效。

项目实现

一、控制原理分析

1. 主轴电动机的控制

CA6140 型卧式车床电气控制原理图如图 2.3 所示。主轴电动机的控制是 CA6140 型卧式车床电气控制线路的最重要部分。要启动主轴电动机开动车床时，先用钥匙将带锁旋转式开关SA2逆时针转动，此时SA2触点断开。如车床电气箱门关闭到位后，其上的检测开关SQ2也断开，再合上漏电自动开关QF，电源进入主电路和控制变压器TC，即将380V交流电源送入主电路，并经控制变压器分别输出110V控制电压、24V照明电压和6V信号灯电压。

按下主轴电动机启动按钮SB1，电流经过熔断器FU6、挂轮箱门关闭检测开关SQ1、自锁式停车常闭开关SB2、启动按钮SB1、热继电器辅助常闭触点FR1流经接触器KM1线圈，KM1主触点闭合，主轴电动机M1得电启动运转；同时与启动按钮SB1并联的常开辅助触点KM1自锁，维持M1持续通电运行。需停车时，按下主轴电动机停止按钮SB2(按下后便保持断开的自锁状态，用手转动方可恢复接通)，接触器KM1线圈失电，KM1主触点脱开，电动机失电停转。

2. 冷却泵电动机的控制

冷却泵电动机用旋转开关启动控制，并与主电动机联锁，即只有在主轴电动机运行状态下，冷却泵电动机才能启动，这符合车削加工的实际需要。

在车削过程中，转动旋转式开关SA1，使其接通，电流经SA1、KM1常开辅助触点(车削过程处于闭合状态)、热继电器辅助常闭触点FR2、流过接触器KM2线圈，KM2主触点闭合，冷却泵电动机M2得电启动运转，冷却泵泵出冷却液。反之，关掉SA1，KM2线圈失电，主触点脱开，冷却泵电动机失电停转。

3. 快速移动电动机的控制

快速移动电动机是专门为使刀具沿纵、横两个方向快速进行位置调整而配置的，有缩短切削加工辅助时间的作用，它装于溜板箱上。

快速移动控制按钮安装在“十”字形进给方向选择手柄的顶端，先将手柄扳到所需快速进给移动方向，再按下SB3，电流经SB3流过接触器KM3线圈，使KM3主触点闭合，快速移动电动机M3得电，以点动控制方式结合机械超越离合器运行，传动刀架快速移动结束，同时机械超越离合器自动将进给传动链接通，恢复正常进给方式。

以上主轴电动机、冷却泵电动机及快速移动电动机三个控制环节都受串联在控制变压器TC 110V供电端之后的挂轮箱关闭检测开关SQ1的影响，如启动前箱门未关好，SQ1将处于断开状态，没有电源供给，上述操作无效。

4. 车床照明灯与电源指示灯的控制

(1) 车床照明灯。车床照明灯EL为24V交流供电。EL接在控制变压器TC次级24V输出端，串联有熔断器FU5，由旋转开关SA1控制EL的开与关。

(2) 指示灯。指示灯HL直接接于控制变压器TC次级6V输出端，串有熔断器FU4，未装开关，只要QF接通、TC得电，指示灯HL便会点亮，提示操作人员车床处于通电状态，可以启动工作。

二、电气位置图

为了使读者能在现场直观地了解普通车床的电气系统及设备位置，并便于其进行学习与维修，图 2.4 给出了 CA6140 型卧式车床的按钮、开关等电气设备位置，其他电器如熔断器、变压器、接触器、继电器等都装在电气箱内的控制板上。

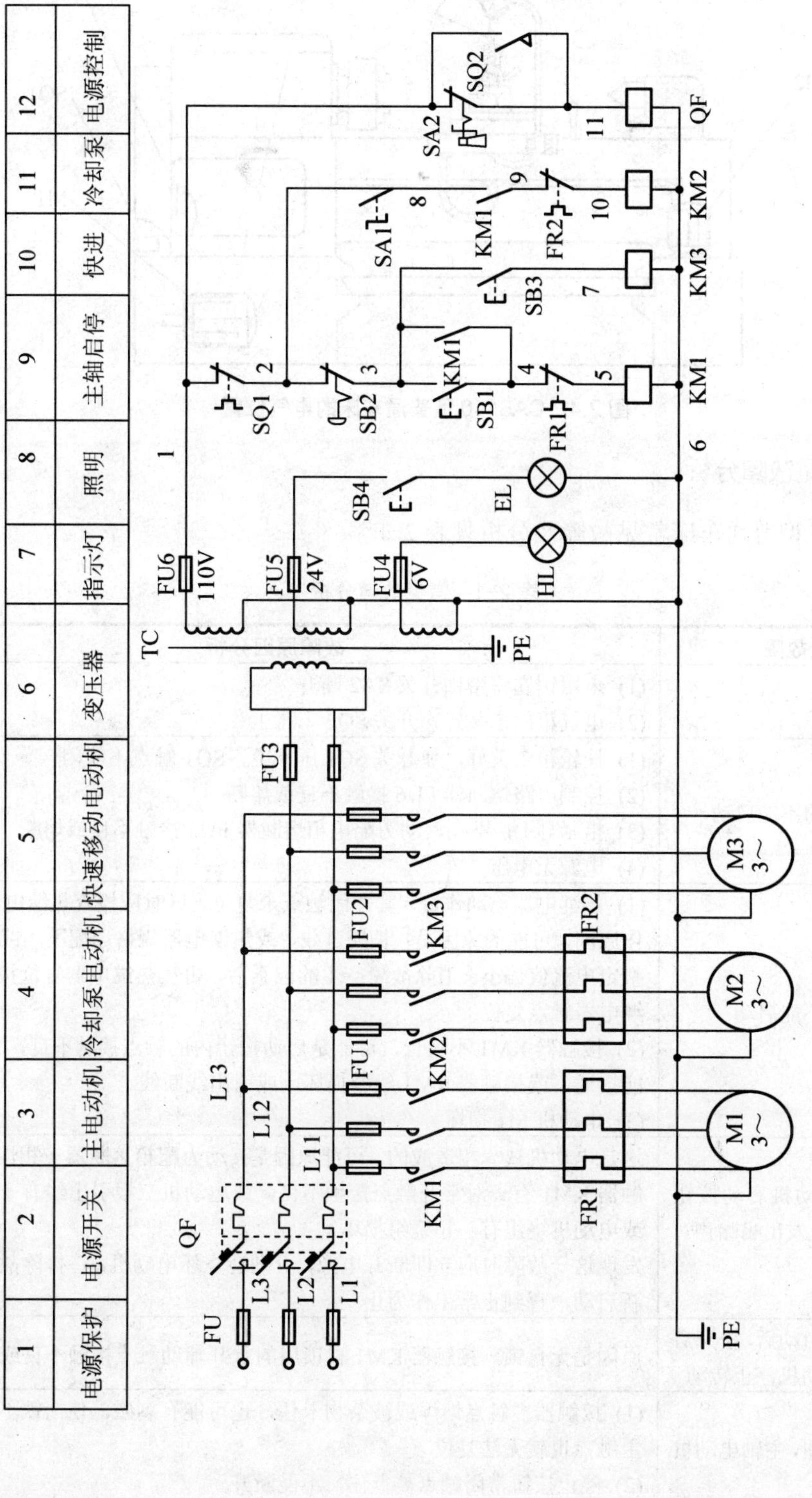

图2.3　CA6140型卧式车床电气控制原理图

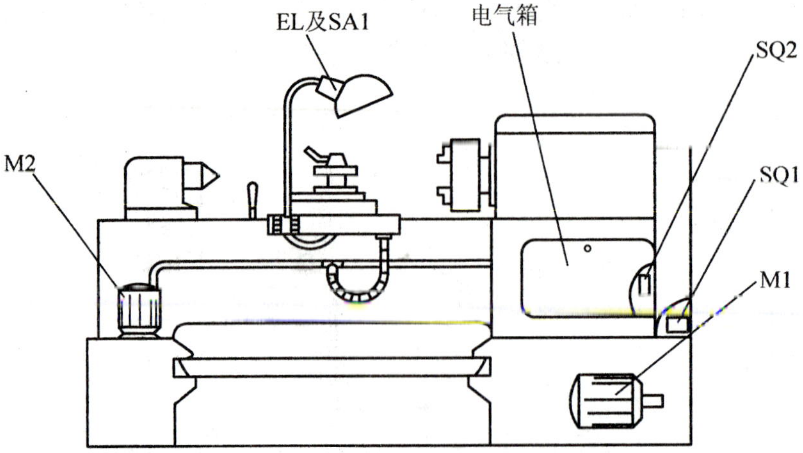

图 2.4　CA6140 型普通车床的电气位置

三、常见故障分析

CA6140 型普通车床常见故障及分析见表 2-1。

表 2-1　常见故障分析

常见故障	故障原因分析
漏电自动开关合不上	(1) 未用钥匙将带锁开关 SA2 断开 (2) 电气箱门未关好，开关 SQ2 未压上
三台电动机均不能启动	(1) 挂轮箱未关好，使开关 SQ1 压不上，SQ1 触点不能闭合 (2) 控制电路熔断器 FU6 接触不良或熔断 (3) 指示灯 HL 不亮，动力配电箱熔断器 FU3 接触不良或熔断 (4) 电源无电压
主轴电动机不能启动	(1) 热继电器已动作过，其常闭触点未复位，这时应检查热继电器 FR1 动作原因，可能的原因是：长期过载，或热继电器规格选配不当或热继电器整定电流值偏小。消除故障产生的因素后，再按热继电器复位按钮，使热继电器触点复位 (2) 接触器 KM1 不吸合，可能是启动按钮内的触点接触不良，使 SB1 不能接通，或接触器 KM1 线圈损坏，或引出线断线 (3) 电动机 M1 损坏
按下主轴电动机启动按钮 SB1，电动机发出嗡嗡声，不能启动	这是电动机缺一相造成的，可能原因是：动力配箱熔断器一相熔断，或接触器 KM1 有一对常开触点接触不良，或电动机三根引出线有一根断线，或电动机绕组有一相绕组损坏 发现这一故障时应立即断开电源，否则会烧坏电动机，待排除故障后再重新启动，直到正常工作为止
主轴电动机启动后，松开启动按钮，电动机停止转动	原因是无自锁，接触器 KM1 自锁用的常开辅助触点接触不良或接线松开
按下停止按钮，主轴电动机不停转	(1) 接触器主触点熔焊或被杂物卡住，也可能有剩磁，使衔铁不能复位，主触点也就无法复位 (2) 停止按钮常闭触点被卡住，不能断开 (3) 停止按钮绝缘被击穿

续表

常见故障	故障原因分析
冷却泵电动机不能启动	(1) 主轴电动机未启动，应先启动主轴电动机 (2) 旋转开关 SA1 触点不能闭合 (3) 熔断器 FU1 熔体熔断 (4) 热继电器 FR2 动作，未复位 (5) 接触器 KM2 线圈损坏 (6) 冷却泵电动机已损坏
快速移动电动机不能启动	(1) 停止按钮 SB2 触点不能闭合 (2) 点动按钮 SB3 不能闭合 (3) 接触器 KM3 线圈断线或损坏 (4) 熔断器 FU2 熔体熔断 (5) 电动机 M3 损坏
照明灯不亮	(1) 灯泡 EL 损坏 (2) 照明开关 Q 损坏 (3) 熔断器 FU5 熔体熔断 (4) 变压器原、副绕组烧毁
指示灯不亮	(1) 灯泡 HL 损坏 (2) 灯泡底座接线断开 (3) 熔断器 FU4 熔体熔断

四、CA6140 型普通车床电气线路的安装步骤

(1) 按电气元件明细表配齐电气设备和电气元件，并逐个对其校验。

(2) 分别将热继电器 FR1、FR2 的整定电流整定到 15.4A 和 0.32A。

(3) 根据电动机的功率选配主电路的连接导线。

(4) 根据具体情况，按照安装规程设计电源开关和电气控制箱的安装尺寸及电线管的走向。

(5) 根据电气控制图给各元件和连接导线作好编号标志，给接线板编号。

(6) 安装控制箱，接线经检查无误后，通入三相电源对其校验。

(7) 将连接导线穿管后，找出各线端并作标记，明敷安装电线管。引入车床的导线用软管加以保护。

(8) 安装按钮、行程开关、转换开关和照明灯、指示灯。

(9) 安装电动机并接线。

(10) 安装接地线。

(11) 测试绝缘电阻。

(12) 清理安装场地。

(13) 全面检查接线和安装质量。

(14) 通电试车并观察电动机的转向是否符合要求。

(15) 安装传动装置，试车并全面检查各电气元件、线路、电动机及传动装置的工作情况是否正常，否则应立即切断电源进行检查，待调整或修复后方能再次通电试车。

知识拓展

C650 型车床的电气控制

图 2.5 是 C650 型卧式车床电气控制原理图。该车床共有三台电动机：M1 为主轴电动

机，拖动主轴旋转并通过进给机构实现进给运动，主要有正转与反转控制、停车制动时快速停转、加工调整时点动操作等电气控制要求；M2是冷却泵电动机，驱动冷却泵电动机对零件加工部位进行供液，电气控制要求是加工时启动供液，并能长期运转；M3是快速移动电动机，拖动刀架快速移动，要求能够随时手动控制启动与停止。

1. 动力电路

1) 主电动机电路

(1) 电源引入与故障保护。三相交流电源L1、L2、L3经熔断器FU后，由QS隔离开关引入C650车床主电路。主电动机电路中，FU1熔断器为短路保护环节，FR1是热继电器热元件，对电动机M1起过载保护作用。

(2) 主电动机正反转。KM1与KM2分别为交流接触器KM1与KM2的主触点。根据电气控制基本知识分析可知，KM1主触点闭合、KM2主触点断开时，三相交流电源将分别接入电动机的U1、V1、W1三相绕组中，M1主电动机将正转。反之，当KM1主触点断开、KM2主触点闭合时，三相交流电源将分别接入M1主电动机的W1、V1、U1三相绕组中，与正转时相比，U1与W1进行了换接，导致主电动机反转。

(3) 主电动机全压与降压状态。当KM3主触点断开时，三相交流电源电流将流经限流电阻R而进入电动机绕组，电动机绕组电压将减小。如果KM3主触点闭合，则电源电流不经限流电阻而直接接入电动机绕组中，主电动机处于全压运转状态。

(4) 绕组电流监控。电流表A在电动机M1主电路中起绕组电流监视作用，通过TA线圈空套在绕组一相的接线上，当该接线有电流流过时，将产生感应电流，通过这一感应电流间接显示电动机绕组中当前电流值。其控制原理是：当KT常闭延时断开触点闭合时，TA产生的感应电流不经过电流表A，而一旦KT触点断开，电流表A就可检测到电动机绕组中的电流。

(5) 电动机转速监控。KS是和M1主电动机主轴同转安装的速度继电器检测元件，根据主电动机主轴转速对速度继电器触点的闭合与断开进行控制。

2) 冷却泵电动机电路

冷却泵电动机电路中FU4熔断器起短路保护作用，FR2热继电器则起过载保护作用。当KM4主触点断开时，冷却泵电动机M2停转不供液；而KM4主触点一旦闭合，M2将启动供液。

3) 快速移动电动机电路

快速移动电动机电路中FU5熔断器起短路保护作用。KM5主触点闭合时，快速移动电动机M3启动，而KM5主触点断开，快速移动电动机M3停止。

主电路通过TC变压器与控制线路和照明灯线路建立电联系。TC变压器一次侧接入电压为380V，二次侧有36V、110V两种供电电源，其中36V给照明灯线路供电，而110V给车床控制线路供电。

2. 控制线路

控制线路读图分析的一般方法是从各类触点的断与合与相应电磁线圈得断电之间的关系入手，并通过线圈得断电状态，分析主电路中受该线圈控制的主触点的断合状态，得出电动机受控运行状态的结论。

控制线路从6区至17区，各支路垂直布置，相互之间为并联关系。各线圈、触点均为原态(即不受力态或不通电态)，而原态中各支路均为断路状态，所以KM1、KM3、KT、KM2、KA、KM4、KM5等各线圈均处于断电状态，这一现象可称为“原态支路常断”，是机床控制线路读图分析的重要技巧。

1) 主电动机点动控制

按下 SB2，KM1 线圈通电，根据“原态支路常断”现象，其余所有线圈均处于断电状态，因此主电路中为 KM1 主触点闭合，由 QS 隔离开关引入的三相交流电源将经 KM1 主触点、限流电阻接入主电动机 M1 的三相绕组中，主电动机 M1 串电阻降压起动。一旦松开 SB2，KM1 线圈断电，电动机 M1 断电停转。SB2 是主电动机 M2 的点动控制按钮。

2) 主电动机正转控制

按下 SB3，KM3 线圈与 KT 线圈同时通电，20 区的常开辅助触点 KM3 闭合，使 KA 线圈通电，KA 线圈通电又导致 11 区中的 KA 常开辅助触点闭合，使 KM1 线圈通电。而 11 和 12 区的 KM1 常开辅助触点与 14 区的 KA 常开辅助触点对 SB3 形成自锁。主电路中 KM3 主触点与 KM1 主触点闭合，电动机不经限流电阻 R 而全压正转启动。

3) 主电动机反转控制

按下 SB4，通过 9、10、5、6 线路导致 KM3 线圈与 KT 线圈通电，与正转控制相类似，20 区的 KA 线圈通电，再通过 11、12、13、14 线路使 KM2 线圈通电。主电路中 KM2、KM3 主触点闭合，电动机全压反转启动。KM1 线圈所在支路与 KM2 线圈所在支路通过 KM2 与 KM1 常闭触点实现电气控制互锁。

4) 主电动机反接制动控制

(1) 正转制动控制。KS2 是速度继电器的正转控制触点，当电动机正转启动至接近额定转速时，KS2 闭合并保持。制动时按下 SB1，控制线路中所有电磁线圈都将断电，主电路中 KM1、KM2、KM3 主触点全部断开，电动机断电降速，但由于正转转动惯性，需较长时间才能降为零速。

一旦松开 SB1，则经 1、4、7、8、KS2、13、14 线路和触点，使 KM2 线圈通电。主电路中 KM2 主触点闭合，三相电源电流经 KM2 主触点使 U1、W1 两相换接，再经限流电阻 R 接入三相绕组中，在电动机转子上形成反转转矩，并与正转的惯性转矩相抵消，电动机迅速停车。

在电动机正转启动至额定转速，再从额定转速制动至停车的过程中，KS1 反转控制触点始终不产生闭合动作，保持常开状态。

(2) 反转制动控制。KS1 在电动机反转启动至接近额定转速时闭合并保持。与正转制动相类似，按下 SB1，电动机断电降速。一旦松开 SB1，则经 1、4、7、8、KS1、2、3 线路和触点，使线圈 KM1 通电，电动机转子上形成正转转矩，并与反转的惯性转矩相抵消，使电动机迅速停车。

5) 冷却泵电动机起停控制

按下 SB6，线圈 KM4 通电，并通过 KM4 常开辅助触点对 SB6 形成自锁，主电路中 KM4 主触点闭合，冷却泵电动机 M2 转动并保持。按下 SB5，KM4 线圈断电，冷却泵电动机 M2 停转。

6) 快速移动电动机点动控制

行程开关由车床上的刀架手柄控制。转动刀架手柄，行程开关 SQ 将被压下而闭合，KM5 线圈通电，主电路中 KM5 主触点闭合，驱动刀架快速移动的电动机 M3 启动。反向转动刀架手柄复位，SQ 行程开关断开，则电动机 M3 断电停转。

7) 照明电路

灯开关 SA 置于闭合位置时，EL 灯亮。SA 置于断开位置时，EL 灯灭。

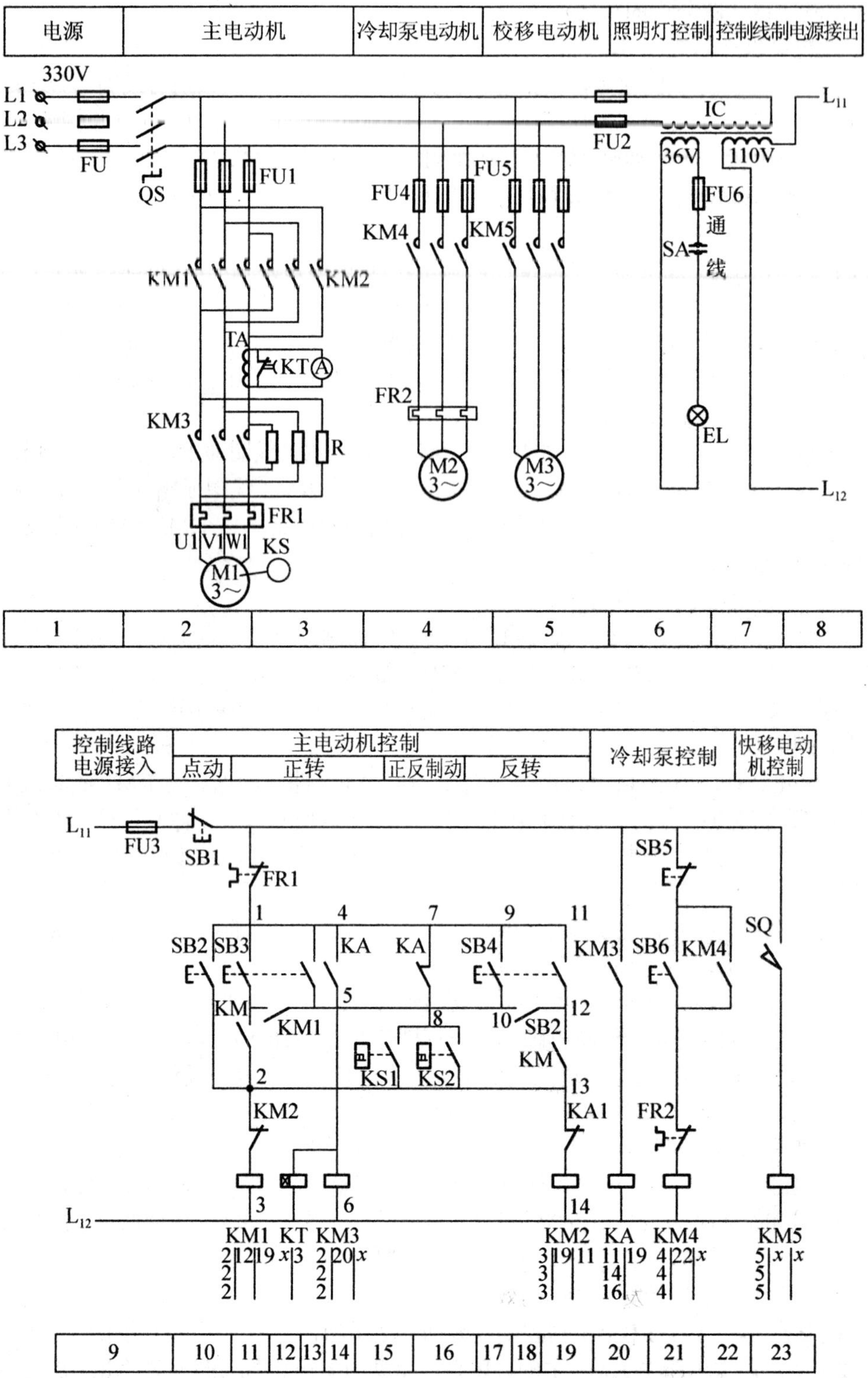

图 2.5　C650 型卧式车床电气控制线路

项 目 小 结

本项目重点对 CA6140 型车床电气控制原理进行分析，进一步了解了车床的工作过程、结构、运动情况以及电气线路的安装步骤和故障的排除方法，并拓展了 C650 型车床的有关知识。

复习思考题

1. CA6140 型普通车床电气控制具有哪些特点？
2. CA6140 型普通车床电气控制具有哪些保护环节？它们是通过哪些电气元件实现的？
3. 画出 C650 型车床主电动机制动控制电路。
4. 试分析 CA6140 型普通车床主轴电动机不能停车的原因。

项目 2.2　平面磨床的电气控制

项目目标

1. 掌握平面磨床的主要结构和运动形式。
2. 掌握平面磨床的电气原理分析。
3. 掌握平面磨床常见的电气故障的排除方法和电气线路安装步骤。

项目内容

磨床是以砂轮周边或端面对工件进行磨削加工的精密机床，它不但能加工一般金属材料，而且能加工一般金属刀具难以加工的硬材料(如淬火钢、硬质合金等)。由于利用磨削加工可以获得较高的加工精度和光洁度，所以磨床被广泛地应用于零件精加工中。随着精密铸造与精密锻造工艺的进步，零件可不经其他切削加工而直接磨削成成品。后来随着高速磨削和强力磨削工艺的发展，磨削效率进一步提高，磨床的使用范围也日益扩大，在金属切削机床中所占的比重不断上升，在工业发达国家占金属切削机床的 13%～27%。

为了适应磨削各种加工表面、工件形状和生产批量的要求，提供的磨床的种类很多，如平面磨床、外圆磨床、内圆磨床、无心磨床及一些专用磨床。图 2.6 所示为两种不同类型的磨床实物图。

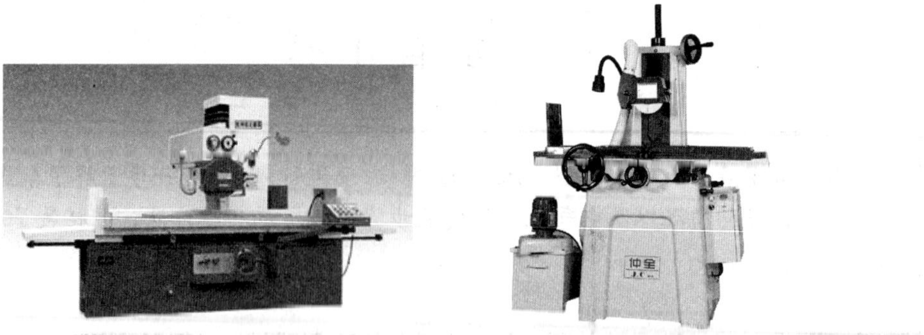

图 2.6　两种不同类型的磨床

M7130 型平面磨床由主电路、控制电路、电磁吸盘控制电路等部分组成。主电路中应有 3 台电动机，即砂轮电动机、冷却泵电动机和液压泵电动机；控制电路采用了 380V 电压供电，由熔断器作短路保护，而且需设电磁吸盘，用来吸住工件以便进行磨削。

相关知识

一、主要结构及运动情况

图 2.7 为 M7130 型平面磨床实物图，图 2.8 为其结构示意图。该磨床主要由手轮、工作台、电磁吸盘、砂轮箱(又称磨头)等部分组成。

平面磨床的主要运动是砂轮的旋转运动，磨削时砂轮外圆线速度大致在 30r/s～50r/s 范围内。工作台在床身的水平导轨上作往复(纵向)直线运动，考虑到运动时的换向平稳及容易调整运动速度，其采用液压传动。换向是靠工作台上的撞块碰撞床身上的液压换向开关实现的。

图 2.7　M7130 型平面磨床

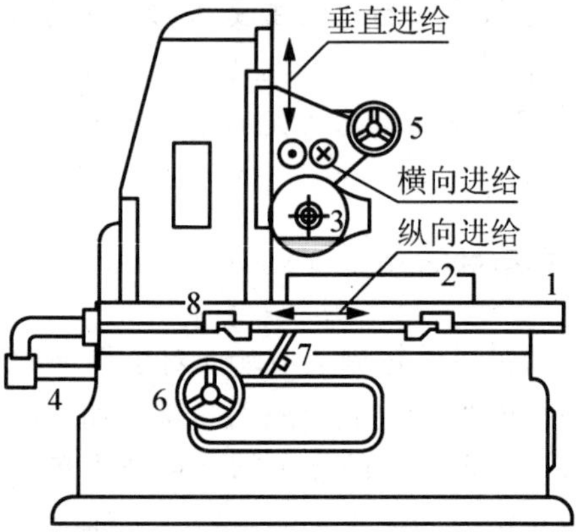

图 2.8　M7130 型平面磨床结构示意图

1—工作台；2—电磁吸盘；3—砂轮箱；4—活塞杆；
5—砂轮箱横向移动手轮；6—砂轮箱垂直进刀手轮；
7—工作台往复运动换向手轮；8—工作台换向撞块

砂轮箱的上部装有燕尾形导轨，可沿在滑座上的水平导轨作横向(向前或向后)移动，在磨削中，工作台换向时横向进给一次。在修正砂轮或调整砂轮的前后位置时，可连续横向运动。这一进给运动可由液压传动装置控制，也可用手轮操作。

滑座可沿立柱的导轨作垂直上下运动，以调整砂轮的上下位置，或使砂轮磨削工件，以控制磨削平面时的工件尺寸。这一垂直进给运动可通过操作手柄由机械传动装置来实现。

为减小工件在磨削加工中的热变形，并冲走磨削铁屑，以保证加工精度，需使用冷却液。磨床上设有冷却泵电动机拖动冷却泵旋转，以提供冷却液。

根据工件尺寸的大小和结构形状，可以用螺钉和压板直接将工件固定在工作台上(大工件)，也可在工作台上装上电磁吸盘，将工件放在电磁吸盘上吸住(小工件)，当加工完毕时，将吸盘开关先扳到“退磁”位置进行退磁，最后扳到工件“放松”位置，即可取下工件。

二、机电传动与电气控制要求

根据磨床的运动特点及工艺要求，对机电传动与电气控制的要求如下。

(1) 由于砂轮的旋转运动一般不要求调速，因此由一台三相笼型异步电动机拖动即可。砂轮电动机、液压泵电动机和冷却泵电动机都只要求单方向旋转。

(2) 冷却泵电动机应在砂轮电动机启动后再运行。

(3) 应有必要的保护环节，如短路保护、电动机过载保护、零压保护、电磁吸盘欠压保护。

(4) 电磁吸盘应有去磁控制。

(5) 应有照明灯和信号显示。

三、型号含义

M	7	1	30
磨床	平面	卧轴矩台式	工作台工作面宽度

项目实现

一、控制原理分析

1. 主电路分析

M7130 型平面磨床电气控制原理图如图 2.9 所示。主电路中有 3 台电动机，即砂轮电动机 M1、冷却泵电动机 M3 和液压泵电动机 M2。电源由总开关 Q 引入，为机床开动做准备。3 台电动机共用熔断器 FU1 作短路保护，M1、M3 和 M2 分别由热继电器 FR1、FR2 作长期过载保护。

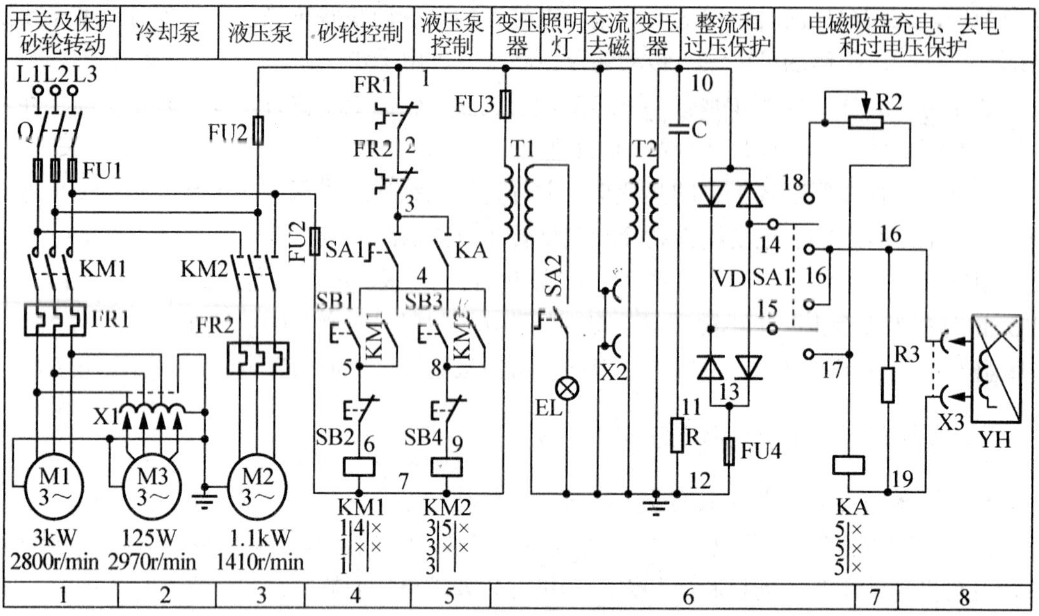

图 2.9　M7130 型平面磨床电气控制原理

由于冷却泵箱和床身是分开安装的，所以冷却电动机M3采用插头插座X1与电源接通。当需要冷却液时，可将插头插入插座。电动机M3也由接触器KM1控制。由于冷却泵电动机的容量较小，因此对其没有单独设置过载保护。液压泵电动机M2由接触器KM2控制。

2. 控制电路分析

由按钮SB1、SB2与接触器KM1构成砂轮电动机M1单向旋转启动-停止控制电路；由按钮SB3、SB4与接触器KM2构成液压泵电动机M3单向旋转启动-停止控制电路。但KM1、KM2的导通必须在点3与点4间触点KA和SA1的并联支路导通的前提下，也就是电动机必须在下述条件之一成立时方可启动。

(1) 电磁吸盘YH工作，且欠电流继电器KA通电吸合，表明吸盘电流足够大，足以将工件吸牢时，其触点KA(3-4)闭合。

(2) 若电磁吸盘YH不工作，转换开关SA1置于“去磁”位置，其触点SA1(3-4)闭合。

3. 电磁吸盘控制电路分析

1) 电磁吸盘构造与原理

电磁吸盘用来吸住工件以便进行磨削。相比机械夹紧而言，它有着夹紧迅速、操作快速简便、不损伤工件、一次能吸好多个小工件、磨削中工件发热可自由伸缩、不会变形等优点。不足之处是只能对导磁性材料有吸力，而对非导磁性材料(如铝和铜的工件)无吸引力。电磁吸盘线圈须采用直流电源供电，而不能采用交流电，因为通交流电会使工件振动和铁心发热，所以在电路中设置一整流器VD。

电磁吸盘的结构及工作原理如图2.10所示。整个吸盘体是钢制的箱体，内部凸起的心体上绕有线圈，钢制的盖板由非导磁材料组成。当线圈通电时，钢条被磁化而形成N、S磁极，工件放在电磁吸盘上，磁力线便形成闭合磁路(如图中虚线所示)而将工件牢牢吸住。

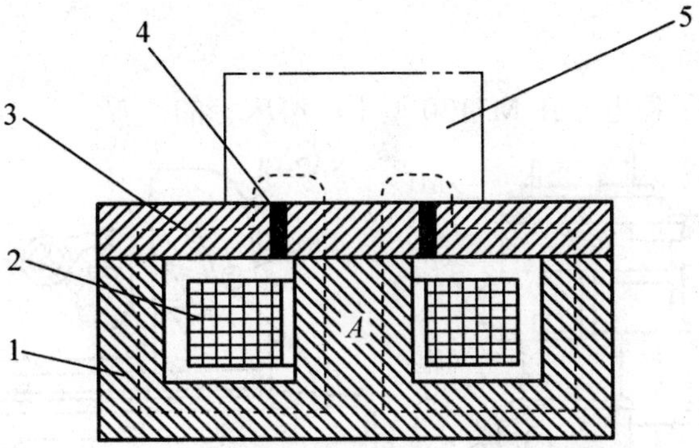

图 2.10　电磁吸盘结构及工作原理示意图

1—钢制吸盘体；2—线圈；3—钢制盖板；4—隔磁层；5—工件

2) 电磁吸盘控制电路

电磁吸盘控制电路包括降压整流电路、换向开关及欠电流保护电路。如图 2.9 所示，变压器 T2 将 220V 的交流电压降为 127V。然后，经桥式整流装置 VD 整流后变为 110V 的直流电压。电阻 R 和电容 C 组成过电压吸收电路，防止交流电网的瞬时过电压或因直流电路的通断在变压器 T2 副边产生高电压对桥式整流二极管产生危害。这是由于电容两端电压不能突变，所以电容 C 的充电能吸收高电压；加电阻 R 的目的是防止电容 C 与变压器副边的电感产生振荡。换向开关 SA1 有“吸合”、“放松”和“退磁”3 个挡位。当 SA1 扳到触点(14-16)和(15-17)时，电磁吸盘 YH 两端就加有 110V 的直流电压，将工件牢牢吸住，并且欠电流继电器吸合。待加工完毕，把 SA2 扳到“放松”位置，使电磁吸盘的线圈断电。但由于剩磁关系，一方面取下工件较困难，另一方面工艺上不允许工件有剩磁。因此，需再将 SA2 扳到“退磁”位置，这时触点(14-18)和(16-15)闭合，电磁吸盘中将通过反方向的较小电流进行去磁(因电路中串入了电阻 R2)。去磁结束后，将 SA1 扳回到“松开”位置，即可取下工件。

3) 电磁吸盘保护环节

将磨削加工换向开关 SA1 扳到“吸合”位置，这时，转换开关 SA1 的触点(3-4)便断开，而由 KA 的触点(3-4)保持 KM1 和 KM2 线圈通电。若电磁吸盘的线圈断电或电流太小吸不住工件，则欠电流继电器 KA 释放，其常开触点(3-4)断开，各电动机因控制电路断电而停止。否则，工件会因吸不牢被高速旋转的砂轮碰击而飞出，可能造成事故。

如果不需要电磁吸盘，将工件夹在工作台上，则应将插头插座 X3 上的插头拔掉，同时将换向开关 SA1 扳到“退磁”位置，这时将 SA1 在控制电路中的触点(3-4)接通，各电动机就可以正常启动而工作。

电磁吸盘励磁线圈并联的电阻 R3 为放电电阻。因为电磁吸盘是一个大电感元件，在电磁吸盘从工作位置转换到“放松”位置的瞬间，线圈会产生很大自感电势，易将线圈的绝缘损坏，也会在开关 SA1 处产生电弧，使开关的触点损坏。电阻 R3 的作用是在电磁吸盘断电瞬间提供通路，吸收线圈释放的磁场能量，使能量转换为热并很快被消耗掉。

4. 照明电路分析

照明变压器 T1 将 380V 的交流电压降为 36V 的安全电压供照明使用。EL 为照明灯，一端接地，由开关 SA2 控制。熔断器 FU3 作为照明电路短路保护使用。

二、电气位置图

图 2.11 分别标出了各电器在 M7130 型平面磨床上的位置。

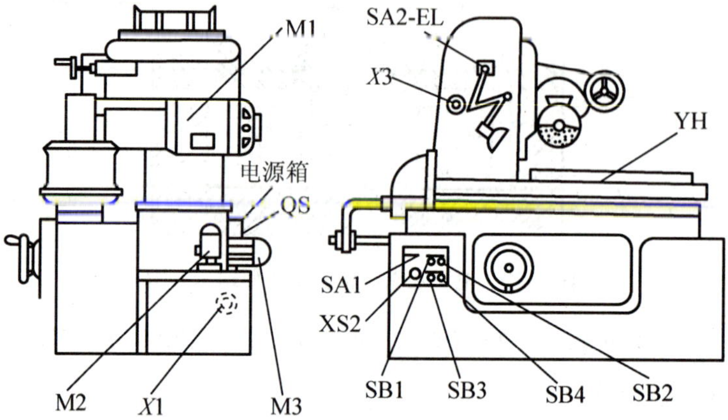

图 2.11 M7130 型平面磨床电气位置图

三、常见故障分析

M7130 型平面磨床常见故障分析见表 2-2。

表 2-2 M7130 型平面磨床常见故障分析

常见故障	故障原因分析
磨床中各电动机都不能启动	(1) 欠电流继电器 KA 上的触点接触不良，接线松动脱落或有油垢，因此电动机的控制电路不通，不能启动。将换向开关 SA1 扳到“吸合”位置，检查欠电流继电器 KA 的常开触点是否接通，不通则修理或更换触点，就可排除故障 (2) 转换开关 SA1 的触点接触不良，接线松动脱落或有油垢，因此控制电路断开，各电动机无法启动。转换开关 SA1 扳到“退磁”位置，拔掉电磁吸盘插头，检查 SA1 的触点是否接通，不通则修理或更换转换开关
砂轮电动机的热继电器 FR1 脱扣	(1) 砂轮电动机前轴瓦磨损，电动机发生堵转而电流增大很多，使得热继电器脱扣，应修理或更换轴瓦 (2) 砂轮进刀量太大，使电动机堵转，电流很大，使得热继电器脱扣。所以，砂轮进刀量的选择要合适 (3) 更换后的热继电器 FR1 规格不对或未调整好，应根据砂轮电动机的额定电流选择和调整热继电器
冷却泵电动机不能启动	(1) 冷却泵电动机的插座已损坏，应修复插座 (2) 冷却泵电动机已经损坏，应更换
液压泵电动机不能启动	(1) 按钮 SB3 或 SB4 的触点接触不良，应修复触点 (2) 接触器 KM2 的线圈已烧坏，应更换线圈 (3) 液压泵电动机已烧坏，应修复或更换
电磁吸盘无吸力	(1) 熔断器 FU1、FU2 或 FU4 熔丝烧断，应更换熔丝 (2) 插头插座 X3 接触不良，应进行修理 (3) 桥式整流装置中两个相邻的二极管都短路(短路的特征是短路管子和整流变压器的温度都较高，输出电压为零)，应更换整流二极管 (4) 桥式整流装置中两个相邻的二极管都断路，这时输出电压为零，应更换整流二极管 (5) 电磁吸盘线圈断开，应进行修理

续表

常见故障	故障原因分析
电磁吸盘吸力不足	(1) 电磁吸盘的线圈局部短路。这是由于电磁吸盘没有密封好，冷却液流入，引起绝缘损坏，这时表现为空载时整流电压较高而接入电磁吸盘时电压又下降很多(低于 110V)，应更换电磁吸盘线圈 (2) 桥式整流装置元件损坏。如果一个二极管断路，则整流输出电压为常值一半，断路二极管和相对臂的二极管温度比其他两臂的二极管低。如果两个相邻的二极管都断路，则输出电压为零。这一故障应更换整流二极管
经电磁吸盘退磁后工件仍取下困难	(1) 退磁电路开路，结果没有退磁。应检查换向开关 SA1 接触是否良好，电阻 R2 有没有损坏 (2) 退磁电压过高，调整电阻 R2，使退磁电压为 5～10V (3) 退磁时间太长或太短。不同材料工件所需退磁时间不同，应掌握好退磁时间

四、电气线路安装步骤

(1) 制作 600mm×400mm×15mm 和 400mm×300mm×15mm 的木制模拟板。

(2) 按照编号原则在电气线路图上给主电路、控制电路、照明和指示电路及电磁吸盘电路编号。

(3) 按电气元件明细表配齐元件，并对元件进行检测。

(4) 给各电气元件和元件的接线端上做好与电气线路图上相应的文字和号码标志。

(5) 将接触器、熔断器、整流降压变压器 T1、T2、硅整流器、欠电流继电器 KA、热继电器、插头插座 X2、X3、电容、电阻和接线板安装在大模拟板上。将按钮、工作台照明灯和开关、指示灯、X1 和接线板安装在小模拟板上。大小模拟板相距 0.5m，连接线用软管保护。大模拟板至各电动机和电磁吸盘(可用 110V、100W 的白炽灯代替)的连接线用软管保护。

(6) 选配合适的导线，并在线头两端作好与电路图中的编号相同的号码，然后接线。在模拟板内部采用 BVR 塑铜线，电源开关至大模拟板的接线及接到电动机的接线采用四芯橡皮套绝缘的电缆线，接到电磁吸盘及小模拟板的连接线采用 BVR 塑铜线并应穿在导线通道内加以保护。

(7) 在大模拟板附近安装电动机并接线。

(8) 布线时，在大模拟板内采用走线槽的敷线方法，接到电动机或小模拟板的导线必须经过接线端子板。在按原理图接线的同时，应在导线的线头上套有与原理图一致的线号的编码套管。

(9) 安装结束后清理场地。按照电气图逐线进行检查，检查布线的正确性和接点的可靠性，同时进行绝缘电阻测量和接地通道是否连续的试验。

(10) 试车。试车时要密切注视各电动机和电气元件有无异常现象，发现异常现象应立即断开电源开关进行检查处理，找出原因并排除故障后再通电试车。

知识拓展

平面磨床安全操作规程

(1) 开车前必须穿好工作服，扣好衣、袖；留长发者，必须将长发盘入工作帽内；不得系围巾、戴手套操作机床。

(2) 作业前，应将工具、卡具、工件摆放整齐，清除任何妨碍设备运行和作业活动的杂物。

(3) 作业前，应检查传动部分安全护罩是否完整、固定，发现异常应及时处理。

(4) 开车前，检查机床传动部分及操作手柄是否正常和灵敏，按维护保养要求加足各部润滑油。

(5) 作业前，应按工件磨削长度调整好换向撞块的位置，并固紧。

(6) 安装砂轮时必须进行静平衡操作，修正后应再次平衡；砂轮修整器的金刚石必须尖锐，其尖点高度应与砂轮中心线的水平面一致；禁止用磨钝的金刚石修整砂轮，修整时必须用冷却液。

(7) 开动砂轮前，应将液压传动调整手柄放在“低速”位置，砂轮快速移动手柄放在“后退”位置，以防碰撞。

(8) 启动磨床空转3～5min，观察运转情况，应注意砂轮离开工件3～5mm；确认润滑冷却系统畅通，各部运转正常无误后再进行磨削作业。

(9) 检查工件、装卸工件、处理机床故障时要将砂轮退离工件后停车进行。

(10) 不准在工作面、工件、电磁盘上放置非加工物品；禁止在工作面和电磁盘上敲击、校准工件。

(11) 电磁卡盘和整流器应在通电5min后使用，卡盘吸附后，上工件时，必须检查其牢固后再磨削；吸附较高或较小的工件时，应另加适当高度的靠板，防止工件歪倒，造成事故。

(12) 砂轮接近工件时，不准机动进给；砂轮未离开工件时，不准停止运转。

(13) 磨削进给量应由小渐大，不得突然增大，以防砂轮破裂。

(14) 磨削过程中，应注意观察各运动部位温度、声响等是否正常。滤油器、排油管等应侵入油内，防止油压系统内有空气进入，若油缸内进入空气，应立即排除；砂轮主轴箱内温度不应超过60℃，发现异常情况应停车检查或检修，查明原因、恢复正常后才能继续作业。

(15) 操作时，必须集中精力，不得做与加工无关的事，不得离开磨床。

(16) 不容许他人擅自操作磨床或容留闲杂人员在机床周围。

(17) 作业完毕，应先关闭冷却泵，将砂轮空转2min以上后，将各手柄放于非工作位置并切断电源。

项 目 小 结

本项目重点对M7130型平面磨床电气控制原理进行分析，进一步了解了磨床的工作过程、结构、运动情况以及电气线路的安装步骤和故障的排除方法，并拓展了其安全操作规程的有关知识。

复习思考题

1. 平面磨床采用电磁吸盘来夹持工件有什么好处？
2. M7130型平面磨床控制电路中欠电流继电器KA起什么作用？
3. M7130型平面磨床具有哪些保护环节？它们各是由什么电气元件来实现的？
4. M7130型平面磨床的电磁吸盘没有吸力或吸力不足，试分析可能的原因。

项目 2.3　摇臂钻床的电气控制

项目目标

1. 掌握摇臂钻床的主要结构和运动形式。
2. 掌握摇臂钻床的电气原理分析。
3. 掌握摇臂钻床的电气线路安装步骤以及常见的电气故障的排除方法。

项目内容

钻床是一种孔加工机床，用来进行钻孔、扩孔攻丝及修刮端面等多种形式的加工。它的种类很多，有立式钻床、台式钻床、摇臂钻床和专用钻床等。立式钻床和台式钻床的电气控制线路都比较简单，不做介绍。在钻床中，摇臂钻床操作方便、灵活，适用范围广，具有典型性，特别适用于单件或批量生产中带有多孔大型零件的加工，是一般机械加工工厂中常见的机床。

Z3040 型摇臂钻床需设 4 台电动机：主轴电动机带动主运动和进给运动，只需作单方向的旋转，用热继电器作过载保护；摇臂升降电动机要求进行正、反转的点动控制，不加过载保护。摇臂的升降运动必须按照摇臂松开→升或降→摇臂夹紧的顺序进行；液压泵电动机需实现正、反转，用热继电器进行过载保护；冷却泵电动机拖动冷却泵供出冷却液对刀具进行冷却，由于其容量很小，所以由手动开关直接控制。控制电路的电源是 127V 的交流电，由变压器将 380V 交流电降为 127V 得到。

相关知识

一、主要结构及运动情况

Z3040 型摇臂钻床的主要构造如图 2.12 所示。它主要由底座、内立柱、外立柱、摇臂、主轴箱及工作台等部分组成。内立柱固定在底座上，其外面套有空心的外立柱。摇臂的一端为套筒，它套装在外立柱上，并借助丝杠的正、反转可沿外立柱上下移动；摇臂可以连同外立柱绕内立柱自由回转；摇臂与外立柱之间不能作相对转动。主轴箱安装在摇臂水平导轨上，可以在摇臂上沿导轨作水平移动。当进行加工时，由特殊的夹紧装置将主轴箱紧固在摇臂导轨上，将外立柱紧固在内立柱上，并将摇臂紧固在外立柱上，然后进行钻削加工。由于这些运动可以方便地调整钻头相对工件的位置，以对准加工工件所需的加工孔的中心，因此，一些大而重的多孔工件可以方便地在摇臂钻床上加工而无需移动。当工件不很大时，可以压紧在工作台上加工。如果工件较大则可以直接放在底座上加工。根据工件高度的不同，摇臂借助于丝杠可带动主轴箱沿外立柱上下升降。摇臂在升降之前，应能自动将摇臂松开，再进行升降，当达到升降位置时，摇臂自动夹紧在外立柱上。

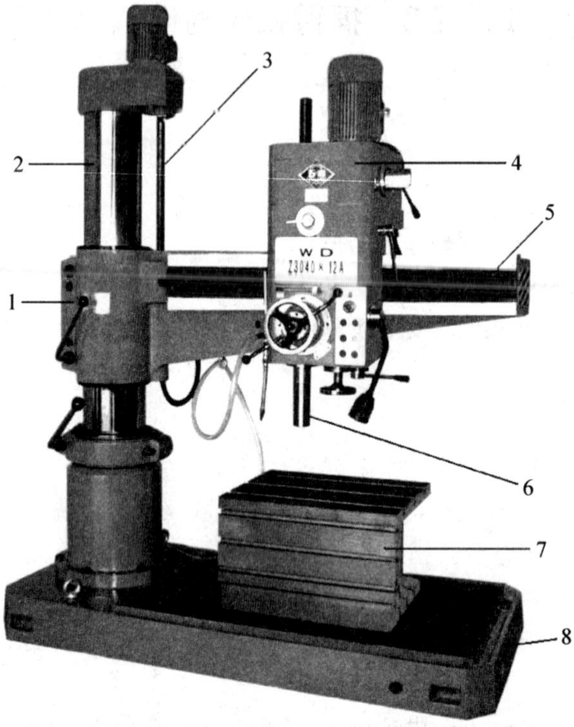

图 2.12　Z3040 型摇臂钻床的主要构造

1—摇臂；2—内外立柱；3—丝杠；4—主轴箱；5—导轨；6—主轴；7—工作台；8—底座

Z3040 型摇臂钻床上的运动情况如下。

(1) 主运动：主轴带动钻头的旋转运动。

(2) 进给运动：钻头的上下移动。

(3) 辅助运动：主轴箱沿摇臂水平移动，摇臂沿外立柱上下移动和摇臂连同外立柱一起相对于内立柱作回转运动。

二、机电传动与电气控制要求

(1) 摇臂钻床运动部件较多，为简化传动装置，采用多电动机拖动，共有 4 台电动机，即主轴电动机、摇臂升降电动机、液压泵电动机和冷却泵电动机。

(2) 主轴正、反转与进给运动由机械方法获得，主轴电动机只需单方向旋转。

(3) 摇臂升降由摇臂升降电动机正、反转实现。为方便摇臂位置调整，采用点动控制。

(4) 主轴箱和摇臂之间、内外立柱之间的夹紧与松开所需压力油由液压泵电动机正、反转实现，夹紧或松开后，机械装置自锁。因此，液压泵电动机也采用点动控制。

(5) 钻削时所需冷却液由冷却泵电动机拖动冷却泵送出。冷却泵电动机由手动开关控制单向运行。

(6) 具有必要的联锁与保护。

三、型号含义

Z	3	0	40
钻床	摇臂钻床	系别代号	主参数代号(最大钻孔直径 40mm)

项目实现

一、控制原理分析

1. 主电路分析

图 2.14 给出了 Z3040 型摇臂钻床的电气控制原理图。M1 为主轴电动机，摇臂钻床的主运动和进给运动都由 M1 拖动，再通过主轴传动机构和进给传动机构实现主轴的旋转和进给。主轴变速机构和进给变速机构都装在主轴箱内。主轴在一般的转速下进行钻削加工，而低速时主要用于进行扩孔、铰孔、攻螺纹等加工。为加工螺纹，主轴要求有正、反转，主轴的正、反转一般采用机械的方法实现，主轴电动机 M1 只需做单方向的旋转。主轴电动机 M1 由接触器 KM1 控制，热继电器 FR1 作过载保护。M2 为摇臂升降电动机，摇臂的升降运动由 M2 拖动，必须按照摇臂松开→升或降→摇臂夹紧的顺序进行，因此摇臂的夹紧、放松与摇臂的升降按自动控制进行。M2 要求进行正、反转的点动控制，分别由接触器 KM2、KM3 进行控制，不加过载保护。M3 为液压泵电动机，内外立柱的夹紧放松、主轴箱的夹紧放松和摇臂夹紧放松可采用手柄机械操作、电气-机械装置、电气-液压装置或电气-液压-机械装置等控制方法来实现。若采用液压装置，则靠液压泵电动机 M3 拖动油泵送出压力油来实现。M3 电动机由接触器 KM4、KM5 分别控制其正、反转，热继电器 FR2 进行过载保护。M4 为冷却泵电动机，它拖动冷却泵供出冷却液对刀具进行冷却，由于 M4 的容量很小，所以由 SA2 直接控制。

2. 控制电路分析

控制电路的电源电压由变压器 TC 将 380V 的交流电压降为 127V 得到。

1) 主轴电动机的控制

主轴电动机 M1 为单向旋转，按下启动按钮 SB2，接触器 KM1 线圈得电吸合并自锁，主轴电动机 M1 启动运转。主轴电动机启动后拖动齿轮泵送出压力油，此时可操纵主轴操作手柄来改变两个操纵阀的相互位置，使压力油做不同的分配。主轴操作手柄有 5 个操作位置，即上、下、里、外和中间，分别为“空挡”、“变速”、“反转”、“正转”和“停车”。

主轴电动机 M1 启动运转后，将手柄扳至所需转向位置，于是一股压力油将制动摩擦离合器松开，为主轴旋转创造条件，另一股压力油压紧正转(或反转)摩擦离合器，接通主轴电动机到主轴的传动链，驱动主轴实现正转或反转。在主轴正转或反转的过程中，可转动变速旋钮，改变主轴的转速或主轴进给量，然后将操作手柄扳回中间，即主轴“停车”位置，这时主轴电动机仍拖动齿轮泵旋转，但此时整个液压系统为低压油，不能松开制动摩擦离合器，而在制动弹簧的作用下将制动摩擦离合器压紧，使制动轴上的齿轮不能转动，实现主轴停车。在主轴停车时，主轴电动机仍在旋转，只是不能将动力传到主轴。再将主轴操作手柄扳至“变速”位置，使齿轮泵送出的压力油进入主轴转速预选阀，然后进入相应的变速油缸，另一油路系统推动拨叉缓慢移动，逐渐压紧主轴正转摩擦离合器，接通主轴电动机到主轴的传动链，带动主轴缓慢旋转，以利于齿轮的啮合。当变速完成，松开操作手柄，此时手柄在弹簧作用下由“变速”位置自动复位到主轴“停车”位置，然后再操纵主轴正转或反转，转轴将在新的转速或进给量下工作。按下停止按钮 SB1，KM1 释放，主轴电动机停转。过载时，热继电器 FR1 的常闭触点断开，接触器 KM1 释放，主轴电动机停转。若将操作手柄扳至“空挡”位置，这时压力油使主轴传动中的滑移齿轮处于中间脱开位置，这时可用手轻便地转动主轴。

2) 摇臂升降的控制

摇臂升降的控制包括摇臂的自动松开、上升或下降后再自动夹紧，因此摇臂的升降控制必须与夹紧机构的液压系统紧密配合。夹紧机构液压系统的夹紧放松的控制是由液压泵电动机拖动液压泵送出压力油推动活塞、菱形块实现的。其中主轴箱和立柱的夹紧放松由一个油路控制，而摇臂的夹紧放松由另一个油路控制，这两个油路均由电磁阀 YV 操纵。电磁阀 YV 线圈通电，电磁阀 YV 吸合，压力油进入摇臂松紧控制的油腔；电磁阀 YV 线圈断电，YV 不吸合，压力油进入主轴箱和立柱松紧油腔。在摇臂升降控制的操作前，摇臂处于夹紧状态，油进入夹紧油腔，行程开关 SQ3 被压下，其常闭触点 SQ3(2-18)断开。

若进行摇臂上升的控制，则按下上升复合按钮 SB3，其常闭触点 SB3(9-12)断开，切断摇臂下降的 KM3 线圈回路；其常开触点 SB3(2-6)闭合，时间继电器 KT 线圈通电并吸合，其瞬动常开触点 KT(14-15)瞬时动作，接通了接触器 KM4 的线圈回路，接触器 KM4 吸合，使液压泵电动机 M3 正转，液压泵供出正向压力油。同时，KT 延时断开的常开触点 KT(2-18)闭合，接通电磁阀 YV 的线圈。电磁阀的吸合使压力油进入摇臂松开油腔，推动松开机构，使摇臂松开，并压下行程开关 SQ2，其常闭触点 SQ2(7-14)断开，接触器 KM4 因线圈断电而释放，液压泵电动机 M3 停止转动，同时 SQ2 的常开触点 SQ2(7-9)闭合，接触器 KM2 线圈通电，使接触器 KM2 吸合，摇臂升降电动机 M2 正转，拖动摇臂上升。在压力油进入摇臂松开油腔后，行程开关 SQ3 被释放，其常闭触点 SQ3(2-18)闭合，此时由于 KT 线圈通电，其延时闭合的常闭触点 KT(18-19)断开，所以接触器 KM5 线圈回路处于断电状态。当摇臂上升到所需的位置时，松开按钮 SB3，接触器 KM2 和时间继电器 KT 均释放，摇臂升降电动机 M2 停转，摇臂停止上升，时间继电器 KT 释放后，延时 1～3s，其延时闭合的常闭触点 KT(18-19)闭合，接通接触器 KM5 的线圈回路，接触器 KM5 吸合，液压泵电动机 M3 反转，反向供给压力油。这时 SQ3 的常闭触点 SQ3(2-18)是闭合的，电磁阀仍通电吸合，结果使压力油进入摇臂夹紧的油腔，推动夹紧机构，使摇臂夹紧。夹紧后压下 SQ3，其常闭触点 SQ3(2-18)断开，接触器 KM5 和电磁阀 YV 线圈断电而释放，液压泵电动机 M3 停转，摇臂的上升过程结束。行程开关 SQ2 保证只有摇臂完全松开后才能升降，如果摇臂没有完全松开，则 SQ2 不动作，其常开触点 SQ2(7-9)不能闭合，接触器 KM2 和 KM3 就不能通电吸合，摇臂升降电动机 M2 不会动作。断电延时型时间继电器 KT 保证接触器 KM2 断电后 1～3s，待摇臂升降电动机停止时再将摇臂夹紧。

摇臂升降的限位保护，由组合限位开关 SQ1 来实现。SQ1 有两对常闭触点，当摇臂上升到极限位置时，与上升按钮串联的常闭触点 SQ1-1(6-7)断开，接触器 KM2 释放，摇臂升降电动机 M2 停转。SQ1 的两对触点平时应调整在同时接通的位置，SQ1 一旦动作，一对触点断开，而另一对触点仍保持闭合。这样当上升限位 SQ1-1 断开后，与 SB4 串联的触点 SQ1-2 仍然闭合，压下 SB4 按钮，可以使摇臂下降。摇臂下降的过程与摇臂上升的过程类似。

摇臂自动夹紧程度由 SQ3 控制。摇臂夹紧后，由行程开关 SQ3 常闭触点 SQ3(2-18)断开液压泵电动机 M3 的控制回路，使 M3 停止。如果液压系统出现故障使摇臂不能夹紧，或由于行程开关 SQ3 调整不当，会使 SQ3 的常闭触点不断开，而使液压泵电动机长期过载，易将电动机烧毁，为此 M3 的主电路采用热继电器 FR2 作过载保护。

3) 主轴箱与立柱松开夹紧的控制

主轴箱的松开与夹紧的控制是由夹紧机构液压系统的一个油路控制的。主轴箱与立柱的松开夹紧控制是同时进行的。

按下复合按钮 SB5，其常开触点 SB5(2-15)闭合，接触器 KM4 吸合，液压泵电动机 M3 正转，拖动液压泵送出压力油，这时与摇臂升降不同，由于常闭触点 SB5(18-21)断开，电磁阀 YV 线圈处于断电状态，并不吸合，压力油经二位六通阀进入主轴箱松开油腔和立柱松开油腔，推动活塞和菱形块，使主轴箱与立柱松开。同时，行程开关 SQ4 松开，其常闭触点闭合，松开指示灯 HL1 亮，而 YV 线圈断开，电磁阀 YV 不动作，压力油不会进入摇臂松开油腔，摇臂仍然处于夹紧状态。这时可以手动操作主轴箱沿摇臂的水平导轨移动，也可以推动摇臂使外立柱绕内立柱转动。

按下夹紧复合按钮 SB6，其常开触点 SB6(2-18)闭合，接触器 KM5 吸合，液压泵电动机 M3 反转，这时由于 SB6 的常闭触点 SB6(21-22)断开，电磁阀 YV 并不吸合，压力油进入主轴箱夹紧油腔和立柱夹紧油腔，使主轴箱和立柱都夹紧。同时，行程开关 SQ4 被压下，其常闭触点断开，常开触点闭合，松开指示灯 HL1 熄灭而夹紧指示灯 HL2 亮。

4) 冷却泵电动机 M4 的控制

由于冷却泵电动机容量小(0.125kW)，直接由 SA2 开关控制，进行单向旋转。

5) 照明和信号指示电路分析

照明电源是由变压器 TC 提供的 36V 交流电压。照明灯 EL 由装在灯头上的开关 SA1 控制，灯的一端保护接地。熔断器 FU3 作为照明电路的短路保护使用。

HL3 为主轴旋转工作指示灯，HL2 为主轴箱、立柱夹紧指示灯，HL1 为主轴箱、立柱松开指示灯。

二、电气位置图

图 2.13 为 Z3040 型摇臂钻床的电气位置图。图 2.14 为 Z3040 型摇臂钻床的电气控制原理图。

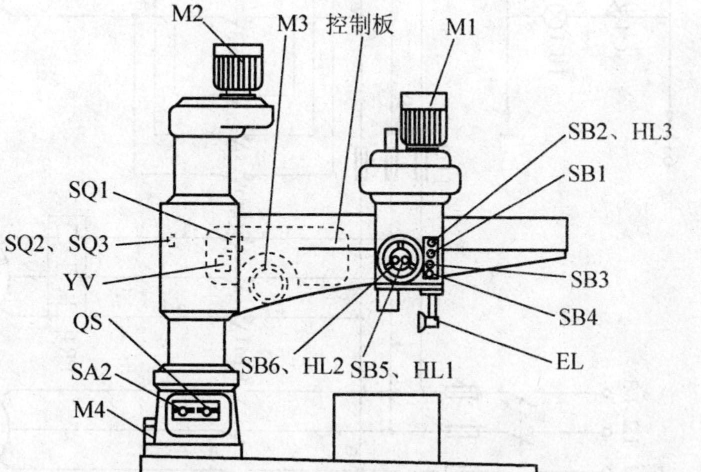

图 2.13　Z3040 型摇臂钻床电气位置图

电源冷却泵电动机	主轴电动机	摇臂升降电动机	液压泵电动机	变压器照明指示	主轴电动机旋转	摇臂上升	摇臂下降	主轴箱和立柱松开	主轴箱和立柱夹紧	摇臂松紧
1	2	3	4	5	6	7	8	9	10	11

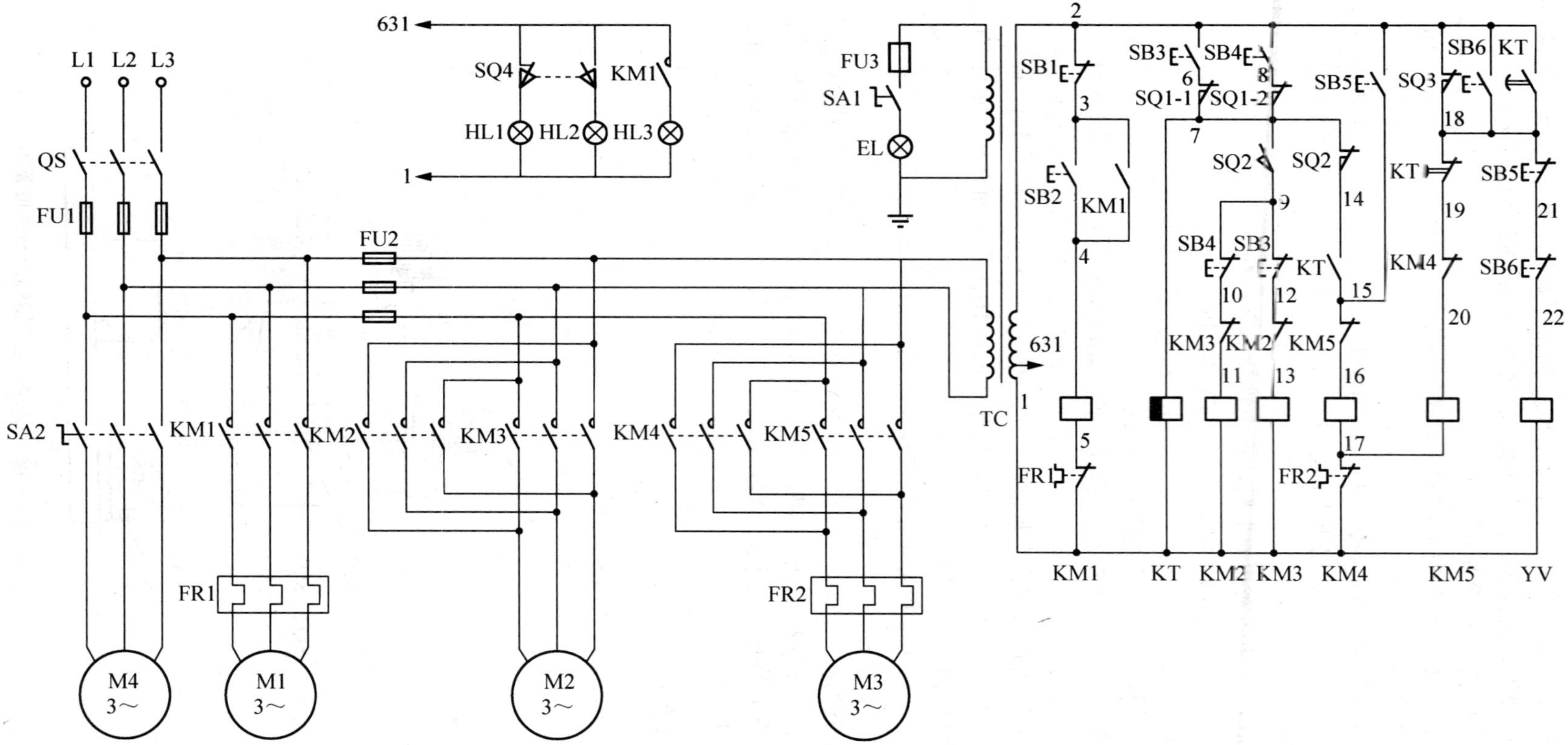

图2.14　Z3040型摇臂钻床电气控制原理图

三、常见故障分析

Z3040 型摇臂钻床常见故障及分析见表 2-3。

表 2-3　Z3040 型摇臂钻床常见故障及分析

常见故障	故障原因分析
刚启动主轴电动机 M1，熔断器 FU1 立即熔断	(1) 钻头被铁屑卡死 (2) 进给量太大，引起主轴堵转
摇臂不能升降	(1) 行程开关 SQ2 没有压下，可能的原因是： ① 电源相序接反了。相序若接反，则按下上升按钮 SB3 和下降按钮 SB4 时，液压泵电动机 M3 不是正转而是反转，摇臂也不是松开而是夹紧，所以不能压下行程开关 SQ2 ② 行程开关 SQ2 的位置移动使摇臂松开后没有压下 SQ2 ③ 液压系统发生故障，摇臂不能完全松开 (2) 摇臂升降电动机不能启动，这时如果摇臂已松开，则可能是接触器 KM2 或 KM3 主触点接触不良或线圈烧坏，应修复或更换接触器
摇臂升降后夹不紧	(1) 行程开关 SQ3 位置不准确，在尚未完全夹紧之前就过早地压下 SQ3，造成液压泵电动机过早停止转动 (2) 液压系统有故障
摇臂升降的限位开关失灵	(1) 限位开关 SQ1 损坏，因而触点不能动作 (2) 限位开关 SQ1 触点接触不良 (3) 限位开关的触点熔焊 发生上述故障时应修理或更换限位开关 SQ1
主轴箱和立柱都不能夹紧或松开	(1) 按钮 SB5 或 SB6 接线松动，引起线路断路，应将线路重新接好 (2) 接触器 KM4 或 KM5 线圈接线断开或主触点接触不良，应将接线接好或修理更换主触点 (3) 液压系统有故障

四、摇臂钻床电气线路安装步骤

(1) 分析和熟悉控制电路图。

(2) 按元件明细表配齐电气设备和电气元件，并检测所有元件。

(3) 按编号原则在原理图上给各电气元件接线端编号。

(4) 给各电气元件按原理图的符号做好标记，并给各电气元件接线端作编号标记。

(5) 根据电动机的容量、线路的走向和电气元件的尺寸，正确选配导线规格、导线通道类型和导线数量，选配接线板的节数、控制板的尺寸及管夹。

(6) 根据原理图的编号给各连接线端做好标记。

(7) 在内立柱的电源处引入盘内安装电源总开关、熔断器和冷却液泵电动机的组合开关。

(8) 在摇臂盒中的开关板上安装接触器 KM1～KM5、熔断器、热继电器 FR、变压器 TC 和一定节数的编好号的接线板。

(9) 安装接线，并根据机械要求安装 SQ1-1、SQ1-2，检查电路接线。

(10) 接通电源，分别观察 4 台电动机的转向是否符合要求。

(11) 安装传动装置，并清理场地。

(12) 检查线路接线无错误后通电试车，并仔细调整行程开关的位置，使之完全符合工作要求。

知识拓展

Z35型摇臂钻床电气线路

1. 主电路分析

图2.16给出了Z35型摇臂钻床的电气控制原理图。在主电路中，M1为冷却泵电动机，提供冷却液，由于其容量较小，由转换开关SA2直接控制。M2为主轴电动机，由接触器KM1控制，热继电器FR作过载保护。M3为摇臂升降电动机，由接触器KM2和KM3控制其正、反转的点动运行，不装过载保护。M4为立柱放松夹紧的电动机，由接触器KM4和KM5控制其正、反转点动运行，不装过载保护。在主电路中，整个机床用FU1作短路保护，M3、M4及其控制回路共用FU2作短路保护。除了冷却泵以外，其他的电源都通过汇流排A引入。

2. 控制电路分析

控制电路的电源是127V的交流电，由变压器TC将380V交流电降为127V得到。Z35型摇臂钻床控制电路采用十字开关SA1操作，十字开关由十字手柄和4个微动开关组成，十字手柄有5个位置："上"、"下"、"左"、"右"、"中"。如表2-4所示，十字开关每次只能扳到一个方向，接通一个方向的电路。

1) 零压保护

合上电源后首先将十字开关扳向左边，微动开关SA1-1接通，零压继电器KA线圈通电吸合并自锁。当机床工作时，再将十字手柄扳向需要的位置。若电源断电，零压继电器KA释放，其自锁触点断开；当电源恢复时，零压继电器不会自动吸合，控制电路不会自动通电，这样可防止电源中断又恢复时，机床自行启动的危险。

2) 主轴电动机运转

将十字开关扳向右边，微动开关SA1-2接通，接触器KM1线圈通电吸合，主轴电动机M2启动运转。主轴的正、反转由主轴箱上的摩擦离合器手柄操作。摇臂钻床的钻头的旋转和上下移动都由主轴电动机拖动。将十字开关扳到中间位置，SA1-2断开，主轴电动机M2停止。具体操作见表2-4。

表2-4　十字开关控制情况

手柄位置	接通微动开关的触点	控制电路工作情况
中	都不通	控制线路断电
左	SA1-1	KA得电并自锁，零压保护
右	SA1-2	KM1得电，主轴运转
上	SA1-3	KM2得电，摇臂上升
下	SA1-4	KM3得电，摇臂下降

3) 摇臂的升降

将十字手柄扳向上边，微动开关SA1-3闭合，接触器KM2因线圈通电而吸合，电动机M3正转，带动升降丝杠正转。摇臂松紧机构如图2.15所示，升降丝杠开始正转时，升降螺母也跟着旋转，所以摇臂不会上升。下面的辅助螺母因不能旋转而向上移动，通过拨叉使传动松紧装置的轴逆时针方向转动，结果松紧装置将摇臂松开。在辅助螺母向上移动时，带动传动条向上移动。当传动条压上升降螺母后，升降螺母就不能再转动了，而只能带动摇臂上升。在辅助螺母上升而转动拨叉时，拨叉又转动开关 SQ2 的轴，使触点 SQ2-2 闭合，为夹紧做准备。这时 KM2 的常闭触点断开，接触器 KM3 线圈不会通电。

当摇臂上升到所需的位置时，将十字开关扳回到中间位置，这时接触器 KM2 因线圈断电而释放，其常闭触点 KM2(10-11)闭合，因触点 SQ2-2 已闭合，接触器 KM3 线圈通电而吸合，电动机 M3 反转使辅助螺母向下移动，一方面带动传动条下移而与升降螺母脱离接触，升降螺母又随丝杠空转，摇臂停止上升；另一方面辅助螺母下移时，通过拨叉又使传动松紧装置的轴顺时针方向转动，结果松紧装置将摇臂夹紧。同时，拨叉通过齿轮转动开关 SQ2 的轴，使摇臂夹紧时触点 SQ2-2 断开，接触器 KM3 释放，电动机 M3 停止。将十字开关扳到下边，微动开关触点 SA1-4 闭合，接触器 KM3 因线圈通电而吸合，电动机 M3 反转，带动升降丝杠反转。开始时，升降螺母也跟着旋转，所以摇臂不会下降。下面的辅助螺母向下移动，通过拨叉使传动松紧装置的轴顺时针方向转动，结果松紧装置也是先将摇臂松开。在辅助螺母向下移动时，带动传动条向下移动。当传动条压住上升螺母后，升降螺母也不转了，带动摇臂下降。辅助螺母下降而转动拨叉时，拨叉又转动组合开关 SQ2 的轴，使触点 SQ2-1 闭合，为夹紧作准备，这时 KM3 的常闭触点 KM3(7-8)是断开的。当摇臂下降到所需要的位置时，将十字开关扳回到中间位置，这时 SA1-4 断开，接触器 KM3 因线圈断电而释放，其常闭触点闭合，又因触点 SQ2-1 已闭合，接触器 KM2 因线圈通电而吸合，电动机 M3 正转使辅助螺母向上移动，带动传动条上移而与升降螺母脱离接触，升降螺母又随丝杠空转，摇臂停止下降。辅助螺母上移时，通过拨叉使传动松紧装置的轴逆时针方向转动，结果松紧装置将摇臂夹紧。同时，拨叉通过齿轮转动组合开关 SQ2 的轴，使摇臂夹紧时触点 SQ2-1 断开，接触器 KM2 释放，电动机 M3 停止。限位开关 SQ1 是用来限制摇臂升降的极限位置。当摇臂上升到极限位置时，SQ1-1 断开，接触器 KM2 因线圈断电而释放，电动机 M3 停转，摇臂停止上升；当摇臂下降到极限位置，触点 SQ1-2 断开，接触器 KM3 因线圈断电而释放，电动机 M3 停转，摇臂停止下降。

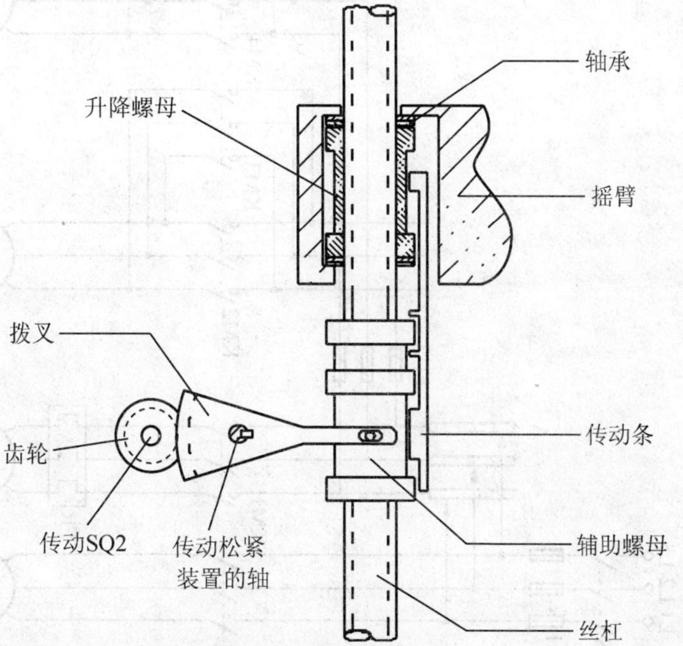

图 2.15　摇臂松紧机构

电源冷却泵电动机	主轴电动机	摇臂升降电动机	立柱松紧电动机	变压器照明指示	失压保护	主轴电动机旋转	摇臂上升	摇臂下降	立柱松开	立柱夹紧
1	2	3	4	5	6	7	8	9	10	11

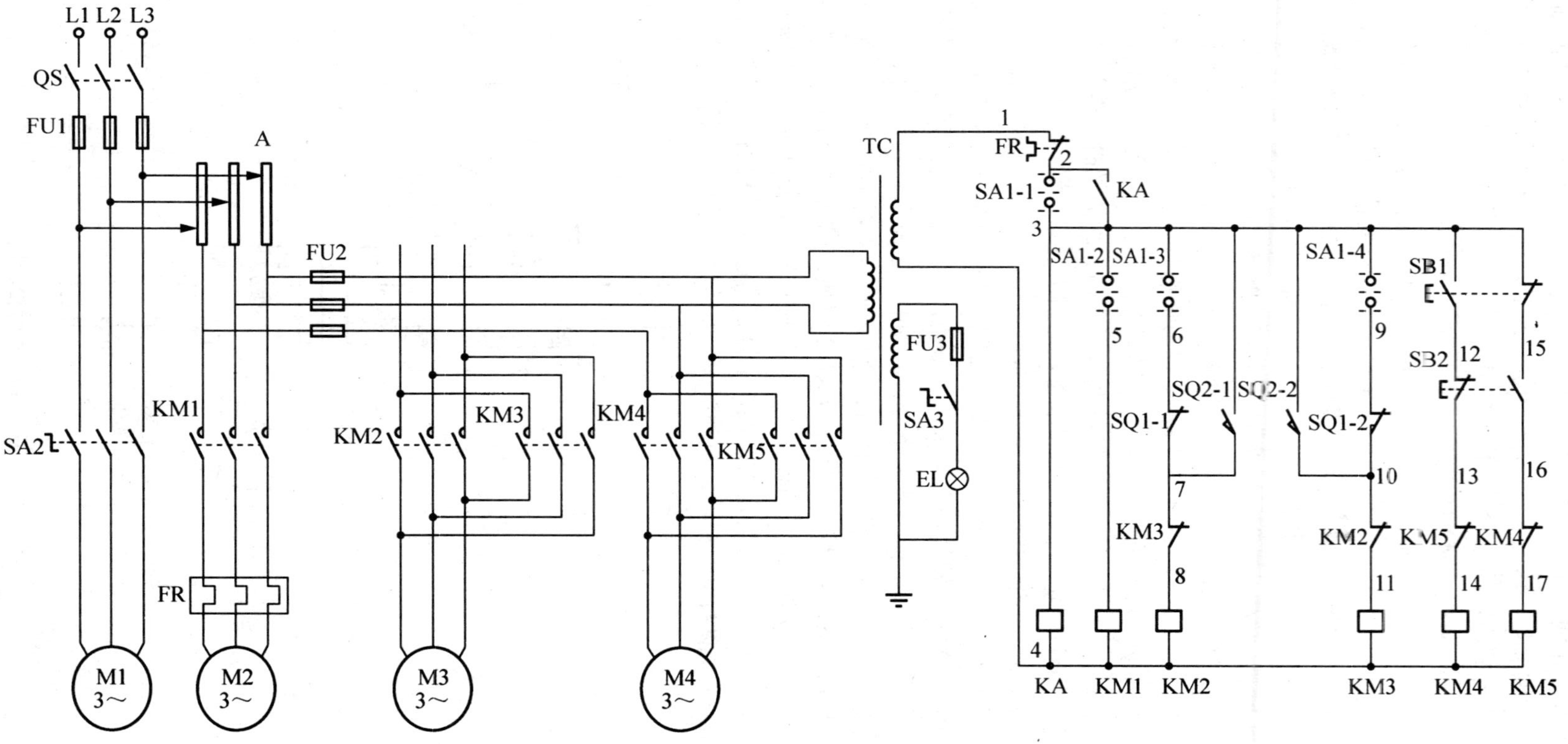

图2.16 Z35型摇臂钻床电气控制原理

4) 立柱和主轴箱的松开与夹紧

立柱的松开与夹紧是靠电动机 M4 的正、反转通过液压装置来完成的。当需要立柱松开时，可按下按钮 SB1，接触器 KM4 因线圈通电而吸合，电动机 M4 正转，通过齿轮离合器，M4 带动齿轮式油泵旋转，从一定的方向送出高压油，经一定的油路系统和传动机构将外立柱松开。松开后可放开按钮 SB1，电动机停转，即可用手推动摇臂连同外立柱绕内立柱转动。当转动到所需位置时，可按下 SB2，接触器 KM5 因线圈通电而吸合，电动机 M4 反转，通过齿轮离合器，M4 带动齿轮式油泵反向旋转，从另一方送出高压油，在液压推动下将立柱夹紧。夹紧后可放开按钮 SB2，接触器 KM5 因线圈断电而释放，电动机 M4 停转。Z35 型摇臂钻床的主轴箱在摇臂上的松开与夹紧和立柱的松开与夹紧都由同一台电动机 M4 和同一液压机构进行。

3. 照明电路分析

照明电路的电压是 36V 安全电压，由变压器 TC 提供。照明灯一端接地，保证安全。照明灯由开关 SA3 控制，由熔断器 FU3 作短路保护。

项目小结

本项目重点对 Z3040 型摇臂钻床电气控制原理进行分析，进一步了解了摇臂钻床的工作过程、结构、运动情况以及电气线路的安装步骤和故障的排除方法，并拓展了 Z35 型摇臂钻床的有关知识。

复习思考题

1. 试分析 Z3040 型摇臂钻床控制线路，并解释 Z3040 型摇臂钻床摇臂升降和松开、夹紧的自动工作过程。

2. 分析 Z3040 型摇臂钻床电路中，时间继电器 KT 与电磁阀 YV 在什么时候动作？时间继电器各触点作用是什么？

3. Z3040 型摇臂钻床电路中，行程开关 SQ1～SQ4 的作用分别是什么？

4. 试述 Z3040 型摇臂钻床操作摇臂下降时电路的工作情况。

5. Z3040 型摇臂钻床控制电路有哪些联锁与保护环节？为什么要有这样的保护环节？

6. Z3040 型摇臂钻床发生故障时，其摇臂的上升、下降动作相反，试由电气控制电路分析产生该故障的原因。

项目 2.4　万能铣床的电气控制

项目目标

1. 掌握万能铣床的主要结构和运动形式。
2. 掌握万能铣床的电气原理分析。

3. 掌握万能铣床常见的电气故障的排除方法。

项目内容

铣床是以铣刀作为刀具加工工件表面的机床。铣床的种类很多，有卧铣、立铣、工具铣、龙门铣、仿形铣和各种专用铣床等，其中以卧式万能升降台铣和立式万能铣床应用最为广泛。铣床可用来加工各种形式的表面、成型面、各种形式的沟槽，甚至可以加工回转体。如果装上分度头，则可以铣切直齿齿轮和螺旋面。如果装上圆工作台，则可以加工凸轮和弧形槽等。

X62W 型万能铣床由底座、床身、悬梁、刀杆支架、工作台、回旋盘、溜板箱和升降台等部分组成。床身内装有主轴的传动机构和变速操纵机构。主轴带动铣刀做旋转运动和工件相对于铣刀的移动。用一台笼型异步电动机通过齿轮进行调速，为完成顺铣和逆铣，因此应能正、反转。为了减少负载波动对铣刀转速的影响，使铣削平稳一些，铣床的主轴上装有飞轮，使得主轴传动系统的惯性较大；为了缩短停车时间，主轴采用电气制动停车；为保证变速时齿轮顺利地啮合好，要求变速时电动机进行冲动控制，即变速时电动机通过点动控制稍微转动一下。升降台可上下移动，在升降台上面的水平导轨上装有溜板箱，溜板箱可沿主轴轴线平行方向移动(横向移动，即前后移动)。溜板箱上部装有可转动的回转台，工作台装在可转动回转台的导轨上，可作垂直于主轴轴线方向的移动(纵向移动，即左右移动)。这样固定在工作台上的工件可作上、下、左、右、前、后 6 个方向的移动，各个运动部件在 6 个方向上的运动由同一台进给电动机通过正、反转进行拖动，但在同一时间内，只允许一个方向上的运动。

相关知识

一、主要结构及运动情况

X62W 型万能铣床结构如图 2.17 所示。

X62W 型万能铣床的运动情况如下。

(1) 主运动：主轴的旋转运动。

(2) 进给运动：工作台在 3 个相互垂直方向的直线运动(手动或机动)。

(3) 辅助运动：工作台在 3 个相互垂直方向的快速直线运动。

二、型号含义

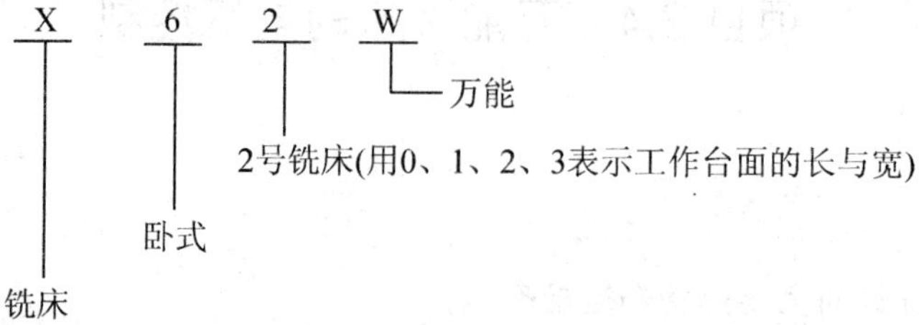

图 2.17　X62W 型万能铣床结构

1—主轴变速手柄；2—主轴变速盘；3—主轴电动机；4—床身；5—主轴；
6—悬梁；7—刀杆支架；8—工作台；9—纵向操作手柄；10—溜板箱；
11—十字手柄；12—进给电动机；13—进给变速手柄与变速盘；14—升降台

三、控制线路特点

(1) 铣床主轴电动机与进给电动机可实现正、反转，以适应顺、逆铣的工艺要求，并另设有两个电动机的变速冲动功能线路。

(2) 为确保准确停车和装卸刀具方便，主轴上装有电磁制动器。

(3) 进给传动链中装有电磁离合器，以执行工作台快速移动与正常进给速度、方向的切换。

(4) 电气控制线路有完善的电气联锁装置，以保证设备的使用有较高的安全性。

(5) 设有两套操纵按钮盒，能实现两地操纵控制。

项目实现

一、电气控制原理分析

1. 主电路分析

X62W 型万能铣床电气控制原理图如图 2.18 所示。主电路中 M1 是主轴电动机，M2 为进给电动机，M3 为冷却泵电动机。电动机 M1 是通过换相开关 SA4 与接触器 KM1、KM2 进行正、反转控制、反接制动和变速冲动控制，并通过机械机构进行变速控制；工作台进给电动机 M2 要求能进行正、反转控制、快慢速控制和限位控制，并通过机械机构使工作台能上、下、左、右、前、后运动；冷却泵电动机 M3 只要求正转控制。

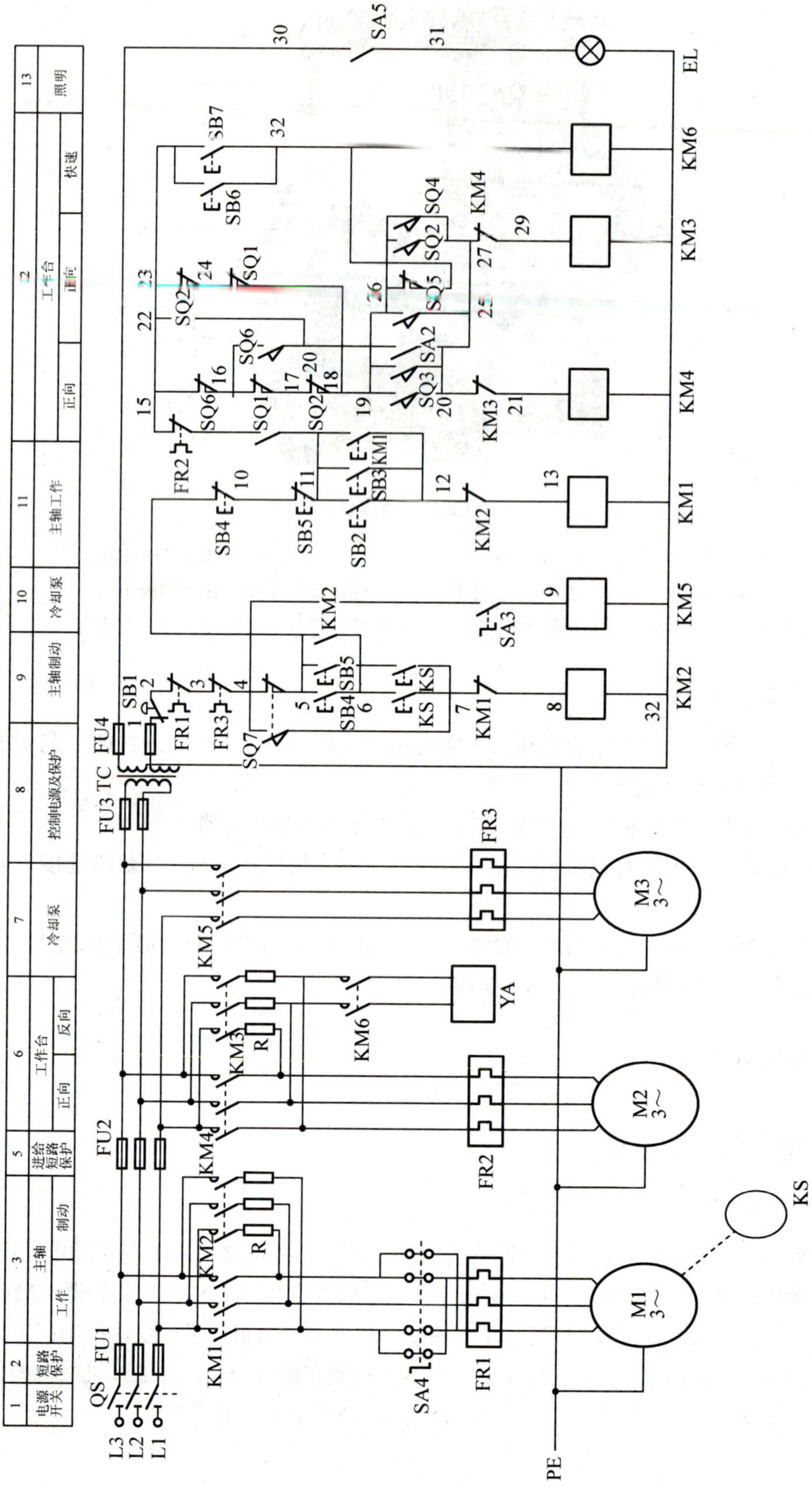

图2.18 X62W型万能铣床电气控制原理图

2. 控制电路分析

1) 主轴电动机 M1 的控制

SB2、SB3 是分别装在机床两边的启动按钮，可进行两地操作；SB4、SB5 是制动停止按钮；SA4 是电源换相开关，改变 M1 的转向。KM1 是主轴电动机启动接触器；KM2 是反接制动接触器。SQ7 是与主轴变速手柄联动的冲动行程开关。

(1) 主轴电动机启动时，要先将 SA4 扳到主轴电动机所需要的旋转方向，然后再按启动按钮 SB2 或 SB3 启动 M1。在主轴启动的控制电路中串有热继电器 FR1 和 FR3 的常闭触点。当电动机 M1 和 M3 中有任一台电动机过载时，热继电器的常闭触点断开，两台电动机都停止。

(2) 主轴电动机启动后，速度继电器 KS 的常开触点 KS(6-7)闭合，为电动机停转制动作准备。停止时按下停止复合按钮 SB4 或 SB5，首先其常闭触点 SB4(5-10)或 SB5(10-11)断开，KM1 线圈断电释放，主轴电动机 M1 断电，但因惯性继续旋转，将停止按钮 SB4 或 SB5 按到底，其常开触点 SB4(5-6)或 SB5(5-6)闭合，接通 KM2 线圈回路，改变 M1 的电源相序进行反接制动。当 M1 转速趋于零时，KS 自动断开，切断 M2 的电源。

(3) 主轴电动机变速时的冲动控制是利用变速手柄与冲动行程开关 SQ7 通过机械上的联动机构进行控制的。变速操作可在开车时进行，也可在停车时进行。若开车进行变速时，首先将主轴变速手柄微微压下，使它从第一道槽内拔出，然后将变速手柄拉向第二道槽，当快要落入第二道槽内时，将变速盘转到所需的转速，然后将变速手柄从第二道槽迅速推回原位。就在手柄拉向第二道槽时，有一个与手柄相连的凸轮通过弹簧杆瞬时压了一下行程开关 SQ7，使冲动行程开关 SQ7 的常闭触点 SQ7(4-5)先断开，切断 KM1 线圈的电路，M1 断电，SQ7 的常开触点 SQ7(4-7)后闭合，接触器 KM2 线圈得电动作，M1 进行反接制动。当手柄拉到第二道槽内时，SQ7 不受凸轮控制而复位，电动机停转。接着把手柄从第二道槽推回原来位置的过程中，凸轮又压下 SQ7，使 SQ7(4-7)常开接通，SQ7(4-5)常闭断开，KM2 线圈得电，M1 反向转动一下，以利于变速后的齿轮啮合。当变速手柄以较快的速度推到原来的位置时，SQ7 复位，KM2 线圈断电，M1 停转，操作过程结束。这样在整个变速操作过程中，主轴电动机短时转动了一下，使变速后的齿轮易于啮合，当手柄完全推到原来的位置时，齿轮啮合好了，变速完成。由此可见，可进行主轴不停车直接变速。若主轴原来处于停车状态，则在主轴变速操作过程中，SQ7 第一次动作时，M1 反转一下，SQ7 第二次动作时，M1 又反转一下，也可以实现主轴停车时的变速控制。当然，若要主轴在新的速度下运行，则需要重新启动主轴电动机。

特别提示

无论是在主轴不停车时直接变速，还是在主轴原来处于停车状态时变速，都应以较快的速度把手柄推回原来位置，以免通电时间过长，M1 转速过高而打坏齿轮。

2) 工作台移动控制

转换开关 SA1 是用来控制圆工作台运动的，在不需要圆工作台运动时，将转换开关 SA1 扳至“断开”位置，转换开关 SA1 在正向位置的两个触点 SA1(18-19)，SA1(15-22)闭合，反向位置的触点 SA1(20-22)断开。再将工作台自动与手动控制方式选择开关 SA2 扳到“手动”位置，转换开关 SA2(19-26)断开，SA2(22-23)闭合，然后启动 M1。这时接触器 KM1 吸合，其触点 KM1(11-14)闭合，这样就可以进行工作台的进给控制。

工作台有上、下、左、右、前、后 6 个方向的运动。

(1) 工作台的左右(纵向)运动的控制。工作台的左右运动是由进给电动机 M2 拖动的。首先将圆工作台转换开关 SA1 转换开关扳在“断开”位置。操纵工作台纵向运动的手柄有两个，一个装在工作台底座的顶面的正中央，另一个装在工作台底座的左下方，它们之间有机械连接，只要操纵其中任意一个就可以了。手柄有 3 个位置，即“左”、“右”和“中间”。当手柄扳到“右”或“左”时，手柄联动机构压下行程开关 SQ1 或 SQ2 使接触器 KM4 或 KM3 动作，控制进给电动机 M2 的正、反转。工作台的左右行程可通过调整安装在工作台两端的挡铁来控制。当工作台纵向运动到极限位置时，挡铁撞动纵向操纵手柄，使它回到零位，工作台停止运动，从而实现了纵向终端保护。在主轴电动机启动后，将操作手柄扳向“右”位置，其联动机构压下行程开关 SQ1，使 SQ1(24-18)断开，SQ1(19-20)闭合，接触器 KM4 线圈得电，电动机 M2 正转，拖动工作台向右运动。在主轴电动机启动后，将操作手柄扳向“左”位置，其联动机构压下行程开关 SQ2，使 SQ2(24-23)断开，SQ2(19-27)闭合，接触器 KM3 线圈得电，电动机 M2 反转，拖动工作台向左运动。

(2) 工作台的上下运动和前后运动的控制。首先将圆工作台转换开关 SA1 扳在“断开”位置。控制工作台的上下运动和前后运动的手柄是十字手柄，有两个完全相同的手柄分别装在工作台左侧的前、后方，它们之间有机械连接，只需操纵其中任意一个即可。手柄有 5 个位置，即“上”、“下”、“左”、“右”和“中间”，这 5 个位置是联锁的。手柄的联动机构与行程开关 SQ3、SQ4 相连，扳动十字手柄时，通过传动机构将同时压下相应的行程开关 SQ3 或 SQ4。SQ3 控制工作台向上及向后运动，SQ4 控制工作台向下及向前运动，具体情况见表 2-5。工作台的上下限位终端保护是利用床身导轨旁的挡铁撞动十字手柄，使其回到中间位置，升降台便停止运动。横向运动的终端保护是利用装在工作台上的挡铁撞动十字手柄来实现的。进给运动由电动机 M2 拖动，工作台进给控制电路的电源只有在主轴电动机启动后，即 KM1(11-14)闭合以后才能接通。

表 2-5　十字手柄控制情况

手柄位置	工作台运动方向	离合器接通的丝杆	压下的行程开关	动作的接触器	电动机的运转
上	向上进给或快速向上	垂直丝杆	SQ3	KM4	M2 正转
下	向下进给或快速向下	垂直丝杆	SQ4	KM3	M2 反转
前	向前进给或快速向前	横向丝杆	SQ4	KM3	M2 反转
后	向后进给或快速向后	横向丝杆	SQ3	KM4	M2 正转
中	升降或横向进给停止	横向丝杆	—	—	—

在主轴电动机启动以后，将手柄扳至向上位置，其联动机构一方面接通垂直传动丝杆离合器，为垂直传动丝杆的转动做好准备，另一方面它使行程开关 SQ3 动作，SQ3(17-18)断开，SQ3(19-20)闭合，接触器 KM4 线圈通电，M2 正转，工作台向上运动。

将手柄扳至向后位置，其联动机构拨动垂直传动丝杆的离合器使它脱开，停止转动，而将横向传动丝杆的离合器接通进行传动，可使工作台向后运动。

将手柄扳至向下位置，其联动机构一方面接通垂直传动丝杆离合器，为垂直传动丝杆的转动做好准备，另一方面它使行程开关 SQ4 动作，SQ4(16-17)断开，SQ4(19-27)闭合，接触器 KM3 线圈通电，M2 反转，工作台向下运动。

将手柄扳至向前位置，其联动机构拨动垂直传动丝杆的离合器使它脱开，而将横向传动丝杆的离合器接通进行传动，由横向传动丝杆使工作台向前运动。

(3) 工作台快速移动控制。在铣床不进行铣削加工时，工作台可以快速移动。工作台的快速移动也是由进给电动机 M2 来拖动的，在 6 个方向上都可以实现快速移动的控制。主轴电动机启动以后，将工作台的进给手柄扳到所需的运动方向，工作台将按操纵手柄指定的方向慢速进给。这时按下快速移动按钮 SB6(在床身侧面)或 SB7(在工作台前面)，使接触器 KM6 线圈得电，接通牵引电磁铁 YA，电磁铁通过杠杆使摩擦离合器合上，减少中间传动装置，使工作台按原运动方向作快速移动。当松开快速移动按钮时，电磁铁 YA 断电，摩擦离合器断开，快速移动停止，工作台仍按原进给速度继续运动。

(4) 进给电动机变速时的冲动控制。进给电动机变速时，为使齿轮易于啮合，进给变速与主轴变速一样，设有变速冲动环节。变速前也应先启动主轴电动机 M1，这时接触器 KM1 吸合，其常开触点 KM1(11-14)闭合。当需要进行进给变速时，应将转速盘的蘑菇形手轮向外拉出并转动转速盘，将它转到所需的速度，然后再把蘑菇形手轮用力向外拉到极限位置并随即推向原位，就在操纵手轮的同时，其连杆机构两次瞬时压下行程开关 SQ6，使 SQ6 的常闭触点 SQ6(15-16)断开，常开触点 SQ6(16-20)闭合，接触器 KM4 得电吸合，其通电回路为：KM1(11-14)→FR2(14-15)→SA1(15-22)→SA2(22-23)→SQ2(23-24)→SQ1(24-18)→SQ3(18-17)→SQ4(17-16)→SQ6(16-20)→KM3(20-21)→KM4 线圈。电动机 M2 正转，因为 KM4 是短时接通的，进给电动机 M2 就转动一下，当蘑菇形手轮推到原位时，变速齿轮已啮合完毕。从进给变速冲动环节的通电回路中可以看出，要经过 SQ1～SQ4 4 个行程开关的常闭触点，因此，只有在进给运动的操作手柄在“中间”位置时，才能实现进给变速冲动的控制，以保证操作安全。同时，应注意进给电动机的通电时间不能太长，以防止转速过高，在变速时打坏齿轮。

3) 圆工作台的运动控制

圆工作台的旋转运动也是由进给电动机 M2 经过传动机构来拖动的。圆工作台工作时，先将转换开关 SA1 扳到“接通”的位置，转换开关 SA1 在正向位置的两个触点 SA1(18-19)、SA1(15-22)断开，反向位置的触点 SA1(20-22)接通，然后将工作台的进给操作手柄扳至“中间”位置，此时行程开关 SQ1～SQ4 处于不受压状态。然后按下主轴启动按钮 SB2 或 SB3，主轴电动机启动，同时回路“KM1(11-14)→FR2(14-15)→SQ6(15-16)→SQ4(16-17)→SQ3(17-18)→SQ1(18-24)→SQ2(24-23)→SA2(23-22)→SA1(22-20)→KM3(20-21)→KM4 线圈”接通，进给电动机因为 KM4 线圈获电而启动，并通过机械传动使圆工作台按照需要的方向转动。可以看出，圆工作台只能沿着一个方向作旋转运动，并且圆工作台运动控制的通路需要经过 SQ1～SQ4 4 个行程开关的常闭触点，如果扳动工作台上任意一个进给手柄，圆工作台都会停止工作，这就保证了工作台的进给运动与圆工作台的旋转运动不能同时进行。若按下主轴停止按钮，主轴停转，圆工作台也同时停止工作。

4) 照明电路

控制变压器 TC 将 380V 的交流电压降为 36V 的安全电压供照明用。照明电路由转换开关 SA5 控制，灯泡一端接地。FU5 作为照明电路的短路保护使用。

二、常见故障分析

X62W 型万能铣床常见故障及原因分析见表 2-6。

表 2-6　X62W 型万能铣床常见故障及原因分析

常见故障	故障原因分析
主轴电动机不能启动	(1) 控制电路熔断器 FU3 或 FU4 熔丝熔断 (2) 主轴换相开关 SA4 在“停止”位置 (3) 按钮 SB1、SB2、SB3 或 SB4 的触点接触不良 (4) 主轴变速冲动行程开关 SQ7 的常闭触点接触不良 (5) 热继电器 FR1、FR3 已经动作，没有复位
主轴停车时没有制动	(1) 主轴无制动时要首先检查按下停止按钮后反接制动接触器是否吸合，如 KM2 不吸合，则应检查控制电路。检查时先操作主轴变速冲动手柄，若有冲动，说明故障的原因是速度继电器或按钮支路发生故障 (2) 若 KM2 吸合，则首先检查 KM2、R 的制动回路是否有缺两相的故障存在，如果制动回路缺两相则完全没有制动现象；其次检查速度继电器的常开触点是否过早断开，如果速度继电器的常开触点过早断开，则制动效果不明显
主轴停车后产生短时反向旋转	这是由于速度继电器的弹簧调得过松使触点分断过迟引起的，只要重新调整反力弹簧就可以消除故障
按下停止按钮后主轴不停	(1) 若按下停止按钮后，接触器 KM1 不释放，则说明接触器 KM1 主触点熔焊 (2) 若按下停止按钮后，KM1 能释放，KM2 吸合后有嗡嗡声，或转速过低，则说明制动接触器 KM2 主触点只有两相接通，电动机不会产生反向转矩，同时在缺相运行 (3) 若按下停止按钮后电动机能反接制动，但放开停止按钮后，电动机又再次启动，则是启动按钮在启动电动机 M1 后绝缘被击穿
主轴不能变速冲动	主轴变速行程开关 SQ7 位置移动、撞坏或断线
工作台不能作向上进给	检查时可依次进行快速进给、进给变速冲动或圆工作台向前进给、向左进给及向后进给的控制，若上述操作正常则可缩小故障的范围，然后再逐个检查故障范围内的各个元件和接点，检查接触器 KM3 是否动作，行程开关 SQ4 是否接通，KM4 的常闭联锁触点是否良好，热继电器是否动作，直到检查出故障点为止。若上述检查都正常，再检查操作手柄的位置是否正确，如果手柄位置正确，则应考虑是否由于机械磨损或位移使操作失灵
工作台左右(纵向)不能进给	应首先检查横向或垂直进给是否正常，如果正常，进给电动机 M2、主电路、接触器 KM3、KM4、行程开关、SQ1、SQ2 及与纵向进给相关的公共支路都正常，此时应检查 SQ6(15-16)、SQ4(16-17)、SQ3(17-18)，只要其中有一对触点接触不良或损坏，工作台就不能向左或向右进给。SQ6 是变速冲动开关，常因变速时手柄操作过猛而损坏
工作台各个方向都不能进给	用万用表检查各个回路的电压是否正常，若控制回路的电压正常，可扳动手柄到任一运动方向，观察其相关的接触器是否吸合，若吸合则控制回路正常。再着重检查主电路，检查是否有接触器主触点接触不良、电动机接线脱落和绕组断路情况出现
工作台不能快速进给	工作台不能快速进给，常见的原因是牵引电磁铁回路不通，如线头脱落、线圈损坏或机械卡死。如果按下 SB6 或 SB7 后，牵引电磁铁吸合正常，则故障是由于杠杆卡死或离合器摩擦片间隙调整不当引起的

知识拓展

X62W 型万能铣床的检修步骤及训练方法

(1) 熟悉铣床的主要结构和运动形式，对铣床进行实际操作，了解铣床的各种工作状态及操作手柄的作用。

(2) 熟悉铣床电气元件的安装位置、走线情况以及操作手柄处于不同位置时位置开关的工作状态及运动部件的工作情况。

(3) 在有故障的铣床上，由教师示范检修，边分析边检查，直至故障排除。

(4) 由教师设置让学生知道的故障点，指导学员如何从故障现象着手进行分析，如何采用正确的检查步骤和检修方法进行检修。

(5) 教师设置人为的故障点，由学生按照检查步骤和检修方法进行检修。

项 目 小 结

本项目重点对 X62W 型万能铣床电气控制原理进行分析，进一步了解了铣床的工作过程、结构、运动情况以及故障的排除方法，并拓展了检修步骤及训练方法的有关知识。

复习思考题

一、填空题

1. X62W 型万能铣床是________铣床，它的铣头_______方向放置。

2. 铣床的主轴带动铣刀的旋转运动是________；铣床工作台前、后、左、上、下 6 个方向的运动是______；工作台的旋转运动是________。

3. X62W 型万能铣床的主轴运动和进给运动是通过_______来进行变速的，为保证变速齿轮进入良好啮合状态，要求铣床变速后作______。

二、判断题

1. X62W 型万能铣床的顺铣和逆铣加工是由主轴电动机 M1 的正、反转来实现的。(　　)

2. 对于 X62W 型万能铣床，为了避免损坏刀具和机床，要求只要电动机 M1、M2、M3 有一台过载，三台电动机都必须停止运转。(　　)

3. 圆工作台运动与否，对工作台在 6 个方向的进给运动无影响。(　　)

4. 进给变速时的冲动也是通过变速手柄与冲动位置开关来实现的。(　　)

三、选择题

1. 固定在 X62W 型万能铣床工作台上的工件可以在(　　)方向调整位置或进给。

(A) 2 个　　(B) 4 个　　(C) 6 个

2. X62W 型万能铣床主轴电动机要求正、反转不用接触器控制而用组合开关控制，这是因为(　　)。

(A) 接触器易损坏　　(B) 改变转向不频繁　　(C) 操作安全方便

3. X62W 型万能铣床上，由于主轴传动系统中装有(　　)，为减小停车时间，必须采取制动措施。

(A) 摩擦轮　　(B) 惯性轮　　(C) 电磁离合器

4. X62W 型万能铣床主轴电动机的制动是(　　)。

(A) 能耗制动　　(B) 反接制动

(C) 电磁抱闸制动　　(D) 电磁离合器制动

5. X62W 型万能铣床工作台的进给和快速移动必须在主轴启动后才允许进行，这是为了(　)。

(A) 安全需要　　(B) 便于操作　　(C) 电路安装的需要

6. X62W 型万能铣床的主轴未启动，工作台(　　)。

(A) 不能进给和快速移动

(B) 可以快速进给

(C) 可以快速移动

7. 由于 X62W 型铣床圆工作台的通电线路经过(　　)，所以，任意一个进给手柄不在零位时，都将使圆工作台停下来。

(A) 进给系统位置开关的所有常闭触点

(B) 进给系统位置开关的所有常开触点

(C) 进给系统位置开关所有的常开及常闭触点

四、简答题

1. 固定在 X62W 型万能铣床上的工件能在哪些方向上调整位置或进给？是怎样实现的？

2. X62W 型万能铣床对主轴有哪些电气要求？

3. X62W 型万能铣床对进给系统有哪些电气要求？

模块 3

PLC 程序设计与应用

PLC 是可编程序逻辑控制器(Programmable Logical Controller)的简称，它是 20 世纪 70 年代以来，随着社会生产的发展和技术的进步，工业生产自动化水平的日益提高及微电子技术的飞速发展，在继电器控制的基础上发展起来的一种新型工业控制设备。由于它具有功能强、可靠性高、配置灵活、使用方便以及体积小、重量轻等优点，所以在工业自动化领域得到了广泛的应用，被誉为现代工业生产自动化的 3 大支柱之一。

项目 3.1　PLC 的基本知识

项目目标

1. 了解 PLC 的产生及特点。
2. 掌握 PLC 的主要特点及其应用领域。
3. 了解 PLC 的结构及其分类。
4. 掌握 PLC 的工作原理。
5. 掌握松下 FP 系列 PLC 继电器的使用方法。

项目内容

自第一台 PLC 问世以来，PLC 的发展与计算机技术、自动控制技术、半导体技术及通信技术等高新技术的发展是紧密相关的，这些技术的每次革新，都给 PLC 带来功能和特性的新变化，使得 PLC 技术得以飞速发展。目前，PLC 已实现了“单机控制自动化→生产线控制自动化→全厂生产自动化”的三级解决方案，成为工业自动化的核心控制设备。

本项目主要介绍 PLC 的产生、发展过程、基本特点、分类、主要功能及应用、基本结构、编程语言和松下 FP 系列 PLC 的技术性能。

相关知识

一、PLC的产生

在PLC产生之前，以各种继电器为主要元件的电气控制线路承担着生产过程自动控制的艰巨任务，可能由成百上千只各种继电器构成的复杂的控制系统，需要用成千上万根导线连接起来，安装这些继电器需要大量的继电器控制柜，这些控制柜占据大量的空间。当这些继电器运行时，又产生大量的噪声，消耗大量的电能。为保证控制系统的正常运行，需安排大量的电气技术人员进行维护，有时某个继电器的损坏，甚至某个继电器的触点接触不良，都会影响整个系统的正常运行。如果系统出现故障，则进行检查和排除故障非常困难，全靠现场电气技术人员长期积累的经验来解决。在生产工艺发生变化时，可能需要增加很多的继电器或继电器控制柜，甚至可能需要重新设计控制系统，那么重新接线或改线的工作量会非常大。尽管如此，这种控制系统的功能也仅仅局限在能实现具有粗略定时、计数功能的顺序逻辑控制中。因此，人们迫切需要一种新的工业控制装置来取代传统的继电器控制系统，使电气控制系统的工作更可靠、更容易维修、更能适应经常变化的生产工艺要求。

1969年美国数字设备公司(DEC)研制出了世界上第一台可编程控制器PDP-14，并在美国最大的汽车制造商——通用汽车公司(GM)的汽车生产线上试用成功，PLC自此诞生。其后，美国的莫迪康公司(MODICON)也推出了084控制器；1971年，日本推出了DSC-8控制器；1973年，西欧各国的PLC也相继研制成功；我国于1974年开始研制PLC，并于1977年开始应用在工业上。

二、PLC的发展过程

回顾PLC的发展过程，大致可划分为4个阶段。

1. 从1969年到20世纪70年代中期

在这一阶段，PLC主要用于逻辑运算和计时、计数，其中央处理器(CPU)由中小规模的数字集成电路组成；其存储器为磁芯存储器，控制功能比较简单。

2. 20世纪70年代中期到80年代初期

在这一阶段，PLC的CPU采用微处理器，其存储器采用半导体存储器，不仅使PLC整机的体积减小，而且其数据处理能力也获得很大提高，增加了数据运算、传送、比较等功能，实现了对模拟量的控制。

3. 20世纪80年代初期到90年代初期

在这一阶段，由于16位、32位微处理器的出现和应用，PLC向大规模、高速度、高性能和网络化的方向发展，形成了多种系列化的产品和结构紧凑、功能强大、性能价格比高的新一代产品，并出现多种不同性能的分布式网络系统。同时，在编程方面形成了面向工程技术人员、易被工程技术人员掌握的图形语言。在功能上，PLC具有数学运算、数据采集和处理、运动控制、闭环控制、联网通信等功能，而且随着其应用领域的不断扩大，PLC 已成为构成生产过程自动控制系统的主要设备之一。

4. 20 世纪 90 年代至今

在这一阶段，PLC 继续得到快速发展，其在网络通信、克服设备冗余等方面都有了长足的进步，成为一种功能强大的、成熟的控制器。同时，PLC 的通信系统从各厂家的自成系统逐步向开放的、统一的、通用的标准网络结构发展，如控制层的控制网(Control Net)、设备网(Device Net)和现场总线(Field Bus)，管理层的以太网(Ethernet)等。产品系列不断丰富，互通功能得到了较大的发展，系统性能日趋可靠、完善。同时，PLC 还逐步采用了符合 IEC 61131—3 标准的程序设计语言，并增加了高级编程语言，使得各种生产数据的采集和信息系统的管理的实现变得容易、直接。这时，PLC 已成为完全的过程控制系统。

三、PLC 的基本特点

1. 软硬件功能强

在硬件方面，PLC 选用优质器件，采用合理的系统结构加固并简化安装，使它能抗震动冲击。对印制电路板的设计、加工及焊接都采取了极为严格的工艺措施。对在工业生产过程中最常见的瞬间干扰，采取了隔离和滤波措施。

在软件方面，PLC 也采取了很多特殊措施，比如设置了“看门狗”——WDT(Watching Dog Timer)，系统运行时对 WDT 定时刷新，程序一旦出现死循环，能立即跳出，重新启动系统并发出报警信号；还设置了故障检测及诊断程序，用以检测系统硬件是否正常、用户程序是否正确，便于自动地做出相应的处理，如报警、封锁输出、保护数据等。

2. 使用维护方便

PLC 产品已经标准化、系列化、模块化，并有品种齐全的各种硬件装置供用户选用，用户能灵活方便地进行系统配置，组成不同功能、不同规模的系统。PLC 的安装接线也很方便，一般用接线端子连接外部接线。

PLC 的故障率低，并有完善的自诊断和显示功能。PLC 或外部的输入装置和执行机构发生故障时，可以根据 PLC 上的发光二极管或编程器提供的信息迅速地查明故障的原因，用更换模块的方法可以迅速地排除故障。

3. 运行稳定可靠

传统的继电器控制系统使用了大量的中间继电器、时间继电器，由于触点接触不良，系统容易出现故障。PLC 用软件代替了大量的中间继电器和时间继电器，仅剩下与输入和输出有关的少量元件，接线可以减少到继电器控制系统的十分之一到百分之一，大大减少了由触点接触不良造成的故障。

PLC 使用了一系列硬件的和软件的抗干扰措施，具有很强的抗干扰能力，其平均无故障运行时间可达到数万小时，故 PLC 可以直接用于有强干扰的工业生产场合。如今 PLC 已被广大用户公认为最可靠的工业控制设备之一。

4. 设计施工周期短

用 PLC 完成一项控制工程时，由于其硬、软件齐全，所以设计和施工可同时进行。由于PLC用软件编程取代了继电器用接线实现的控制功能，使得继电器控制柜的设计及安装接线的工作量大为减少，缩短了施工周期。同时，由于用户程序大都可以在实验室里进行调试，调试无误后，再将PLC控制系统在生产现场进行联机统调，使得设计方便、快速、安全，因此大大缩短了设计和施工周期。

四、PLC的分类

PLC生产厂家众多，产品种类繁杂，在实际应用中，通常按如下形式进行分类。

1. 按结构分类

从结构上看，PLC可分为整体式、模板式及分散式PLC 3种。

1) 整体式PLC

一般的微型机和小型机多为整体式结构。这种结构的PLC的电源、CPU、I/O部件都集中配置在一个箱体中，有的甚至全部焊接在一块印制电路板上。整体式PLC的结构紧凑、体积小、重量轻、价格低，且容易装配在工业控制设备的内部，故其比较适合于生产机械的单机控制。整体式PLC的缺点是主机的I/O点数固定，使用不够灵活，维修也比较麻烦。

2) 模板式PLC

模板式PLC的各个组成部分以单独的模板分开设置，如电源模板、CPU模板、输入模板、输出模板及其他智能模板等。这种结构的PLC的配置灵活、装备方便、维修简单、易于扩展，可根据控制要求灵活配置所需的模板来构成各种不同功能的控制系统。

3) 分散式PLC

所谓分散式PLC，就是将PLC的CPU、电源、存储器集中设置在控制室，而将各I/O模板分散设置在各个工作站，并由通信接口进行通信连接，由CPU集中指挥。

2. 按I/O点数分类

根据PLC的I/O点数规模来分类，PLC可分为4类：微型、小型、中型和大型。

1) 微型PLC

微型PLC的I/O点数通常在64点以下，用于处理开关量信号，其功能以逻辑运算、定时和计数为主，用户程序容量一般都小于4 KB。

2) 小型PLC

小型PLC 的I/O点数在64～256点之间，主要以处理开关量为主，具有定时、计数和顺序控制等功能，其控制功能比较简单，用户程序容量一般小于16KB。这类PLC和微型PLC的特点都是体积小、价格低，适用于单机控制场合。

3) 中型PLC

中型PLC的I/O点数在256～1 024点之间，同时具有处理开关量和模拟量的功能，其控制功能比较丰富，用户程序容量小于32 KB。中型PLC可应用于有开关量和模拟量控制的、较为复杂的、连续生产的自动控制场合。

4) 大型PLC

大型PLC的I/O点数在1 024点以上，除一般类型的输入/输出模块外，它还有特殊类型的信号处理模块和智能控制模块，能进行数学计算、PID调节、整数/浮点数运算和二进制/十进制转换运算等。大型PLC控制功能完善，网络系统成熟，而且它的软件种类也比较丰富，并可固化一定的功能程序可供使用，用户程序容量大于 32 KB，并可扩展。

3. 按生产厂家分类

PLC 的生产厂家很多，不同厂家生产的 PLC 的点数、容量、功能各有差异，但都自成系列，指令及外设向上兼容，因此在选择 PLC 时，若选择同一系列的产品，则可以使系统构成容易、操作人员使用方便、备用配件的通用性及兼容性好。比较有代表性的 PLC 产品有：德国西门子公司的 S5 系列、S7 系列；日本松下公司的 FP 系列，欧姆龙公司的 C 系列，三菱公司的 FX 系列；法国施耐德公司的 TWIDO 系列；美国通用电气公司的 GE 系列，AB 公司的 PLC5 系列；等等。

五、PLC 的主要功能及应用

PLC 的主要功能和应用体现在以下几个方面。

1. 开关逻辑和顺序控制

开关逻辑和顺序控制是 PLC 最基本、最广泛的应用，它们取代传统的继电器控制系统实现逻辑控制、顺序控制，可用于单机控制、多机群控制、自动化生产线的控制等，如应用于注塑机、印刷机械、订书机械、切纸机械、组合机床、磨床以及包装生产线、电镀流水线等的控制。

2. 模拟量控制

在生产过程中，有许多连续变化的物理量需要进行控制，如温度、压力、流量、液位等，这些都属于模拟量。目前，大部分 PLC 产品都具备处理模拟量的功能，特别是在系统中模拟量控制点数不多，同时混有较多的开关量时，PLC 具有其他控制装置无法比拟的优势。某些 PLC 产品还提供了典型控制策略模块，如 PID 模块，从而实现对系统的 PID 闭环控制。

3. 定时控制

PLC 为用户提供了一定数量的定时器，并设置了定时器指令，一般每个定时器可实现 0.1～999.9 s 或 0.01～99.99 s 的定时控制，也可按一定方式进行定时时间的扩展，定时精度高，设定方便、灵活。同时，PLC 还提供了高精度的时钟脉冲，用于准确的实时控制。

4. 数据采集与监控

由于 PLC 是在控制现场实行控制，所以把控制现场的数据采集下来，做进一步分析研究是很重要的。对于这种应用，目前普遍采用的方法是给 PLC 加上触摸屏，这样既可随时观察采集下来的数据又能及时进行统计分析。有的 PLC 本身就具有数据记录单元，如欧姆龙公司的 C200Hα。

PLC 的另一个特点是自检信号多。利用这个特点，PLC 控制系统可实现自诊断式的监控以减少系统的故障次数，提高平均累计无故障运行时间，同时还可减少故障修复时间，提高系统的可靠性。

5. 联网、通信及集散控制

PLC 通过网络通信模块以及远程 I/O 控制模块，可实现 PLC 与 PLC 之间、PLC 与上位机之间的通信、联网；实现 PLC 分布控制、计算机集中管理的集散控制，增加系统的控制规模，满足工厂自动化系统发展的需要。

6. PLC 的基本结构

PLC 的结构组成如图 3.1 所示。PLC 主要由中央处理单元(CPU)、存储器、I/O 接口电路、电源、I/O 扩展接口、外部设备接口等组成，其内部采用总线结构进行数据和指令的传输；外部的各种信号接到 PLC 的输入接口，在 PLC 内部进行逻辑运算或数据处理，最后以输出变量的形式经输出接口驱动输出设备来进行各种控制。各部分的作用介绍如下。

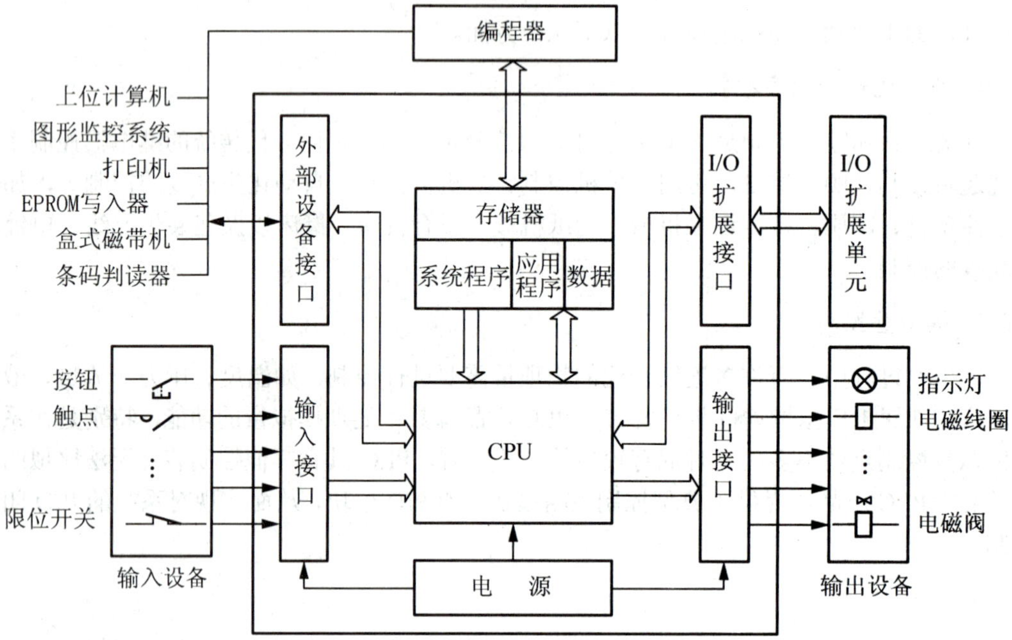

图 3.1　PLC 结构示意图

1) 中央处理单元

中央处理单元简称 CPU(Central Processing Unit)，主要由控制电路、运算器和寄存器等部分组成，是 PLC 的运算和控制中心。

PLC 常用的 CPU 有通用微处理器、单片机和双极型位片式微处理器。通用微处理器常用的是 8 位或 16 位的，如 Z80A、8085、8086、M68000 等；单片机是将 CPU、存储器和 I/O 接口集成在一起，因此性价比较高，多为中小型 PLC 所采用，常用的单片机有 8051、8098 等；双极型位片式微处理器的特点是运算速度快，以 4 位为一片，可以多片级联组成任意字长的微处理器，因此多为大型 PLC 所采用，常用的双极型位片式微处理器有 AM2900、AM2901、AM2903 等。目前，PLC 的位数多为 8 位或 16 位，高档机已采用 32 位，甚至更高位数。

2) 存储器

存储器的功能是存放程序和数据，可分为系统程序存储器和用户程序存储器两大类。

(1) 系统程序存储器。用来存放管理程序、监控程序以及内部数据，由 PLC 生产厂家设计提供，用户不能更改。

(2) 用户程序存储器。主要存放用户已编写好或正在调试的应用程序。存放在 RAM 中的用户程序可方便地修改。

3) I/O 接口电路

I/O 接口电路的作用是将输入信号转换为 CPU 能够接收和处理的信号，并将 CPU 输出的弱电信号转换为外部设备所需要的强电信号，而且能有效地抑制干扰，起到的隔离外部电路作用。

(1) 输入接口电路。输入接口电路由光电耦合、输入电路和微处理器输入接口电路组成。光电耦合输入电路的作用是隔离输入信号，防止现场的强电干扰进入计算机，对交流输入信号采用变压器或继电器隔离，有的还用滤波环节来增强抗干扰性能。

各种 PLC 的输入电路大都相同，通常有直流输入电路、交流输入电路两种。直流输入电路的电源有外部直流电源和 PLC 内部电源，当直流输入电源作为 PLC 内部的直流电源时，又称为干接触式。交流输入电路必须外加电源。图 3.2 为 PLC 输入接口电路原理图。

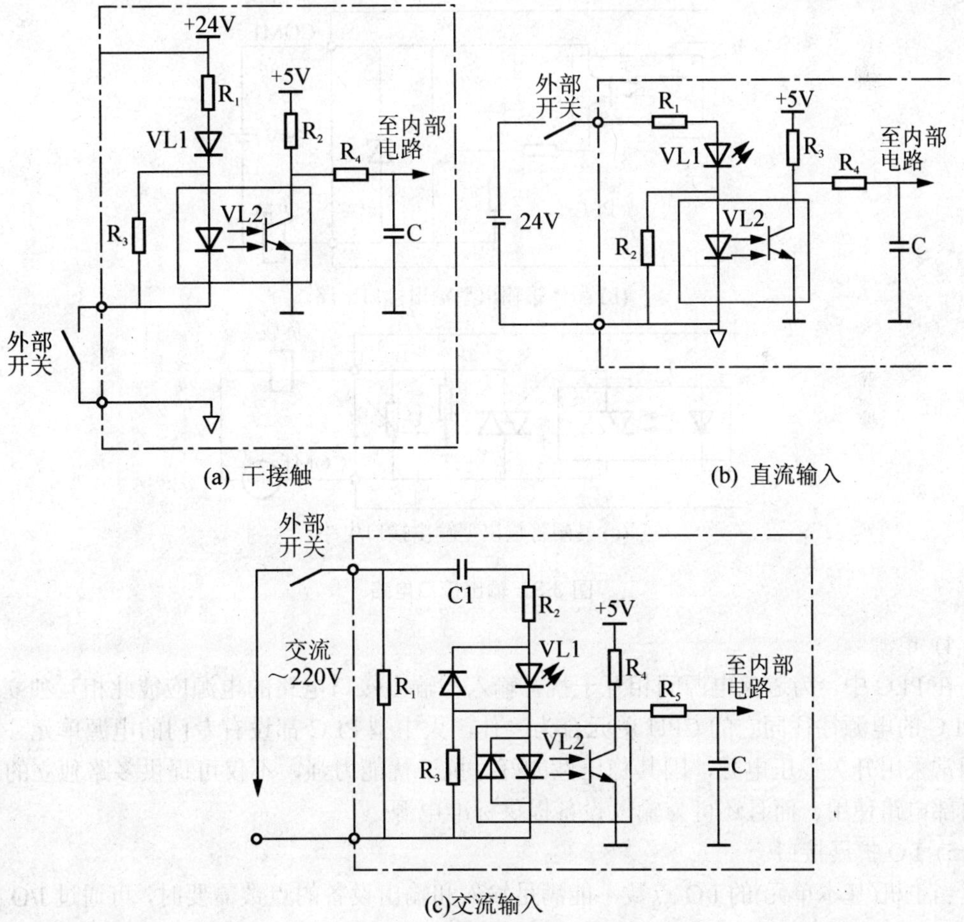

图 3.2　PLC 的输入接口电路

(2) 输出接口电路。输出接口电路有继电器输出型、晶体管输出型和晶闸管输出型输出接口电路 3 种。其中继电器输出型接口电路为有触点的输出接口电路，可用于驱动直流或低频交流负载；晶体管输出型接口电路和晶闸管输出型接口电路都是无触点的输出，前者用于驱动高速、小功率的直流负载，后者用于驱动高速、大功率的交流负载。图 3.3 为 3 种输出形式的输出接口电路。

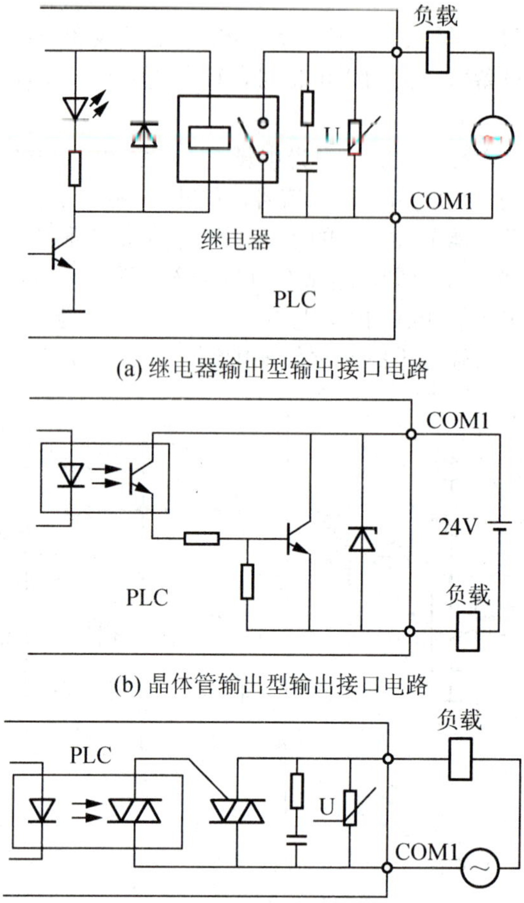

(a) 继电器输出型输出接口电路

(b) 晶体管输出型输出接口电路

(c) 晶闸管输出型输出接口电路

图 3.3　输出接口电路

4) 电源

在 PLC 中，为避免电源间相互干扰，输入与输出接口电路的电源应彼此相互独立。小型 PLC 的电源往往同它的 CPU 单元合为一体，大中型 PLC 都设有专门的电源单元。直流电源常采用开关稳压电源，因其稳压性能好、抗干扰能力强，不仅可提供多路独立的电压供内部电路使用，而且还可为输入设备提供标准电源。

5) I/O 扩展接口

当主机(基本单元)的 I/O 点数不能满足输入和输出设备的点数需要时，可通过 I/O 扩展接口用扁平电缆线将 I/O 扩展单元与主机相连以增加 I/O 点数。A/D、D/A 单元也通过该接口与主机相连。

6) 编程器

编程器是 PLC 的重要的外围设备。利用编程器能将用户程序送入 PLC 的存储器，还可以检查、修改程序，并监视 PLC 的工作状态。编程器一般分简易型和智能型编程器两类，小型 PLC 常用简易型编程器，大中型 PLC 多用智能型编程器。现在普遍采用计算机作为编程器，在计算机内安装专用编程软件，即可对 PLC 编制控制程序并显示梯形图或语句指令，非常方便，因此计算机得到了广泛应用。

7) 外部设备接口

外部设备接口是指在主机外壳上与外部设备配接的插座。通过电缆可配接编程器、计算机、打印机、EPROM 写入器、条码判读器等设备。

7. PLC 的工作原理

PLC 采用循环扫描的工作方式，即从第一条指令开始，按顺序逐条地执行用户程序，直至遇到结束符则完成一次扫描，然后再返回第一条指令，开始新一轮扫描，这样周而复始地反复进行。PLC 进行一次扫描循环所用的时间称为扫描周期，通常一个扫描周期约为几十毫秒。影响扫描周期的主要因素：一是 CPU 执行指令的速度；二是 CPU 执行每条指令所占用的时间；三是程序中指令的条数。

PLC 的一个扫描周期可分为输入采样、程序执行和输出处理 3 个阶段。

1) 输入采样阶段

PLC 在系统程序控制下以扫描的方式顺序读取输入端口的状态(如开关的接通或断开)，并将其写入输入状态寄存器(输入映像寄存器)内，此时输入状态寄存器被刷新。然后 PLC 转入程序执行阶段，在程序执行期间，即使输入状态发生变化，输入状态寄存器的内容也不会改变。只能等到下一个扫描周期输入采样到来时，才能重新读入。

2) 程序执行阶段

PLC 按“先左后右、先上后下”的顺序扫描执行每一条用户程序。执行程序时所用的输入变量，从相应的输入状态寄存器中取用，并将运算结果写入输出状态寄存器(输出映像寄存器)。

3) 输出处理阶段

CPU 在执行完所有的指令后，把输出状态寄存器中的内容转存到输出锁存器中，并通过输出接口电路将其输出，来驱动 PLC 的外部负载，控制设备进行的相应操作，形成 PLC 的实际输出。

实际上，在每个扫描周期内 CPU 除了执行用户程序外，还要进行系统自诊断和处理通信请求，并及时接收外来的控制命令，以提高 PLC 工作的可靠性，但所占用时间很短。

由以上叙述可见，PLC 是通过周期性循环扫描，并采取集中采样和集中输出的方式执行用户程序，这与计算机的工作方式不同。在计算机工作过程中，如果输入条件没有满足，程序将等待，直到条件满足才继续执行；而 PLC 在输入条件不满足时，程序照样往下执行，它将依靠不断的循环扫描，一次次通过输入采样捕捉输入变量。当然由此也带来一个问题，如果在本次扫描之后输入变量才发生变化，则只有等待下一次扫描时才能确认，这就造成了输入与输出响应的滞后，在一定程度上降低了系统的响应速度，但由于 PLC 的一个工作周期仅为数十毫秒，故这种很短的滞后时间对一般的工业控制系统影响不大。

8. PLC 的编程语言

PLC 是一种用于工业控制的计算机，与计算机一样，PLC 的软件也分为系统软件和应用软件。

PLC 的编程语言多种多样，不同厂家、不同系列的 PLC 的编程语言不尽相同。常用的编程语言有梯形图语言、指令语句表、逻辑符号图、功能表图、高级语言等。

1) 梯形图语言

梯形图编程语言习惯上叫梯形图。它将 PLC 内部的各种编程元件和各种具有特定功能的命令用专用的图形符号定义，并按控制要求将有关图形符号按一定规律连接起来，构成描述输入、输出之间控制关系的图形，这种图形称为 PLC 梯形图。梯形图形象、直观、实用，与继电器-接触器线路图在形式上相似，易为电气技术人员所接受，是目前使用最多的一种 PLC 语言。

(1) 电气元件与能流。PLC 梯形图只是一个控制程序并不是实际电路，梯形图中的继电器、定时器、计数器也不是物理继电器，而是存储器中的存储位，因此称其为“软器件”。相应位状态为“1”时，表示继电器线圈通电或常开触点闭合、常闭触点断开；相应位状态为“0”时，表示该继电器线圈断电，或其常开、常闭触点保持原状态。PLC 梯形图两端并没有电源，也没有真实的电流，仅是概念性的电流，故称其为“能流”或“使能流”。

(2) 继电器。PLC 中的继电器有输出继电器、辅助继电器等。与传统的继电器-接触器线路图中的继电器相比，PLC 中的继电器是“软继电器”，其触点从理论上讲可以无限次使用。

(3) 触点。PLC 中的继电器触点对应的是存储器中的存储单元，在程序运行中仅是对存储状态的读取，可以无限次重复使用，也没有使用寿命的限制，因此可认为 PLC 的每个“软继电器”具有无数对常闭或常开触点供用户使用，在编程中无须用结构复杂的程序来减少触点的使用对数。

(4) 工作方式。继电器-接触器线路图通电后是并行的工作方式，也就是按同时执行的方式工作，一旦形成电流通路就可能有多条支路同时工作。而 PLC 梯形图是串行的工作方式，按梯形图的扫描顺序自左至右、自上而下执行，并循环扫描，不存在几条并列支路同时动作的情况。这种串行的工作方式可以使梯形图在设计时减少许多有约束关系的联锁电路，使电路设计简化。

2) 指令语句表

指令语句表也是一种常用的编程语言，它使用一种与计算机汇编语言相类似的助记符编程方式，采用一些简洁易记的文字符号来表示 PLC 的各种指令。梯形图语言虽然直观、方便、易懂，但必须配有较大的显示器才能输入图形，一般用于计算机编程的场合。而指令语句表常用于手持编程器，通过输入助记符语言在生产现场编制、调试程序。同一厂家的 PLC 产品，其指令表语言与梯形图语言是相互对应的，可以互相转换。

3) 逻辑符号图

逻辑符号图编程方法沿用了数字逻辑电路中的逻辑门和逻辑框图的形式。图中包括“与”(A)、“或”(O)、“非”(N)等逻辑功能，以及定时、计数、触发等控制功能。

4) 功能表图

功能表图又称状态转换图，简称 SFC 编程语言。它将一个完整的控制过程分成若干个动作状态，状态间有一定的转换条件，条件满足则状态转换，上一状态结束则下一状态开始，以此来表达一个完整的顺序控制过程。

5) 高级语言

随着软件技术的发展，为了增加 PLC 的运算功能和数据处理能力以方便用户，近来许多大中型 PLC 已采用高级语言来编程，如采用 BASIC、C 语言等高级语言。

目前各种类型的 PLC 都能同时使用梯形图和指令语句表。本书主要介绍日本松下公司的 FP 系列 PLC 的编程语言及其基本应用。

知识拓展

一、松下 FP1 系列 PLC 的技术性能

FP1 系列 PLC 的硬件配置较全，除主机控制单元外还配有扩展单元、智能单元和链接单元等。扩展单元为一些扩展 I/O 点数的模块，由 E8～E40 系列组成。智能单元主要为 A/D、D/A 模块，当需要对模拟量进行测量和控制时，可以连接智能单元。用 FP 1 的 I/O 链接(LINK)单元，通过远程 I/O 可实现与主 FP 1 系统进行 I/O 数据通信，从而实现一台主控制单元对多台控制单元的控制。

FP1 系列的产品有 C14、C16、C24、C40、C56、C72 6 种型号的主机，E8、E16、E24、E40 4 种型号的扩展单元。型号中以 C 字母开头代表主控单元(或称主机)，以 E 字母开头代表扩展单元(或称扩展机)，后面的数字代表 I/O 点数。表 3-1 列出了 FP1 的主要产品的规格类型。

表 3-1　FP1 的主要产品的规格类型表

品名	类型	I/O 点数	内部寄存器	工作电压	输出形式
C14	标准型	8/6	EEPROM	DC24V 或 AC100～240V	继电器 晶体管 (NPN) (PNP)
C16	标准型	8/8			
C24 (C24C)	标准型 (带 RS232 端口和时钟/日历)	16/8	RAM		
C40 (C40C)	标准型 (带 RS232 端口和时钟/日历)	24/16			
C56 (C56C)	标准型 (带 RS232 端口和时钟/日历)	32/24			
C72 (C72C)	标准型 (带 RS232 端口和时钟/日历)	40/32			
E8		8/0 4/4 0/8	/	/	继电器 晶体管 (NPN)(PNP)
E16		16/0 8/8 0/16	/		
E24		16/8	/	DC24V 或 AC100～240V	
E40		24/16	/		

图 3.4 为 FP1-C24 型 PLC 的主控单元外形图。

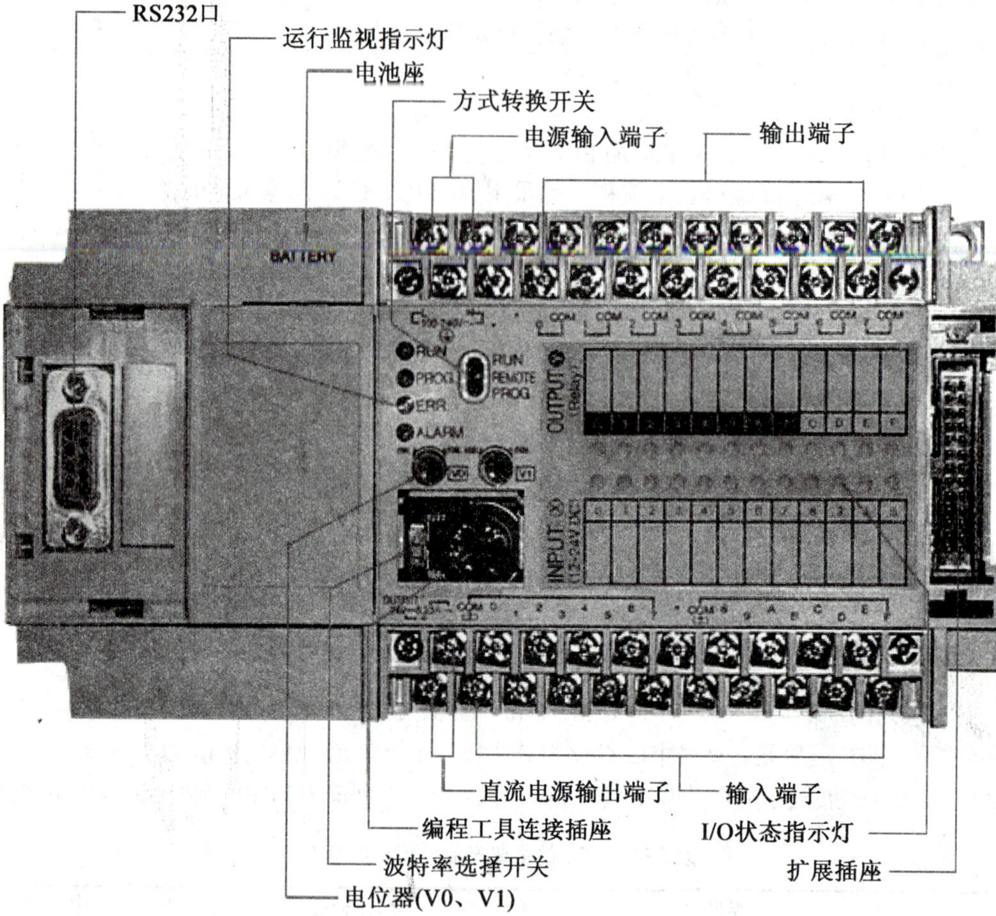

图 3.4　FP1-C24 型 PLC 主控单元外形图

下面对图中各主要部分作简单说明。

(1) RS232 端口：该端口能与 PC 通信，也可连接其他外围设备，如 I.O.P(Intelligent Operating Panel)智能操作板、条形码判读器和串行打印机等。

(2) 运行监视指示灯：当程序运行时，RUN 指示灯亮；当程序中止执行时，PROG 指示灯亮；当发生自诊断错误时，ERR 指示灯亮；当检测到异常情况或出现 Watchdog 定时故障时，ALARM 指示灯亮。

(3) 电池座：在控制单元中设有备用电池，其使用寿命大约为 3～6 年。

(4) 电源端子：有交流、直流两种类型，交流型电源端子接 100～240V 交流电源，直流型电源端子接 24V 直流电源。

(5) 存储器和主存储器插座：该插座可用于连接存储器 EPROM 和主存储器 EEPROM。

(6) 工作方式选择开关：共有三个挡位，即 RUN、REMOTE 和 PROG。

① RUN 工作方式。当开关扳到这个挡位时，控制单元运行程序。

② REMOTE 工作方式。在此方式下，可以使用编程工具(编程器或编程软件)将 PLC 的工作方式改为 RUN 或 PROG。

③ PROG 工作方式。在此方式下可以编辑程序。若在 RUN 工作方式下编辑程序，则系统按出错对待，PLC 鸣响报警，提示编程者将工作方式选择到 PROG。

(7) 输入端子、输出端子：该端子板为两头带螺钉可方便拆卸的板。C24 型有 16 点输入、8 点输出，其他型号参见表 3-2。

(8) 编程工具连接插座(RS422 端口)：可连接编程工具，如 FP 编程器 II 或 PC 等。

(9) 波特率选择开关：有 19200bps 和 9600bps 两挡，应根据外设的不同选定波特率。

(10) 电位器(V0、V1)：这两个电位器可手动调节，实现外部模拟量设定。调节该电位器时，PLC 内部对应的特殊数据寄存器 DT9040 和 DT9041 的内容在 0~255 之间变化。

(11) I/O 状态指示灯：用来指示输入/输出的通断状态，每个输入输出点都对应有一个指示灯。

(12)扩展插座：用于连接 I/O 扩展单元及 A/D、D/A 转换单元、链接单元。

FP1 系列 PLC 虽属小型机，但它的技术性能较完备。表 3-2 为 FP1 系列产品的基本性能一览表。

表 3-2　FP1 系列产品的基本性能一览表

项目	C14	C16	C24	C40	C56	C72
主机 I/O 点数	8/6	8/8	16/8	24/16	32/24	40/32
最大 I/O 点数	54	56	104	120	136	152
运行速度	1.6μs/步					
程序容量	900 步		2720 步		5000 步	
存储器类型	EEPROM(无电池)		RAM(备用电池)和 EPROM			
指令条数	126		191		192	
内部继电器(R)	256		1008			
特殊内部继电器(R)	64					
定时器/计数器(T/C)	128		144			
数据寄存器(DT)	256		1660		6144	
特殊数据寄存器(DT)	70					
索引寄存器(IX、IY)	2					
主控指令(MC/MCE)点数	16		32			
跳转标记(LBL)个数 (用于 JMP、LOOP 指令)	32		64			
步进阶数	64		128			
子程序个数	8		16			
中断个数	1		9			
输入滤波时间	1～128ms					
自诊断功能	“看门狗”定时器，电池检测，程序检测					

二、松下 FP1 系列 PLC 的内部寄存器配置

在使用 PLC 之前应先了解 PLC 的内部寄存器的功能、地址和 I/O 分配情况。表 3-3 列出了 FP1 系列 PLC 的内部寄存器的配置情况。

表 3-3　FP1 系列 PLC 的内部寄存器配置表

名称	符号(位/字)	编号		
		C14、C16	C24、C40	C56、C72
输入继电器	X(bit)	208 点：X0～X12F		
	WX(word)	13 字：WX0～WX12		
输出继电器	Y(bit)	208 点：Y0～Y12F		
	WY(word)	13 字：WY0～WY12		
内部继电器	R(bit)	256 点：R0～R15F	1008 点：R0～R62F	
	WR(word)	16 字：WR0～WR15	63 字：WR0～WR62	
特殊内部继电器	R(bit)	64 点：R9000～R903F		
	WR(word)	4 字：WR900～WR903		
定时器	T(bit)	100 点：T0～T99		
计数器	C(bit)	28 点：C100～C127	44 点：C100～C143	
定时器/计数器设定值寄存器	SV(word)	128 字：SV0～SV127	144 字：SV0～SV143	
定时器/计数器经过值寄存器	EV(word)	128 字：EV0～EV127	144 字：EV0～EV143	
数据寄存器	DT(word)	256 字：DT0～DT255	1660 字：DT0～DT1659	6144 字：DT0～DT6143
特殊数据寄存器	DT(word)	70 字：DT9000～DT9069		
系统寄存器	NO.(word)	No.0～No.418		
索引寄存器	IX(word)	每个单元一个字，无编号系统		
	IY(word)			
十进制常数寄存器	K	16 位常数(字)：K−32768～K32767		
		32 位常数(双字)：K−2147483648～K2147483647		
十六进制常数寄存器	H	16 位常数(字)：H0～HFFFF		
		32 位常数(双字)：H0～HFFFFFFFF		

表中的 X、WX 均为 I/O 区的输入继电器，可直接向输入端子传递信息。Y、WY 为 I/O 区的输出继电器，可向输出端子传递信息。X、Y 是按“位”寻址的，而 WX、WY 是按“字”(即 16 位)寻址的，在编程时一定要注意。X 和 Y 的地址编号规则完全一样，下面以 X 为例说明。

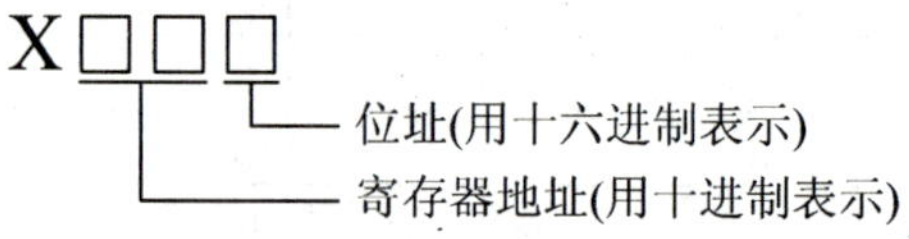

例如，X120 表示寄存器 WX12 中的第 0 号位，X12F 表示寄存器 WX12 中的第 F 号位。用图表示如下：

WX12：

F	E	D	C	B	A	9	8	7	6	5	4	3	2	1	0
X12F															X120

字地址为 0 时可省略字地址数字，只给位地址即可，如字寄存器 WX0 的各位则可写为 X0～XF。

表中 R 和 WR 的编号规则与 X、WX 和 Y、WY 的编号规则相同。

下面对表中所列内部寄存器作一下介绍。

1. 输入继电器

输入继电器的作用是将外部开关信号或传感器的信号输入到 PLC 中。每个输入继电器的编程使用次数没有限制，因此可视为每个输入继电器可提供无数对常开和常闭触点供编程使用。

特别提示

输入继电器只能由外部信号来驱动，而不能由内部指令来驱动，其触点也不能直接输出去驱动执行元件。

2. 输出继电器

输出继电器的作用是将 PLC 执行的程序的结果向外输出，驱动外设(如接触器、电磁阀等)动作。输出继电器必须是由 PLC 执行控制程序的结果来驱动。输出继电器在作内部编程使用时，其触点的使用次数同样没有限制，即每个输出继电器可提供无数对常开和常闭触点供 PLC 内部编程使用。作为输出变量使用时，每个输出继电器只能使用一次，而且当它作为 OT 和 KP 指令输出时，不允许重复使用同一输出继电器，否则 PLC 不予执行。如果需要重复输出，则需改变系统寄存器 No.20 的设置。

3. 内部继电器

PLC 的内部继电器可供用户存放中间变量使用，其作用与继电器控制系统的中间继电器相似。内部继电器只供 PLC 内部编程使用，不提供外部输出。每个继电器同样可提供无数对常开和常闭触点供编程使用，而且同输出继电器一样，在作为输出变量使用时只能使用一次，不允许重复输出。

4. 特殊内部继电器

R9000～R903F 的内部继电器为特殊内部继电器，有着专门的用途，用户不能占用。这些继电器不能用于输出，只能做内部触点使用。其主要功能是作为错误标志、工作状态的标志或特殊控制继电器标志。

(1) 标志继电器。例如，R900A 是大于标志，R900B 相等标志，R900C 小于标志，R9009 进位标志。

(2) 特殊控制继电器。为了控制更方便，FP1 提供了一些不受编程控制的特殊控制继电器。例如，初始闭合继电器 R9013，它的功能是在运行中第一次扫描时闭合，在第二次扫描时断开并保持其断开状态。再如常闭继电器 R9010，常开继电器 R9011 等。

(3) 信号源继电器。R9018～R901E 这 7 个继电器都是不用编程就能自动产生脉冲信号的继电器，称为时钟脉冲继电器。R9018 是一个 0.01s 时钟脉冲继电器，它的功能是其触点以 0 .01s 为周期重复通/断动作(ON:0.005s，OFF:0.005s)。R9019 为 0.02s 时钟脉冲继电器，R901A 为 0.1s 时钟脉冲继电器，R901B 为 0.2s 时钟脉冲继电器，R901C 为 1s 时钟脉冲继电器，R901D 为 2s 时钟脉冲继电器，R901E 为 1min 时钟脉冲继电器。

5. 定时器/计数器

定时器(T)的触点是定时器指令(TM)的输出，定时指令时间到，其触点动作。计数器(C)的触点是计数器指令(CT)的输出，计数完毕，其触点动作。定时器和计数器的编号都用十进制数表示，在 FP1 系列的 PLC 中一共有 100 个定时器，编号为 T0～T99，计数器的编号从 100 开始。如果改变系统寄存器 No.5 的设置值，则可以改变计数器的起始地址，从而改变定时器和计数器的个数，但定时器和计数器的总数是不变的。

6. 定时器/计数器的设定值寄存器与经过值寄存器

定时器/计数器的设定值寄存器(SV)是存储定时器/计数器指令预置值的寄存器，而定时器/计数器的经过值寄存器(EV)是用于存储经过值的。后者的内容随着程序的运行而作递减变化，当它的内容变为 0 时，定时器/计数器的触点动作。每个定时器/计数器的编号都有一组 SV 和 EV 与之相对应，见表 3-4。

表 3-4　T/C 编号与 SV、EV 对应表

定时器/计数器编号	设定值寄存器 SV	经过值寄存器 EV
T0	SV0	EV0
⋮	⋮	⋮
T99	SV99	EV99
C100	SV100	EV100
⋮	⋮	⋮

7. 数据寄存器和特殊数据寄存器

数据寄存器(DT)用来存储各种数据，如外设采集来的各种数据或运算、处理的中间结果等。每个数据寄存器由一个字(16 位)组成。数据寄存器不带任何触点，是纯粹的寄存器。特殊数据寄存器的主要功能是作为工作状态或错误状态的寄存器，如作为时钟/日历寄存器，作为高速计数器的寄存器等。

8. 常数寄存器

在 FP1 系列的 PLC 中，常数使用十六进制数和十进制数，在数字前面加字母 K 表示十进制数，加字母 H 表示十六进制数。

9. 索引寄存器

在 FP1 系列的 PLC 内部有两个索引寄存器 IX 和 IY，它们都是 16 位的寄存器，可用于存放地址和常数的修正值。索引寄存器的作用有以下两种。

(1) 作寄存器用。当索引寄存器作为 16 位寄存器使用时，IX 和 IY 可单独使用。当索引寄存器作为 32 位寄存器时，IX 作低 16 位，IY 作高 16 位。当把索引寄存器作为 32 位操作数编程时，如果指定 IX 为低 16 位，则高 16 位自动指定为 IY。

(2) 作其他操作数的修正值用。索引寄存器还可以以索引指针的形式与寄存器或常数一起使用，起寄存器地址或常数修正值作用。

三、FP1 系列 PLC 的 I/O 地址分配

当使用 PLC 组成控制系统时，除了选择合适的主控单元外，还可以根据需要选择 I/O 扩展单元以扩展 I/O 点数、选择 D/A 和 A/D 单元进行模/数和数/模转换、选择 C-NET 和链接单元进行网络通信等。这些配套设备都要占用输入和输出端口，为此，规定了输入和输出端口地址，其地址的分配情况见表 3-5。

表 3-5　FP1 系列 PLC 的 I/O 地址分配表

品　种	型　号		输入端编号	输出端编号
控制单元	C14		X0～X7	Y0～Y4，Y7
	C16		X0～X7	Y0～Y7
	C24		X0～XF	Y0～ Y7
	C40		X0～XF，X10～X17	Y0～YF
	C56		X0～XF，X10～X1F	Y0～YF Y10～Y17
	C72		X0～XF，X10～X1F X20～X27	Y0～YF Y10～Y1F
初级扩展单元	E8	输入类型	X30～X37	/
		I/O 类型	X30～X33	Y30～Y33
		输出类型	/	Y30～Y37
	E16	输入类型	X30～X3F	/
		I/O 类型	X30～X37	Y30～Y37
		输出类型	/	Y30～Y3F
	E24	I/O 类型	X30～X3F	Y30～Y37
	E40	I/O 类型	X30～X3F，X40～X47	Y30～Y3F
次级扩展单元	E8	输入类型	X50～X57	/
		I/O 类型	X50～X53	Y50～Y53
		输出类型	/	Y50～Y57
	E16	输入类型	X50～X5F	/
		I/O 类型	X50～X57	Y50～Y57
		输出类型	/	Y50～Y5F
	E24	I/O 类型	X50～X5F	Y50～Y57
	E40	I/O 类型	X50～X5F，X60～X67	Y50～Y5F
I/O 链接单元			X70～X7F(WX7) X80～X8F(WX8)	Y70～Y7F(WY7) Y80～Y8F(WY8)
A/D 转换单元		通道 0	X90～X9F(WX9)	/
		通道 1	X100～X10F(WX10)	/
		通道 2	X110～X11F(WX11)	/
		通道 3	X120～X12F(WX12)	/
D/A 转换单元	单元号 0	通道 0	/	Y90～Y9F(WY9)
		通道 1	/	Y100～Y10F(WY10)
	单元号 1	通道 0	/	Y110～Y11F(WY11)
		通道 1	/	Y120～Y12F(WY12)

由表 3-3 和表 3-5 所给的 X、Y 后面的数据可知，FP1 系列 PLC 的 I/O 点数共有 416 点，即输入 X0～X12F 共 208 点，输出 Y0～Y12F 也是 208 点，但实际上由于受外部接线端子和主机驱动能力的限制，最多可扩展至 152 点(C72 型 PLC)，其余的只可作为内部寄存器使用。

项 目 小 结

PLC 作为一种工业自动化标准设备，是专门为工业控制而设计的，具有功能强、可靠性高、编程方便、体积小、重量轻等优点。PLC 的种类繁多，按结构不同可分为整体式和模块式 PLC，按规模不同可分为微型、小型、中型和大型 PLC 等。PLC 的结构和工作原理与计算机有着很大差别，如 PLC 采用电气隔离技术，其输入和输出采用映像寄存器，循环扫描和集中刷新的工作方式是它突出的特点。PLC 与继电器-接触器控制系统具有相同的逻辑关系，但 PLC 处理逻辑关系是通过软件而不是通过实际电路实现。

复习思考题

1．PLC 主要有哪些特点？
2．PLC 与传统的继电器-接触器控制系统相比有哪些优点？
3．PLC 在结构上有哪几种形式？并说明它们的区别。
4．PLC 主要由哪几个部分组成？简述各部分的主要作用。
5．简述 PLC 的 3 种输出接口电路的特点，并说明它们分别适用于什么类型的负载。
6．简述 PLC 的工作过程。何谓扫描周期？
7．从软、硬件两个角度说明 PLC 的高抗干扰性能。
8．PLC 有哪几项主要的技术性能指标？
9．简述 PLC 的应用领域。
10．影响 PLC 输出响应滞后的因素有哪些？
11．PLC 有哪几种编程语言？
12．松下 FP1 系列 PLC 的继电器有哪些？
13．松下 FP1 系列 PLC 的时钟脉冲继电器有哪几个？

项目 3.2 基本指令程序设计与应用

项目目标

1. 熟悉 PLC 的梯形图的特点和设计规则。
2. 掌握 PLC 的基本逻辑指令及其应用。
3. 能利用所学习的基本指令编程实现简单的 PLC 控制。
4. 掌握利用继电器电路改写 PLC 梯形图程序的步骤和方法。
5. 掌握 PLC 的外部接线。

项目内容

基本逻辑指令就是反映继电器控制电路中各元件的基本连接关系，执行以位(b)为单位的逻辑操作的指令。基本逻辑指令是 PLC 中应用最多的指令，是 PLC 程序设计的基础。本项目主要介绍松下公司 FP1 系列 PLC 的基本逻辑指令及其应用。

图 3.5 是采用按钮与接触器互锁进行的三相笼型异步电动机正、反转控制线路图。启动时，合上刀开关 QS，按下正转启动按钮 SB2，接触器 KM1 线圈通电，其常开主触点闭合，使电动机接通电源正向运转，同时接触器 KM1 的常闭辅助触点将反转支路断开，防止误操作。当电机需要反转时，按下反转启动按钮 SB3，其常闭触点首先使 KM1 线圈断电，然后其常开触点再使 KM2 线圈通电，实现电动机的反方向运转。如何使用 PLC 进行控制来完成上述任务呢？

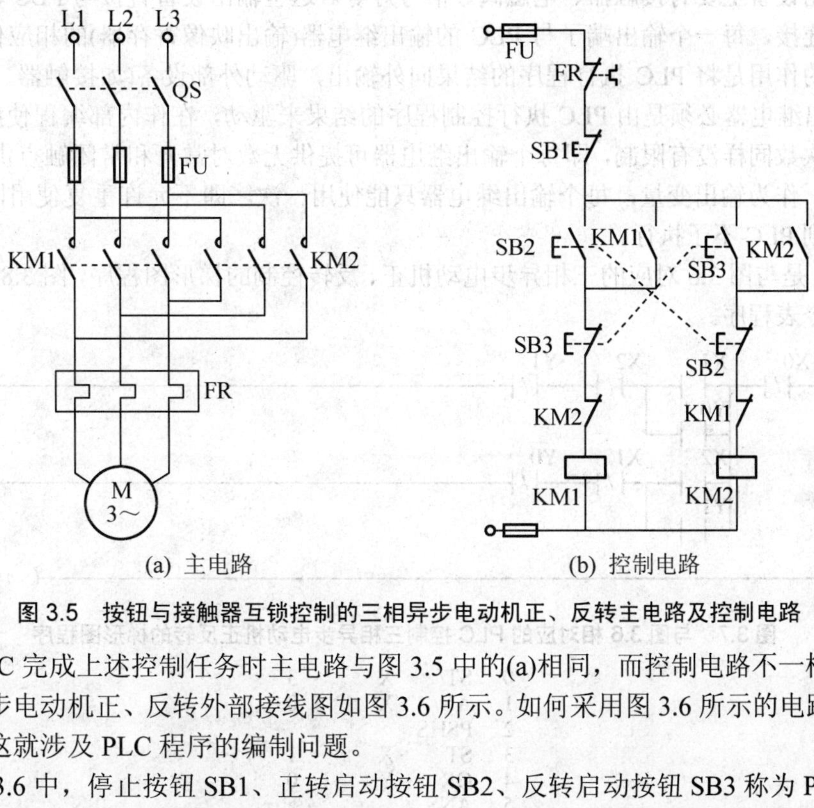

(a) 主电路　　(b) 控制电路

图 3.5　按钮与接触器互锁控制的三相异步电动机正、反转主电路及控制电路

用 PLC 完成上述控制任务时主电路与图 3.5 中的(a)相同，而控制电路不一样。PLC 控制三相异步电动机正、反转外部接线图如图 3.6 所示。如何采用图 3.6 所示的电路实现控制功能呢？这就涉及 PLC 程序的编制问题。

在图 3.6 中，停止按钮 SB1、正转启动按钮 SB2、反转启动按钮 SB3 称为 PLC 的输入设备，作为 PLC 的输入设备常用的还有行程开关、传感器、继电器的触点等。这些输入设备直接与 PLC 输入端的接线端子相连接，每一个输入端子与 PLC 的输入继电器(输入映像寄存器)的相应位对应。输入继电器的作用是将外部开关信号或传感器信号输入到 PLC 中，每个输入继电器的编程使用次数没有限制，因此可认为每个输入继电器可提供无数对常开和常闭触点供编程使用。

特别提示

输入继电器只能由外部信号来驱动，而不能由内部指令来驱动，其触点也不能直接输出去驱动执行元件。

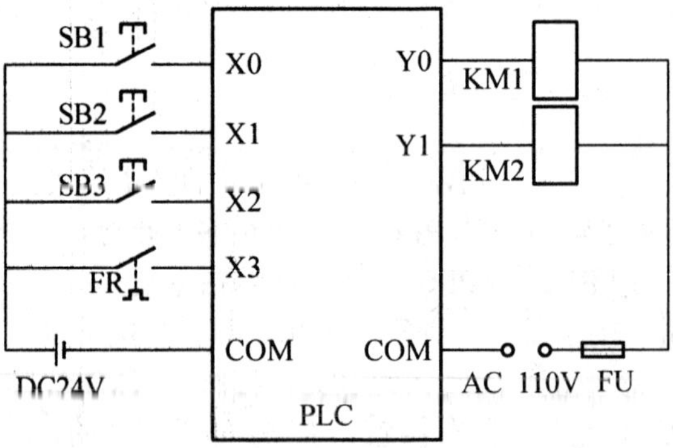

图 3.6　与图 3.5(b)相对应的 PLC 控制三相异步电动机正反转外部接线图

图 3.6 中的正转接触器 KM1、反转接触器 KM2 称为 PLC 的输出设备。作为执行控制任务的输出设备主要有接触器、电磁阀、信号灯等。这些输出设备直接与 PLC 输出端的接线端子相连接，每一个输出端子与 PLC 的输出继电器(输出映像寄存器)的相应位对应。输出继电器的作用是将 PLC 执行程序的结果向外输出，驱动外部设备(如接触器、电磁阀等)动作。输出继电器必须是由 PLC 执行控制程序的结果来驱动，在作内部编程使用时，其触点的使用次数同样没有限制，即每个输出继电器可提供无数对常开和常闭触点供 PLC 内部编程使用。作为输出变量，每个输出继电器只能使用一次，即不允许重复使用同一输出继电器，否则 PLC 不予执行。

图 3.7 是与图 3.6 对应的三相异步电动机正、反转控制的梯形图程序，图 3.8 是同图 3.7 对应的指令表程序。

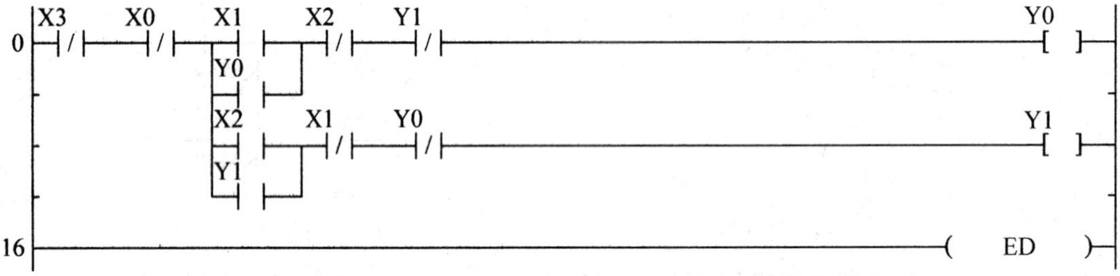

图 3.7　与图 3.6 相对应的 PLC 控制三相异步电动机正反转的梯形图程序

0	ST/	X	3
1	AN/	X	0
2	PSHS		
3	ST	X	1
4	OR	Y	0
5	ANS		
6	AN/	X	2
7	AN/	Y	1
8	OT	Y	0
9	POPS		
10	ST	X	2
11	OR	Y	1
12	ANS		
13	AN/	X	1
14	AN/	Y	0
15	OT	Y	1
16	ED		

图 3.8　与图 3.7 相对应的指令表程序

相关知识

一、输入输出指令

输入输出指令包括 ST、ST/、OT 和/等指令，指令功能说明如下。

ST　加载指令　　常开触点与左母线相连，开始逻辑运算。另外，在分支接点处也可使用。

ST/　加载非指令　常闭触点与左母线相连，开始逻辑运算，其他同上。

OT　输出指令　　将逻辑运算结果输出到指定的继电器，是继电器线圈的驱动指令。

/　　非指令　　　将该指令处的运算结果取反。

【例 2-1】　输入输出指令举例如图 3.9 所示。

梯形图

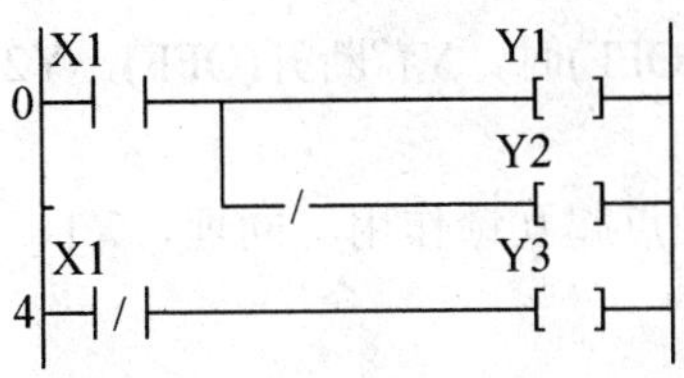

指令表

0	ST	X1
1	OT	Y1
2	/	
3	OT	Y2
4	ST/	X1
5	OT	Y3

时序图

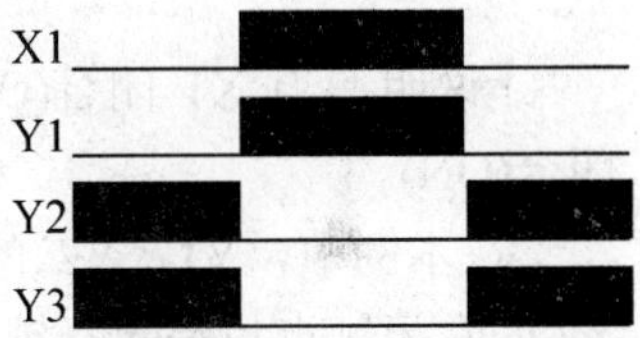

图 3.9　输入输出指令举例

[说明] 当 X1 接通时，Y1 接通(ON)；当 X1 断开时，Y1 断开(OFF)，而 Y2、Y3 接通(ON)。

在本例中，Y1 和 Y2 都受控于 X1 的常开触点，但是由于 Y2 前面有非指令，因此 Y2 状态与 Y1 状态正好相反，这与继电器系统明显不同，在继电器系统中，X1 断开，Y2 回路就不可能导通。

此外，输出 Y3 也是当 X1 断开时才导通，与 Y2 的控制方式一样。因此可见，常闭触点的功能可以用上述两种方式实现，这在时序图中可以更直观地看出。

使用注意事项

(1) ST 和 ST/指令的操作数为继电器的触点 X、Y、R 和定时器/计数器的触点 T、C。

(2) OT 指令的操作数为继电器 Y 和 R。

(3) OT 指令不能直接从左母线开始(使用步进指令时除外)。

(4) OT 指令不能串联使用，它在梯形图中位于一个逻辑行的末尾与右母线相连。

(5) OT 指令可以连续使用，构成并联输出。

(6) 一般情况下，对于某个输出继电器只能用一次 OT 指令，否则，可编程控制器按出错对待。

二、逻辑操作指令

逻辑操作指令有 AN、AN/、OR、OR/，指令功能说明如下。

AN　　与指令　　　串联一个常开触点。

AN/　与非指令　　串联一个常闭触点。

OR　　或指令　　　　并联一个常开触点。

OR/　或非指令　　　并联一个常闭触点。

【例 2-2】　逻辑操作指令举例如图 3.10 所示。

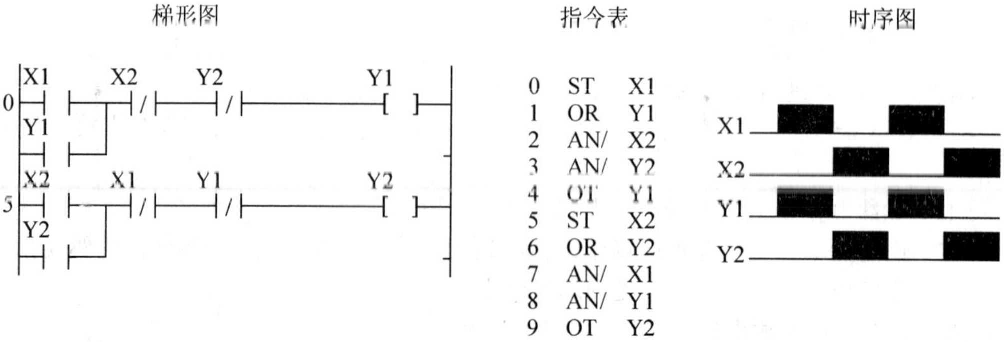

图 3.10　逻辑操作指令举例

［说明］当 X1 闭合(ON)时，Y1 导通(ON)；当 X2 闭合(OFF)时，Y1 断开(OFF)，Y2 闭合(ON)。

在本例中，Y1、Y2 的常开触点起自锁作用，而其常闭触点起互锁作用。同理，X1、X2 的常闭触点也是起互锁作用。

使用注意事项

(1) AN 和 AN/指令的操作数为触点 X、Y、R、T、C。

(2) AN 和 AN/指令把多个触点串联在一起，该指令可多次连续使用。

(3) OR 和 OR/指令的操作数也是触点 X、Y、R、T、C。

(4) OR 和 OR/指令把多个触点并联在一起，该指令也可多次连续使用。

三、块逻辑操作指令

块逻辑操作指令有 ANS 和 ORS，指令功能说明如下。

ANS 组与指令　执行多指令块的“与”操作，即实现触点组和触点组的串联。

ORS 组或指令　执行多指令块的“或”操作，即实现触点组和触点组的并联。

【例 2-3】　块逻辑指令举例如图 3.11 所示。

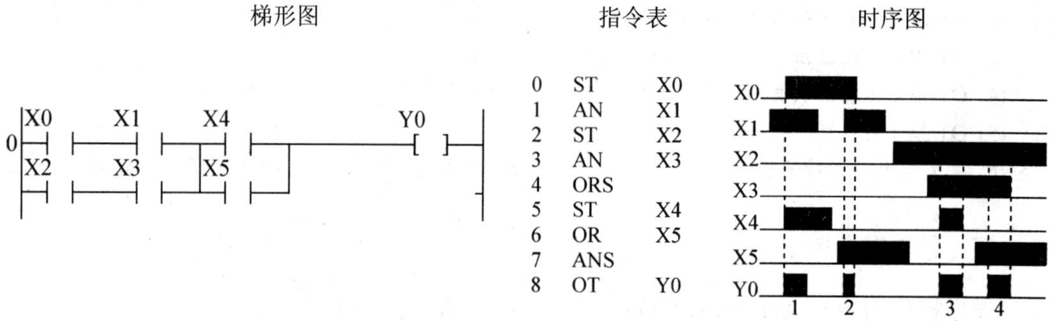

图 3.11　块逻辑指令举例

［说明］从时序图上看，该例的逻辑关系显得比较复杂，但是仔细分析就可发现，Y0 有 4 个接通段，分别代表了该例的 4 种有效组合。

(1) 当 X0、X1 接通且 X4 接通时，Y0 接通，对应图中第 1 段接通情况。

(2) 当 X0、X1 接通且 X5 接通时，Y0 接通，对应图中第 2 段接通情况。

(3) 当 X2、X3 接通且 X4 接通时，Y0 接通，对应图中第 3 段接通情况。

(4) 当 X2、X3 接通且 X5 接通时，Y0 接通，对应图中第 4 段接通情况。

使用注意事项

掌握 ANS、ORS 指令的关键主要有两点：一是要理解好串、并联关系；二是要形成“块”的观念。针对例题，下面分别从程序和逻辑关系表达式两方面加以具体说明。

从图 3.12 中可见，X0 和 X1 串联后组成逻辑块 1，X2 和 X3 串联后组成逻辑块 2，用 ORS 指令将逻辑块 1 和逻辑块 2 并联起来，组合成为逻辑块 3；然后由 X4 和 X5 并联后组成逻辑块 4；再用 ANS 指令将逻辑块 3 和逻辑块 4 串联起来，组合成为逻辑块 5，其结果输出给 Y0。

ANS 和 ORS 指令后面没有操作数，其操作对象就是该指令前面由 ST、AN、OR 等指令构成的指令块。

```
0    ST    X0  } 块1 }
1    AN    X1        } 块3 }
2    ST    X2  } 块2 }       }
3    AN    X3                } 块5
4    ORS                     }
5    ST    X4  } 块4         }
6    OR    X5  }             }
7    ANS                     }
8    OT    Y0
```

块5：块3 · 块4；块3：块1 + 块2

$$Y0 = (\underbrace{X0 \cdot X1}_{块1} + \underbrace{X2 \cdot X3}_{块2}) \cdot (X4 + X5)$$

图 3.12　块逻辑指令的编程步骤

四、堆栈指令

堆栈指令有 PSHS、RDS 和 POPS 3 个，主要用于具有分支结构的梯形图编程，指令功能说明如下。

PSHS 推入堆栈指令　　将该指令处以前的操作结果存储起来。

RDS 读出堆栈指令　　读出由 PSHS 指令存储的操作结果。

POPS 弹出堆栈指令　　读出并清除由 PSHS 指令存储的操作结果。

［说明］当 X0 接通时，程序执行过程如下。

(1) 存储 PSHS 指令处的运算结果(指 X0 的接通状态)，这时 XO 接通，如果 X1 也接通且 X2 断开，则 Y0 输出。

(2) 由 RDS 指令读出存储的结果，即 X0 接通，此时如 X3 也接通，则 Y1 输出。

(3) 由 RDS 指令读出存储的结果，即 X0 接通，此时如 X4 仍断开，则 Y2 输出。

(4) 由 POPS 指令读出存储的结果，即 X0 接通，此时如 X5 接通，则 Y3 输出；然后将 PSHS 指令存储的结果清除，即解除与 X0 的关联，后续指令的执行将不再受 X0 影响。

(5) 当 X6 接通时，Y4 输出，此时 X6 的状态与 X0 的状态不再相关。

本例中连用了两个 RDS 指令，目的是为了说明该指令只是用来读存储结果，而不影响存储结果；在执行了 POPS 指令后，就结束了堆栈指令，后续指令的执行不再与 X0 的状态相关。

【例 2.1】 堆栈指令举例如图 3.13 所示。

梯形图

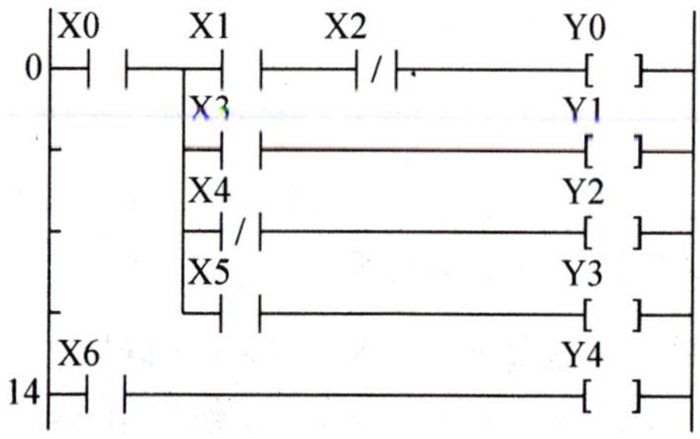

指令表

0	ST	X0
1	PSHS	
2	AN	X1
3	AN/	X2
4	OT	Y0
5	RDS	
6	AN	X3
7	OT	Y1
8	RDS	
9	AN/	X4
19	OT	Y2
11	POPS	
12	AN	X5
13	OT	Y3
14	ST	X6
15	OT	Y4

图 3.13 堆栈指令举例

使用注意事项

(1) 当分支点以后只有两个支路时，只能使用 PSHS 和 POPS 两个指令。

(2) 当分支点以后有 3 个支路时，要同时使用 PSHS、RDS、POPS 3 个指令。

(3) 当分支点以后有 3 个以上支路时，则开始和结束分别使用 PSHS 和 POPS 指令，中间可反复使用 RDS 指令。

(4) 堆栈指令可以嵌套使用，如图 3.14 所示。

(5) 注意梯形图中分支结构和并联输出结构的区别。分支结构中分支点与输出之间还串有触点，而不只是输出线圈，如图 3.15 所示。

梯形图

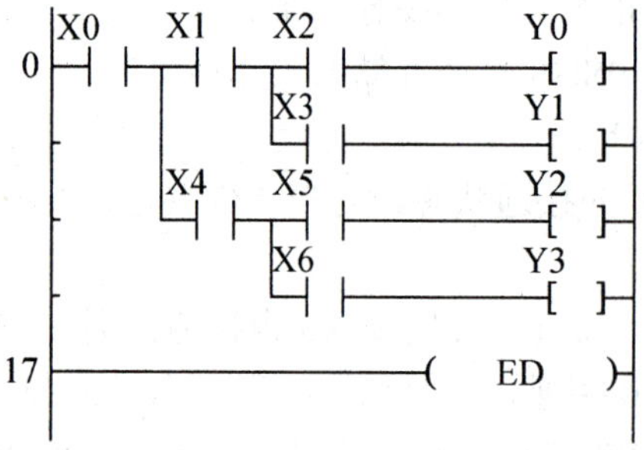

指令表

0	ST	X	0
1	PSHS		
2	AN	X	1
3	PSHS		
4	AN	X	2
5	OT	Y	0
6	POPS		
7	AN	X	3
8	OT	Y	1
9	POPS		
19	AN	X	4
11	PSHS		
12	AN	X	5
13	OT	Y	2
14	POPS		
15	AN	X	6
16	OT	Y	3
17	ED		

图 3.14 二层堆栈指令

梯形图

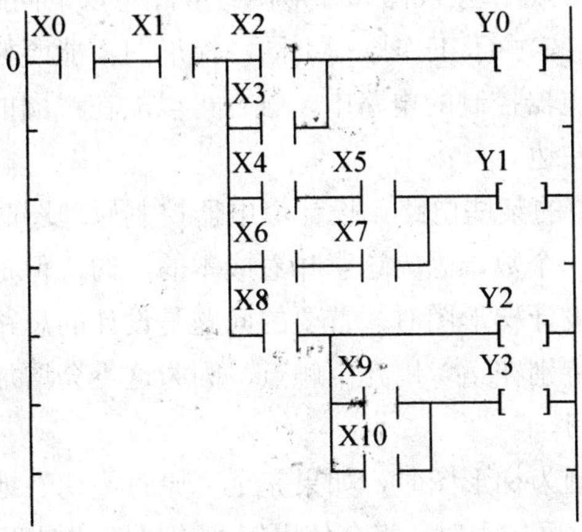

指令表

0	ST	X	0
1	AN	X	1
2	PSHS		
3	ST	X	2
4	OR	X	3
5	ANS		
6	OT	Y	0
7	RDS		
8	ST	X	4
9	AN	X	5
19	ST	X	6
11	AN	X	7
12	ORS		
13	ANS		
14	OT	Y	1
15	POPS		
16	AN	X	8
17	OT	Y	2
18	ST	X	9
19	OR	X	10
20	ANS		
21	OT	Y	3
22	ED		

图 3.15　一层多块指令

项目实现

本项目是将用继电器控制的三相异步电动机正、反控制转改换用 PLC 控制。继电器电路是一个纯粹的硬件电路，将它改为 PLC 控制时，需要用 PLC 的外部接线图和梯形图来等效继电器电路图。可以将 PLC 想象成是一个控制箱，其外部接线图描述了这个控制箱的外部接线，而梯形图则是这个控制箱的内部“线路图”，梯形图中的输入位(X)和输出位(Y)是这个控制箱与外部世界联系的“接口继电器”，这样就可以用分析继电器电路图的方法来分析 PLC 控制系统。在分析梯形图时可以将输入位的触点想象成对应的外部输入器件的触点，将输出位的线圈想象成对应的外部负载的线圈，外部负载的线圈除了受梯形图的控制外，还可能受外部触点的控制。将继电器控制的电路图转换为功能相同的 PLC 的外部接线图和梯形图的步骤如下。

(1) 了解和熟悉被控设备的工作原理、工艺过程和机械的动作情况，根据继电器电路图分析和掌握其工作原理。

(2) 确定 PLC 的输入信号和输出负载。继电器控制的电路图中的交流接触器和电磁阀等执行机构如果用 PLC 的输出位来控制，则它们的线圈应接在 PLC 的输出端。按钮、操作开关和行程开关、接近开关、压力继电器等提供 PLC 的数字量输入信号。

(3) 选择 PLC 的型号。根据系统所需的功能和规模选择 CPU 模块、电源模块和 I/O 模块。

(4) 确定 PLC 的 I/O 地址分配，画出 PLC 的外部接线图。各输入量和输出量在梯形图中的地址取决于它们所在的模块的起始地址和模块中的接线端子号。

(5) 确定与继电器控制的电路图中的中间继电器、时间继电器对应的梯形图中的存储器位和定时器、计数器的地址。

(6) 根据上述的对应关系画出梯形图，再根据梯形图编写相应的指令表。

根据继电器控制的电路图设计PLC的外部接线图和梯形图时应注意以下问题。

(1) 应遵守梯形图语言中的语法规定。由于工作原理不同，梯形图不能照搬继电器控制的电路中某些处理方法。例如，在继电器控制的电路中，触点可以放在线圈的两侧，但是在梯形图中，线圈必须放在电路的最左边。

(2) 适当分离继电器控制的电路图中的某些电路。设计继电器控制原理图时遵循的一个基本原则是尽量减少图中使用的触点的个数，因为这意味着成本的节约，但是这往往会使某些线圈的控制电路交织在一起。在设计梯形图时，首要的问题是设计的思路要清晰，设计出的梯形图容易阅读和理解，并不特别在意多用几个触点，因为这不会增加硬件的成本，只是在输入程序时需要多花一点时间。

在将图中的继电器控制的电路图改画为梯形图时，如果完全“原封不动”地改画，这样梯形图读起来将会很费力，将它转换为语句表时，将会使用较多的局域数据变量。所以，在将继电器电路图改画为梯形图时最好将各线圈的控制电路分开，仔细观察继电器控制的电路图中每个线圈受哪些触点的控制，画出分离后的各线圈的控制电路。图3.16就是分离后的PLC控制三相异步电动机正、反转控制的梯形图，图3.17是与图3.16对应的指令表。

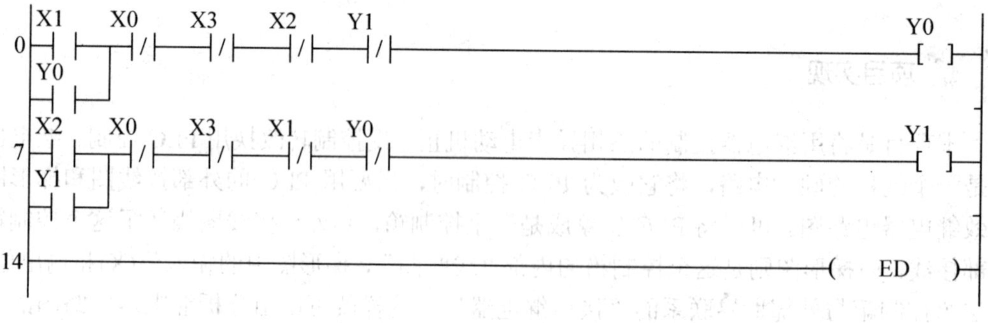

图3.16　分离后的PLC控制三相异步电动机正反转梯形图

0	ST	X	1
1	OR	Y	0
2	AN/	X	0
3	AN/	X	3
4	AN/	X	2
5	AN/	Y	1
6	OT	Y	0
7	ST	X	2
8	OR	Y	1
9	AN/	X	0
19	AN/	X	3
11	AN/	X	1
12	AN/	Y	0
13	OT	Y	1
14	ED		

图3.17　与图3.16相对应的指令表

(3) 尽量减少PLC的输入信号和输出信号。PLC的价格与其I/0点数有关，因此减少输入信号和输出信号的点数是降低其硬件费用的主要措施。

在 PLC 的外部输入电路中，各输入端可以接常开触点或常闭触点，也可以接触点组成的串并联电路。PLC 不能识别外部电路的结构和类型，只能识别外部电路的通断。如果在继电器控制的电路图中，某些触点总是以相同的的串并联电路的形式出现，可以将这种串并联电路作为一个整体接在PLC的一个输入点上，串并联电路接通时对应的输入位(X)为 1，梯形图中该输入位的常开触点闭合，常闭触点断开。

与继电器控制的电路不同，PLC 一般只需要同一输入器件的一个常开触点提供信号，在其梯形图中，可以多次使用同一输入位的常开触点和常闭触点。

设计输入电路时，应尽量采用常开触点，如果某些信号只能用常闭触点输入，可以按输入全部为常开触点来设计，然后将梯形图中相应的输入位的触点改为相反的触点，即常开触点改为常闭触点，常闭触点改为常开触点。图 3.18 是将热继电器的常闭触点接到 PLC 的输入端口，与图 3.18 相对应的梯形图如图 3.19 所示。

某些器件的触点如果在继电器电路图中只出现一次，并且与 PLC 输出端的负载串联，如有锁存功能的热继电器的常闭触点，则不必将它们作为 PLC 的输入信号，可以将它们放在 PLC 外部的输出回路，仍与相应的外部负载串联，如图 3.20 所示，与图 3.20 相对应的梯形图如图 3.21 所示，图 3.22 为与图 3.21 相对应的指令表。

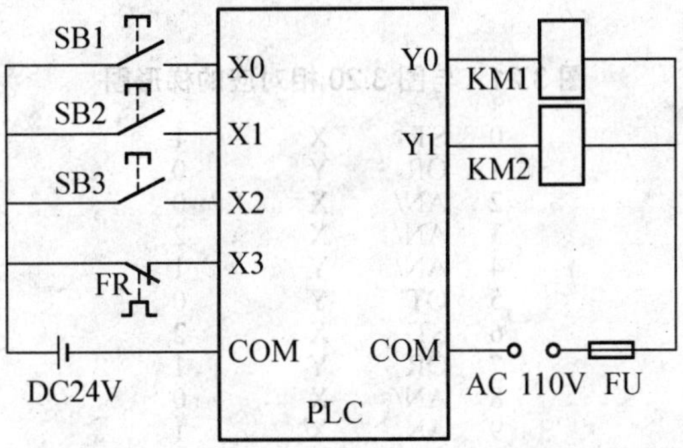

图 3.18　PLC 控制三相异步电动机正、反转外部接线图(FR 为常闭)

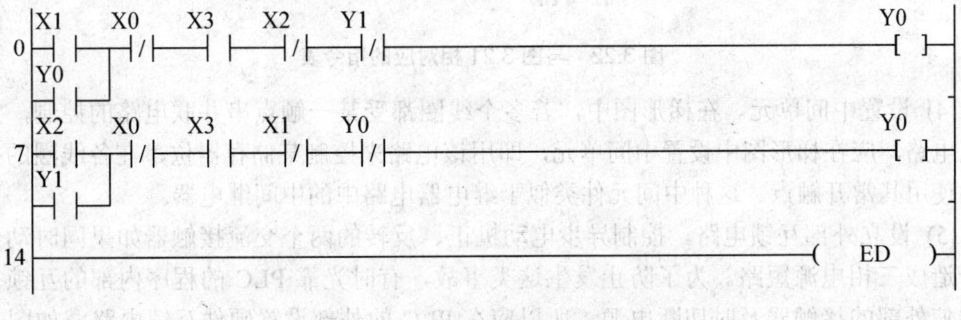

图 3.19　与图 3.18 相对应的梯形图

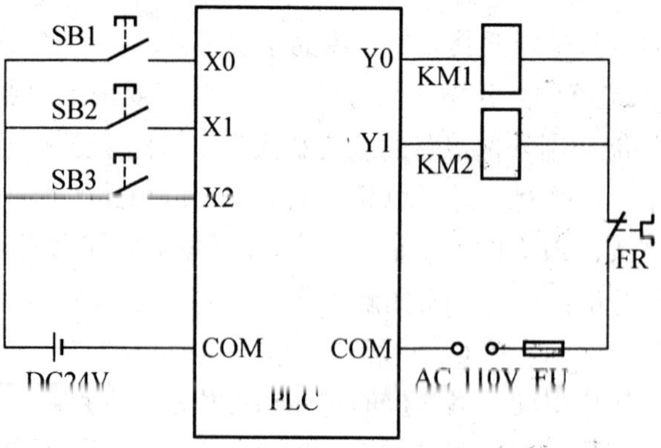

图 3.20　PLC 控制三相异步电动机正、反转外部接线图(FR 在输出端)

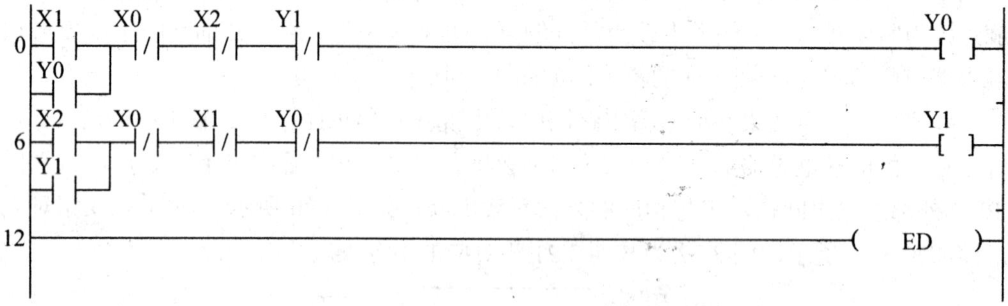

图 3.21　与图 3.20 相对应的梯形图

0	ST	X	1
1	OR	Y	0
2	AN/	X	0
3	AN/	X	2
4	AN/	Y	1
5	OT	Y	0
6	ST	X	2
7	OR	Y	1
8	AN/	X	0
9	AN/	X	1
19	AN/	Y	0
11	OT	Y	1
12	ED		

图 3.22　与图 3.21 相对应的指令表

(4) 设置中间单元。在梯形图中，若多个线圈都受某一触点串并联电路的控制，为了简化电路，应在梯形图中设置中间单元，即用该电路来控制某储存器位，在各线圈的控制电路使用其常开触点。这种中间元件类似于继电器电路中的中间继电器。

(5) 设立外部互锁电路。控制异步电动机正、反转的两个交流接触器如果同时动作，将会造成三相电源短路。为了防止发生这类事故，有时光靠 PLC 的程序内部的互锁往往不能使外部的接触器及时切断电源，所以应在 PLC 的外部设置硬件互锁电路，如图 3.23 所示。

在继电器控制的电路中采取了互锁措施的其他电路，如异步电动机的 Y—△启动电路等，在改用 PLC 控制时也应采取同样的互锁措施。

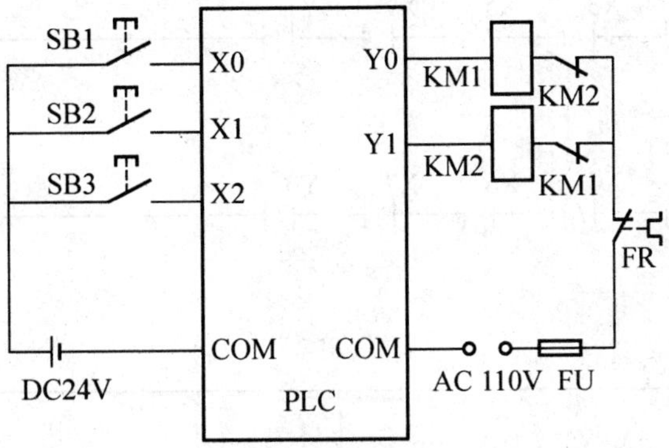

图 3.23　PLC 控制三相异步电动机正、反转外部接线图(接触器触点互锁)

应用实例

将模块 1 的项目 1.1 中的接触器控制的工作台自动往复运动改用 PLC 控制时，PLC 的外部接线图如图 3.24 所示，图 3.25 是与图 3.24 相对应的梯形图。

在图 3.25 所示梯形图中，用两个启保停电路来分别控制电机的正转和反转。按下正转启动按钮 SB1，X1 变为 ON，其常开触点接通，Y0 的线圈得电并自锁，使 KM1 的线圈通电，电动机开始正转。按下停止按钮 SB3，X2 变为 ON，其常闭触点断开，使 Y0 线圈断电，电动机停止运行。

在图 3.24 中，将 Y0 和 Y1 的常闭触点分别与对方的线圈串联，可以保证它们不会同时为 ON，即 KM1 和 KM2 的线圈不会同时为 ON。在梯形图中还设置了“按钮联锁”，即将正转启动按钮控制的 X0 的常闭触点和控制反转的 Y1 的线圈串联，将反转启动按钮的 X1 的常闭触点与控制正转的 Y0 的线圈串联。设 Y0 为 ON，则工作台前进，这时如果想将工作台改为后退，可以不按停止按钮 SB1，直接按后退启动按钮 SB2，使 Y1 变为 ON，其常闭触点断开 Y0，工作台后退。

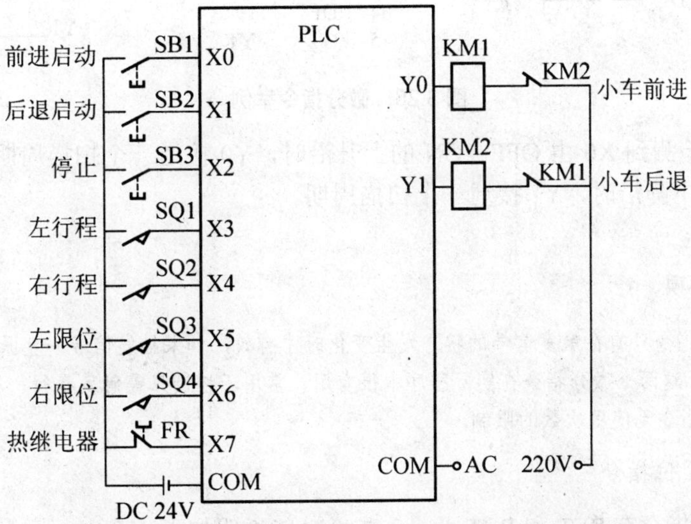

图 3.24　PLC 控制的工作台自动往复运动的外部接线图

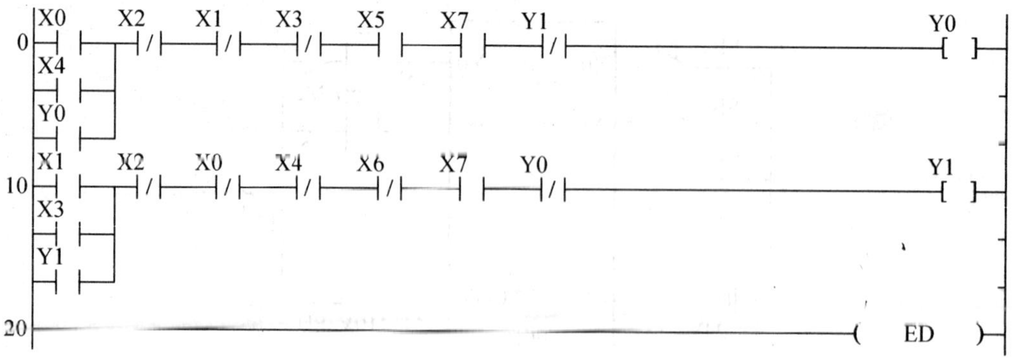

图 3.25　PLC 控制的工作台自动往复运动的梯形图

知识拓展

1. 微分指令

微分指令有 DF 和 DF/两个，指令功能说明如下。

DF　上升沿微分指令　当检测到触发信号上升沿时，则使指定的继电器接通一个扫描周期。

DF/　下降沿微分指令　当检测到触发信号的下降沿时，则使指定的继电器接通一个扫描周期。

【例 2-5】　微分指令如图 3.26 所示。

梯形图

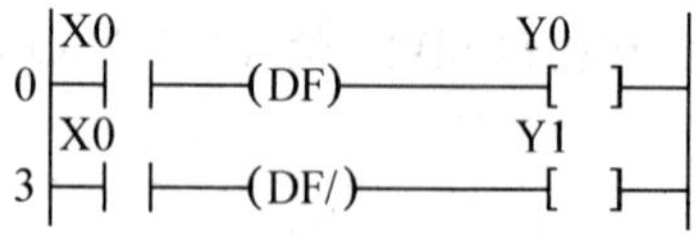

指令表

0	ST	X0
1	DF	
2	OT	Y0
3	ST	X0
4	DF/	
5	OT	Y1

时序图

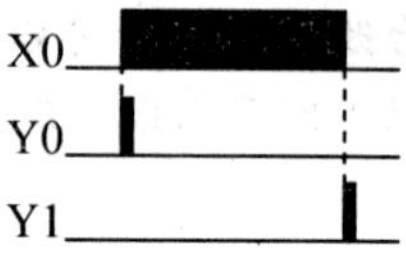

图 3.26　微分指令举例

［说明］当检测到 X0 由 OFF→ON 的上升沿时，Y0 接通一个扫描周期；当检测到 X0 由 ON→OFF 的下降沿时，Y1 接通一个扫描周期。

使用注意事项

(1) DF 和 DF/指令只有在触发信号的状态发生变化时才有效，如果触发信号一直保持不变，则 DF 和 DF/指令是无效的。这两个微分指令在实际程序中很有用，常用于控制只需触发执行一次的动作。

(2) DF 和 DF/指令无使用次数的限制。

2. 置位、复位指令

置位、复位指令有 SET 和 RST 两个，指令功能说明如下。

SET　置位指令　保持输出继电器 Y 和内部继电器 R 的触点为接通状态。

RST　复位指令　保持输出继电器 Y 和内部继电器 R 的触点为断开状态。

【例 2-6】　置位复位指令举例如图 3.27 所示。

梯形图

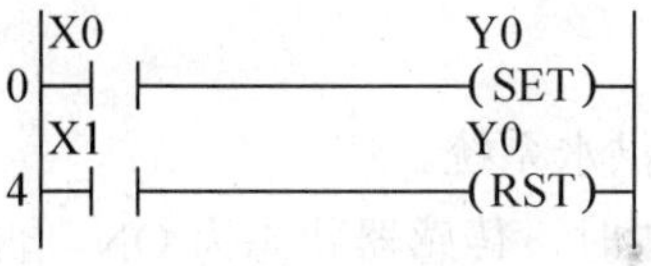

指令表

0	ST	X0
1	SET	Y0
4	ST	X1
5	RST	Y0

时序图

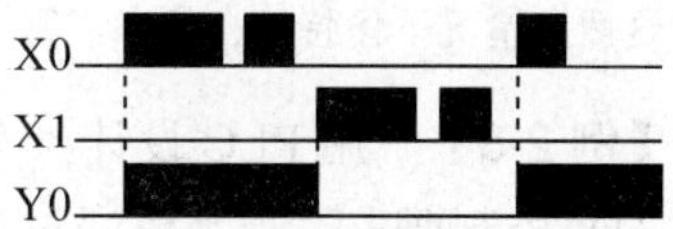

图 3.27　置位复位指令举例

［说明］当 X0 接通时，Y0 保持接通，以后不管 X0 是何状态，Y0 一直保持接通；而当 X1 接通时，将 Y0 断开，此后不管 X1 是何状态，Y0 一直保持断开。

使用注意事项

(1) 当置位(SET)前的触发信号接通时，执行 SET 指令，则以后不管该触发信号如何变化，输出始终接通并保持。

(2) 当复位(RST)前的触发信号接通时，执行 RST 指令，则以后不管该触发信号如何变化，输出始终断开并保持。

(3) SET 和 RST 指令可以允许输出继电器(Y 或 R)重复使用，且次数不限。

3. 保持指令

保持指令 KP，指令功能说明如下。

KP　保持指令　　使输出继电器(Y 或 R)接通并保持。

该指令有两个控制端，一是置位控制端(S)，一是复位控制端(R)。当置位控制端 S 接通时，输出继电器接通并保持；当复位控制端 R 接通时，输出继电器断开。S 端与 R 端相比，R 端的优先权高，即当两个控制端同时接通时，复位优先，输出继电器断开。

【例 2-7】　保持指令举例如图 3.28 所示。

梯形图

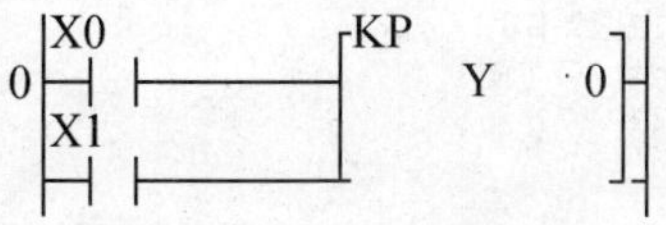

指令表

0	ST	X0
1	ST	X1
2	KP	Y0

时序图

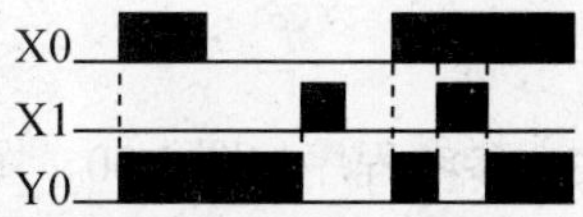

图 3.28　保持指令举例

［说明］当 X0 接通(ON)时，继电器 Y0 接通(ON)并保持；当 X1 接通(ON)时，继电器 Y0 断开(OFF)。

使用注意事项

(1) 当置位触发信号接通(ON)时，指定的输出继电器接通(ON)并保持。

(2) 当复位触发信号接通(ON)时，指定的输出继电器断开(OFF)。

(3) 一旦置位信号将指定的输出继电器接通，则无论置位触发信号是接通(ON)状态还是断开(OFF)状态，指定的输出继电器保持为 ON，直到复位触发信号接通(ON)。

(4) 如果置位、复位触发信号同时接通(ON)，则复位触发信号优先。

(5) 即使在 MC 指令运行期间，指定的输继电器仍可保持其状态。

(6) 当工作方式选择开关从 RUN 切换到 PROG 方式，或切断 PLC 电源时，KP 指令不再保持。如果要在这两种情况下保持输出状态，则需要使用保持型内部继电器。

【例 2-8】 用 PLC 设计一个如图 3.29 所示的水塔自动供水系统。

(1) 控制要求。当水位浸过液面传感器 S1、S2、S3、S4 时，传感器状态为 ON，否则为 OFF。当水池水位低于低水位界时，S4 为 OFF，此时电磁阀 YV 打开进水；当水池水位高于高水位界时，S3 为 ON，则电磁阀 YV 关闭；当水塔水位低于低水位界(即 S2 为 OFF)，而水池水位高于低水位界时，则抽水电动机 M 打开；若水塔水位高于高水位界(即 S1 为 ON)，则 M 关闭。

(2) I/O 地址分配。

输入：	水塔高水位界 S1	X1	输出：进水电磁阀 YV	Y0
	水塔低水位界 S2	X2	抽水电动机 M	Y1
	水池高水位界 S3	X3		
	水池低水位界 S4	X4		

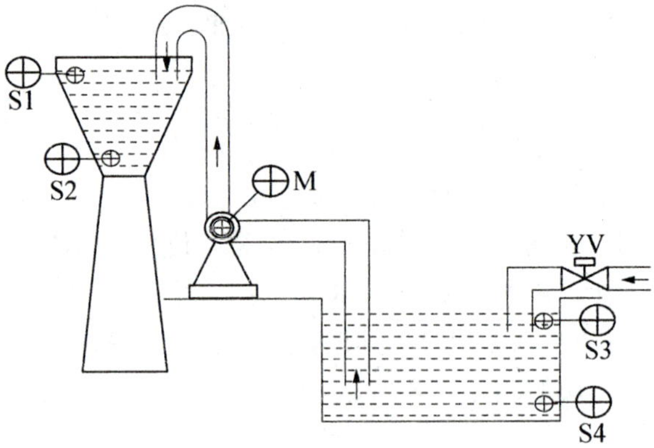

图 3.29　水塔自动供水系统

(3) 参考程序如图 3.30、图 3.31 所示。

图 3.30　利用置位复位指令编写的水塔自动供水梯形图

图 3.31　利用保持指令编写的水塔自动供水梯形图

4. 空操作指令

NOP　　空操作指令　　不执行任何操作。

PLC 执行 NOP 指令时不执行任何操作，但是需要消耗一定的时间。在程序中插入空操作指令可对程序进行分段，便于程序的检查、修改和调试。

项 目 小 结

本项目介绍了松下 FP1 系列 PLC 的基本指令及其使用方法，主要涉及位操作指令。重点掌握基本指令中常用指令的应用，并熟练掌握使用梯形图编程的方法。

复习思考题

1. 使用 ST、ST/、OT 指令时应注意哪些事项？
2. 使用 AN、AN/、OR、OR/指令时应注意哪些事项？
3. 使用 PSHS、RDS、POPS 指令时应注意哪些事项？
4. SET、RST、KP 指令和 OT 指令各有什么区别？
5. 设计一个控制电动机启动停止的 PLC 控制系统，画出 PLC 的外部接线图并编写梯形图程序。仔细体会它与继电器-接触器控制系统的联系与区别。
6. 绘出图 3.32 指令的梯形图。

0	ST	X1
1	AN/	X2
2	ST/	X3
3	AN/	X4
4	ORS	
5	OT	Y0
6	ST	X1
7	OR	X3
8	ST	X2
9	OR	X4
10	ANS	
11	OT	Y1
12	ED	

图 3.32　习题 6 指令表

7. 写出图 3.33 梯形图的指令表。

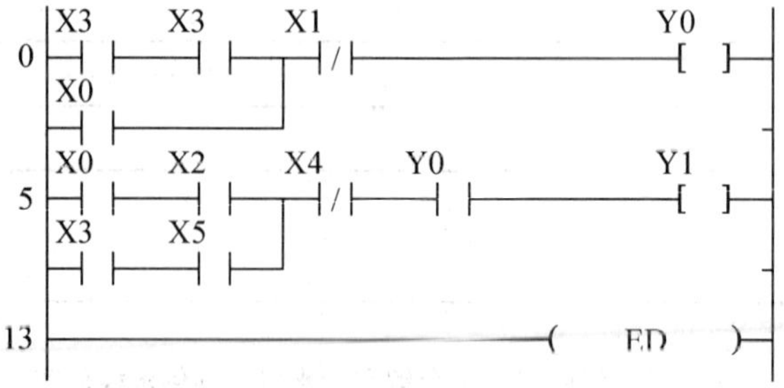

图 3.33　习题 7 梯形图

8. 将模块 1 中项目 1.3 中的三相电机 Y/△降压启动控制电路改画成 PLC 梯形图。

项目 3.3　功能指令、控制指令程序设计与应用

项目目标

1. 掌握松下 FP1 系列 PLC 的定时器、计数器指令及其应用。
2. 熟悉根据时序图设计 PLC 梯形图的基本规律。
3. 能利用所学的定时器指令编写实现顺序控制的 PLC 程序。
4. 掌握常用的控制指令的应用。

项目内容

PLC 的功能指令主要包括定时器指令、计数器指令和移位寄存器指令，这些功能指令大大地增强了 PLC 的工业应用能力。程序的控制指令主要包括主控继电器指令、跳转指令、步进指令、子程序指令、中断指令等。控制指令可以影响程序执行的流向及内容，对合理安排程序结构具有重要意义。

图 3.34 是 3 台电动机顺序启动的由继电器控制的主电路图。控制要求：启动时，第一台电动机 M1 先运行，10s 后第二台电动机 M2 运行，再过 10s 第三台电动机 M3 运行；停止时，3 台电动机同时停止运行。

图 3.35 是采用时间继电器与接触器配合进行的 3 台电动机顺序启动的控制电路。启动时，合上刀开关 QS，按下启动按钮 SB2，接触器 KM1 线圈通电，其常开主触点闭合，使电动机 M1 接通电源开始运转；同时时间继电器 KT1 线圈也通电，开始延时计时，当时间达到预设值时，KT1 的延时闭合触点使接触器 KM2 线圈通电，第二台电动机 M2 在第一台电动机 M1 运行 10s 时开始运行；同理第三台电动机 M3 在第二台电动机运行 10s 后开始运行。

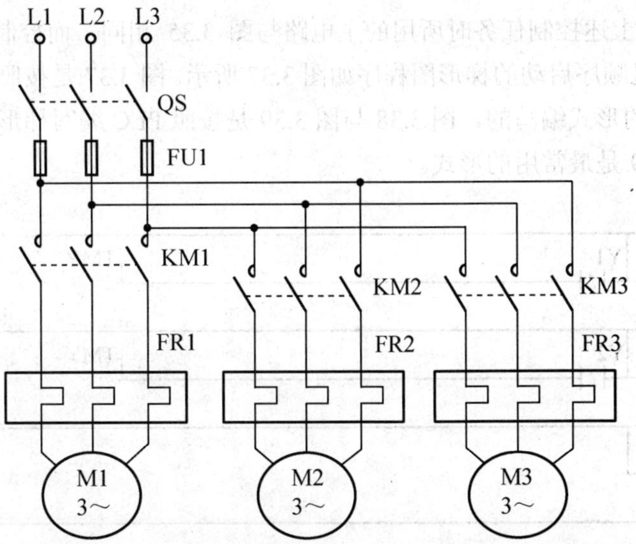

图 3.34　3 台电动机顺序启动继电器控制主电路

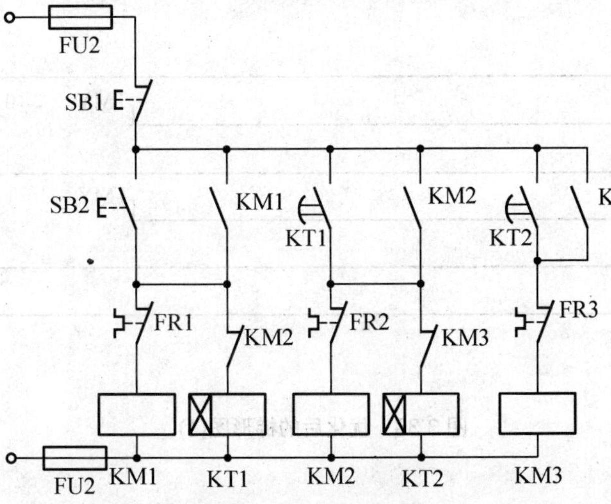

图 3.35　3 台电动机顺序启动继电器控制电路

图 3.36 是与图 3.37 相对应的 PLC 控制的外部接线图。

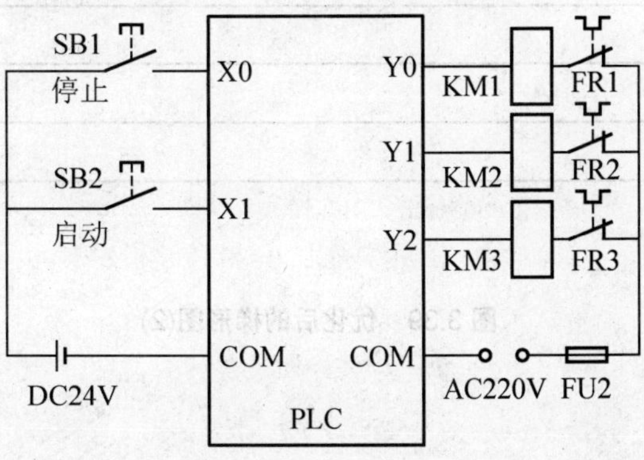

图 3.36　3 台电动机顺序启动 PLC 控制的外部接线图

用 PLC 完成上述控制任务时所用的主电路与图 3.35 相同，而控制电路不一样。PLC 控制的 3 个电动机顺序启动的梯形图程序如图 3.37 所示。图 3.37 是按照与继电器控制电路图 3.35 完全相同的形式编写的，图 3.38 与图 3.39 是按照 PLC 编写梯形图的规则优化后得到的，其中图 3.39 是最常用的形式。

图 3.37 与图 3.35 相对应的 PLC 控制梯形图

图 3.38 优化后的梯形图(1)

图 3.39 优化后的梯形图(2)

相关知识

一、定时器指令

定时器指令有 TMR、TMX 和 TMY 指令，指令功能说明如下。

TMR　以 0.01s 为最小时间单位设置延时接通的定时器指令。

TMX　以 0.1s 为最小时间单位设置延时接通的定时器指令。

TMY　以 1s 为单最小时间单位设置延时接通的定时器指令。

TM 指令是一递减计数型预置定时器指令，定时器格式如图 3.40 所示。当定时器指令的执行条件成立时，定时器以 R、X、Y 所规定的时间单位对预置值作减计数，预置值减为 0 时(即延时时间到)，定时器导通，其对应的常开触点接通，常闭触点断开。

FP1-C24、FP1-C40、FP1-C56、FP1-C72 类型 PLC 中默认的定时器个数为 100 个，编号为 0～99。

定时器的延时时间为：预置时间单位×预置值。

预置值只能用十进制数表示，编程格式为 K 加上十进制数，其取值范围为 K1～K32767。预置值也可以是预设区 SV 中的内容，但是 SV 的编号应和定时器的编号相同。

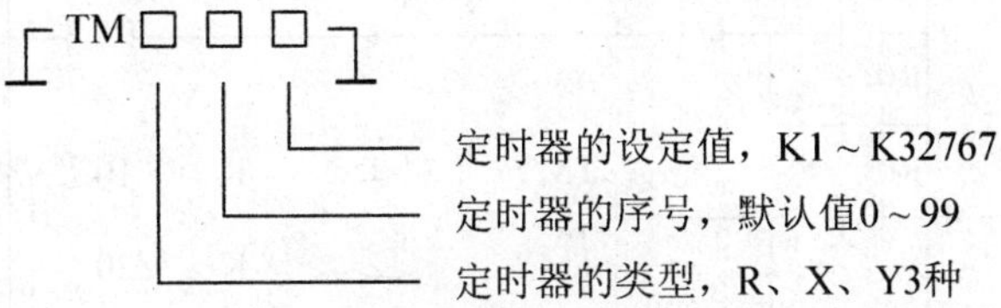

图 3.40　定时器格式

【例 3-1】　定时器指令举例如图 3.41 所示。

梯形图

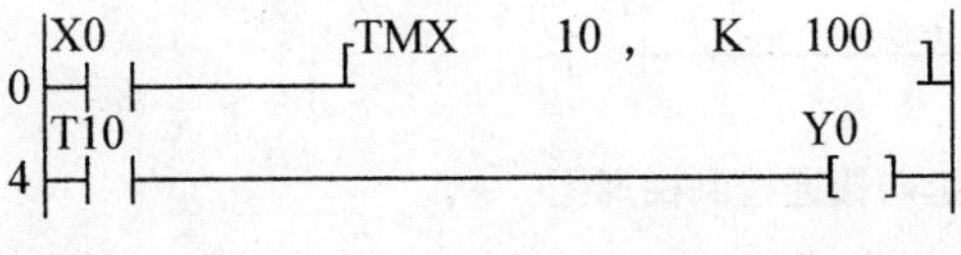

指令表

0	ST	X　0
1	TMX	10
	K	100
4	ST	T　10
5	OT	Y　0

时序图

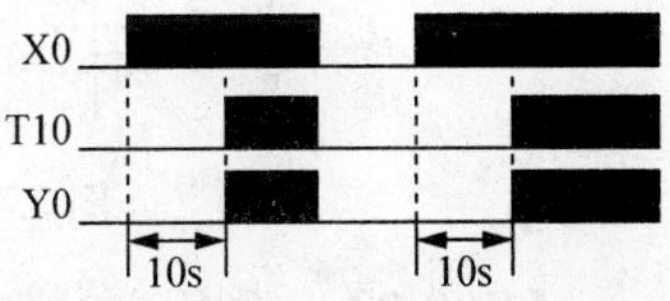

图 3.41　定时器指令举例

［说明］在本例中，TM 为定时器，X 表示预置时间单位为 0.1s，10 表示使用的是 10 号定时器，K100 表示预置值为十进制数 100，则延时时间为：0.1s × 100＝10s。

程序执行过程：当 X0 接通时，定时器开始定时，10s 后，定时时间到，定时器的常开触点 T10 接通，使输出继电器 Y0 接通为 ON；当 X0 断开时，定时器复位，其常开触点 T10 断开，使输出继电器 Y0 断开为 OFF。

定时器的工作过程：当程序编写完并送到 PLC 后，将 PLC 的工作方式设置为 RUN，则预置值十进制常数 K100 被送到预置值存储器区的存储器单元 SV10 中。在 FP1-C24 以上类型 PLC 的内部存储器区中，对每个定时器都配有预置值寄存器 SV 和经过值寄存器 EV 各一个，SV 用于记忆预置值，EV 用于存放计时的过程值(当前值)。

在 PLC 检测到 X0 接通的瞬间，SV10 中的预置值传送到经过值存储器区中的存储单元 EV10。若 X0 始终保持接通状态，则 PLC 每次扫描的经过时间从 EV10 中减去。当 EV10 中的值减为 0 时，预置时间到，定时器动作，其常开触点 T10 闭合，使输出继电器 Y0 接通。

特别提示

在启动定时器但还没有达到延时时间时，断开定时器的控制触点(X0)，则运行中断，且已经过的时间被复位为 0，定时器的触点不动作，下次启动则重新计时。

使用注意事项

(1) 在同一个程序中，相同编号的定时器只能使用一次，但其触点(常开或常闭)可以重复使用。

(2) 由于定时器在定时过程中需持续接通，所以在程序中定时器的控制信号后面不能接微分指令。

(3) 可以利用数据传输指令 F0(MV)直接在 SV 寄存器中写入预置值，从而实现可变定时时间的控制。

(4) 定时器可以并联使用(图 3.42)以扩大定时范围；若将两个定时器互锁使用，则可构成方波发生器(图 3.44)。

【例 3-2】 利用定时器实现顺序延时接通的控制，如图 3.42 所示。

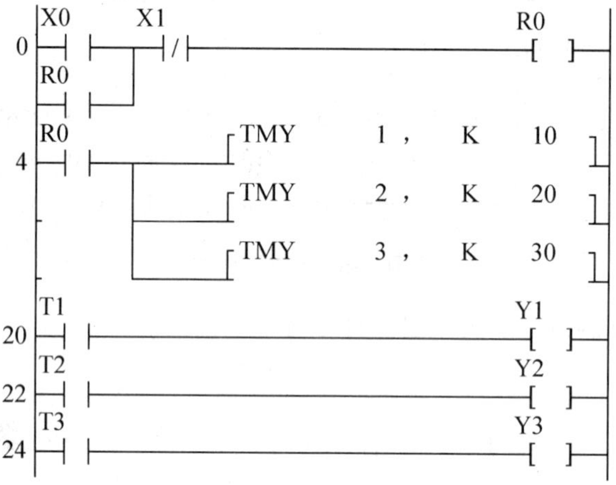

图 3.42 用定时器实现的顺序延时接通控制梯形图

【例 3-3】 利用定时器实现顺序延时循环执行的控制，如图 3.43 所示。

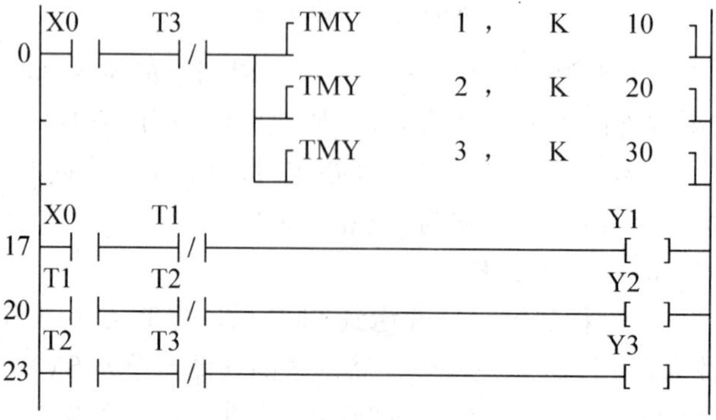

图 3.43 用定时器实现的顺序延时循环执行控制梯形图

【例 3-4】　利用两个定时器互锁构成方波发生器，如图 3.44 所示。

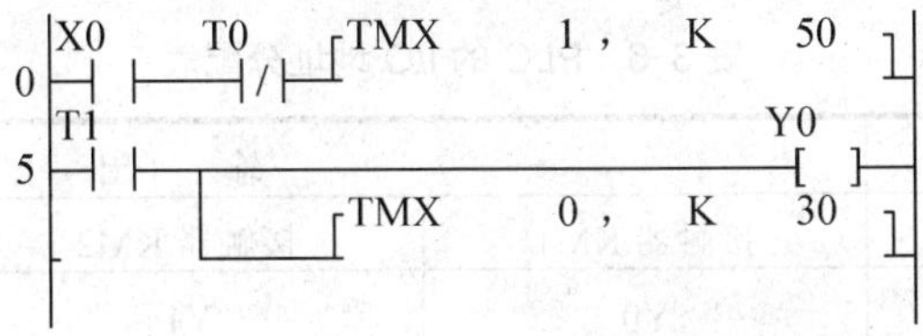

图 3.44　利用定时器构成的方波发生器

项目实现

本项目是将用继电器控制的三相异步电动机顺序启动控制改换用 PLC 控制。继电器控制的电路中的时间继电器是一个硬件设备，PLC 控制的电路中的定时器是 PLC 内部的寄存器，也称为“软继电器”，对这样的继电器电路进行改造时，不仅可以节省硬件设备，而且定时的准确性也高于时间继电器。利用 PLC 完成这个项目的梯形图程序如图 3.37、图 3.38、图 3.39 所示。

在这个控制项目中，PLC 的各输出信号的状态变化有一定的时间顺序，可用时序图法来设计程序。下面介绍用时序图法编程的过程。

(1) 分析 PLC 的输入和输出信号，并将其作为选择 PLC I/O 端口的依据。在满足控制要求的前提下，应尽量少占用 PLC 的 I/O 端口。由上述控制要求可知，控制开关输入的启、停信号是 PLC 的输入信号。PLC 的输出信号控制 3 个接触器，占用 3 个 PLC 输出点。

(2) 为了弄清 3 台电动机启动与停止之间的时间关系，根据控制要求，可以先画出 3 台电动机工作的时序图，如图 3.45 所示。

(3) 利用时序图分析各输出信号之间的时间关系。在图 3.45 中，X1 通电时，Y0 同时接通，Y1 延时 10s 自动接通，Y2 在 Y1 的基础之上再延时 10s 接通，此时 3 台电动机都运行。当 X0 断电时，3 台电动机同时停止运行。

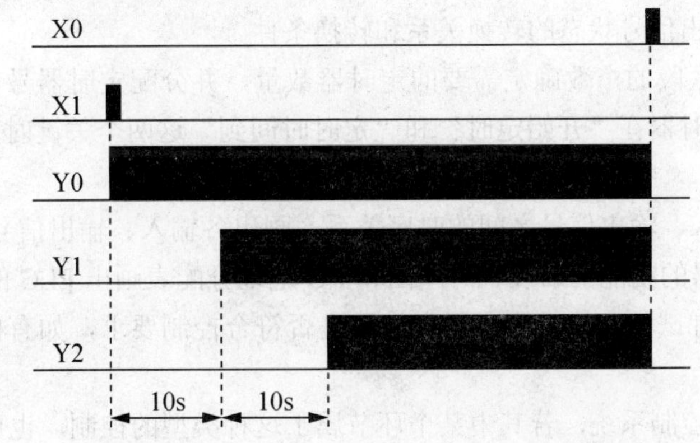

图 3.45　3 台电动机顺序启动时序图

(4) 分配PLC的I/O地址，见表3-6。

表3-6　PLC的I/O地址分配表

输　入		输　出		
停止	启动	接触器KM1	接触器KM2	接触器KM3
X0	X1	Y0	Y1	Y2

(5) 根据时序图和I/O地址分配表，画出PLC控制的梯形图，如图3.46所示。图中的第一梯级一般称其为启保停电路，是由内部继电器R0实现的，这是一种常用的编程手段，在以后的程序中会经常采用。

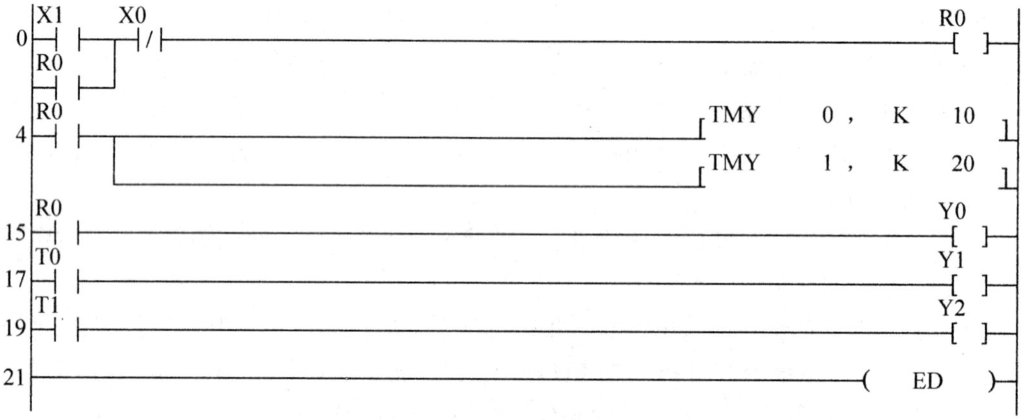

图3.46　用时序图编程法完成的3台电动机顺序启动梯形图

时序图设计法归纳如下。

(1) 详细分析控制要求，明确输入、输出信号个数，合理选择PLC的I/O端口。

(2) 对PLC进行I/O地址分配。

(3) 把时序图划分成若干个时间区段，确定各区段的时间长短。找出区段的分界点，弄清分界点处各输出信号状态的转换关系和转换条件。

(4) 根据时间区段的个数确定需要的定时器数量，并分配定时器号，确定各定时器的设定值，明确各定时器在“开始定时”和“定时时间到”这两个关键时刻对各输出信号状态的影响。

(5) 明确各输入、输出信号之间的时序关系，画出各输入、输出信号的工作时序图。

(6) 根据定时器的功能明细表、时序图和I/O地址分配表画出PLC的控制梯形图。

(7) 做模拟运行试验，检查程序运行结果是否符合控制要求，如有问题，可对程序进行修改。

对一个复杂的控制系统，若其中某个环节属于这种类型的控制，也可用此方法处理。

应用实例

设计一个模拟交通信号灯控制的装置，如图3.47所示。要求开关合上后，东西绿灯亮

25s 后闪烁 3s，熄灭；然后黄灯亮 2s 后熄灭；紧接着红灯亮 30s，熄灭；再绿灯亮……；以此循环。对应东西绿灯亮时，南北红灯亮 30s，接着绿灯亮 25s 后闪烁 3s，熄灭；黄灯亮 2s 后，红灯又亮……；以此循环。根据上述控制要求，画出时序图、编制 I/O 地址分配表并画出 PLC 的控制梯形图。

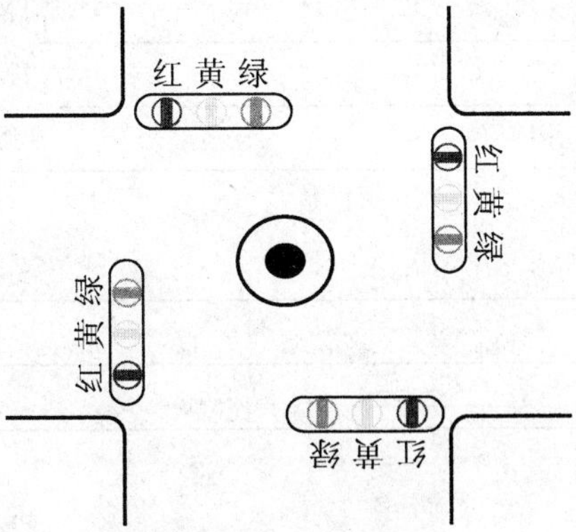

图 3.47　交通灯示意图

根据上述控制要求，画出的时序图如图 3.48 所示。

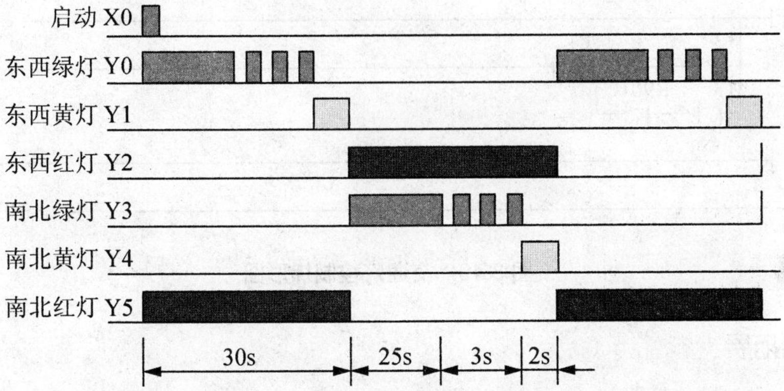

图 3.48　交通灯时序图

相对应的 I/O 地址分配表见表 3-7。

表 3-7　交通灯的 I/O 地址分配表

输　入		输　出					
停止	启动	东西绿灯	东西黄灯	东西红灯	南北绿灯	南北黄灯	南北红灯
X0	X1	Y0	Y1	Y2	Y3	Y4	Y5

根据时序图和 I/O 地址分配表所设计的梯形图如图 3.49 所示。

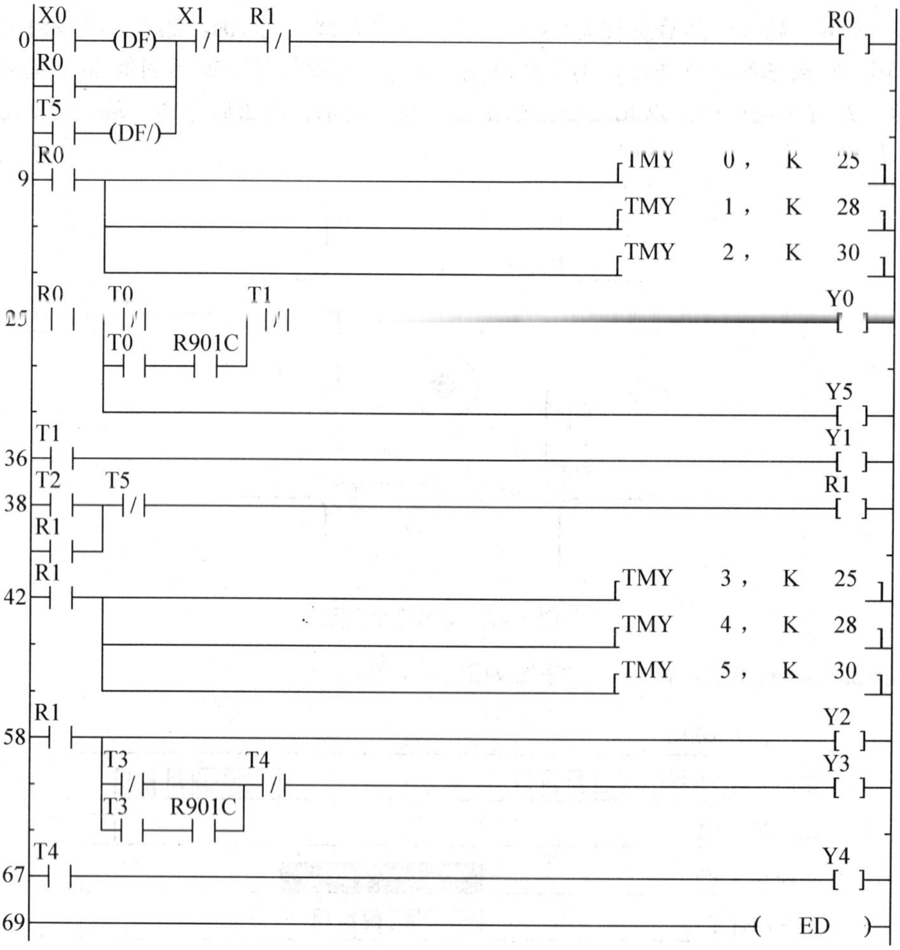

图 3.49　交通灯控制梯形图

知识拓展

1. 计数器指令 CT

CT 计数器是一个递减计数型的预置计数器，其功能为：计算输入的脉冲个数，每来一个脉冲的上升沿，计数器的预置值减 1，当预置值减为 0 时，计数器导通，其对应的常开触点接通，常闭触点断开。

【例 3-5】　计数器指令举例如图 3.50 所示。

梯形图

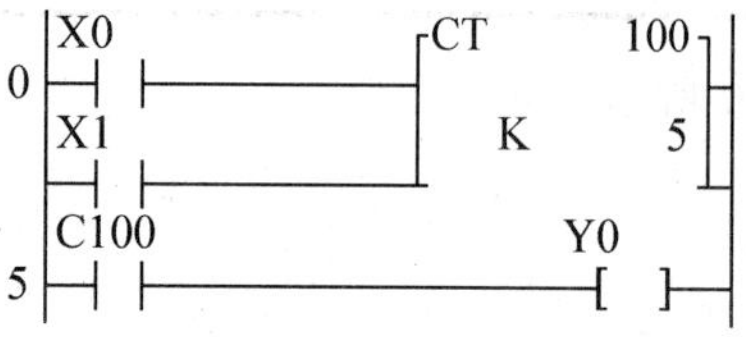

指令表

0	ST	X	0
1	ST	X	1
2	CT		100
		K	5
5	ST		C100
6	OT	Y	0

时序图

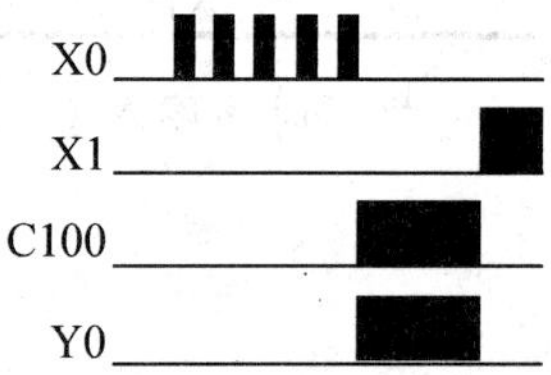

图 3.50　计数器指令举例

[说明]当检测到 5 次 X0 的上升沿时(PLC 每检测到一次上升沿，经过值存储单元 EV100 减 1)，计数器触点 C100 接通，随后输出继电器 Y0 接通。当 X1 接通时，计数器复位清零(经过值存储单元 EV100 清零)，计数器触点 C100 断开，输出继电器 Y0 断开。

使用注意事项

(1) FP1-C24 以上类型的 PLC 中，计数器共有 44 个，编号默认为 C100 ~ C143，预置值的规定同定时器。

(2) 与定时器一样，每个计数器都有对应相同编号的 16 位专用寄存器 SV 和 EV，用来存储预置值和过程值。

(3) 同一个程序中相同编号的计数器只能使用一次，而对应的常开和常闭触点可使用无数次。

(4) 计数器有两个输入端，即计数脉冲输入端(例中的 X0)和复位控制端(例中的 X1)。

2. 移位指令 SR

SR 左移位寄存器指令 左移寄存器指令是一个串行输入移位寄存器指令，其功能是将 16 位的内部字寄存器 WR 的数据左移 1 位。

【例 3-6】 左移位寄存器指令举例如图 3.51 所示。

梯形图

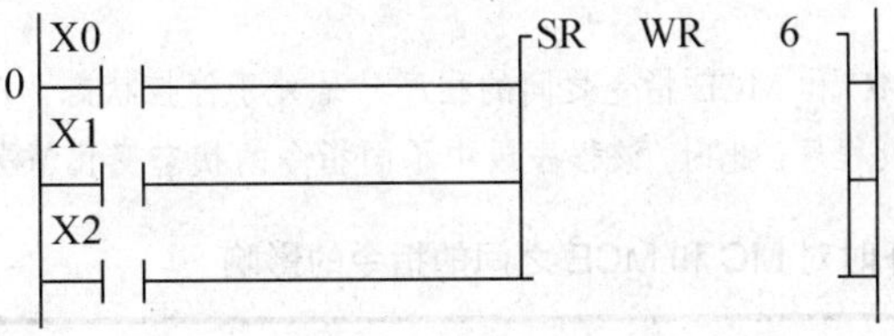

指令表

0	ST	X0
1	ST	X1
2	ST	X2
3	SR	WR 6

图 3.51 左移位寄存器指令举例

[说明] 当复位信号 X2 为 OFF 状态时，每当检测到移位信号 X1 的上升沿，内部继电器 WR6(即内部继电器 R60～R6F)中的数据向左移动 1 位，最高位丢失，最低位(R60)由数据输入信号 X0 的状态决定，如果 X0 接通则 R60 置 1，如果 X0 断开则 R60 置 0。

如果 X2 接通，则 WR6 中的内容被清零，即 WR6 的所有位都变为 0。

使用注意事项

(1) 用 SR 指令编程时，一定要有数据输入(例中的 X0)、移位(例中的 X1)和复位(例中的 X2)触发信号。当数据输入信号接通时，新移进数据为 1，断开时新移进数据为 0；当移位触发信号接通时数据左移 1 位；当复位信号接通时，数据区所有位都变为 0。

(2) 当 PLC 同时检测到复位触发信号和移位触发信号时，复位触发优先。

(3) SR 指令的操作数只能用内部字继电器 WR。FP1 中 C14 和 C16 系列 PLC 的内部字继电器 WR 的编号范围是 WR0～WR15；FP1 中 C24 以上类型 PLC 的内部字继电器 WR 的编号范围是 WR0～WR62。

3. 主控继电器指令 MC、MCE

MC 主控继电器指令。

MCE　主控继电器结束指令。

主控继电器指令主要用于将某一段程序单独界定出来。当 MC 指令前面的控制触点闭合时，执行 MC 和 MCE 指令之间的指令；当 MC 前面的控制触点断开时，执行 MC 和 MCE 之间以外的指令。

【例 3-7】　主控继电器指令举例如图 3.52 所示。

梯形图

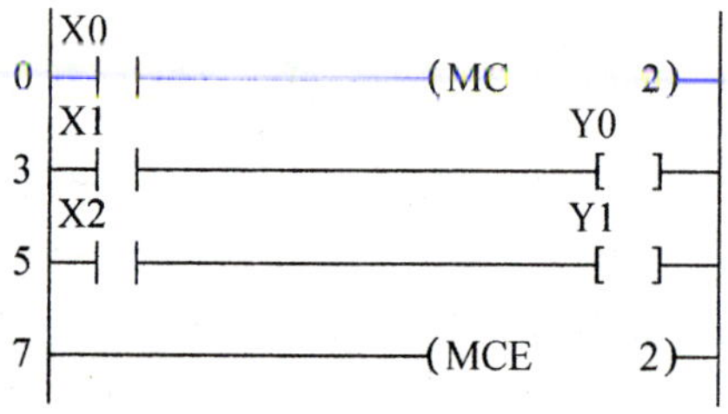

指令表

0	ST	X0
1	MC	2
3	ST	X1
4	OT	Y0
5	ST	X2
6	OT	Y1
7	MCE	2

时序图

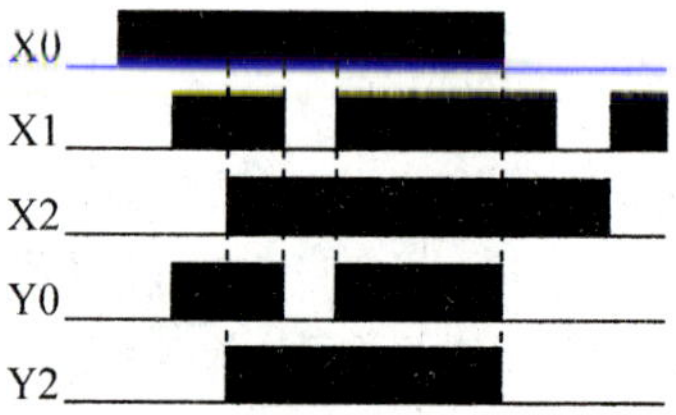

图 3.52　主控继电器指令举例

［说明］当控制触点 X0 接通时，执行 MC2 和 MCE2 指令之间的指令。否则，不执行 MC2 和 MCE2 指令之间的指令，运行结果如图 3.52 中的时序图。

使用注意事项

(1) 当 MC 指令的控制触点断开时，在 MC 和 MCE 指令之间的程序只是处于停控状态，PLC 仍然扫描这段程序，不能简单地认为 PLC 跳过了这段程序。此时，该程序段中不同指令的状态变化情况见表 3-8。

表 3-8　控制触点断开时对 MC 和 MCE 之间的指令的影响

指令或寄存器	状态变化
OT(Y、R 等)	全都为 OFF 状态
KP、SET、RST	保持控制触点 OFF 前的状态
TM、F137(STMR)	复位(即停止工作)
CT、F118(UDC)	保持控制触点 OFF 前经过值，但停止工作
SR、F119(LRSR)	保持控制触点 OFF 前经过值，但停止工作
其他指令	扫描但不执行

(2) MC 指令不能直接从左母线开始，前面必须要有控制触点。

(3) 在程序中 MC 和 MCE 指令应成对出现，且每对编号相同，编号的取值范围：C16 及以下机型为 0～15，C24 及以上机型为 0～31。不允许出现两个或多个相同编号的主控继电器对，而且 MC 和 MCE 指令的顺序不能颠倒。

(4) MC、MCE 指令可以嵌套使用，如图 3.53 所示。

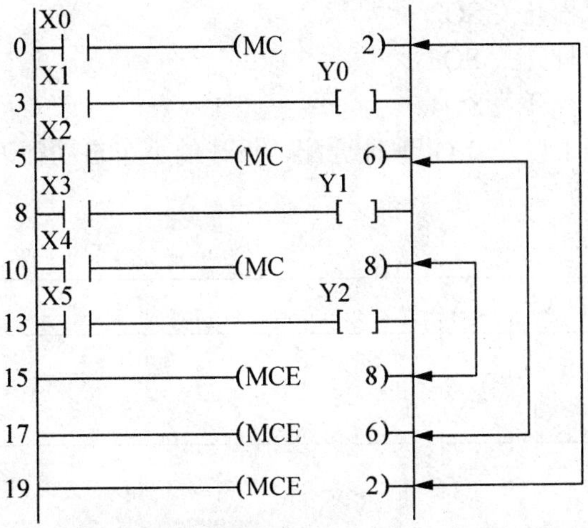

图 3.53　主控继电器指令嵌套使用举例

【例 3-8】　运料小车自动往返的控制。

运料小车自动往返的控制是行程控制的一个比较典型的应用，如图 3.54 所示，图中的 SQ1、SQ2 是运料小车到达地的行程开关，SQ3、SQ4 是极限位置的安全行程开关。

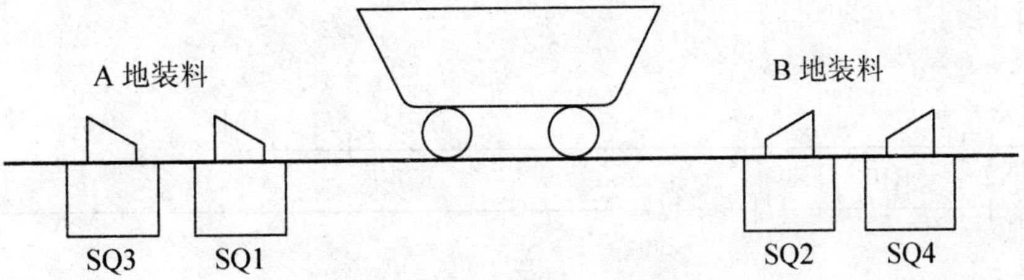

图 3.54　运料小车自动往返运动示意图

控制要求：

(1) 小车允许手动操作和自动控制。

(2) 小车可在 A、B 两地分别启动与停止。A 地装料，B 地卸料。

(3) 在自动情况下无论在何地启动，小车均先到 B 地卸料，停 30s，然后运行到 A 地停 30s 装料，装料结束后自动运行到 B 地停 30s 等待卸料，如此往返循环。

(4) 任何情况下均可使小车停止运行。

I/O 地址分配：

输入点：

X0——小车向 A 地运行，

运行启动按钮 SB1(A)、SB1(B)

X1——小车向 B 地运行，

运行启动按钮 SB2(A)、SB2(B)

X2——停止按钮 SB3(A)、SB3(B)

X3——手动、自动切换开关 SA

X4——A 地停车行程开关 SQ1

输出点：

Y0——电动机正转接触器(向 B 地运行)KM1

Y1——电动机反转接触器(向 A 地运行)KM2

X5——B 地停车行程开关 SQ2

X6——A 地安全行程开关 SQ3

X7——B 地安全行程开关 SQ4

根据上述的控制要求以及 I/O 地址分配，设计的小车自动往返控制梯形图如图 3.55 所示。

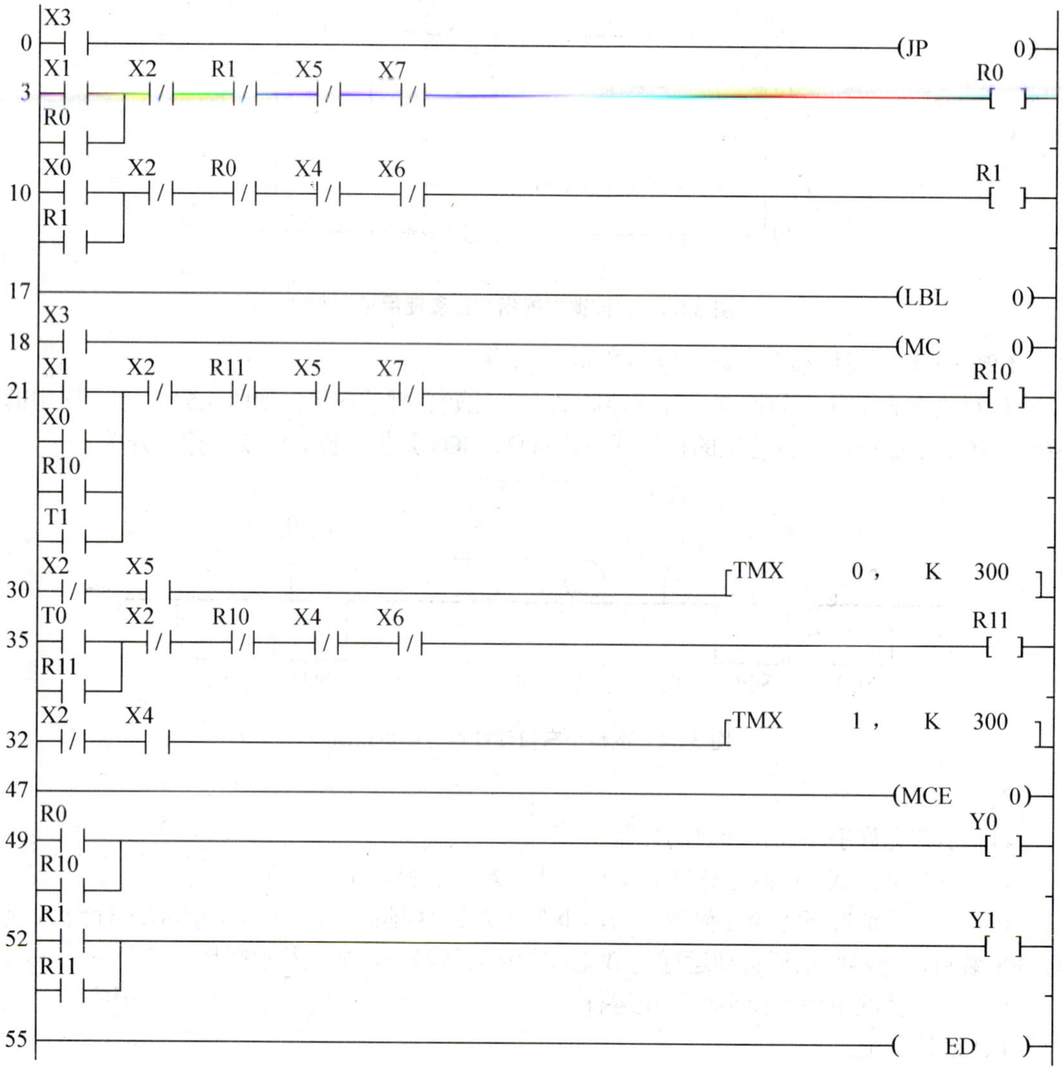

图 3.55　小车自动往返控制梯形图

程序说明：

小车自动往返控制程序共分 3 部分。第一部分是手动控制，第 0～16 条指令即跳转指令(JP0)与标签指令(LBL0)之间为程序的手动控制过程。第二部分是自动控制，第 17～47 条指令即主控继电器指令(MC0)与主控继电器结束指令(MCE0)之间这段程序的自动控制过程。第三部分是程序的输出部分，第 49～55 条指令。

4. 结束指令 ED 和 CNDE

ED　结束指令，表示主程序结束。

CNDE　条件结束指令，当控制触点闭合时，PLC 不再继续执行程序，返回起始地址；否则，PLC 继续执行该指令后面的程序段。

【例 3-9】　结束指令举例如图 3.56 所示

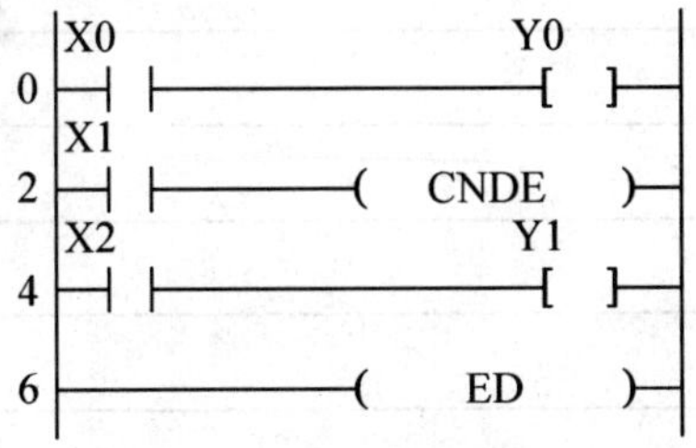

图 3.56　结束指令举例

[说明] 当控制触点 X1 接通时，条件结束指令 CNDE 起作用，PLC 返回程序起始地址，当前的扫描结束，进入下一次扫描；当 X1 断开时，PLC 继续执行下面的程序，当遇到 ED 指令，才结束当前的扫描，此时在程序执行过程中 CNDE 指令不起作用，只有 ED 指令起作用。

使用注意事项

(1) CNDE 指令只能用于主程序区。并且在主程序中可以使用多个 CNDE 指令。

(2) 子程序和中断程序应放在 ED 指令之后。

5. 步进指令 SSTP、NSTP、NSTL、CSTP 和 STPE

SSTP　步进开始指令，表明 PLC 开始执行该段步进程序。

NSTP　脉冲式转入步进指令，在控制触点闭合的一瞬间(即检测到控制触点的上升沿)，程序转入下一段步进程序段，并将前面程序所用过的数据区清零，输出(OT)关断、定时器(TM)复位。

NSTL　扫描式转入步进指令，当控制触点闭合后，程序转入下一段步进程序段，并将前面程序所用过的数据区清零，输出(OT)关断、定时器(TM)复位。

CSTP　步进清除指令，当最后的一个步进段的程序执行完毕后，使用这条指令对数据区清零，输出(OT)关断、定时器(TM)复位。

STPE　步进结束指令，结束整个步进过程。

步进指令可用于顺序控制、选择分支控制和并行分支控制等。

【例 3-10】　步进指令举例如图 3.57 所示。

[说明] 在控制触点 X1 闭合的瞬间，执行步进过程 1(从 SSTP1 到 SSTP2)；当 X3 闭合时，清除步进过程 1，并执行步进过程 2；当 X5 闭合时，清除步进过程 2，步进程序执行完毕。

图 3.57 步进指令举例

使用注意事项

(1) 每一段步进程序都应编号。编号的取值范围：C16 及以下的机型为 0～63，C24 及以上的机型为 0～127。各段的编号不能相同。但各段的编号可以不按顺序排列，因为当 PLC 执行步进程序时，是按程序在梯形图上的排列顺序来执行各段步进程序的。

(2) 在步进程序中，允许输出指令 OT 直接与左母线相连。

(3) 步进程序中不能使用下列指令：JP 和 LBL 指令、LOOP 和 LBL 指令、MC 和 MCE 指令、SUB 和 RET 指令、ED 和 CNDE 指令。

(4) 在步进程序区中，识别一个过程是从一个 SSTP 指令到下一个 SSTP 指令，或从一个 SSTP 指令到 STPE 指令。

(5) 在各段步进程序中所使用的输出继电器、内部继电器、定时器、计数器不能出现相同的编号，否则按出错处理。

【例 3-11】 3 台电机顺序启动、逆序停止的控制。

在工业控制领域中，常有一些特殊设备要求按某种顺序进行启动或停止控制。如有的要按时间规定依次动作，有的要按行程规定依次动作，这类控制统称为顺序控制。现以 3 台电机的顺序控制为例加以说明。

控制要求：

当按下启动开关后，第一台电动机启动，每隔 10s 启动一台电动机，直到 3 台电动机全部启动，进入正常运行。停机时，关闭开关，按逆序每隔 10s 停一台电动机，直到 3 台电动机全部停止。如果前一台电动机没有停下，则后一台电动机不能停止。

I/O 地址分配：

输入点：

X0—启动和停止切换开关 SA

输出点：

Y0—控制第一台电动机运行的接触器 KM1

Y1—控制第二台电动机运行的接触器 KM2

Y2—控制第三台电动机运行的接触器 KM3

与上述控制要求相对应的梯形图程序如图 3.58 所示。

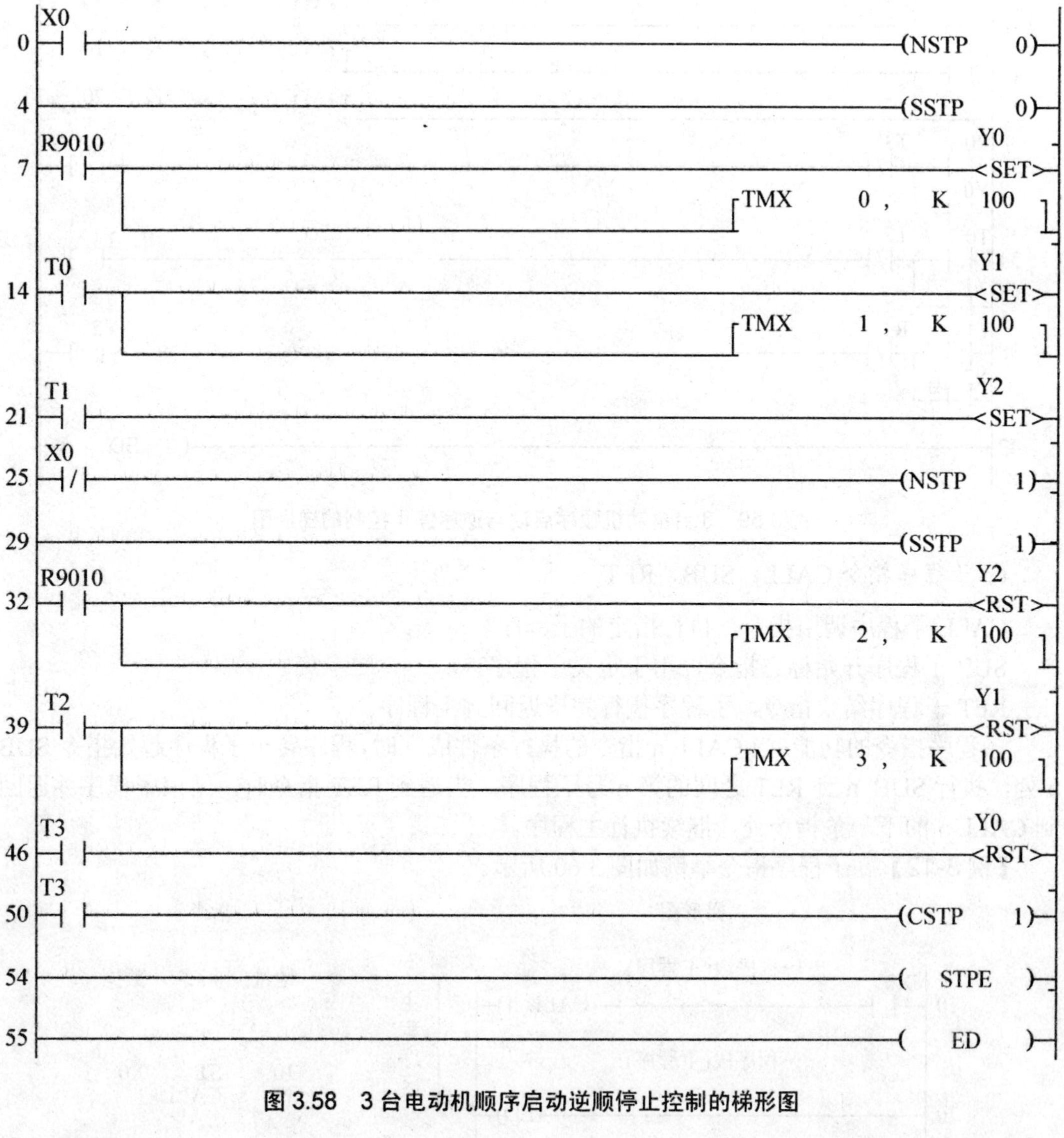

图 3.58　3 台电动机顺序启动逆顺停止控制的梯形图

程序说明：

本例利用两级步进指令结合定时器指令分别设计的启动和停止控制程序，这两部分程序彼此独立，互不干扰。由于两段程序中均要对同一输出继电器进行控制，因而不能采用 OT 指令，而用 SET 指令与 RST 指令，分别对输出继电器作“置位”操作与“复位”操作。

图 3.59 是利用基本顺序指令和功能指令完成的 3 台电动机顺序启动与逆序停止控制的梯形图，不过此程序需要占用两个输入端口。

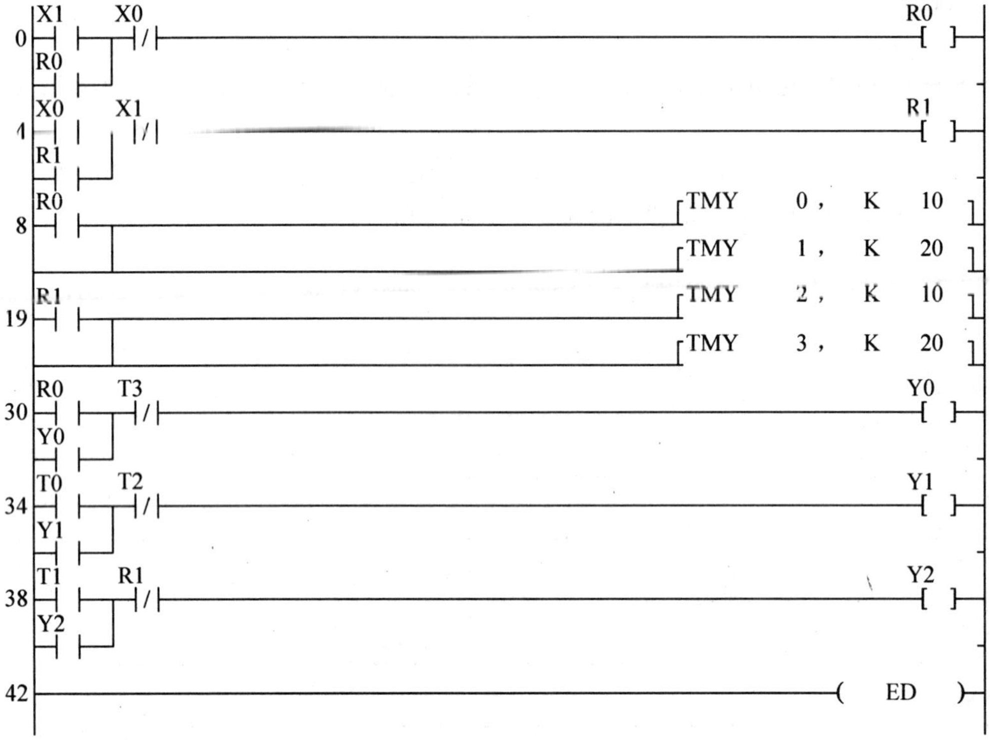

图 3.59　3 台电动机顺序启动与逆序停止控制的梯形图

6. 子程序指令 CALL、SUB、RET

CALL 子程序调用指令，执行指定的子程序。

SUB 子程序开始标志指令，用于定义子程序。

RET 子程序结束指令，子程序执行完毕返回到主程序。

子程序指令的功能：当 CALL n 指令的执行条件成立时，程序转至子程序起始指令 SUB n 处，执行 SUB n 到 RET 之间的第 n 号子程序。当遇到 RET 指令时，结束子程序并返回到 CALL n 的下一条指令处，继续执行主程序。

【例 3-12】　子程序指令举例如图 3.60 所示。

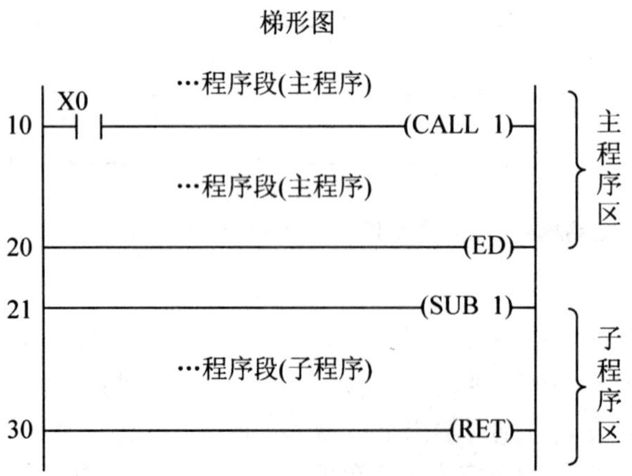

指令表

地址	指令	数据
	…	
10	ST	X0
11	CALL	1
	…	
20	ED	
21	SUB	1
	…	
30	RET	
	…	

图 3.60　子程序指令举例

[说明]

当 X0 接通时，PLC 从主程序转到编号为 1 的子程序的起始地址 SUB 1 处，开始执行子程序；当执行到 RET 处时，子程序执行完毕，返回到主程序调用处，从 CALL 1 指令的下一条指令继续执行随后的主程序。当 X0 断开时，不调用子程序，继续执行主程序。

使用注意事项

(1) FP1-C40 可用子程序的个数为 16 个，即子程序编号范围为 SUB0 ~ SUB15，并且两个子程序的编号不能相同。

(2) 子程序必须编写在主程序的 ED 指令后面，由子程序入口标志 SUB 开始，到 RET 指令结束，SUB 和 RET 指令缺一不可。

(3) 子程序调用指令 CALL 可以在主程序、子程序或中断程序中使用，可见子程序可以嵌套调用，但嵌套最多不超过 5 层。

(4) 当控制触点的状态为 OFF 时，子程序不予执行，这时子程序内的指令状态见表 3-9。

表 3-9　控制触点断开时子程序内部指令状态表

指令或寄存器	状态变化
OT、KP、SET、RST	保持控制触点断开前对应各继电器的状态
TM、F137(STMR)	不予执行
CT、F118(UDC)；SR、F119(LRSR)	保持控制触点断开前经过值，但停止工作
其他指令	不予执行

应用实例

图 3.61 给出了彩灯控制示意图。

控制要求：

按下启动按钮，彩灯 L0～L3 间隔 5s 依次亮，全亮 5s 后由 L3～L0 间隔 5s 依次灭，全灭 5s 后，所有彩灯每间隔 1s 闪烁一次，闪 5 次后，重复上述过程。

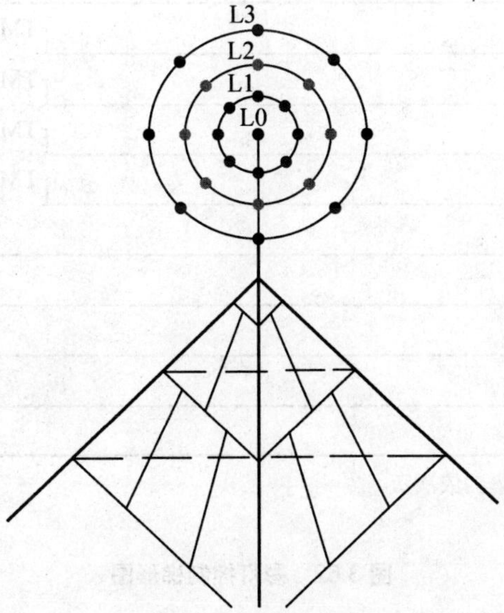

图 3.61　彩灯控制示意图

I/O 地址分配：

输入点：	输出点：
X0——启动按钮	Y0——彩灯 L0
X1——停止按钮	Y1——彩灯 L1
	Y2——彩灯 L2
	Y3——彩灯 L3

梯形图程序：

与上述控制要求相对应的梯形图程序如图 3.62 所示。在图 3.62 所示的梯形图中，控制指令用的是子程序指令，读者可以利用步进指令或者主控继电器指令编写可以完成相同功能的梯形图程序。

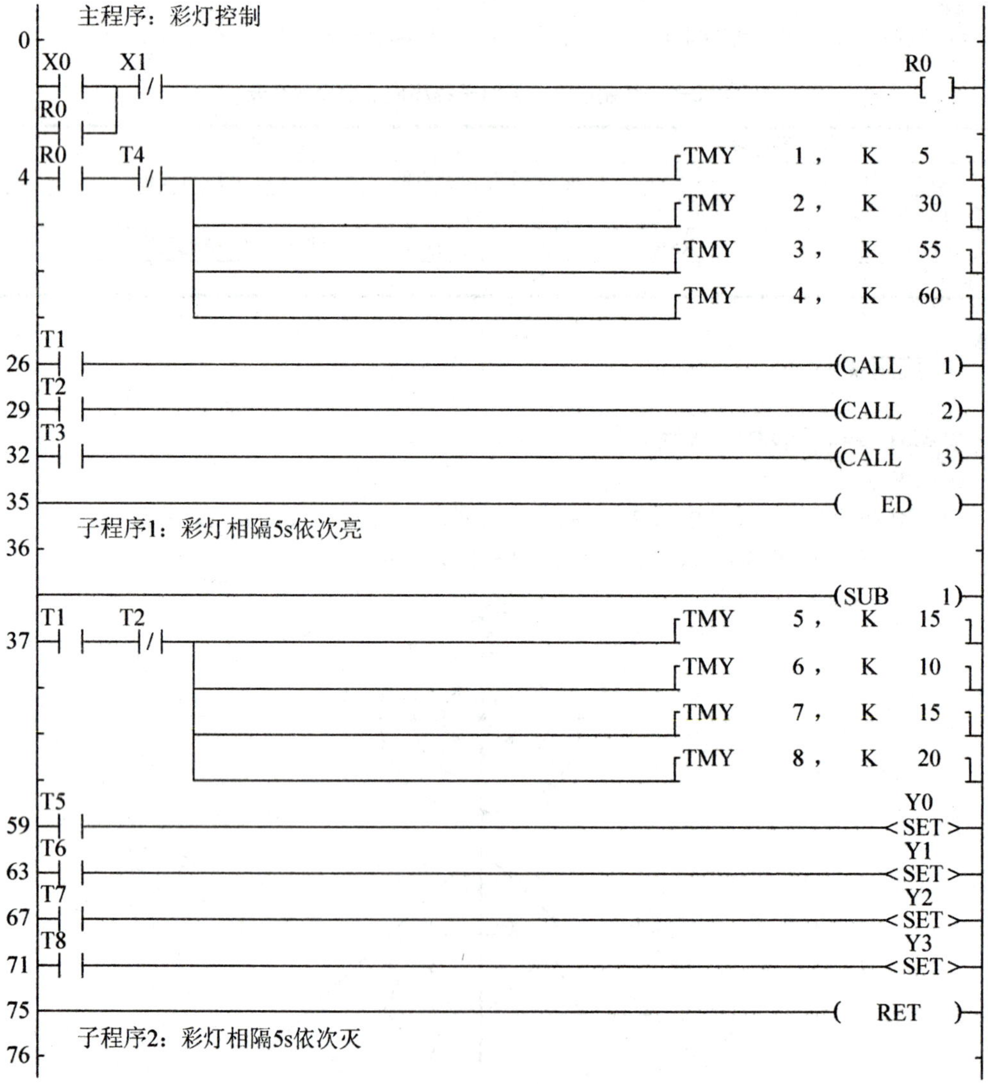

图 3.62　彩灯控制梯形图

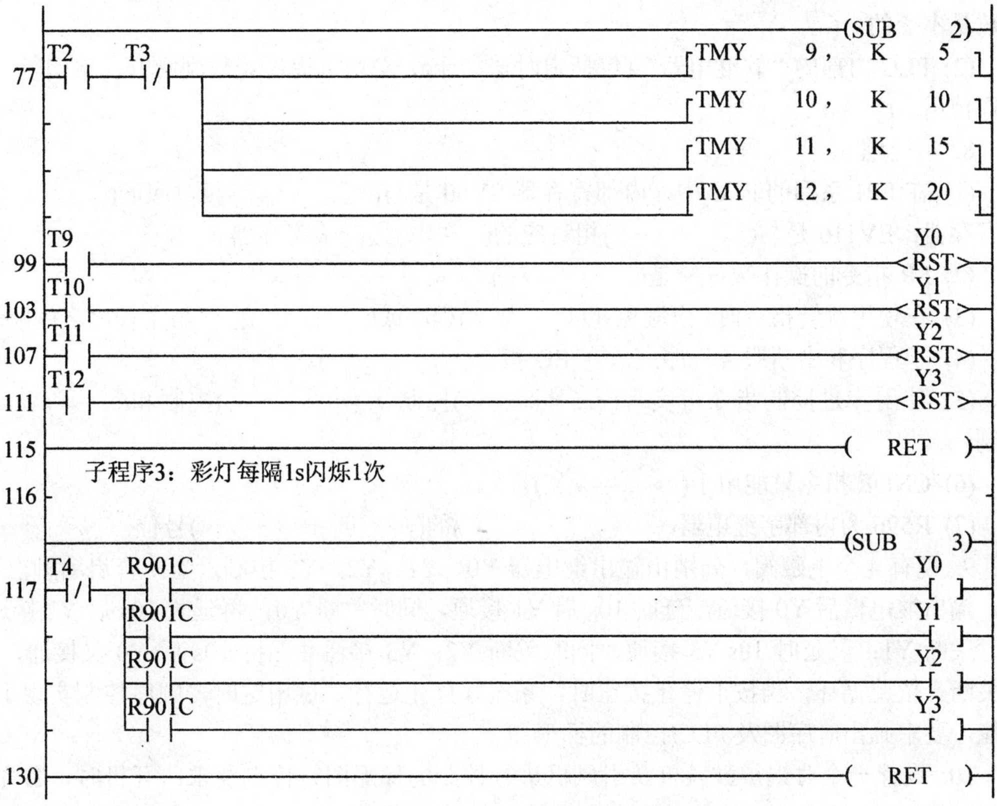

图 3.62 彩灯控制梯形图(续)

项 目 小 结

PLC 编程以指令系统为基础，本项目涉及的指令主要是功能指令和控制指令，编程时必须考虑存储器中各编程元件的地址分配及操作数范围。常用的构成梯形图的元素有触点、线圈、功能指令及相应的操作数等。重点掌握利用时序图编程的方法。

复习思考题

1. ED 指令和 CNDE 指令有什么区别？
2. 步进指令中的 NSTP 与 NSTL 指令有什么区别？
3. 使用 MC 和 MCE 指令时应注意什么？
4. 使用 JP 和 LBL 指令时应注意什么？
5. 使用 LOOP 和 LBL 指令时应注意什么？
6. 使用 CALL、SUB、RET 时指令应注意什么？
7. 判断题

(1) FP1 系列任意一种型号的 PLC 其内部定时器和计数器的数量是可变的，但两者的

总数是不变的。(　　)

(2) PLC 内部的“软继电器”(包括定时器、计数器)均可提供无数副常开、常闭触点供编程使用。(　　)

8. 填空题

(1) 在 FP1 系列的 PLC 中，内部寄存器 SV60 是与(　　　　)相对应的(　　　　)值寄存器；EV110 是与(　　　　)相对应的(　　　　)值寄存器。

(2) SR 指令的操作数只能是(　　　　)。

(3) 在使用跳转指令时，应避免在(　　　　)程序或(　　　　)程序与主程序之间跳转。

(4) 子程序和中断服务程序应放在 ED 指令(　　　　)。

(5) 使用步进控制指令可实现(　　　　)控制、(　　　　)控制和(　　　　)控制。

(6) CNDE 指令只能用于(　　　　)。

(7) R596 为内部字继电器(　　　　)的(　　　　)号位。

9. 现有 4 个电磁阀，分别由输出继电器 Y0、Y1、Y2、Y3 控制，当闭合启动触点 X0 时，输出继电器后 Y0 接通，延时 10s 后 Y1 接通，同时关断 Y0；再延时 10s 后 Y2 接通，同时关断 Y1；又延时 10s Y3 接通，同时关断 Y2；Y3 接通并保持 10s 后 Y0 又接通，Y3 被关断。依此循环，当按下停止按钮时，系统才停止运行。试用定时器顺序控制实现上述功能，要求画出时序图及 PLC 控制的梯形图。

10. 设计一个对锅炉鼓风机及引风机进行控制的梯形图。控制要求：开机时，首先启动引风机，10s 后自动启动鼓风机；停止时，立即关断鼓风机，经 20s 后自动关断引风机。

11. 设计一个实现小车自动往复运行控制的梯形图。控制要求：小车由 A 点开始向 B 点前进，到 B 点后自动停止，停留 10s 后自动返回 A 点，在 A 点停留 10s 后又向 B 点运动，如此往复。要求在任意位置可以使小车停止或再次启动继续运行。

12. 根据图 3.63 所示的时序图设计 PLC 梯形图程序。

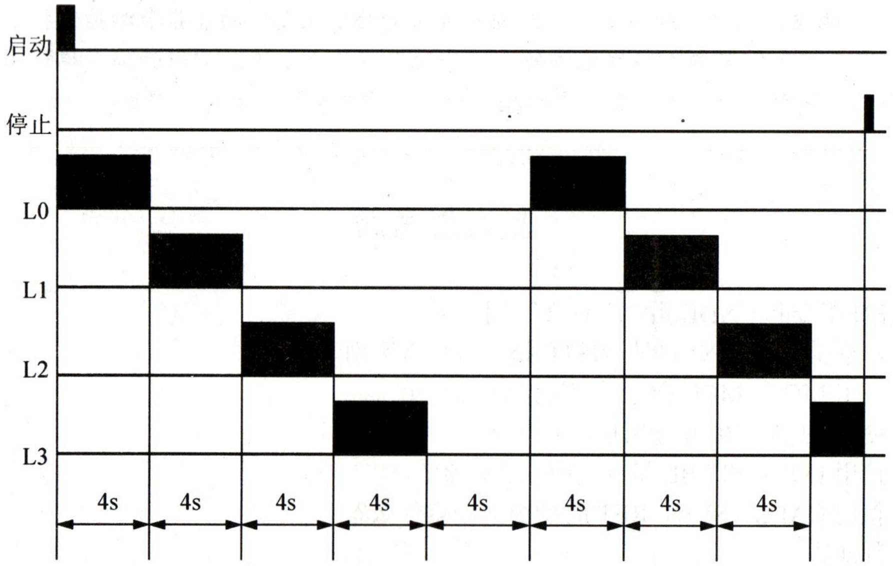

图 3.63　习题 12 的时序图

项目 3.4　比较指令、高级指令程序设计与应用

项目目标

1. 掌握松下 FP1 型 PLC 中的比较指令及其应用。
2. 熟悉根据比较指令设计 PLC 梯形图的基本规律。
3. 了解 PLC 的高级指令。
4. 能利用所学指令编写 PLC 的梯形图程序。

项目内容

在某自动生产线上，有一部有轨送料小车可供 5 个工作站使用，每个工作站都能对小车进行呼叫，小车的驱动采用电动机拖动，有轨小车往返于工作站之间送料，如图 3.64 所示。每个工作站均设有一个呼叫指示灯(LED)、一个位置开关(SQ)和一个呼叫按钮(SB)，其具体控制要求如下。

(1) 小车开始应能停留在 5 个工作站中任意一个工作站的位置开关的位置上，此时 5 个工作站的呼叫指示灯全亮，说明每个工作站都可以呼车。

(2) 小车现暂停于 m 号工作站(SQm 为 ON)处，如果这时 n 号工作站呼叫(SBn 为 ON)，那么其他工作站的呼叫指示灯全灭，若：

① $m>n$ 时，电动机正转，小车左行，直至位置开关 SQn 动作，停车 30s 等待取料，即小车所停位置 SQ 的编号大于呼叫按钮 SB 的编号时，小车往左运行。

② $m<n$ 时，电动机反转，小车右行，直至位置开关 SQn 动作，停车 30s 等待取料，即小车所停位置 SQ 的编号小于呼叫按钮 SB 的编号时，小车往右运行。

③ $m=n$ 时，小车停在原位不动，即小车所停位置 SQ 的编号与呼叫按钮 SB 的编号相同时，小车不动。

(3) 小车在呼叫的工作站停 30s 后，重复上述过程。

(4) 有轨送料小车控制系统需要有启动按钮和停止按钮。

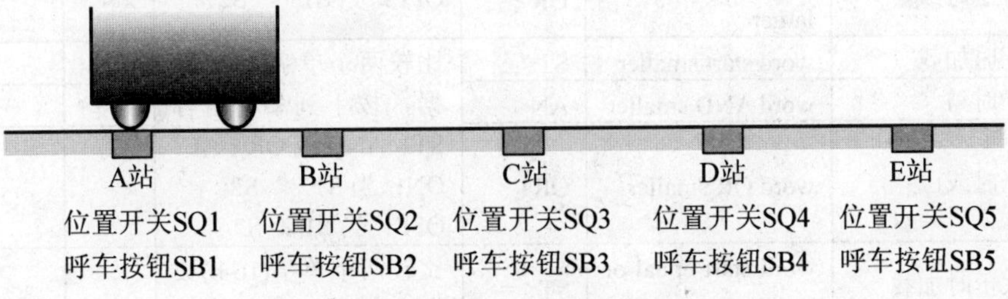

图 3.64　有轨小车行驶示意图

完成这个项目就需要用到 PLC 的比较指令和数据传送指令。

相关知识

一．比较指令

比较指令就是用来进行数据比较的，在松下 FP1 系列的 PLC 的指令系统中，比较指令共 36 条，见表 3-10。

表 3-10　比较指令表

<table>
<tr><th colspan="3">名　称</th><th rowspan="2">助记符</th><th rowspan="2">功能说明</th><th colspan="3">适用型号</th></tr>
<tr><th colspan="2">中文名称</th><th>英文名称</th><th>C14/
C16</th><th>C24/
C40</th><th>C56/
C72</th></tr>
<tr><td rowspan="18">单字比较</td><td>相等时加载</td><td>word start epual</td><td>ST=</td><td rowspan="3">比较两个单字(16-b)数据 S1 和 S2，按下列条件执行 ST、AND 或 OR 操作：
ON：当 S1 ＝ S2
OFF：当 S1 ≠ S2</td><td>×</td><td></td><td></td></tr>
<tr><td>相等时与</td><td>word AND epual</td><td>AN=</td><td>×</td><td></td><td></td></tr>
<tr><td>相等时或</td><td>word OR epual</td><td>OR=</td><td>×</td><td></td><td></td></tr>
<tr><td>不等时加载</td><td>word start epual not</td><td>ST< ></td><td rowspan="3">比较两个单字(16-b)数据，按下列条件执行 ST、AND 或 OR 操作：
ON：当 S1 ≠ S2
OFF：当 S1 ＝ S2</td><td>×</td><td></td><td></td></tr>
<tr><td>不等时与</td><td>word AND epual not</td><td>AN< ></td><td>×</td><td></td><td></td></tr>
<tr><td>不等时或</td><td>word OR epual not</td><td>OR< ></td><td>×</td><td></td><td></td></tr>
<tr><td>大于时加载</td><td>word start larger</td><td>ST></td><td rowspan="3">比较两个单字(16-b)数据，按下列条件执行 ST、AND 或 OR 操作：
ON：当 S1 ＞ S2
OFF：当 S1 ≤ S2</td><td>×</td><td></td><td></td></tr>
<tr><td>大于时与</td><td>word AND larger</td><td>AN></td><td>×</td><td></td><td></td></tr>
<tr><td>大于时或</td><td>word OR larger</td><td>OR></td><td>×</td><td></td><td></td></tr>
<tr><td>不小于时加载</td><td>word start epual or larger</td><td>ST> =</td><td rowspan="3">比较两个单字(16-b)数据，按下列条件执行 ST、AND 或 OR 操作：
ON：当 S1 ≥ S2
OFF：当 S1 ＜ S2</td><td>×</td><td></td><td></td></tr>
<tr><td>不小于时与</td><td>word AND epual or larger</td><td>AN> =</td><td>×</td><td></td><td></td></tr>
<tr><td>不小于时或</td><td>word OR epual or larger</td><td>OR> =</td><td>×</td><td></td><td></td></tr>
<tr><td>小于时加载</td><td>word start smaller</td><td>ST<</td><td rowspan="3">比较两个单字(16-b)数据，按下列条件执行 ST、AND 或 OR 操作：
ON：当 S1 ＜ S2
OFF：当 S1 ≥ S2</td><td>×</td><td></td><td></td></tr>
<tr><td>小于时与</td><td>word AND smaller</td><td>AN<</td><td>×</td><td></td><td></td></tr>
<tr><td>小于时或</td><td>word OR smaller</td><td>OR<</td><td>×</td><td></td><td></td></tr>
<tr><td>不大于时加载</td><td>word start epual or smaller</td><td>ST< =</td><td rowspan="3">比较两个单字(16-b)数据，按下列条件执行 ST、AND 或 OR 操作：
ON：当 S1 ≤ S2
OFF：当 S1 ＞ S2</td><td>×</td><td></td><td></td></tr>
<tr><td>不大于时与</td><td>word AND epual or smaller</td><td>AN< =</td><td>×</td><td></td><td></td></tr>
<tr><td>不大于时或</td><td>word OR epual or smaller</td><td>OR< =</td><td>×</td><td></td><td></td></tr>
</table>

续表

名　称			助记符	功能说明	适用型号		
	中文名称	英文名称			C14/C16	C24/C40	C56/C72
双字比较	相等时加载	double word start epual	STD=	比较两个双字(32-b)数据，按下列条件执行 ST、AND 或 OR 操作：ON：当 (S1+1,S1)=(S2+1,S2) OFF：当 (S1+1,S1)≠(S2+1,S2)	×		
	相等时与	double word ANDepual	AND=		×		
	相等时或	double word OR epual	ORD=		×		
	不等时加载	double word start epual not	STD<>	比较两个双字(32-b)数据，按下列条件执行 ST、AND 或 OR 操作：ON：当 (S1+1,S1) ≠(S2+1,S2) OFF：当 (S1+1,S1)=(S2+1,S2)	×		
	不等时与	double word AND epual not	AND<>		×		
	不等时或	double word OR epual not	ORD<>		×		
	大于时加载	double word start larger	STD>	比较两个双字(32-b)数据，按下列条件执行 ST、AND 或 OR 操作：ON：当 (S1+1,S1)＞(S2+1,S2) OFF：当 (S1+1,S1)≤(S2+1,S2)	×		
	大于时与	double word AND larger	AND>		×		
	大于时或	double word OR larger	ORD>		×		
	不小于时加载	double word start epual or larger	STD>=	比较两个双字(32-b)数据，按下列条件执行 ST、AND 或 OR 操作：ON：当 (S1+1,S1) ≥(S2+1,S2) OFF：当 (S1+1,S1)＜(S2+1,S2)	×		
	不小于时与	double word AND epual or larger	AND>=		×		
	不小于时或	double word OR epual or larger	ORD>=		×		
	小于时加载	double word start smaller	STD<	比较两个双字(32-b)数据，按下列条件执行 ST、AND 或 OR 操作：ON：当 (S1+1,S1)＜(S2+1,S2) OFF：当 (S1+1,S1)≥(S2+1,S2)	×		
	小于时与	double word AND smaller	AND<		×		
	小于时或	double word OR smaller	ORD<		×		
	不大于时加载	double word start epual or smaller	STD<=	比较两个双字(32-b)数据，按下列条件执行 ST、AND 或 OR 操作：ON：当 (S1+1,S1) ≤(S2+1,S2)OFF：当 (S1+1,S1)＞(S2+1,S2)	×		
	不大于与	doubleword AND epual or smaller	AND<=		×		
	不大于或	double word OR epual or smaller	ORD<=		×		

1. 比较指令的组成

为了更好地理解比较指令，首先分析一下比较指令的组成。

比较指令由 3 部分组成，第一部分为助记符，分别由 ST、AN、OR 开始，用于指定条件满足后要执行的操作；第二部分为比较运算符，主要有等于(=)、大于(>)、小于(<)、大于等于(>=)、小于等于(<=)、和不等于(<>)共 6 种关系，满足关系则为真，不满足则为假；第三部分为比较操作数，可以为常数，也可以为寄存器的值。另外，比较指令还分为单字(16-b)比较指令和双字(32-b)比较指令，二者语法完全一样，区别只是参与比较的数据字长不同。

2. 比较指令格式

比较指令的格式如图 3.65 所示。

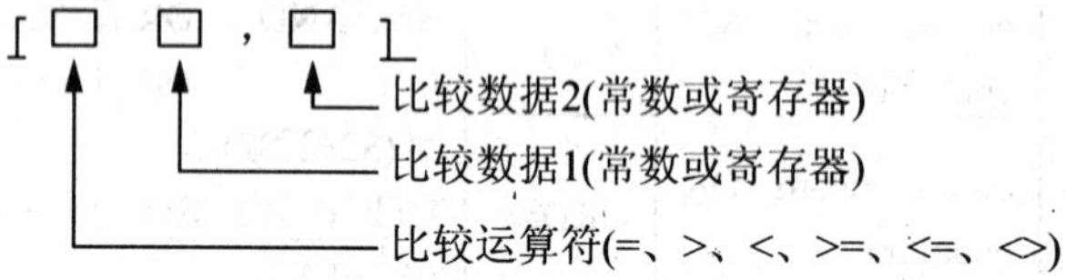

图 3.65　比较指令格式

由上述分析可知，比较指令虽然数量较多，但规律性很强，因此只需要掌握其典型用法和规律，很容易触类旁通，其具体用法如图 3.66 所示。

3. 比较指令的应用

比较指令的应用参见例 4-1。

【例 4-1】　比较指令应用举例如图 3.66 所示。

梯形图

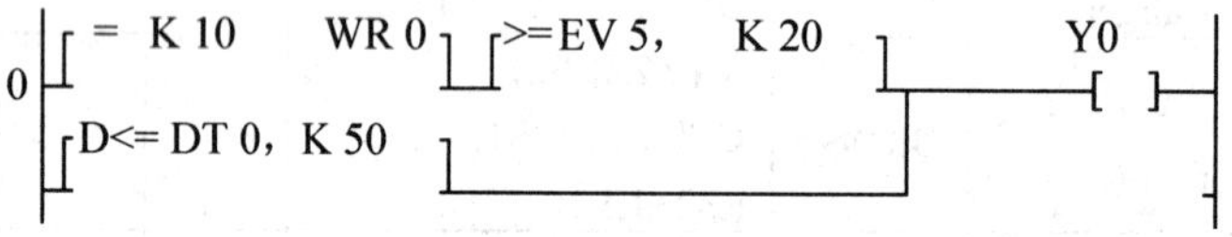

指令表

0	ST		=
		K	10
		WR	0
5	AH		>=
		EV	5
		K	20
10	ORD		<=
		DT	0
		K	50
19	OT	Y	0

图 3.66　比较指令举例

[说明]

该程序的功能为：当 WR0 中的数据等于 10，EV5 中的数据大于等于 20 或 DT0、DT1 中的数据小于等于 50 时，Y0 导通，输出为 ON；否则 Y0 断开，输出为 OFF。

从该例可以看出，比较指令实际上相当于一个条件触点，根据条件是否满足来决定触点的通断。

使用注意事项

(1) 单字比较的操作数为 16 位数据，双字比较的操作数为 32 位数据。用寄存器寻址时，后者采用两个相邻寄存器联合取值，如例 4-1 中的(DT1，DT0)，表示由 DT1 和 DT0 联合构成 32 位数据。

(2) 在构成梯形图时，ST、AN、OR 指令的用法与基本顺序指令中的用法类似，区别仅在于操作数不同。

(3) 单字比较指令的步数为 5 步，而双字比较指令的步数为 9 步。

二、高级指令

FP1 系列 PLC 除基本指令外，还有 100 多条高级指令。这是一类进行数据传输、运算和转换等功能的指令。正确使用高级指令可使控制变得更加灵活、方便，使 PLC 的功能变得更加强大。

1. 高级指令的类型

在 FP1 系列 PLC 的指令系统中，高级指令的功能号以大写字母 F 开头，所以高级指令又称为 F 指令。根据指令功能的不同，可把高级指令分为以下 8 种类型。

(1) 数据传输指令：主要完成 16 位或 32 位数据的传送、复制、交换等功能。

(2) 算术运算指令：完成二进制数和 BCD 码的加、减、乘、除等算术运算。

(3) 数据比较指令：完成 16 位或 32 位数据的比较。

(4) 逻辑运算指令：完成 16 位数据的与、或、异或和同或等运算。

(5) 数据转换指令：将 16 位或 32 位数据按指定的格式进行转换。

(6) 数据移位指令：完成 16 位数据的左移、右移、循环移位和数据块移位等功能。

(7) 位操作指令：16 位数据以位为单位，进行置位、复位、求反、测试以及位状态统计等操作。

(8) 特殊功能指令：包括时间单位的变换、I/O 刷新、进位标志的置位和复位、串口通信及高速计数器等指令。

2. 高级指令的结构形式

高级指令由高级指令功能号、助记符和操作数 3 部分构成，指令格式如图 3.67 所示。

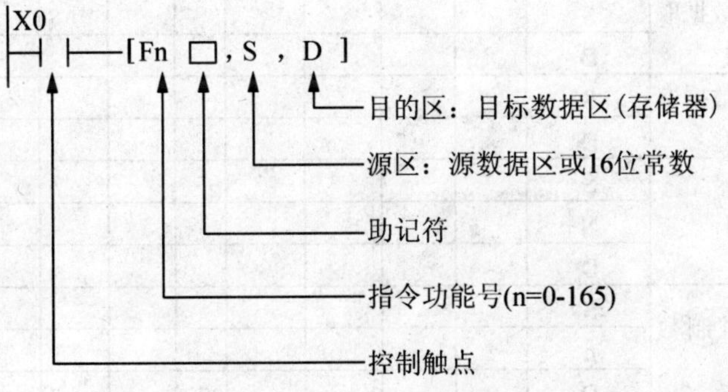

图 3.67　高级指令的一般格式

图中：

(1) Fn 是指令功能号，Fn＝F0 ～F165。不同的功能号规定 CPU 进行不同的操作。

(2) 指令功能助记符一般用与指令功能相关的英文单词的缩写表示，如高级指令 F0 的助记符 MV 是英文单词 MOVE 的缩写。

(3) S 是源区、源操作数或源数据区。源区可以是寄存器，也可以是 16 位常数。

(4) D 是目的区、目标操作数或目标数据区。目的区只能是寄存器。

3. 高级指令使用注意事项

(1) 在高级指令的前面必须加控制触点。

(2) 当控制触点闭合后，指令在每次扫描过程中都被执行一次，若只要求指令在触点闭合的一瞬间(即触发信号上升沿到来时)执行一次，则应在高级指令的前面使用微分指令(DF)。

(3) 如果多个高级指令连续使用同一控制触点，则在编程时不必每次都画出或写出该控制触点。从第二条高级指令开始的后续高级指令的控制触点可以省略，如图 3.68 所示。

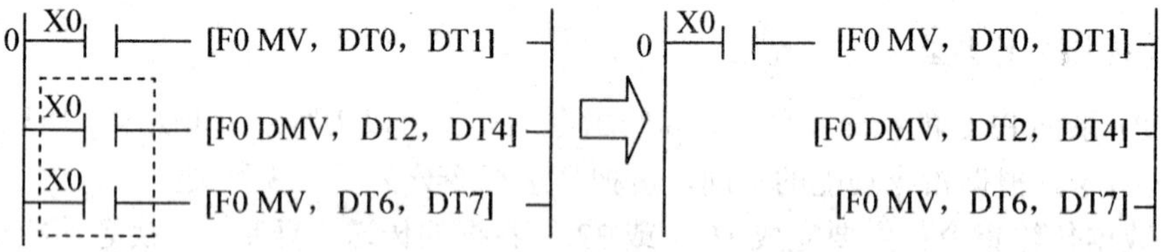

图 3.68　同一触点控制多个高级指令的省略画法

4. 数据传输指令

数据传输指令及操作数见表 3-11。

表 3-11　数据传输指令及操作数

指令功能号(助记符)	功能说明	操作数	继电器			定时/计数器		寄存器	索引寄存器		常数		索引修正值
			WX	WY	WR	SV	EV	DT	IX	IY	K	H	
F0 (MV)	16 位数据传输	S											
		D	×								×	×	
F1 (DMV)	32 位数据传输	S								×			
		D	×							×	×	×	
F2 (MV/)	16 位数据取反传输	S											
		D	×								×	×	
F3 (DMV/)	32 位数据取反传输	S								×			
		D	×							×	×	×	
F5 (BTM)	位传输	S											
		N											
		D	×								×	×	
F6 (DGT)	十六进制数据传输	S											
		n											
		D	×								×	×	
F10 (BKMV)	块传输	S1							×	×	×	×	
		S2							×	×	×	×	
		D	×						×	×	×	×	

续表

指令功能号(助记符)	功能说明	操作数	继电器			定时/计数器		寄存器	索引寄存器		常数		索引修正值
			WX	WY	WR	SV	EV	DT	IX	IY	K	H	
F11 (COPY)	块复制	S											
		D1	×						×	×	×	×	
		D2	×						×	×	×	×	
F15 (XCH)	两个单字(16-b)数据交换	D1	×								×	×	
		D2	×								×	×	
F16 (DXCH)	两个双字(32-b)数据交换	D1	×							×	×	×	
		D2	×							×	×	×	
F17 (SWAP)	16 位数据高低字节互换	D	×								×	×	

(1) F0 16 位数据传输指令，将 16 位数据从一个 16 位区传输到另一个 16 位区。

【例 4-2】 FO(MV)指令举例如图 3.69 所示。

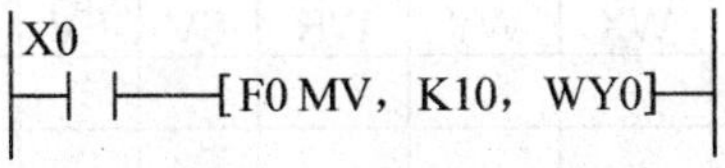

图 3.69 F0 指令举例

［说明］当控制触点 X0 闭合后，每次扫描都要将十进制数 100 传送到外部字继电器 WY0 中。

使用注意事项

F0 指令对源操作数没有要求，但其目的操作数不能用外部输入继电器 WX 和常数 K、H，原因很明显，目的操作数是用来保存结果的，自然不能用输入继电器和常数。

(2) F1 32 位数据传输指令，将源数据区(S+1，S)中的 32 位数据送到目标寄存器(D+1，D)中。

【例 4-3】 F1(DWV)指令举例如图 3.70 所示。

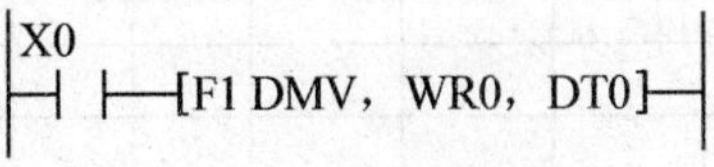

图 3.70 F1 指令举例

［说明］当控制触点 X0 闭合后，内部字继电器 WR1、WR0 的内容传输到内部数据继电器 DT1、DT0 中，WR1、WR0 中的内容不变。

(3) F11 块复制指令，当触发信号接通时，由源区 S 指定的 16 位常数或等值常数复制到由目的区首地址 D1 和末地址 D2 指定的所有 16 位数据区块中，且 D1≤D2，并具有相同类型的操作数。

【例 4-4】 F11(COPY)指令举例如图 3.71 所示。

```
 |X0
 |-| |--[F11 COPY，DT1，WR0，WR4]-|
 |                                |
```

图 3.71 F11 指令举例

［说明］

当控制触点 X0 闭合时，将数据寄存器 DT1 中的内容复制到以内部字继电器 WR0 为首地址的区块 WR0 至 WR4 中。

三、算术运算指令

算术运算指令共有 32 条，同前面介绍的比较指令类似，其规律性也很强。因此，本书仅对其规律加以总结分析，掌握规律后，结合表 3-12 和 3-13，不难掌握这类指令。

表 3-12 BIN(二进制)算术运算指令及操作数

指令功能号(助记符)	功能说明	操作数	继电器			定时器/计数器		寄存器	索引寄存器		常数		索引修正值
			WX	WY	WR	SV	EV	DT	IX	IY	K	H	
F20 (+)	16 位数据加 (D)+(S)→(D)	S											
		D	×								×	×	
F21 (D+)	32 位数据加 (D+1，D)+(S+1，S)→(D+1，D)	S								×			
		D	×							×	×	×	
F22 (+)	16 位数据加 (S1)+(S2)→(D)	S											
		D	×								×	×	
F23 (D+)	32 位数据加 (S1+1,S1)+(S2+1,S2) →(D+1,D)	S											
		D	×							×	×	×	
F25 (−)	16 位数据减 (D)−(S)→(D)	S											
		N											
		D	×								×	×	
F26 (D−)	32 位数据减 (D+1，D)−(S+1，S)→(D+1，D)	S								×			
		D	×							×	×	×	
F27 (−)	16 位数据减 (S1)−(S2) →(D)	S1											
		S2											
		D	×								×	×	
F28 (D−)	32 位数据减 (S1+1,S1)−(S2+1,S2)→(D+1,D)	S1								×			
		S2								×			
		D	×							×	×	×	
F30 (*)	16 位数据乘 (S1)×(S2)→(D+1,D)	S1											
		S2											
		D	×							×	×	×	

续表

指令功能号(助记符)	功能说明	操作数	继电器			定时器/计数器		寄存器	索引寄存器		常数		索引修正值
			WX	WY	WR	SV	EV	DT	IX	IY	K	H	
F31 (D*)	32 位数据乘 (S1+1,S1)×(S2+1,S2)→(D+3,D+2,D+1,D)	S1								×			
		S2								×			
		D	×						×	×	×	×	
F32 (%)	16 位数据除 (S1)/(S2)→(D)…(DT9015)	S1											
		S2											
		D	×								×	×	
F33 (D%)	32 位数据除 (S1+1,S1)/(S2+1,S2)→(D+1,D)…(DT9016,DT9015)	S1								×			
		S2								×			
		D	×							×	×	×	
F35 (+1)	16 位数据加 1 (D)+1→(D)	D	×								×	×	
F36 (D+1)	32 位数据加 1 (D+1,D)+1→(D+1,D)	D	×							×	×	×	
F37 (−1)	16 位数据减 1 (D)−1→(D)	D	×								×	×	
F38 (D−1)	32 位数据减 1 (D+1,D)−1→(D+1,D)	D	×							×	×	×	

表 3-13 BCD 算术运算指令及操作数

指令功能号(助记符)	功能说明	操作数	继电器			定时器/计数器		寄存器	索引寄存器		常数		索引修正值
			WX	WY	WR	SV	EV	DT	IX	IY	K	H	
F40 (+)	4 位 BCD 数加 (D)+(S)→(D)	S											
		D	×								×	×	
F41 (DB+)	8 位 BCD 数加 (D+1，D)+(S+1，S)→(D+1，D)	S											
		D	×										
F42 (B+)	4 位 BCD 数加 (S1)+(S2)→(D)	S1											
		S2											
		D	×								×	×	
F43 (DB+)	8 位 BCD 数加 (S1+1,S1)+(S2+1,S2)→(D+1,D)	S1								×			
		S2								×			
		D	×							×	×	×	

续表

指令功能号（助记符）	功能说明	操作数	继电器			定时器/计数器		寄存器	索引寄存器		常数		索引修正值
			WX	WY	WR	SV	EV	DT	IX	IY	K	H	
F45 (B−)	4 位 BCD 数减 (D)−(S)→(D)	S											
		D	×								×	×	
F46 (DB−)	8 位 BCD 数减 (D+1，D)−(S+1，S)→(D+1，D)	S								×			
		D	×							×	×	×	
F47 (B−)	4 位 BCD 数减 (S1)−(S2) →(D)	S1											
		S2											
		D	×								×	×	
F48 (DB−)	8 位 BCD 数减 (S1+1,S1)−(S2+1,S2)→(D+1,D)	S1								×			
		S2								×			
		D	×							×	×	×	
F50 (B*)	4 位 BCD 数乘 (S1)×(S2)→(D+1,D)	S1											
		S2											
		D	×							×	×	×	
F51 (DB*)	8 位 BCD 数乘 (S1+1,S1)×(S2+1,S2)→(D+3,D+2,D+1,D)	S1								×			
		S2								×			
		D	×						×	×	×	×	
F52 (B%)	4 位 BCD 数除 (S1)/(S2)→(D)…(DT9015)	S1											
		S2											
		D	×								×	×	
F53 (DB%)	8 位 BCD 数除 (S1+1,S1)/(S2+1,S2)→(D+1,D)…(DT9016,DT9015)	S1								×			
		S2								×			
		D	×							×	×	×	
F55 (B+1)	4 位 BCD 数加 1 (D)+1→(D)	D	×								×	×	
F56 (DB+1)	8 位 BCD 数加 1 (D+1,D)+1→(D+1,D)	D	×							×	×	×	
F57 (B−1)	4 位 BCD 数减 1 (D)−1→(D)	D	×								×	×	
F58 (DB−1)	8 位 BCD 数减 1 (D+1,D)−1→(D+1,D)	D	×							×	×	×	

(1) F20，F20 是两操作数的 16 位数据相加指令，它的功能是：在触发信号接通时，将由 S 指定的 16 位常数或 16 位数据区的内容与由 D 指定的 16 位数据区的内容相加，结果存在 D 数据区中。

【例 4-5】　F20+指令举例如图 3.72 所示。

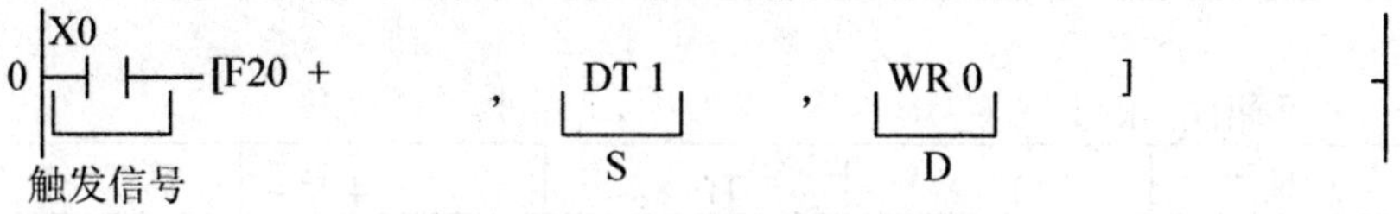

图 3.72　F20+指令举例

［说明］

当触发信号 X0 闭合时，将数据寄存器 DT1 中的内容与内部字继电器 WR0 中的内容相加，其结果存在 WR0 中。

假设上例中 WR0 的源数据是 K8，DT1 中的数据是 K4，指令执行完后，WR0 中的数据为 12。指令执行过程如图 3.73 所示。

源区[D]：K8

位址	15··12	11··8	7··4	3··0
WR0	0 0 0 0	0 0 0 0	0 0 0 0	1 0 0 0

＋

加数[S]：K4

位址	15··12	11··8	7··4	3··0
DT1	0 0 0 0	0 0 0 0	0 0 0 0	0 1 0 0

↓

结果[D]：K12

位址	15··12	11··8	7··4	3··0
WR0	0 0 0 0	0 0 0 0	0 0 0 0	1 1 0 0

图 3.73　F20 指令执行过程

(2) F32，F32 是 16 位数据相除指令，它的功能是：在触发信号接通时，由 S2 指定的 16 位常数或 16 位数据区的内容去除由 S1 指定的 16 位常数或 16 位数据区的内容，商存在指定的 D 数据区中，余数存入特殊数据寄存器 DT9015 中。

【例 4-6】　F32(%)指令举例如图 3.74 所示。指令执行过程如图 3.75 所示。

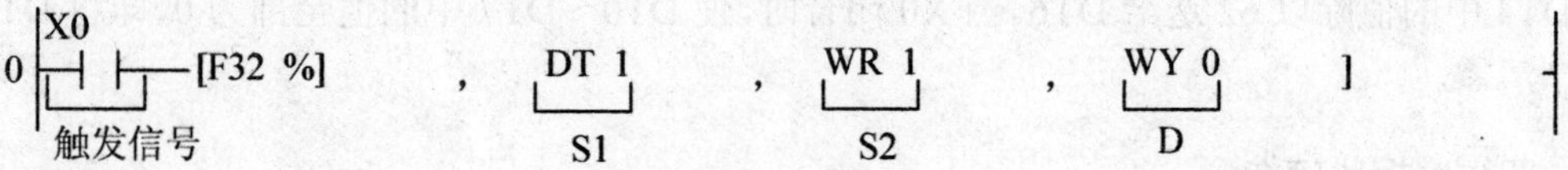

图 3.74　F32 指令举例

被除数[S1]：K109

位址	15··12	11··8	7··4	3··0
DT1	0 0 0 0	0 0 0 0	0 1 1 0	1 1 0 1

图 3.75　F32 指令执行过程

÷

除数[S2]：K8

位址	15··12	11··8	7··4	3··0
WR1	0 0 0 0	0 0 0 0	0 0 0 0	1 0 0 0

↓

商[D]：K13

位址	15··12	11··8	7··4	3··0
WY0	0 0 0 0	0 0 0 0	0 0 0 0	1 1 0 1

余数 ：K5

位址	15··12	11··8	7··4	3··0
DT9015	0 0 0 0	0 0 0 0	0 0 0 0	0 1 0 1

图 3.75　F32 指令执行过程(续)

【例 4-7】 用算术运算指令完成算式：$\frac{9876-(123+234)\times 20}{62}$，这里包括加、减、乘、除 4 种运算。要求 X1 闭合时开始运算，X0 闭合时各单元清零，且清零优先。

使用二进制(BIN)运算指令实现时，其梯形图如图 3.76 所示，同样的功能也可以用 BCD 码运算指令实现。

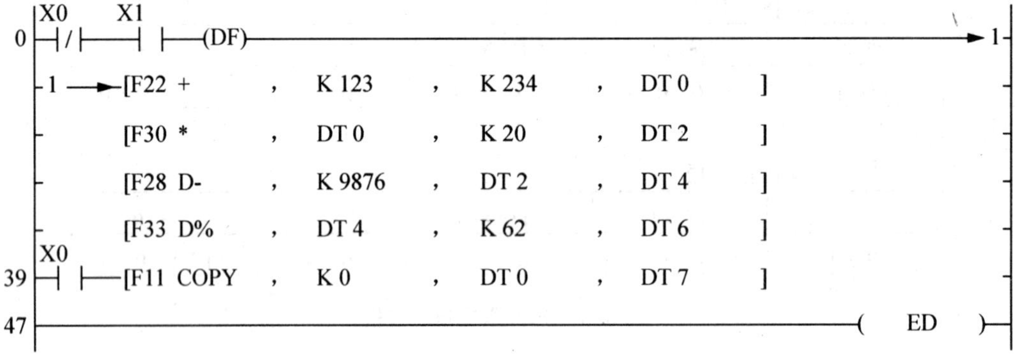

图 3.76　算术运算指令综合举例

［**说明**］当检测到 X1 闭合的上升沿时，F22 完成的功能是将 123 加上 234 送给 DT0，F30 再将 DT0 中的值乘上 20 送给 DT2，F28 再将 9876 减去 DT2 中的值送给 DT4，F33 再将 DT4 中的值除以 62 送给 DT6。当 X0 闭合时，使 DT0～DT7 中的值全部为 0，即将 DT0～DT7 清零。

四、数据比较指令

数据比较指令包括 16 位/32 位数据比较指令、一个 16 位/32 位数据与数据区间比较、数据块比较共 5 条指令。比较结果用特殊内部继电器 R9009、R900A、R900B 和 R900C 的状态来表示(特殊内部继电器的状态见表 3-15)。数据比较指令见表 3-14。

表 3-14 数据比较指令及操作数

指令功能号(助记符)	功能说明	操作数	继电器			定时器/计数器		寄存器	索引寄存器		常数		索引修正值
			WX	WY	WR	SV	EV	DT	IX	IY	K	H	
F60 (CMP)	16 位数据比较	S1											
		S2											
F61(DCMP)	32 位数据比较	S1								×			
		S2								×			
F62 (WIN)	16 位数据区间比较	S1											
		S2											
		S3											
F63 (DWIN)	32 位数据区间比较	S1								×			
		S2								×			
		S3								×	×	×	
F64 (BCMP)	数据块比较	S1											
		S2							×	×	×	×	
		S3							×	×	×	×	

(1) F60 16 位数据比较指令，当控制触点接通时，将由 S1 指定的 16 位数据与由 S2 指定的 16 位数据进行比较，比较的结果存储在特殊内部继电器 R9009、R900A、R900B、R900C 中。由 S1 和 S2 的比较结果所决定的 R9009～R900C 的输出状态见表 3-15。

表 3-15 R9009～R900C 的输出状态

比较 S1 和 S2		输出状态			
		R900A >标志	R900B = 标志	R900C <标志	R9009 进位标志
有符号数比较	S1<S2	OFF	OFF	ON	—
	S1=S2	OFF	ON	OFF	OFF
	S1>S2	ON	OFF	OFF	—
无符号数比较	S1<S2	—	OFF	—	ON
	S1=S2	OFF	ON	OFF	OFF
	S1>S2	—	OFF	—	OFF

注：“—”表示根据条件通断。

【例 4-8】F60(CMP)指令举例如图 3.77 所示。

［说明］当控制触点 X0 接通后，将数据寄存器 DT0 中的内容与十进制常数 K100 进行比较。

(1) 当 DT0>K100 时，R900A 为 ON，内部继电器 R0 接通。

(2) 当 DT0=K100 时，R900B 为 ON，内部继电器 R1 接通。

(3) 当 DT0<K100 时，R900C 为 ON，内部继电器 R2 接通。

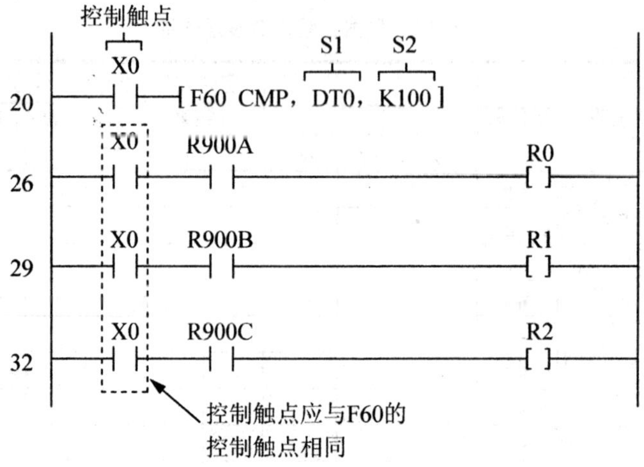

图 3.77　F60 指令举例

使用注意事项

当程序中多次使用 F60 指令时，特殊内部继电器的状态总是取决于刚运行过的比较指令。为保证在使用中不出现混乱，可以在编程时将用于控制的特殊内部继电器紧跟在比较指令的后面，也可以用堆栈指令将比较指令与相关的特殊内部继电器用同一触点控制。

(2) F61 32 位数据比较指令，当控制触点接通时，将 S1 指定的 32 位数据与 S2 指定的 32 位数据进行比较，比较的结果存储在特殊内部继电器 R9009、R900A、R900B、R900C 中。在处理 32 位数据时，若已指定低 16 位区为(S1，S2)，则高 16 位区自动指定为(S1＋1，S2＋1)。由比较(S1＋1，S1)和(S2＋1，S2)的大小所决定的 R9009～R900C 的输出状态与 F60 指令相同。

【例 4-9】　F61(DCMP)指令举例如图 3.78 所示。

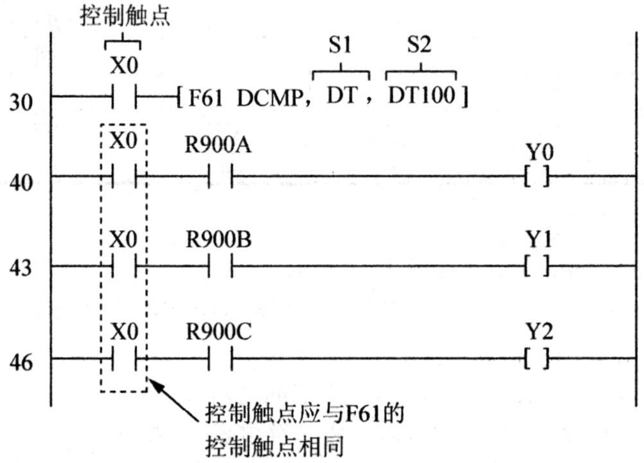

图 3.78　F61 指令举例

［**说明**］当控制触点 X0 接通后，将数据寄存器(DT1，DT0)中的内容与(DT101，DT100)的内容进行比较。

(1) 当(DT1，DT0)>(DT101，DT100)时，R900A 为 ON，外部继电器 Y0 接通。

(2) 当(DT1，DT0)=(DT101，DT100)时，R900B 为 ON，外部继电器 Y1 接通。

(3) 当(DT1，DT0)<(DT101，DT100)时，R900C 为 ON，外部继电器 Y2 接通。

(3) F62 16 位数据区段比较指令，当控制触点接通时，将由 S1 指定的 16 位数据与由 S2 和 S3 指定的数据区段进行比较，比较的结果存储在特殊内部继电器 R900A、R900B、R900C 中。由比较结果所决定的 R900A～R900C 的输出状态见表 3-16。

表 3-16　R900A～R900C 的输出状态

S1 与 S2 和 S3 比较	输出状态		
	R900A	R900B	R900C
	>标志	=标志	<标志
S1<S2	OFF	OFF	ON
S2≤S1≤S3	OFF	ON	OFF
S1>S3	ON	OFF	OFF

【例 4-10】　F62(WIN)指令举例如图 3.79 所示。

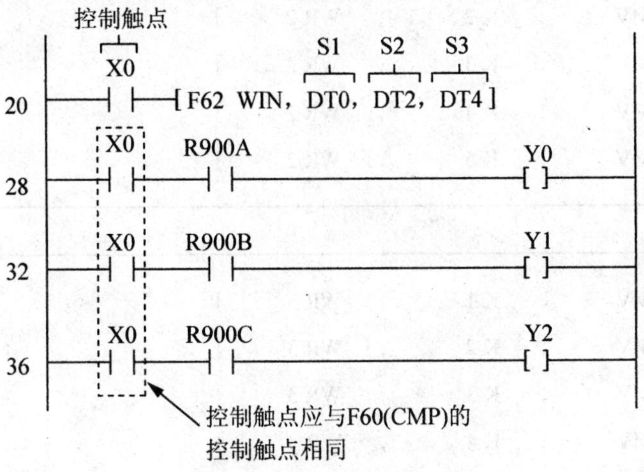

图 3.79　F62 指令举例

[说明] 当控制触点 X0 接通后，将数据寄存器 DT0 中的内容与数据寄存器 DT2 中的内容和 DT4 的内容进行比较。

(1) 当 DT0>DT4 时，R900A 为 ON，外部继电器 Y0 接通。

(2) 当 DT2≤DT0≤DT4 时，R900B 为 ON，外部继电器 Y1 接通。

(3) 当 DT0<DT2 时，R900C 为 ON，外部继电器 Y2 接通。

项目实现

有轨小车控制的 I/O 地址分配见表 3-17。

表 3-17　有轨小车控制 I/O 地址分配表

输入		输入		输出	
启动按钮 SB0	X0	位置开关 SQ5	X6	呼车指示灯	Y0
停止按钮 SB1	X1	呼车按钮 SB1	X7	小车左行	Y1

续表

输入		输入		输出	
位置开关 SQ1	X2	呼车按钮 SB2	X8	小车右行	Y2
位置开关 SQ2	X3	呼车按钮 SB3	X9		
位置开关 SQ3	X4	呼车按钮 SB4	XA		
位置开关 SQ4	X5	呼车按钮 SB5	XB		

根据控制要求利用数据传送指令及以前学过的基本指令编写的梯形图如图 3.80 所示。图中由主控继电器 MC0 完成小车位置编号的传送，由 MC1 完成按钮编号的传送。

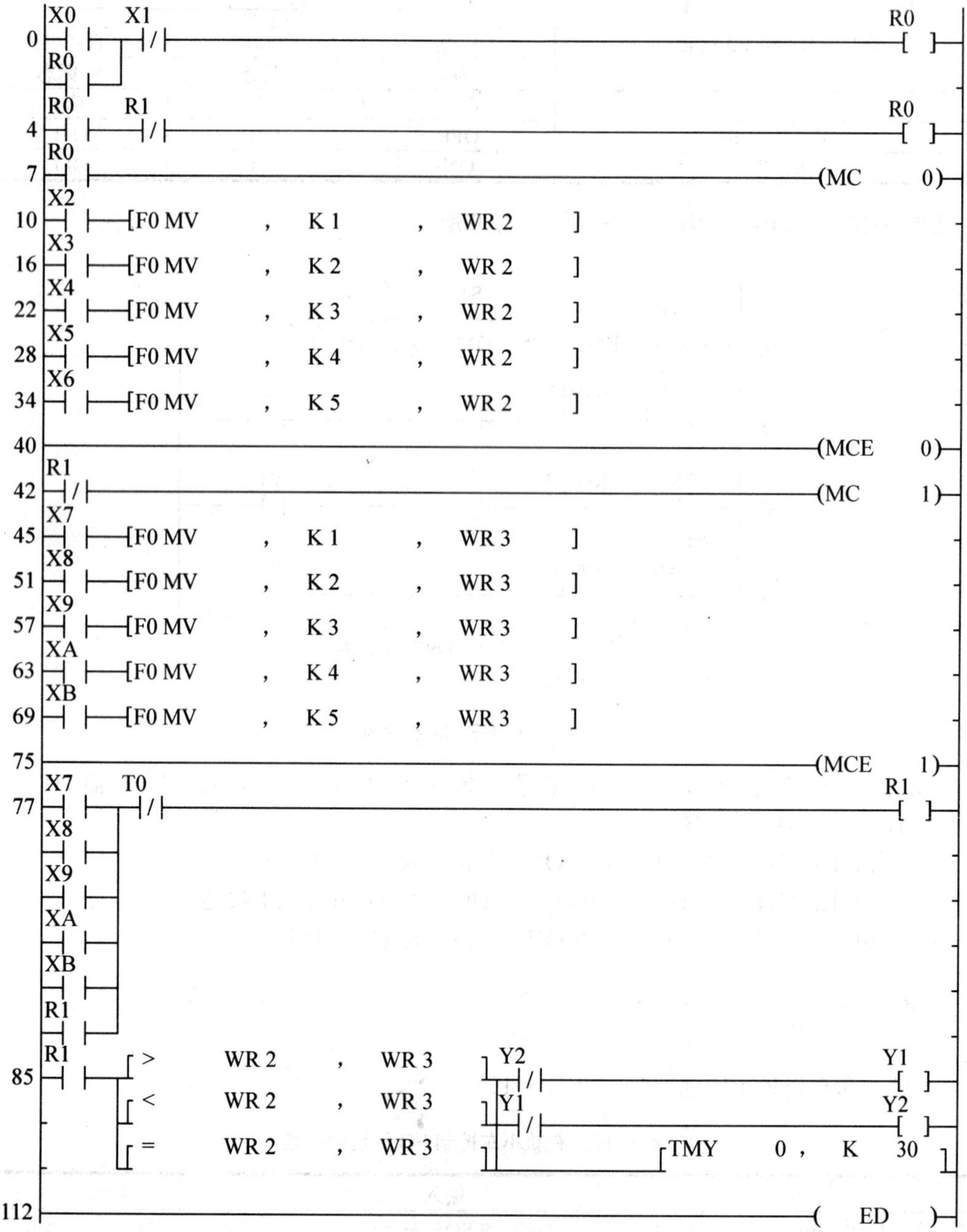

图 3.80 有轨小车控制梯形图

应用实例

1. 自动售货机控制要求

(1) 如图 3.81 所示的自动售货机只售 4 种商品。

(2) 该自动售货机可投入 10 元、5 元、1 元、5 角、1 角的人民币。

(3) 该自动售货机可退出 10 元、5 元、1 元、5 角、1 角的人民币。

(4) 当投入的人民币总额等于或超过某种商品的价格时，该商品的“选择”指示灯亮，若超过两种及以上时，相应商品的指示灯全亮。

(5) 当某种商品的“选择”指示灯亮时，按下该商品的“选择”按钮，则该种商品出现在取货口，消费者可自行取走，30s 后动作自动停止。

(6) 当消费者投入的人民币总额超过所需商品的价格时，售货机将剩余的人民币自动退出。

2. 自动售货机的 I/O 地址分配表见表 3-18。

表 3-18　自动售货机 I/O 地址分配表

输　入		输　出	
投入 1 角人民币	X0	1 号商品“选择”指示灯	Y0
投入 5 角人民币	X1	2 号商品“选择”指示灯	Y1
投入 1 元人民币	X2	3 号商品“选择”指示灯	Y2
投入 5 元人民币	X3	4 号商品“选择”指示灯	Y3
投入 10 元人民币	X4	1 号商品排出	Y4
1 号商品“选择”按钮	X5	2 号商品排出	Y5
2 号商品“选择”按钮	X6	3 号商品排出	Y6
3 号商品“选择”按钮	X7	4 号商品排出	Y7
4 号商品“选择”按钮	X8	退币 10 元	Y8
退币按钮	X9	退币 5 元	Y9
		退币 1 元	YA
		退币 5 角	YB
		退币 1 角	YC

注：表中的 1 号商品代表非常可乐；2 号为雪碧；3 号为可口可乐；4 号为野山力。

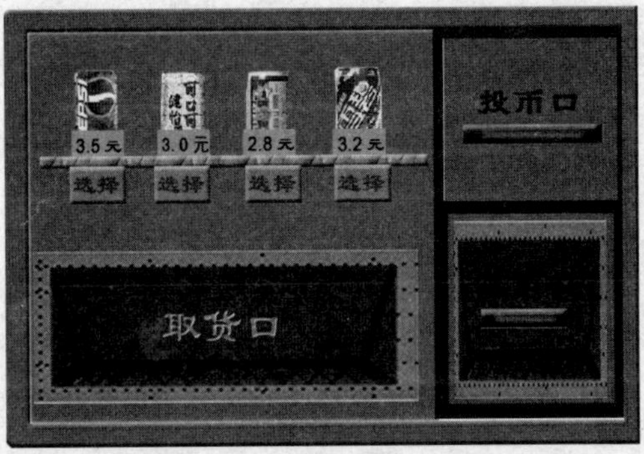

图 3.81　自动售货机示意图

3. 中间变量

(1) WR1—人民币的总额。
(2) WR2—1 号商品的价格。
(3) WR3—2 号商品的价格。
(4) WR4—3 号商品的价格。
(5) WR5—4 号商品的价格。

4. 梯形图

自动售货机的控制梯形图分为 5 部分，第一部分为系统初始化过程，如图 3.82 所示，通过运行初期闭合继电器 R9013 在第一次扫描时将相关数值传递给 WR1～WR5,赋值功能通过高级指令实现。

第二部分为投币过程，如图 3.83 所示，当投入一角时，相当于让 X0 接通，之所以用微分指令，就是要只在接通时检测一次，不能永远加下去。投入一角要使投币总额增加相同数值，是采用 16 位加法指令 F20 来实现的。投入 5 角、1 元、5 元、10 元的原理是一样的。

第三部分为价格比较过程，如图 3.84 所示，为了实现数据的实时比较，这里用了特殊内部继电器 R9010，在程序执行过程中，R9010 始终保持闭合。F60 是 16 位数据比较指令，用它来比较投币的总额和商品的价格，R900A 是大于标志，R900B 是等于标志。当余额大于等于某种商品的价格时，程序使相应的商品"选择"指示灯亮，表示可以购买该种商品。

第四部分为选择商品过程，如图 3.85 所示，当投入的币值可以购买某种商品时，按下相应的"选择"按钮，该商品即可出现在取货口，30s 后自行停止动作。同时，投币总额将扣除已消费的币值，接着余额继续与价格比较，判断能否继续购买，若还能继续购买，操作同上。

第五部分为退币过程，如图 3.86 所示，在退币过程中，最主要的是要完成退币的计算过程，根据结果输出相应的币值。考虑到在退币的过程中，有可能需要多次退相同数值的人民币，所以用了跳转指令 JP 和 LBL。当退币过程结束时，储存投币总额继电器 WR1 的值已经变为零了，系统等待下一次交易。

程序中人民币数值用分作单位，主要考虑 PLC 在运算过程中，计算小数时速度比较慢，所以将所有参与计算的数值都处理成整数。

```
  |R9013
 0|-| |---[F0 MV   ,  K 0    ,  WR 1   ]
  |       [F0 MV   ,  K 250  ,  WR 2   ]
  |       [F0 MV   ,  K 200  ,  WR 3   ]
  |       [F0 MV   ,  K 180  ,  WR 4   ]
  |       [F0 MV   ,  K 280  ,  WR 5   ]
```

图 3.82 自动售货机初始化梯形图

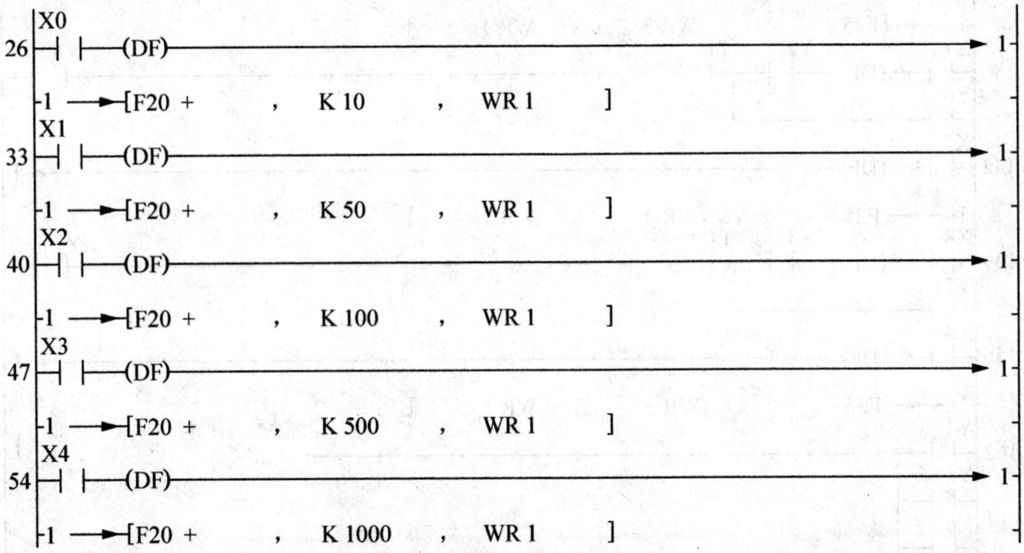

图 3.83　自动售货机投币过程梯形图

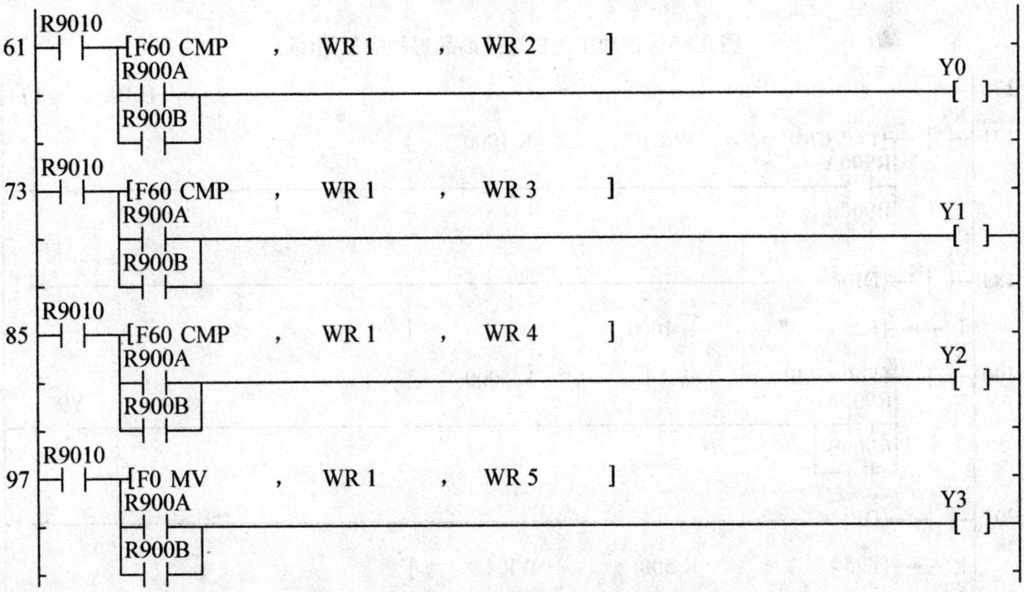

图 3.84　自动售货机价格比较过程梯形图

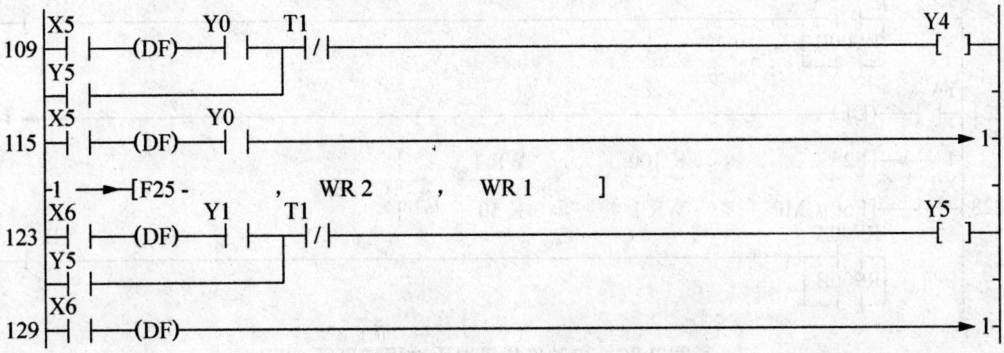

图 3.85　自动售货机选择商品过程梯形图

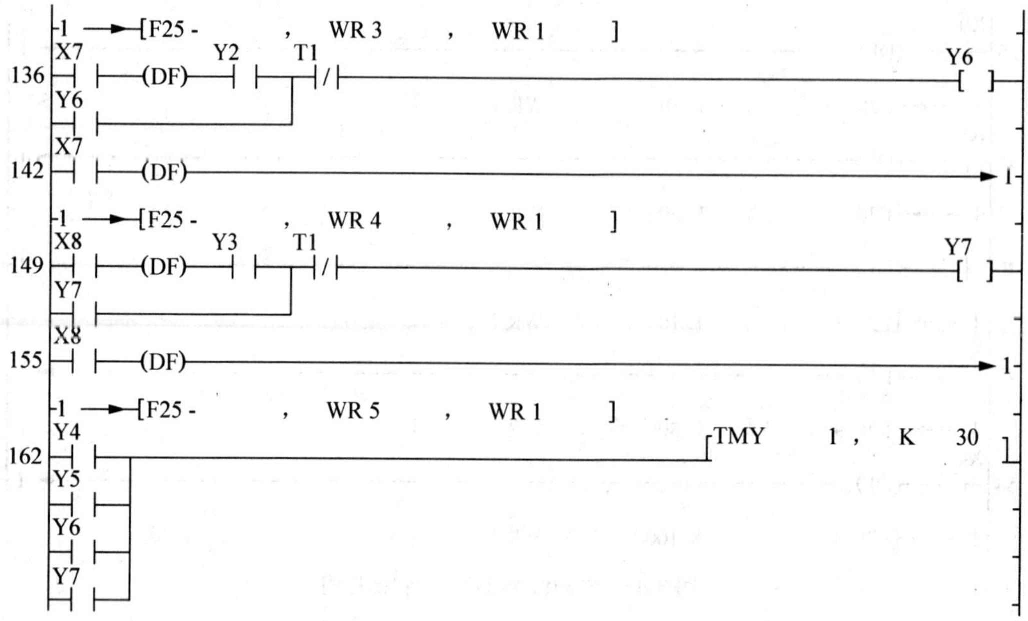

图 3.85　自动售货机选择商品过程梯形图(续)

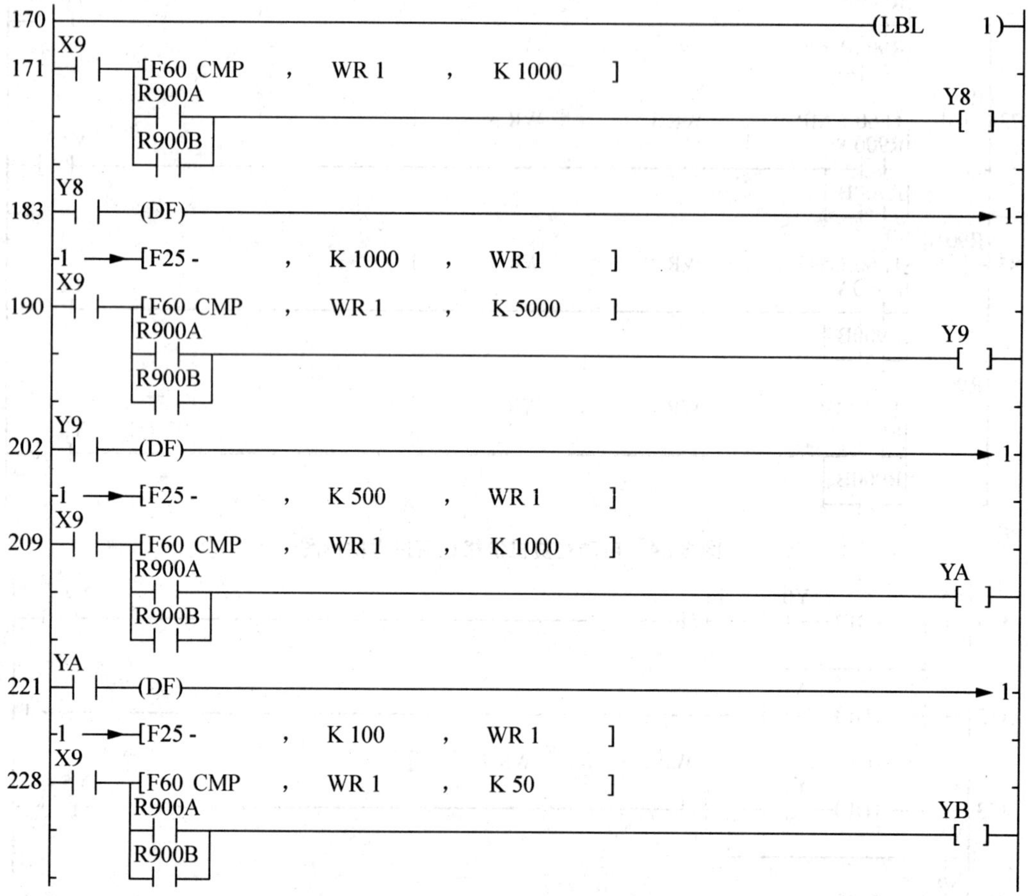

图 3.86　自动售货机退币过程梯形图

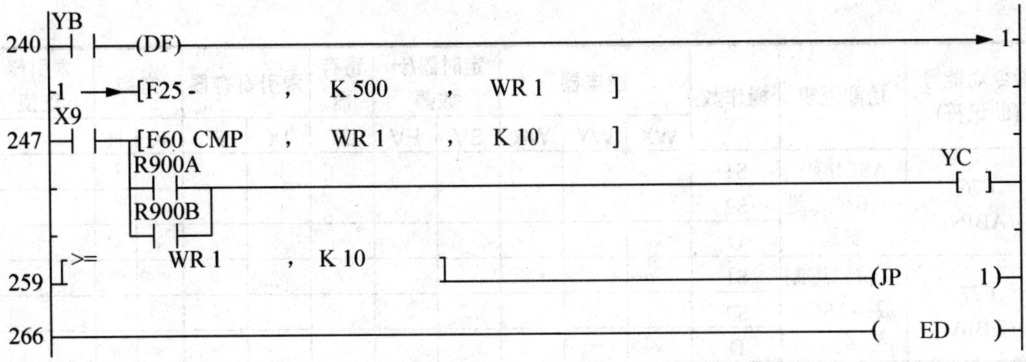

图 3.86 自动售货机退币过程梯形图(续)

知识拓展

1. 数据转换指令

数据转换指令包括各种数制、码制之间的相互转换，二进制、十六进制及 BCD 码数据同 ASCⅡ码之间的相互转换，二进制数据同 BCD 码之间的相互转换，指令较多。此外还有二进制数据的求反、求补、取绝对值，符号位的扩展等操作以及解码、编码、译码、数据分离，数据组合、数据查表等操作。通过这些指令，在程序中可以较好地解决 PLC 输入、输出的数据类型与内部运算的数据类型不一致的问题。数据转换指令及操作数见表 3-19。

表 3-19 数据转换指令及操作数

指令功能号(助记符)	功能说明	操作数	继电器			定时器/计数器		寄存器	索引寄存器		常数		索引修正值
			WX	WY	WR	SV	EV	DT	IX	IY	K	H	
F70 (BCC)	计算区块检查码并存放在 D 中	S1											
		S2							×	×	×	×	
		S3											
		D	×						×	×	×	×	
F71 (HEXA)	十六进制数→ASCII 码	S1											
		S2											
		D	×						×	×	×	×	
F72 (AHEX)	ASCII 码→十六进制数	S1							×	×	×	×	
		S2											
		D	×						×	×	×	×	
F73 (BCDA)	4 位 BCD 码→ASCII 码	S1							×	×	×	×	
		S2											
		D	×						×	×	×	×	
F74 (ABCD)	ASCII 码→4 位 BCD 码	S1											
		S2											
		D	×						×	×	×	×	
F75 (BINA)	16 位二进制数→ASCII 码	S1											
		S2											
		D	×						×	×	×	×	

续表

指令功能号(助记符)	功能说明	操作数	继电器			定时器/计数器		寄存器	索引寄存器		常数		索引修正值
			WX	WY	WR	SV	EV	DT	IX	IY	K	H	
F76 (ABIN)	ASCII 码→16 位二进制数	S1							×	×	×	×	
		S2											
		D	×						×	×	×	×	
F77 (DBIA)	32 位二进制数→ASCII 码	S1								×			
		S2								×			
		D	×						×	×	×	×	
F78 (DBIA)	ASCII 码→32 位二进制数	S1							×	×	×	×	
		S2											
		D	×						×	×	×	×	
F80 (BCD)	16 位二进制数→4 位 BCD 码	S											
		D	×								×	×	
F81 (BIN)	4 位 BCD 码→16 位二进制数	S											
		D	×								×	×	
F 82 (DBCD)	32 位二进制数→8 位 BCD 码	S								×			
		D	×							×	×	×	
F83 (DBIN)	8 位 BCD 码→32 位二进制数	S								×			
		D	×							×	×	×	
F84 (INV)	16 位二进制数求反	D	×								×	×	
F85 (NEG)	16 位二进制数求补	D	×								×	×	
F86 (DNEG)	32 位二进制数求补	D	×							×	×	×	
F87 (ABS)	16 位二进制数取绝对值	D	×								×	×	
F88 (DABS)	32 位二进制数取绝对值	D	×								×	×	
F89 (EXT)	16 位数据符号位扩展	D	×							×	×	×	
F90 (DECO)	指定数据解码	S											
		n											
		D	×								×	×	
F91 (SEGT)	16 位数据七段显示解码	S											
		D	×							×	×	×	
F92 (ENCO)	指定数据编码	S											
		n											
		D	×							×	×		

续表

指令功能号(助记符)	功能说明	操作数	继电器			定时器/计数器		寄存器	索引寄存器		常数		索引修正值
			WX	WY	WR	SV	EV	DT	IX	IY	K	H	
F93 (UNIT)	16位数据组合	S							×	×	×	×	
		n											
		D	×								×	×	
F94 (DIST)	16位数据分离	S											
		n											
		D	×						×	×	×	×	
F95 (ASC)	字符→ASCII码	S	×	×	×	×	×	×	×	×	×		×
		D	×							×	×	×	
F96 (SRC)	32位表数据查找	S1											
		S2	×						×	×	×	×	
		S3	×						×	×	×	×	

2. 数据移位指令

FP1 高级指令系统中包含了位、字以及字段的左/右移位指令，共有 16 位数据的左/右移位、4 位 BCD 码的左/右移位、字数据的左/右移位、16 位数据的左/右循环移位等 12 条指令见表 3-20。

表 3-20　数据移位指令及操作数

指令功能号(助记符)	功能说明	操作数	继电器			定时器/计数器		寄存器	索引寄存器		常数		索引修正值
			WX	WY	WR	SV	EV	DT	IX	IY	K	H	
F100 (SHR)	16 位数据右移 n 位	D	×								×	×	
		n											
F101 (SHL)	16 位数据左移 n 位	D	×								×	×	
		n											
F105 (BSR)	16位数据右移一个十六进制位	D	×								×	×	
F106 (BSL)	16位数据左移一个十六进制位	D	×								×	×	
F110 (WSHR)	16位数据区右移一个字	D1 S	×						×	×	×	×	
		D2	×						×	×	×	×	
F111 (WSHL)	16位数据区左移一个字	D1	×						×	×	×	×	
		D2	×						×	×	×	×	
F112 (WBSR)	16位数据区右移一个十六进制位	D1	×						×	×	×	×	
		D2	×						×	×	×	×	

续表

指令功能号（助记符）	功能说明	操作数	继电器			定时器/计数器		寄存器	索引寄存器		常数		索引修正值
			WX	WY	WR	SV	EV	DT	IX	IY	K	H	
F113 (WBSL)	16位数据区左移一个十六进制位	D1	×						×	×	×	×	
		D2	×						×	×	×	×	
F118 (UDC)	可逆计数器	S	×						×	×	×	×	
		D	×						×	×	×	×	
F119 (LRSR)	左右移位	D1	×						×	×	×	×	
		D2	×						×	×	×	×	
F120 (ROR)	16位数据循环右移n位	D1	×								×	×	
		n											
F121 (ROL)	16位数据循环左移n位	D	×								×	×	
		n											
F122 (RCR)	16位数据带进位标志循环右移 n位	D	×								×	×	
		n										×	
F123 (RCL)	16位数据带进位标志循环左移 n位	D	×								×	×	
		n											

3. 位操作指令

位操作就是指被操作的对象不是字，而是字中的某一位或几位。FP1 系列 PLC 具有较强的位操作功能，可以根据 16 位数据的位置位(置 1)、位复位(清 0)、位求反及位测试，还可以计算 16 位或 32 位数据中位值为“1”的位数。位操作指令共有 6 条，见表 3-21。

表 3-21　位操作指令及操作数

指令功能号（助记符）	功能说明	操作数	继电器			定时器计数器		寄存器	索引寄存器		常数		索引修正值
			WX	WY	WR	SV	EV	DT	IX	IY	K	H	
F130 (BTS)	16 位数据中某一位置位	D	×								×	×	
		n											
F131 (BTR)	16 位数据中某一位复位	D	×								×	×	
		n	×										
F132 (BTI)	16 位数据中某一位求反	D	×								×	×	
		n											
F133 (BTT)	测试 16 位数据中某一位的状态是为“0”还是“1”	D	×								×	×	
		n										×	
F135 (BCU)	统计 16 位数据中“1”的位数	S											
		D	×								×	×	
F136 (DBCU)	统计 32 位数据中“1”的位数	S								×			
		D	×							×	×	×	

4. 特殊指令

FP1 系列 PLC 除具有上述高级指令外，还包括一些能完成某些特定功能的指令，如完成进位标志位的置位、清零、串行通信、并行打印输出等功能的指令，见表 3-22。

表 3-22　特殊指令及操作数

指令功能号(助记符)	功能说明	操作数	继电器			定时器计数器		寄存器	索引寄存器		常数		索引修正值
			WR	WY	WR	SV	EV	DT	IX	IY	K	H	
F137(STMR)	辅助定时器												
F138(HMSS)	时/分/秒数据→秒数据	S								×	×	×	
		D	×							×	×	×	
F139(SHMS)	秒数据→时/分/秒数据	S								×	×	×	
		D	×							×	×	×	
F140(STC)	进位标志位(R9009)置位		未用										
F141(CLC)	进位标志位(R9009)复位		未用										
F143(IORF)	刷新部分 I/O	D1		×	×	×	×	×	×	×	×	×	
		D2		×	×	×	×	×	×	×	×	×	
F144(TRNS)	串行口数据通信	S	×	×	×	×	×		×	×	×	×	
		n											
F147(PR)	并行打印输出	S							×	×	×	×	
		D	×		×	×	×	×	×	×	×	×	
F148(ERR)	自诊断错误代码设定	n	×	×	×	×	×	×	×	×	×		
F149(MSG)	屏幕显示指定的字符信息	S	×	×	×	×	×	×	×	×	M*		
F157(CADD)	时间累加:(S1+2,S1+1,S1)+(S2+1,S2)→(D+2,D+1,D)	S1							×	×	×	×	
		S2								×			
		D	×						×	×	×	×	
F158(CSUB)	时间累减:(S1+2,S1+1,S1)-(S2+1,S2)→(D+2,D+1,D)	S1							×	×	×	×	
		S2								×			
		D	×						×	×	×	×	

*：以 M 开始的字符常数。

项 目 小 结

本项目主要介绍松下FP1系列PLC的比较指令和高级指令，比较指令主要用于对两个数据进行比较，根据比较的结果决定触点通与断；高级指令主要解决在PLC编程中所需要的数据的传输、运算、转换及比较等问题。重点掌握单字比较指令及高级指令中的数据传输与运算指令。

复习思考题

1. 比较指令由哪几部分组成？
2. 使用比较指令时应注意哪些事项？
3. 高级指令分哪几种类型？
4. 利用定时器和比较指令编写梯形图程序，完成如下控制任务：当按下启动按钮时，输出继电器Y0～Y3相隔10s依次亮；当按下停止按钮时，Y0～Y3同时停止。
5. 用算术运算指令完成算式：25+46×96÷32的计算。

项目3.5　PLC FPWIN-GR编程软件及应用

项目目标

1. 利用PLC FPWIN-GR软件的编辑功能将编制好的PLC梯形图程序输入到计算机中。
2. 能利用软件的设置功能完成对文字大小、梯形图符号、注释、背景、触点、线圈、寄存器的设置。
3. 熟练掌握计算机与PLC进行的程序转换操作。
4. 能利用监控功能对触点、线圈、寄存器以及时序图实现监控操作。

项目内容

FPWIN-GR软件采用的是典型的Windows界面，具有中、英文两种版本。

用电脑编写PLC程序是目前广泛采用的主要方式，因此本项目的重点是介绍松下PLC FPWIN-GR编程软件及应用。

一、安装软件

松下 PLC 编程软件 FPWIN-GR 的安装很简单，只要运行厂家提供的安装光盘中的Setup.exe，并输入序列号，然后按部就班地操作，就可完成安装。

二、运行软件

1. 启动程序

启动软件的快速通道是直接双击桌面上的 FPWIN-GR 快捷图标。首先出现如图 3.87 所示画面，如果已有编好的 PLC 程序，则可选择【打开已有文件】；如果事先已下载到 PLC 中，则可选择【由 PLC 上载】，这样可在联机后将 PLC 中的程序上传。一般都是没有程序，所以大多数情况下都是选择【创建新文件】。

2. 选择机型

在选择【创建新文件】后，软件要求选择 PLC 机型如图 3.88 所示。注意，手中所拥有的 PLC 型号应根据所在装置的 PLC 机型进行对号选择，否则可能不能用。

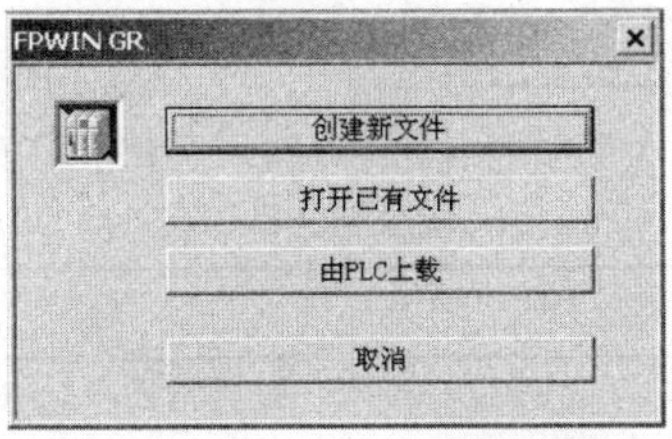

图 3.87　FPWIN-GR 软件的启动画面

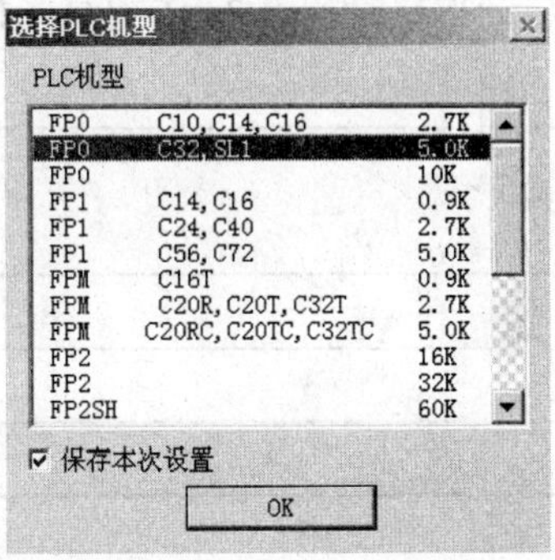

图 3.88　［选择 PLC 机型］对话框

3. FPWIN-GR 操作界面

FPWIN-GR 的操作界面如图 3.89 所示，对操作界面中几个主要栏目的作用作如下介绍。

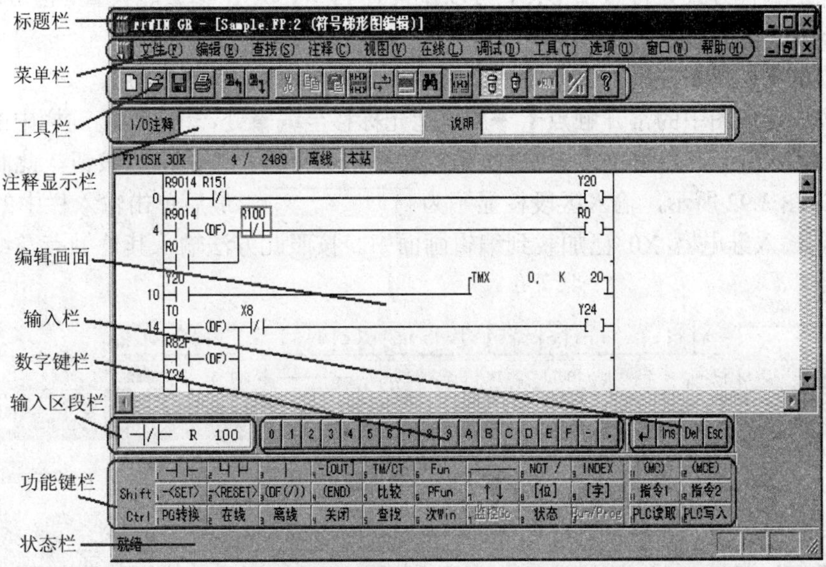

图 3.89　FPWIN-GR 的操作界面

(1) 菜单栏：罗列了 PLC 编程软件中各菜单命令。

(2) 工具栏：提供了常见命令的快捷操作方式。

(3) 注释显示栏：显示光标所在位置的设备或指令所附带的注释。

(4) 功能键栏：利用鼠标或按功能键，可选择所需的指令或功能。

(5) 编辑画面：如果程序显示区内呈灰色，这表明需要进行程序转换，可单击功能键栏中的【PG 转换】按钮，或者按 Ctrl+F1 组合键。

二、输入程序

在选择 PLC 机型且进入 PLC 编程环境后，注意光标在程序显示区段的最左上角，按如下步骤输入图 3.90 所示的梯形图程序。该程序的功能是利用 PLC 控制红、黄、绿 3 只彩灯在按下启动按钮时相隔 3s 依次亮，按下停止按钮时同时停止。

图 3.90 梯形图输入举例

(1) 确定编程方式为符号梯形图，可以在设置 FPWIN-GR 参数时设置，也可以通过【视图】菜单设置。

(2) 通过【视图】菜单，打开各种工具栏，以备编程或监控时使用。

(3) 输入梯形图中的常开触点┤ ├X0。把光标移至编辑处，单击功能键栏中的┤├按钮，如图 3.91 所示。然后单击 X 按钮，并单击数字键栏中的 0 按钮，此时常用工具栏的状态如图 3.92 所示，输入区段栏显示为┤├ X 0。最后单击输入栏中的↵按钮，应能观察到输入继电器 X0 已加载到编辑画面中。按照此方法输入其他触点及线圈的梯形图符号。

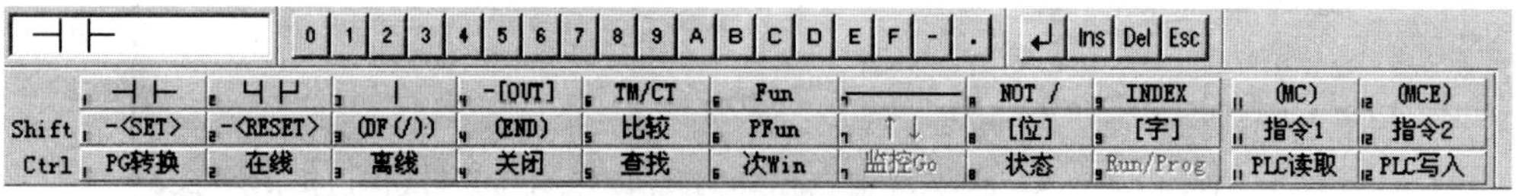

图 3.91 功能键栏

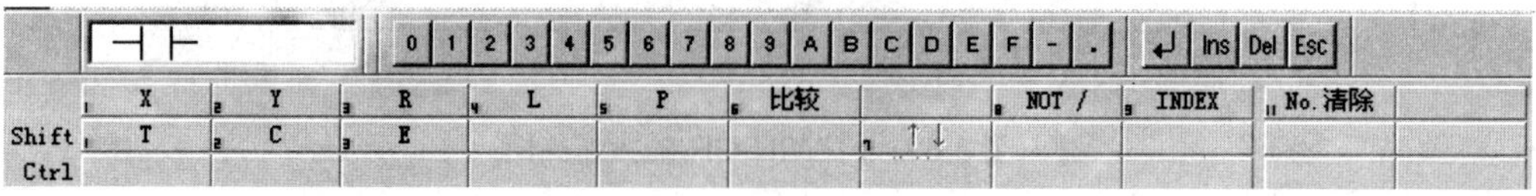

图 3.92 功能键栏下一级界面

(4) 输入梯形图中的定时器指令。选择功能键 F5 或单击功能键栏中的 TM/CT 按钮，将显示如图 3.93 所示的定时器/计数器指令界面。单击图 3.93 中的 TMY 按钮，再选择对应的定时器编号并在图 3.94 中选择十进制 K 和相应的延时时间即可。

图 3.93　定时器/计数器指令界面

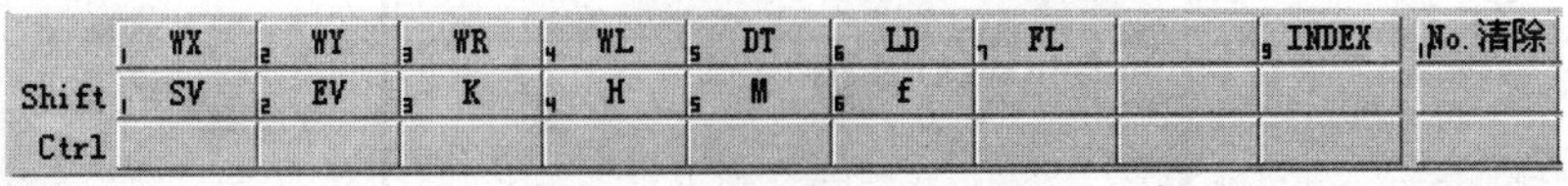

图 3.94　定时器的指令参数

(5) 常用编辑方法。

① 删除梯形图符号、连线。将光标移到一个梯形图符号或指令上，单击输入栏中的Del按钮或右击，在弹出的快捷菜单中选择【删除】命令，或按键盘上 Del 键即可，此时光标处的位值变为空白，可以加入其他指令。

当删除横线时，进行与删除梯形图符号同样的操作即可完成；删除竖线时，将光标移至“｜”(竖线)的右侧，再单击【｜】(竖线)按钮即可。

② 修改梯形图符号。把光标移至需要修改的梯形图符号上重新输入新的指令即可。

③ 插入梯形图符号。当需要在一个梯形图符号之前插入另一个梯形图符号时，将光标移至此梯形图符号上，输入所需插入的梯形图符号，然后单击输入栏中的 Ins 按钮即可；如果需要在一个梯形图符号之后插入另一个梯形图符号时，将光标移至此梯形图符号上，输入插入的梯形图符号然后按键盘中的 Shift 键+单击输入栏中的 Ins 按钮即可。

④ 插入空行。插入空行有下列 4 种操作方法可以完成。

◆ 在菜单栏里选择【编辑】中的【插入空行】命令。

◆ 单击工具栏中的图标。

◆ 利用键盘操作，按 Ctrl 键，同时按 Insert 键。

◆ 在梯形图编辑画面中右击然后从弹出的菜单单击中选择【插入空行】命令。

(6) 输入高级指令。首先单击功能键栏中的 Fun 按钮，打开如图 3.95 所示的【高级指令表】对话框，选择所需指令后，单击 OK 按钮，编辑区和功能键栏的变化如图 3.96 所示，然后在常用工具栏中选择相应的常数和寄存器后，单击按钮确认即可。

(7) 输入其他指令。

在图 3.91 所示的功能键栏中没有列出所有的指令，如果使用其他指令，可以单击功能键栏中的【指令 1】或【指令 2】按钮，打开如图 3.97 所示的添加指令对话框，选择需要的指令后，单击 OK 按钮即可将指令添加到功能键栏中。

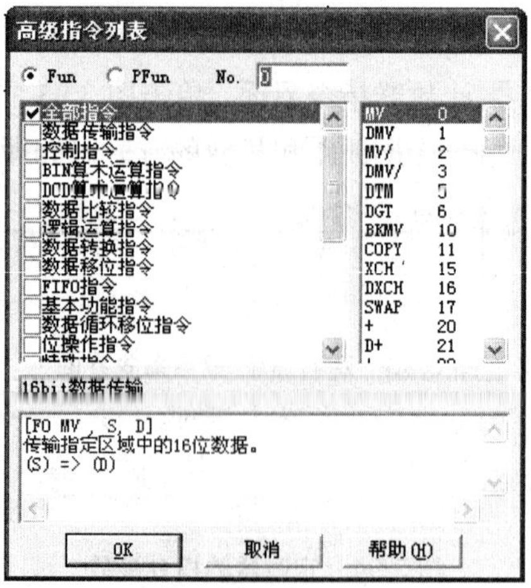

图 3.95 【高级指令表】对话框

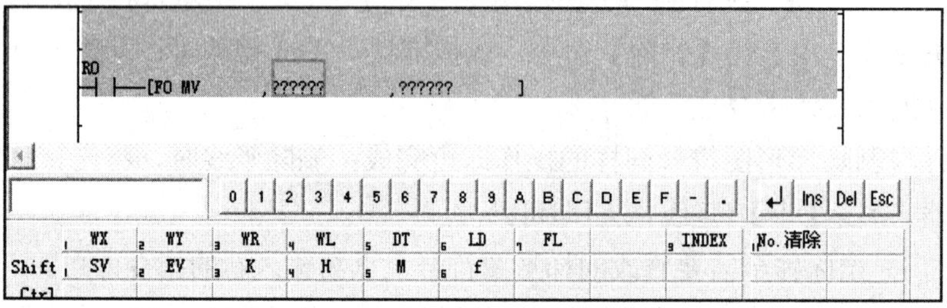

图 3.96 输入高级指令后的工作界面

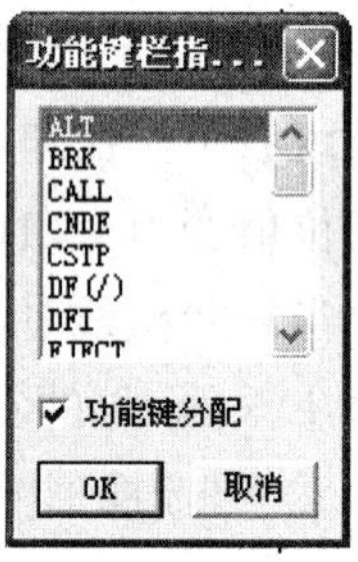

图 3.97 添加指令对话框

(8) 程序转换。程序区段栏内呈灰色，这表明需要进行程序转换，可单击功能键栏中的【PG 转换】按钮，或者按 Ctrl+F1 组合键，完成程序转换。

(9)程序保存。选择【文件】菜单中的【保存】命令，以“编程练习 1”作为文件名保存刚才输入的程序，注意松下 PLC 程序的格式是*.fp。

在编写程序实现指令输入的过程中，一般有如下几种操作方式。

① 单击功能键栏中的按钮实现指令输入。

② 用功能键 F1～F12 实现指令输入。

③ 用功能键 F1～F12 与 Shift 的组合实现指令输入。

④ 用功能键 F1～F12 与 Ctrl 的组合实现“在线”等常用功能。

四、PLC 和计算机联机工作

(1) 输入完“编程练习 1”并保存好。

(2) 用编程电缆将 PLC 装置和计算机通过编程接口连好。

(3) 接通 PLC 电源。

(4) 练习下载。将程序从计算机中下载到 PLC 中有下列 3 种操作方法。

① 单击工具栏中的按钮。

② 选择菜单栏【文件】中的【下载到 PLC】命令。

③ 在功能键栏中单击【PLC 写入】按钮。

(5) 练习上传。将程序从 PLC 中上传到计算机中也是有下列 3 种方法。

① 单击工具栏中的按钮；

② 选择菜单栏【文件】中的【由 PLC 上载】命令。

③ 在功能键栏中单击【PLC 读取】按钮。

在下载或上传过程中，如果能看到提示的进度条，说明 PLC 和计算机能正常联机工作。

相关知识

一、注释功能

任何简单的程序，即使是自己编写的，如果不加注释，时间长了都不容易记住这个程序的功能、程序中某个变量所代表的含义，这种程序可读性差，不易交流和维护。使用 PLC 的注释功能，可以增加 PLC 程序的可读性，方便维护。图 3.98 是添加注释功能后并选择【视图】菜单中的【显示注释】命令后所显示的效果图。没添加注释或者添加注释但没选取【显示注释】功能的效果图如图 3.92 所示。

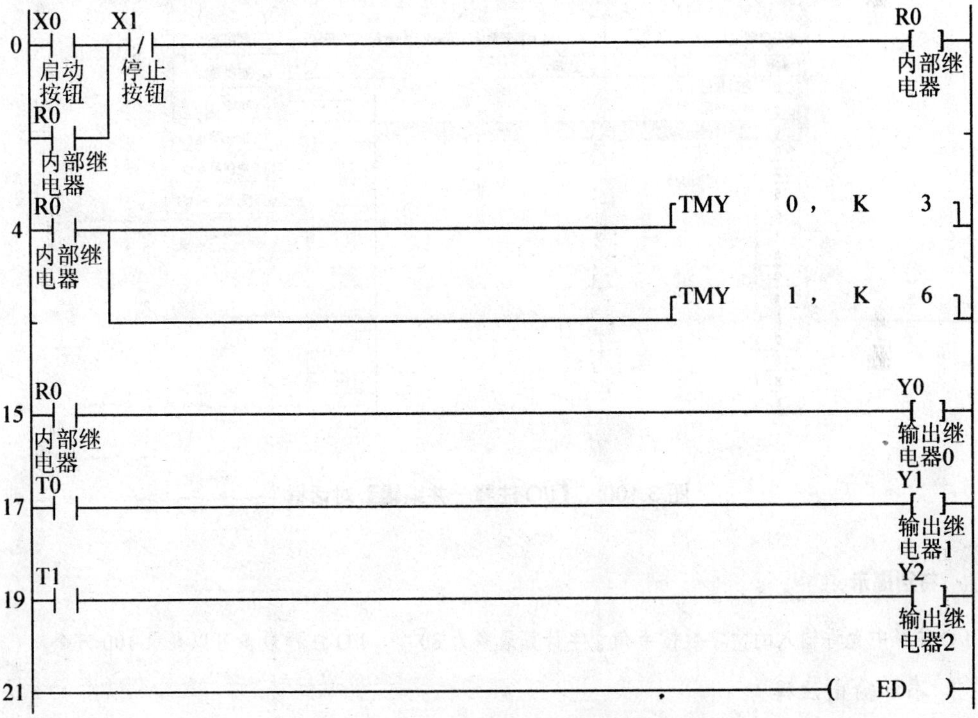

图 3.98 PLC 程序添加注释的显示效果

1. 添加 I/O 注释

在编辑画面中，向当前所显示的触点、线圈、操作数梯形图指令中输入注释，这种注释被称为 I/O 注释。

输入 I/O 注释的方法有以下 3 种。

(1) 利用菜单栏操作：选择菜单栏【注释】菜单中的【I/O 注释】命令。

(2) 利用键盘操作：按 Ctrl+I 组合键。

上述两种方法操作后，画面将显示出如图 3.99 所示的对话框。在对话框的空白处，对选定的输入输出设备输入注释。

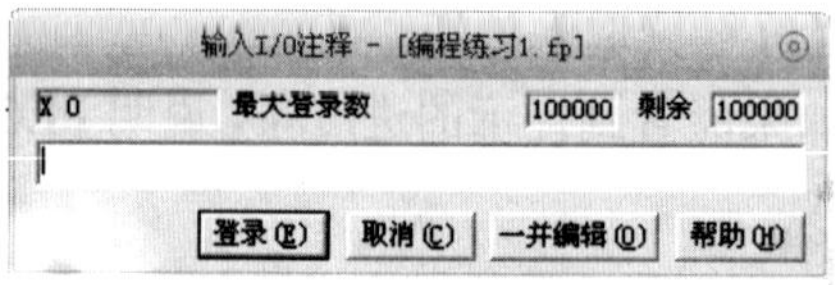

图 3.99 【输入 I/O 注释】对话框

(3) 利用鼠标操作：在注释显示栏中的【I/O 注释】栏内输入所要注释的内容。

在输入完 I/O 注释内容后，按键盘中的 Enter 键或单击图 3.99 中的【登录】按钮后，I/O 注释将被输入，同时对话框被关闭。如果要添加的注释多，可单击图 3.99 中的【一并编辑】按钮，将弹出如图 3.100 所示的对话框。在这个对话框中，如果要改变设备类型，可修改对话框左上角的设备类型栏中的内容，在此框中添加注释时，要在光标位于注释列的状态下输入注释。

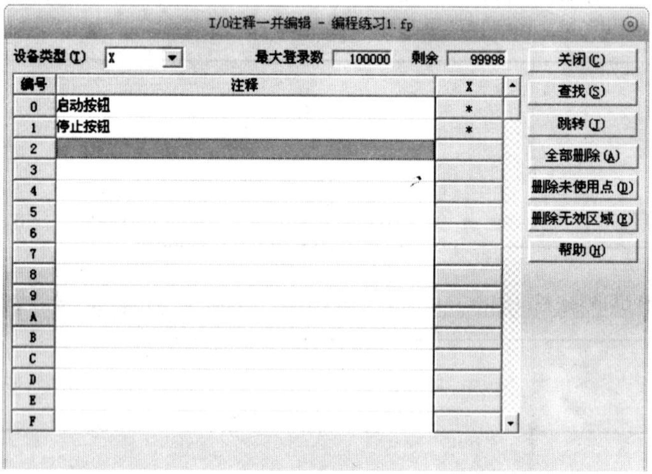

图 3.100 【I/O 注释一并编辑】对话框

特别提示

I/O 注释中允许输入的文字数按半角文字计算最多为 80 个，I/O 注释最多可以登录 100 万个。

2. 添加输出注释

在编辑画面中，向当前所显示的输出继电器输入注释，这种注释被称为“说明”。在“说明”中允许输入的文字数按半角文字计算最多为 80 个，“说明”最多可以登录 5000 个。

输入“说明”的方法有以下 3 种方法。

(1) 利用菜单栏操作：选择菜单栏【注释】菜单中的【输入说明】命令。

(2) 利用键盘操作：按 Ctrl+R 组合键。

上述两种方法操作后，画面将显示出如图 3.101 所示的对话框。在对话框的空白处输入需要说明的内容。

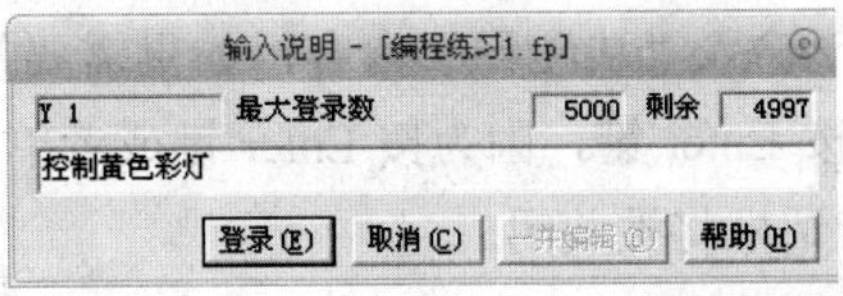

图 3.101　【输入说明】对话框

(3) 利用鼠标操作：在注释显示栏中的【说明】栏内输入所要说明的内容。

在输入完说明的内容后，按键盘中的 Enter 键或单击图 3.101 中的【登录】按钮后，说明内容将被输入，同时对话框被关闭。添加输出注释后的效果如图 3.102 所示。

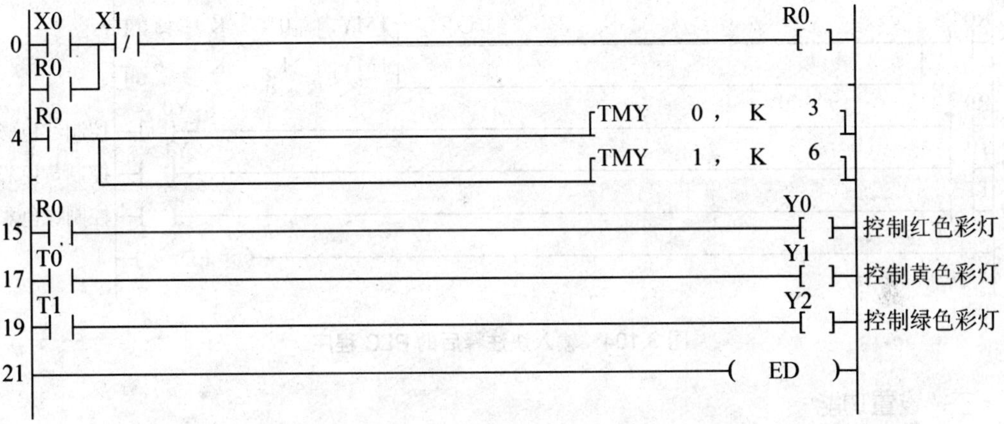

图 3.102　PLC 程序添加输出注释的显示效果

3. 添加块注释

在编辑画面中的各程序块的开头输入注释，这种注释被称为“块注释”。

“块注释”中，允许输入的文字数按半角文字计算每行最多为 80 个。“块注释”在一处最多可以登录 132 行，在一个程序中最多可以登录 5 000 行。在隐藏注释模式时，“块注释”以 4 行为单位显示最开始的两行内容。

添加“块注释”的步骤是：首先将光标移动到要输入“块注释”的程序的开头(如果不将光标移动到程序块的开头，就无法输入“块注释”)。然后利用下面两种方法得到【块注释】对话框。

① 利用菜单栏操作：选择菜单栏【注释】菜单中的【输入块注释】命令。

② 利用键盘操作：按 Ctrl+B 组合键。

上述两种方法操作后显示的对话框如图 3.103 所示。

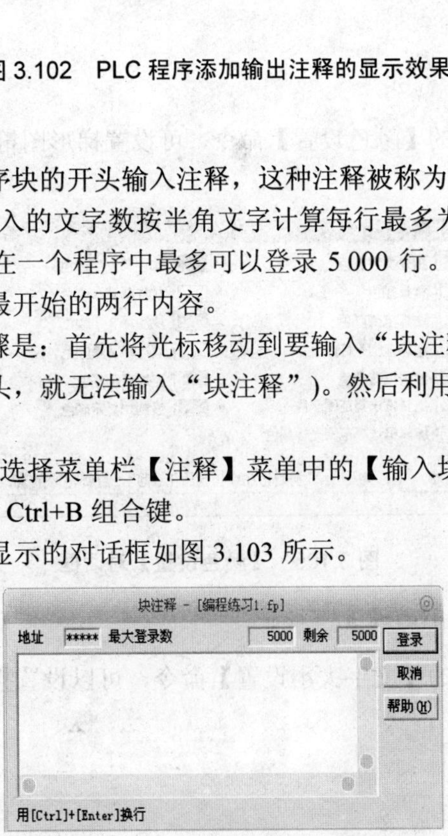

图 3.103　【块注释】对话框

在图 3.103 的空白处，输入“块注释”内容，如果需要换行时，记住一定要同时按 Ctrl+Enter 组合键，而不要按 Enter 键，因为按 Enter 键或者单击【登录】按钮，表示“块注释”内容已输入完毕，对话框将被关闭。

输入块注释后的 PLC 程序如图 3.104 所示。

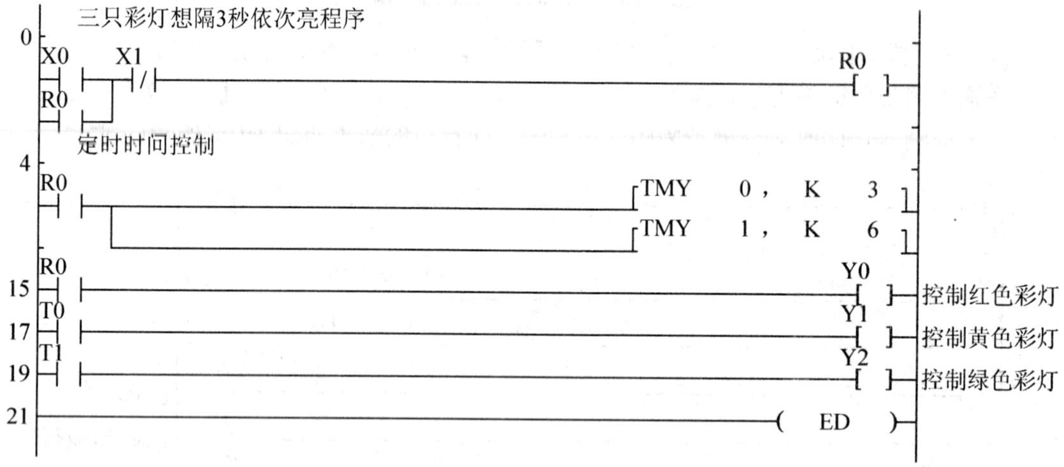

图 3.104 输入块注释后的 PLC 程序

二、设置功能

1. 颜色设置

选择【视图】菜单下的【颜色设置】命令，可设置梯形图符号、注释、背景等的颜色，如图 3.105 所示。

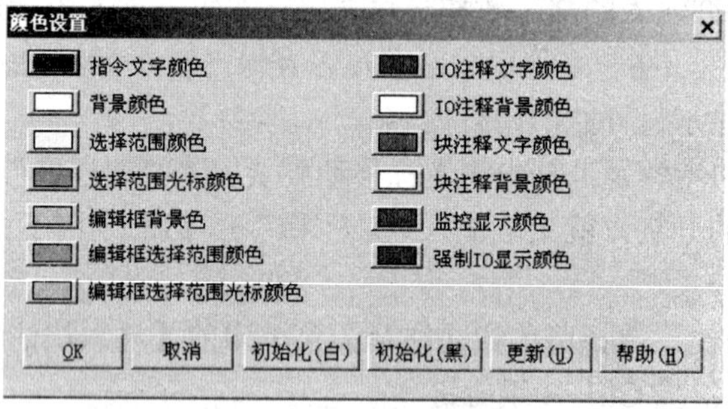

图 3.105 【颜色设置】对话框

2. 指令及注释文字大小的设置

选择【视图】菜单下的【文字大小设置】命令，可以设置指令及注释文字的大小，如图 3.106 所示。

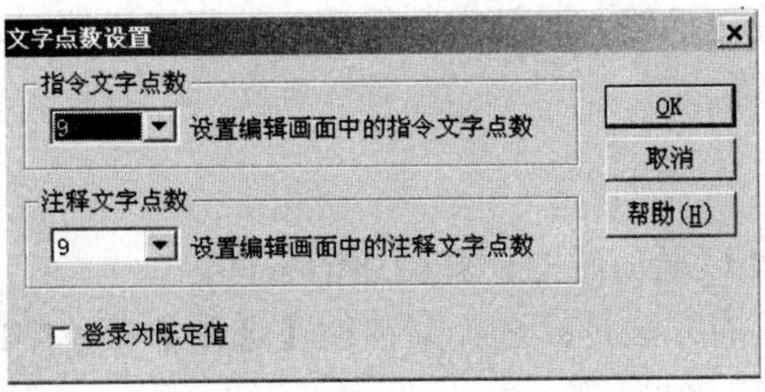

图 3.106　文字大小设置

3. 热功能键设置

选择【选项】菜单下的【用户定义键】命令，可以设置热功能键，如图 3.107 所示。

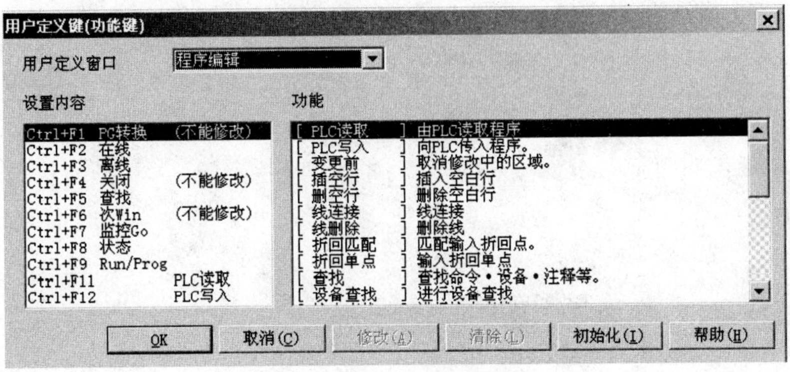

图 3.107　热功能键设置

4. PLC 系统寄存器设置

本功能用于对写入 PLC 系统寄存器的项目进行设置。在“离线”状态下，对画面中当前显示的寄存器各项目内容进行修改；在“在线”状态下，同时也将各项目写入 PLC 内部的系统寄存器中。

激活系统寄存器设置对话框的方法是：选择菜单栏【选项】菜单中的【设置 PLC 系统寄存器】命令，出现如图 3.108 所示的机器默认对话框。

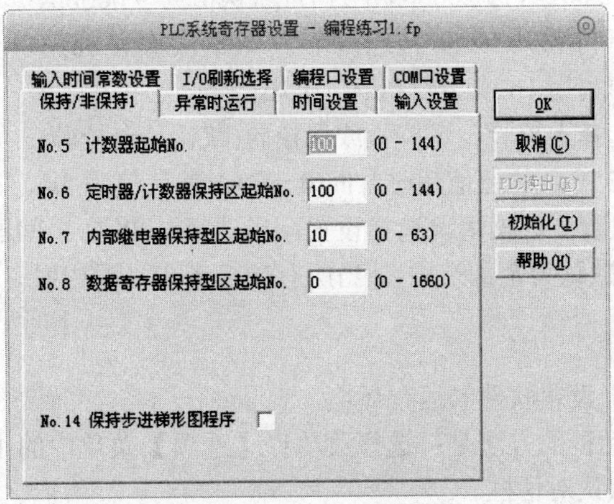

图 3.108　【PLC 系统寄存器设置】对话框

PLC系统寄存器设置包括输入时间常数设置、编程口设置、COM口设置、时间设置、输入设置、I/O刷新选择等。

5. 通信设置

本功能主要设置与PLC通信时的计算机通信条件。

激活通信设置对话框的方法是：选择菜单栏【选项】菜单中的【通信设置】命令，出现如图3.109所示的默认对话框。

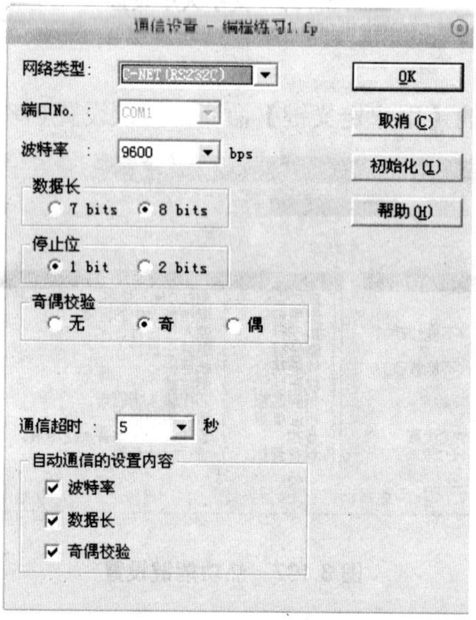

图3.109　【通信设置】对话框

本软件中可以设置3种类型的通信，即C-NET(RS232C)、以太网和调制解调器通信。(默认设置为C-NET(RS232C)。)

PLC通信设置的条件如下。

(1) 通信端口：在COM1～COM5中选择(默认值为COM1)。

(2) 波特率：在1 200～115 200bps中选择(默认值为9 600bps)。

(3) 数据长：选择利用7b或8b传送一个字节(默认值为8b)。

(4) 停止位：选择利用1b或2b(默认值为1b)。

(5) 奇偶校验：选择无校验、奇校验或偶校验(默认为奇校验)。

(6) 超时：设置与PLC的通信超时时间(0～60s)(默认值为5s)。

(7) 自动通信的设置：根据情况选择设置，当选择与PLC之间的通信条件不同时，需查找相符条件的项目(默认为全部选中)，当所有项目都未被选中时，不自动查找通信条件。

6. 环境设置

环境设置功能用于设置软件的运行环境。

激活环境设置对话框的方法是：选择菜单栏【选项】菜单中的【环境设置】命令，出现如图3.110所示的默认对话框。

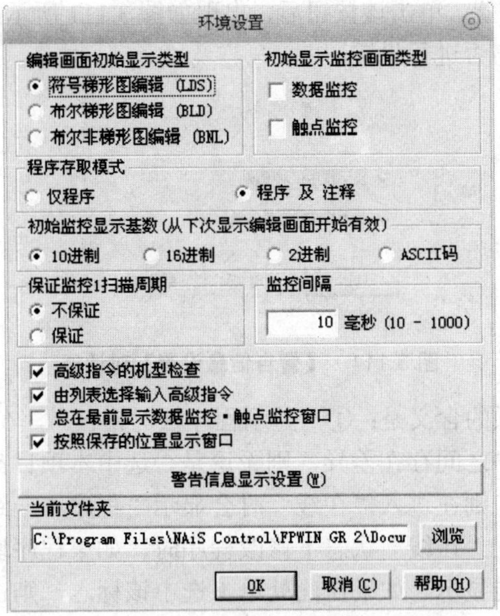

图 3.110 【环境设置】对话框

【环境设置】对话框中相关项目的功能介绍如下。

(1) 编辑画面初始显示类型。当新创建程序或从文件中读出或由 PLC 上载程序时，编辑画面中最初的编辑模式由此决定。该栏目中有“符号梯形图编辑(LDS)”、“布尔梯形图编辑(BLD)”、“布尔非梯形图编辑(BNL)”3 种编辑模式可供选择，一般默认模式是“符号梯形图编辑(LDS)”。

(2) 初始显示监控画面类型。新创建程序或从文件中读出或由 PLC 上载程序时，最初开始需要显示的数据监控窗口或触点监控窗口，一般默认模式是全空。

(3) 程序存取模式。此功能用于上载/下载或清除程序时，选择是仅以程序为操作对象还是同时对程序和注释进行操作。一般默认模式是“程序及注释”。

(4) 初始监控显示基数。设置监控开始时的初始显示基数，一般默认值是“10 进制”。

(5) 保证监控 1 扫描周期。每次扫描监控设置为【保证】以后，对 PLC 的梯形图进行数据、触点等监控时，在监控过程中可监控的触点限制在 80 点以内，监控的寄存器限制在 16 字以内。这种设置可以确保读入信息的同步性，同时响应速度也比较快。

如果每次扫描设置为【不保证】，则对 PLC 进行梯形图监控、数据监控、触点监控时，对可以监控的点数没有限制。响应速度随需要读入点数的多少而变化，监控点数越多，响应速度越慢。

(6) 监控间隔。用于设置对 PLC 进行监控的时间间隔。在监控过程中，如果需要提高键盘响应及屏幕滚动的速度，可将此处的监控间隔的数值增大，一般默认模式是“10ms”。

(7) 由列表选择输入高级指令。可以选择在输入 FUN 指令、PFUN 指令时，是否显示高级指令列表对话框。

(8) 高级指令的机型检查。选择在输入 FUN 指令、PFUN 指令时，是否对输入的指令编号进行检查，以保证只能输入可在该机型中使用的指令。建议选择，以免所用机型使用了不能执行的高级指令。

(9) 警告信息显示设置。单击该按钮后，出现如图 3.111 所示的对话框，在该对话框中可以对某些信息的显示与否进行设置。

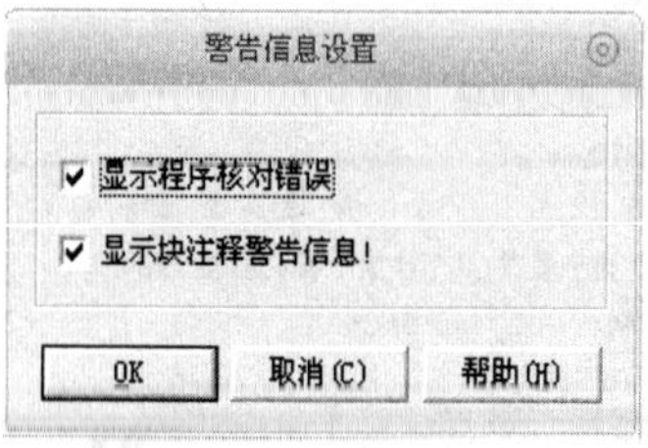

图 3.111 【警告信息设置】对话框

在该对话框中各选项的含义是：①“显示程序核对错误”。在切换到“在线”状态时，如果能够明确判断出程序之间存在差异，则无论是否选中本项目都会显示警告信息。如果在此处单击选中该标志，则在进入“在线”时会显示“程序不一致”警告信息；②“显示块注释警告信息！”。在“在线”状态下修改程序时，如果程序块的起始地址被改变，则可能导致“块注释”不能显示。如果在此处单击选中该标志，则在发生上述情况时能够显示块注释警告信息。

三、监控功能

1. 数据监控功能

数据监控功能可以监控触点、线圈、寄存器的数值，此外也可以修改数据。

启动数据监控的方法有以下两种。

(1) 利用菜单栏操作：选择菜单栏【在线】菜单的【数据监控】命令。

(2) 利用键盘操作：按 Ctrl+D 组合键。

利用上述两种方法启动数据监控显示的画面如图 3.112 所示。

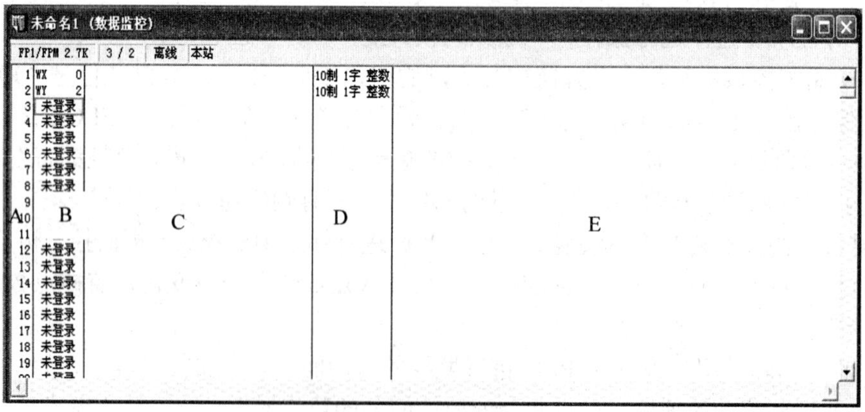

图 3.112 数据监控窗口

该窗口中各栏目功能介绍如下。

① 在图中 A 处双击，显示行编号。

② 在图中 B 处双击，显示设备代码、设备编号。

③ 在图中 C 处双击，显示所监控的数据值(“在线”监控时，在本栏按 Enter 键或双击可以修改数据)。

④ 在图中 D 处双击，显示监控基数以及字(Word)数。

⑤ 在图中 E 处双击，显示对应于各寄存器的 I/O 注释(在本栏按 Enter 键或双击后可以输入各寄存器的 I/O 注释)。

2. 设置监控设备

在菜单栏中选择【在线】→【数据、触点监控设置】→【设备登录】命令，显示如图 3.113 所示【监控设备】对话框。在数据监控窗口的栏 A(行编号显示栏)或栏 B 按 Enter 键或双击后也可以显示。

在设备栏中选择设备代码；在【No】栏中输入数据登录的起始序号；在【登录数】栏中输入连续登录数。单击【基数】按钮后(或通过菜单选择【在线】→【数据、触点监控设置】→【监控显示基数设置命令】将显示设定监控显示基数的对话框，如图 3.114 所示。

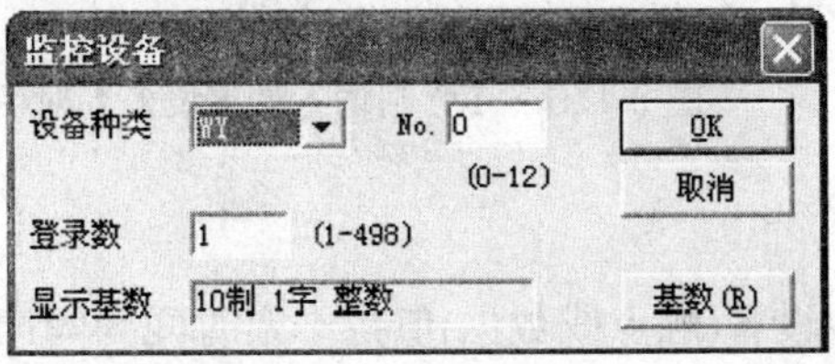

图 3.113　【监控设备】对话框

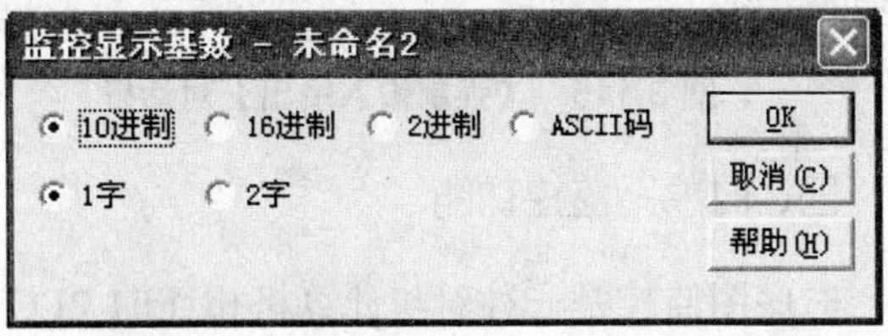

图 3.114　【监控显示基数】对话框

3. 强制 I/O 状态

将程序中指定的触点、线圈强制为 ON/OFF，使其状态与程序无关，强制输入输出最多可以为 16 点。当有被强制为 ON/OFF 的触点线圈存在时，在编辑画面上部显示有“强制状态(1 点)”等信息，同时被强制为 ON/OFF 的触点、线圈在画面中会以强制输入输出表示颜色(默认为红色)显示。当 PLC 模式进行 PROG→RUN 或 RUN→PROG 切换时，PLC 主机内强制输入输出全部被解除。在对外部输入输出线路进行配线、检查以及进行简单的手动运行、调整运行时可以使用本功能。

这种强制输入输出功能在使用时非常危险，因此必须在高度注意外围机械设备状态的情况下使用。

利用菜单栏选择【在线】中的【强制输入输出】命令，画面出现强制 I/O 状态设置对话框，如图 3.115 所示。

图 3.115 对话框中各项目的功能介绍如下。

(1)【ON】：与程序内容无关，强制将所选择的触点置为 ON 状态。

(2)【OFF】：与程序内容无关，强制将所选择的触点置为 OFF 状态。

(3)【FREE】：对于所选择的触点，指明其按照程序的内容动作。但是，当 PLC 模式为 PROG 时，或者对程序中没有改变 ON/OFF 状态的触点施加强制时，该触点保持以前施加强制时的状态。

(4)【解除】：将登录的触点全部解除。但是，当 PLC 为 PROG 模式，或者已经将程序中没有改变其 ON/OFF 状态的触点强制置为 ON 时，如果仅执行解除，则可能仍然保持以前被强制的 ON 状态而无法返回到 OFF 状态。要使触点为 OFF 时，对该触点强制置为 OFF，在其 OFF 期间解除。

(5)【删除】：从登录中删除当前所选择的(反显示的)触点。单击图 3.115 中的【设备登录】按钮，打开如图 3.116 所示的强制 I/O 设置对话框，选择所要强制 I/O 状态的继电器。被选择的继电器的名称及状态显示在图 3.115 的左侧，此时在监控状态栏中显示强制 I/O 状态的设备个数。

图 3.115 【强制输入输出】对话框

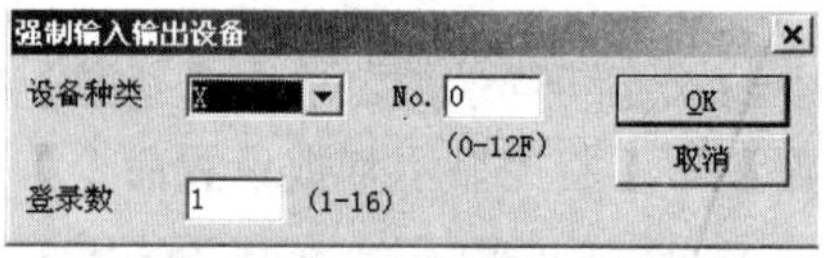

图 3.116 【强制输入输出设备】对话框

四、时序图监控功能

时序图监控是一种对与计算机相连的 PLC 中设备(触点或数据)值按一定时间间隔读取并且以图形方式表示的功能。时序图的横轴表示时间，纵轴表示继电器的状态或寄存器值的大小。

1. 启动时序图监控

利用【在线】菜单中的【时序图监控】命令启动本功能，如图 3.117 所示。可在图 3.117 画面中完成继电器和采样时间的设置。另外，通过触点 ON/OFF 状态或数据设备变化值的图形显示可以进行非常细致的时序调试。

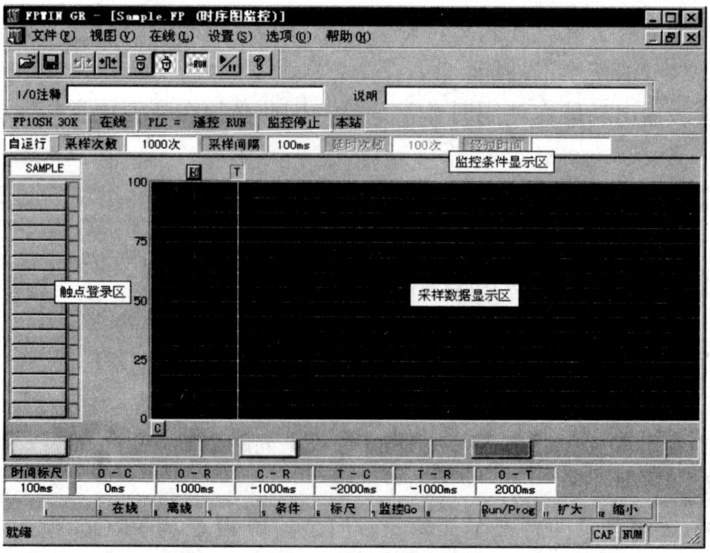

图 3.117 时序图监控画面

2. 关闭时序图监控

在时序图监控启动以后，画面将不显示通常的梯形图程序，因为时序图占用了画面，所以当需要返回梯形图监控画面时，选择【文件】菜单中的【关闭时序图】命令关闭本窗口即可。

3. 时序图监控的步骤

时序图监控一般有监控前的各种设置准备、开始监控并观察时序图监控结果、保存监控(采样)数据 3 个步骤。

1) 监控前的设置准备

在开始进行时序图监控之前，必须首先设置监控对象、标尺等项目。

利用【设置】菜单，选择【设备登录】→【触点登录】或【数据登录】命令。

选择【触点登录】命令后，将显示如图 3.118 所示的对话框。

选择【数据登录】命令后，将显示如图 3.119 所示的对话框。

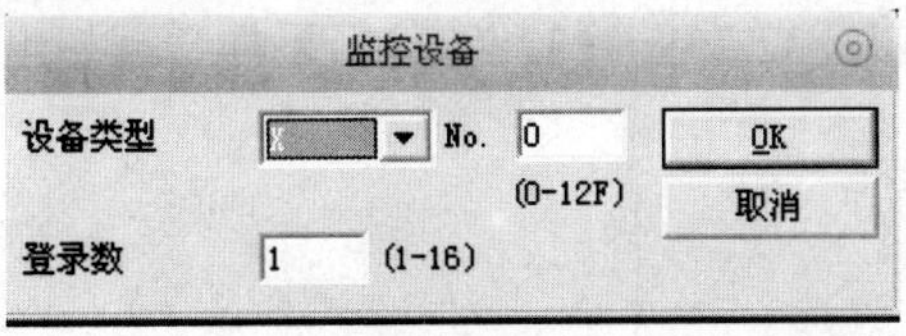

图 3.118　触点登录用对话框

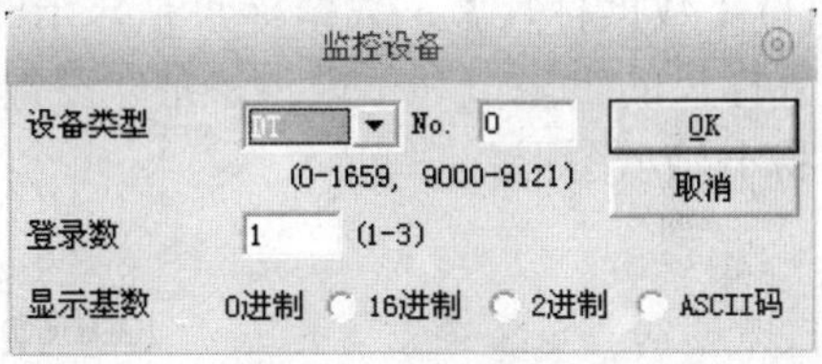

图 3.119　数据登录用对话框

可在图 3.118 或图 3.119 两个对话框中设置设备种类和设备编号以及登录进行采样的触点或数据。

设置登录数据之后，编号将自动依次增 1，所设置数量的部分被登录。例如，登录 X0，而设置登录数为 5，则 X0～X4 被自动设置登录。

2) 设置采样条件

利用【设置】菜单，选择【采样条件】命令，将显示如图 3.120 所示的对话框。

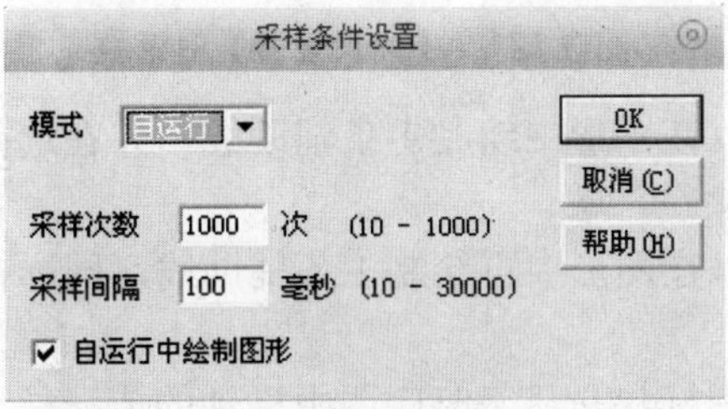

图 3.120　【采样条件设置】对话框

图 3.120 对话框中各项目的功能介绍如下。

(1)【模式】：在【模式】下拉列表框中，时序图监控有自运行、跟踪两种模式，可依据 PLC 机型并根据如下所述模式的特点进行选择。

① 自运行模式。自运行模式是在任意时刻直接从与计算机相连的 PLC 中读取数据，实时地以图形方式显示的功能。所有 PLC 机型都支持本项功能。

② 跟踪模式。跟踪模式是与计算机相连的 PLC 对采样的触点、数据、采样条件进行登录的功能。在登录之后开始监控时，PLC 本身对触点或数据进行监控，并将结果返回计

算机。在计算机中，利用 PLC 接收到的采样数据进行图形显示。与自运行中的计算机进行采样相比，在跟踪模式中是由 PLC 本身进行采样的。由于跟踪模式可以在 PLC 的每个扫描周期中采样，因此，本模式可以进行更详细的调试。但是，本模式只能在支持跟踪功能并且安装有跟踪内存的 PLC 中使用。如果对不支持跟踪功能的 PLC，或没有安装跟踪内存的 PLC 中使用本模式，则会返回错误信息。

(2)【采样次数】：设置从 PLC 中获取数据的次数(10～1 000 次)。

(3)【采样间隔】：设置从 PLC 中获取数据的时间间隔(10～30 000ms)。

3) 设置标尺

图形显示的间隔需要通过时间标尺进行设置。本设置可同时对采样数据显示区中的纵轴及横轴进行设置。

激活标尺设置的方法：选择【设置】菜单中的【标尺设置】命令，将出现如图 3.121 所示的对话框。

图 3.121 对话框中各项目的功能介绍如下。

(1)【数据标尺】：数据标尺是显示时序图中纵轴的值，只有在显示数据的情况下才需要设置标尺的上限值和下限值，允许设置的范围是-32 768～+32 767。当采样数据超出此值时，将不显示图形。

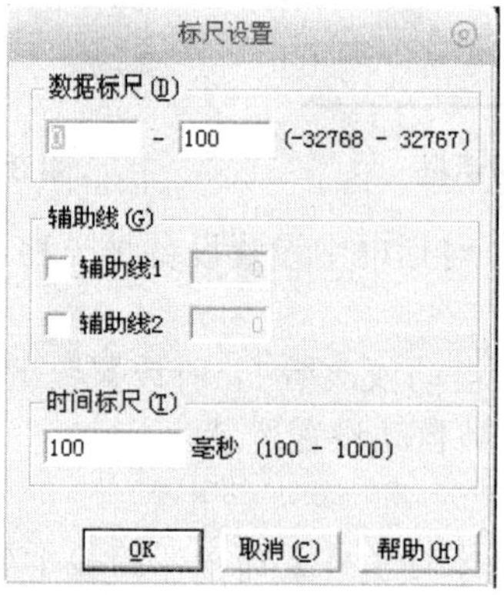

图 3.121 【标尺设置】对话框

(2)【辅助线 1】：可以在图形中绘制 1 条辅助线，并在选择框中单击选中标记后输入数值。

(3)【辅助线 2】：可以在图形中再绘制 1 条辅助线，同样在选择框中单击选中标记后输入数值。

(4)【时间标尺】：时间标尺是显示时序图中横轴的值，是将采样数据显示为图形的间隔设置，这一数值应设置为采样间隔的整数倍(1～10 倍)，如果不是整数倍则会出现错误并且无法进行设置。

4) 监控操作

在正确进行监控设备登录及各种设置之后，应开始实际监控。在此操作开始之前必须保证 PLC 与计算机处于正常的在线状态。

可以利用下面的 3 种方法开始进行监控操作。

(1) 利用菜单栏【在线】中的【执行采样监控】命令。

(2) 单击工具栏中的按钮。

(3) 单击功能键栏中的监控Go按钮或按 F7 键开始监控。

停止监控时，通过同样的菜单或相同的按钮进行操作即可。

在开始自运行监控以后，当采样次数达到采样间隔设置中所设置的次数后，就会停止自运行监控。例如，在采样间隔为 100ms，采样次数为 100 次的情况下，监控开始 10s 后，自动停止监控。如果在任意时刻选择停止，也将在该时刻结束采样并显示图形结果。

停止监控后，所设定的采样间隔和实际采样的平均间隔将作为信息被显示出来。这一信息将被保持到执行下一次自运行或修改各种设置之前，因此，可以随时通过【视图】菜单中的【自运行】命令再次确认。

5) C、R 和 T 三条光标线的作用

(1) C 和 R 光标线上能够显示出该线上触点的 ON/OFF 状态或被测量数据的值。利用光标可测定采样数据的时间幅度。测定结束后，可以利用 C 光标及 R 光标测量时间间隔。如图 3.122 所示，C-R 之间的时间间隔为 3 000ms。

(2) T 光标的作用：在自运行情况下表示实时采样时间。如图 3.122 所示，0—T 之间的时间间隔为 39 800ms。

6) 保存监控结果(采样数据)

监控结束后，可以采取以下两种方法保存采样数据。

(1) 将采样数据保存到.stc 文件中。可以将在时序图中测定的数据(图形)作为数据保存到扩展名为 stc 的文件中，文件名任意设置即可。另外，与时序图相关的各种设置的内容(监控设备、采样条件)也会被保存到保存程序时所生成的.fp 文件中。

(2) 导出采样数据到.txt 文本文件。可以用文本文件(.txt)的形式保存采样数据。这个文件可以通过 Excel 等打开，并且进行图形化显示及打印输出。

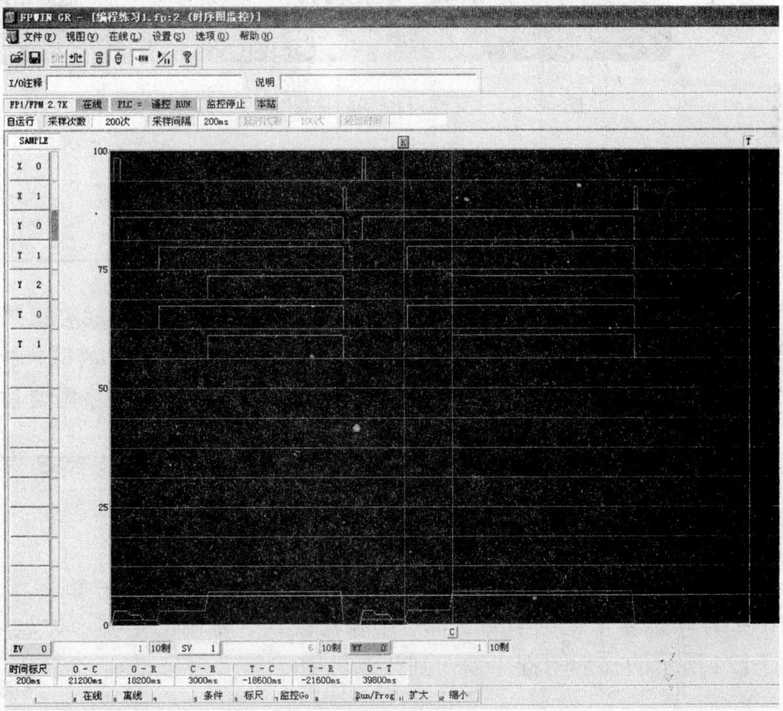

图 3.122　编程练习 1 时序图监控画面

应用实例

利用时序图监控功能监控本模块项目 3 中的图 3.47 十字交通灯的运行结果。

(1) 将图 3.49 所示的交通灯梯形图下载到 PLC 中。

(2) 启动时序图监控画面，如图 3.117 所示。

(3) 登录监控设备。打开如图 3.118 所示的触点登录对话框，输入触点 X0、X1 及 Y0~Y5。

(4) 设置采样条件。打开如图 3.120 所示的【采样条件设置】对话框，采样次数设为 500 次，采样间隔设为 200ms。

(5) 设置标尺。打开如图 3.121 所示的【标尺设置】对话框，数据标尺设为 0~60，时间标尺设为 200。

完成上述各项任务后，启动时序图监控，并按下 PLC 的启动按钮，观察程序开始运行后的时序图画面，将得到如图 3.123 所示的监控结果。

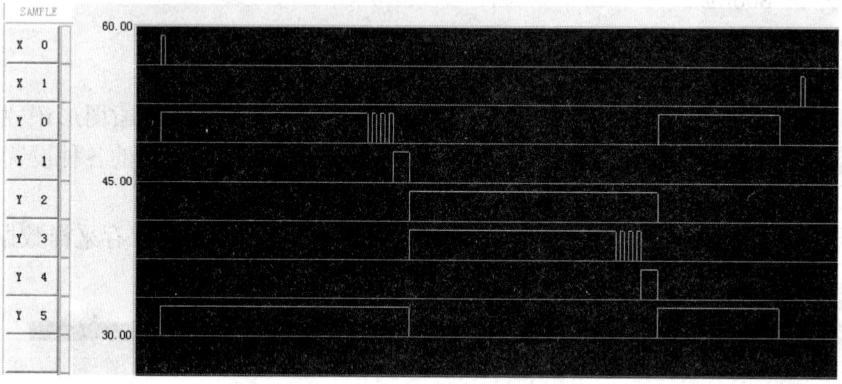

图 3.123　交通灯控制时序图监控结果

项 目 小 结

学完本项目，同学应能对编程软件有一个较充分的认识，同时能够较熟练地将已编制好的 PLC 程序输入到计算机中；能够正确地实现 PLC 和计算机的联机操作；能够运用软件的监控功能对 PLC 的梯形图实现触点监控、数据监控及时序图监控。

复习思考题

1. FPWIN-GR 编程软件提供了哪 3 种基本编程模式？常用的是哪一种？
2. 将图 3.124 所示的梯形图程序输入到计算机中。

图 3.124　习题 2 的梯形图

3. PLC 编程软件有几种注释功能？如何添加块注释？

4. 简述 PLC 编程软件的设置功能。

5. 进行时序图监控的步骤有哪些？

6. 对程序进行时序图监控时，“C”线、“R”线和“T”线的作用分别是什么？

7. 对图 3.124 进行时序图监控，并写出观察到的现象。

8. 根据图 3.125 所示的时序图编制梯形图程序并将程序下载到 PLC 中进行时序图监控，观察监控结果。

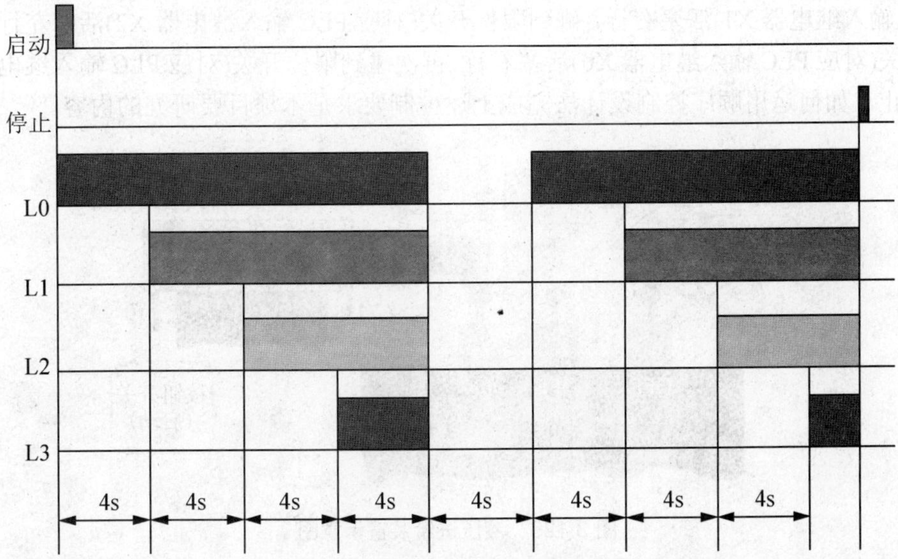

图 3.125　习题 8 的时序图

项目3.6 顺序控制设计法及应用

项目目标

1. 掌握顺序控制设计法的基本步骤。
2. 掌握利用启保停电路完成单序列结构的编程方法。
3. 掌握利用启保停电路完成选择序列结构的编程方法。
4. 掌握利用启保停电路完成并行序列结构的编程方法。

项目内容

所谓顺序控制，就是按照生产工艺预先规定的顺序，在各种外部输入信号的作用下，根据内部状态和时间的顺序，使生产过程中各个执行机构能自动地、有秩序地进行操作的控制。

使用顺序控制设计法时，首先要根据系统的工艺过程画出顺序功能图，然后根据顺序功能图编写梯形图。根据工艺流程画出顺序功能图是顺序控制设计法的关键。

顺序控制设计法的基本设计步骤分为步的划分、转换条件的确定、顺序功能图的绘制和梯形图的编写。

液压进给装置运动如图3.126所示。初始状态活塞杆置右端，限位开关(对应PLC输入继电器X2)为ON，按下启动开关(对应PLC输入继电器X3)，活塞左行，碰到限位开关(对应PLC输入继电器X1)活塞右行，碰到限位开关(对应PLC输入继电器X2)活塞左行，碰到限位开关(对应PLC输入继电器X0)活塞右行，再次碰到限位开关(对应PLC输入继电器X2)活塞停止。如何运用顺序控制设计法完成上述控制要求是本项目要研究的内容。

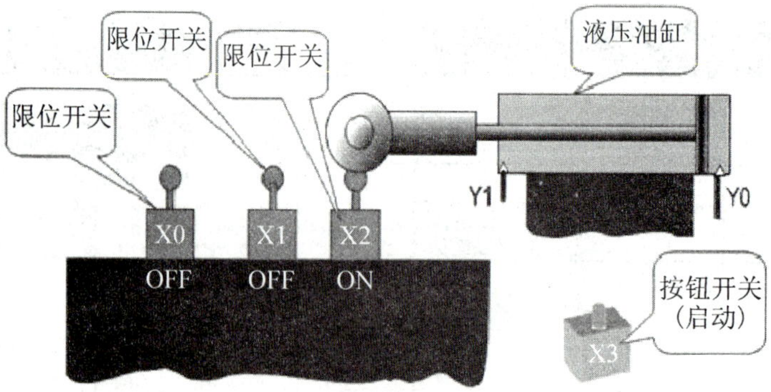

图3.126 液压进给装置示意图

相关知识

一、步的划分

分析被控对象的工作过程及控制要求，将系统的工作过程划分成若干阶段，这些阶段称为“步”。如图 3.126 所示的液压进给装置，它的一个工作周期可以分为左行、右行、再次左行、再次右行 4 个阶段。

二、转换条件的确定

转换条件是使系统从当前步进入下一步的条件。常见的转换条件有按钮、行程开关、定时器和计数器的触点的动作(通/断)等。从图 3.126 中可以看出，活塞由左行转为右行的转换条件是限位开关(对应 PLC 输入继电器 X1)动作，由右行再次转换为左行的转换条件是限位开关(对应 PLC 输入继电器 X2)动作，而由左行再次转换为右行的转换条件是限位开关(对应 PLC 输入继电器 X0)动作，由右行转为停止(回到原位)的转换条件是限位开关(对应 PLC 输入继电器 X2)动作。转换条件也可能是若干个信号的逻辑组合。

三、顺序功能图的绘制

顺序功能图是描述控制系统中控制过程、功能和特性的一种图形。顺序功能图并不涉及所描述的控制功能的具体技术，而是一种通用的技术语言，可以供进一步的设计和不同专业人员之间进行技术交流。

顺序功能图是设计顺序控制程序的有力工具。在顺序控制设计中，顺序功能图的绘制是最为关键的一个环节，它直接决定用户设计的 PLC 程序的质量。下面介绍有关功能图的一些知识。

1. 步与动作

上面介绍过，用顺序控制设计法设计 PLC 程序时，根据系统工作状态的变化将系统的工作过程划分成若干个阶段，这些阶段称为“步”，可以用编程元件(如辅助继电器 R)来代表各步。以液压进给装置为例(图 3.126)。根据液压进给装置工作状态的变化，一个工作周期可划分为左行、右行、再次左行和再次右行 4 步，另外还应设置等待启动的初始步，分别用 R0～R4 来代表这 5 步。图 3.127 为该系统的顺序功能图。步在顺序功能图中用矩形框表示，矩形框中可以用数字表示该步的编号，一般用代表该步的编程元件的元件号作为该步的编号，如 R0、R1、R2 等，这样在根据顺序功能图设计梯形图时较为方便。

当系统工作于某一步时，该步处于活动状态，称为“活动步”。步处于活动状态时，相应的动作被执行；步处于不活动状态时，相应的非保持型动作被停止执行。

控制过程刚开始阶段的活动步与系统初始状态相对应，称为“初始步”。初始状态一般是系统等待启动命令的相对静止状态，在顺序功能图中初始步用双线框来表示，每个顺序功能图中应至少有一个初始步。

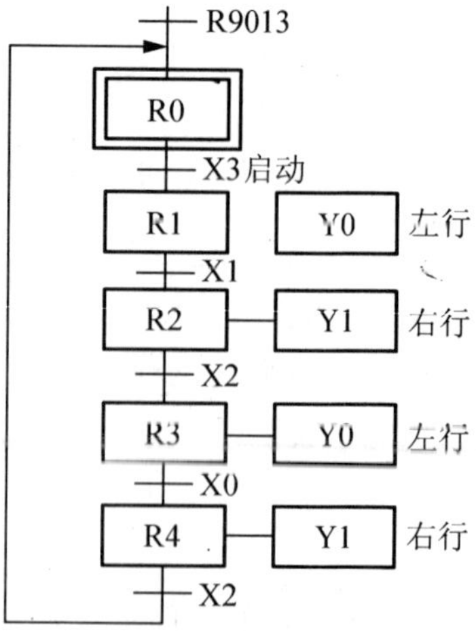

图 3.127　液压进给装置顺序功能图

所谓“动作”是指某步活动时 PLC 向被控系统发出的命令，或被控系统应执行的命令。动作用矩形框中的文字或符号表示，该矩形框应与相应步的矩形框相连接。如某一步有几个动作，可以用图 3.128 中的两种画法来表示，但是并不包含这些动作之间的任何顺序。

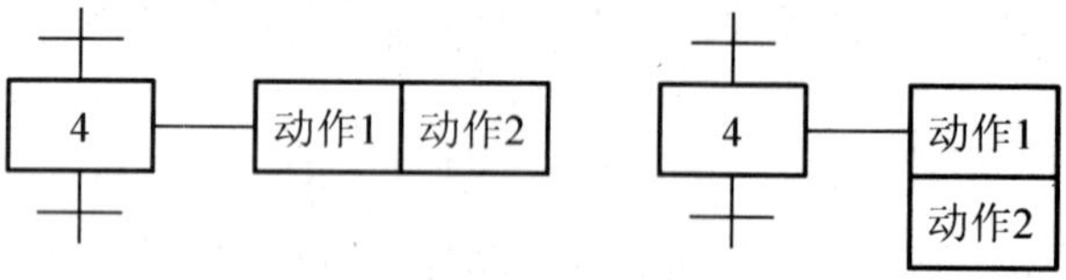

图 3.128　多个动作的表示方法

当步处于活动状态时，相应的动作被执行，但是应注明动作是保持型的还是非保持型的。保持型的动作是指该步活动时执行该动作，该步变为不活动后继续执行该动作。非保持型动作是指该步活动时执行该动作，该步变为不活动后停止执行该动作。一般保持型的动作在顺序功能图中应该用文字或指令助记符标注，而非保持型动作不作标注。

2. 有向连线、转换和转换条件

如图 3.127 所示，步与步之间用有向连线连接，并且用转换将步分隔开。步的活动状态进展按有向连线规定的路线进行。有向连线上无箭头标注时，其进展方向是从上到下、从左到右的。如果进展方向不是上述方向，应在有向连线上用箭头注明方向。

步的活动状态由转换来完成，转换用与有向连线垂直的短划线来表示。步与步之间不允许直接相连，必须用转换隔开，而转换与转换之间也同样不能直接相连，必须用步隔开。

转换条件是与转换相关的逻辑命题。转换条件可以用文字语言、布尔代数表达式或图形符号等标注在表示转换的短划线旁边。

3. 顺序功能图转换实现的基本规则

步与步之间实现转换应同时具备两个条件：一是前级步必须是活动步；二是对应的转换条件成立。

当同时具备以上两个条件时可以实现步的转换，即所有由有向连线与相应转换符号相连的后续步都变为活动步，而所有由有向连线与相应转换符号相连的前级步都变为不活动步。例如图 3.127 中 R2 步为活动步的情况下转换条件 X2 成立，则转换实现，即 R3 步变为活动步，而 R2 步变为不活动步。如果转换的前级步或后续步不止一个，则同步实现转换。

4. 顺序功能图的基本结构

根据步与步之间转换情况的不同，顺序功能图有以下几种基本结构形式。

1) 单序列结构

单序列结构是最简单的一种结构，它是由一系列按顺序排列、相继激活的步组成。每一步的后面只有一个转换，每一个转换的后面只有一步，如图 3.129 所示。

2) 选择序列结构

选择序列结构有开始和结束之分。选择序列的开始称为分支，选择序列的结束称为合并。

选择序列的分支是指一个前级步后面紧接着有若干个后续步可供选择，各分支都有各自的转换条件。分支中表示转换的短划线只能标在水平线之下。如图 3.130 所示为选择序列的分支。假设步 4 为活动步，如果转换条件 a 成立，则步 4 向步 5 实现转换；如果转换条件 b 成立，则步 4 向步 7 转换；如果转换条件 c 成立，则步 4 向步 9 转换。分支中一般只允许同时选择其中的一个序列。

选择序列的合并是指几个选择分支合并到一个公共序列上。各分支也都有各自的转换条件，转换条件只能标在水平线之上。如图 3.131 所示为选择序列的合并。如果步 6 为活动步，转换条件 d 成立，则步 6 向步 11 转换；如果步 8 为活动步，转换条件 e 成立，则由步 8 向步 11 转换；如果步 10 为活动步，转换条件 f 成立，则由步 10 向步 11 转换。

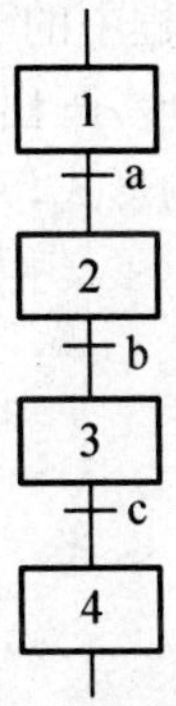

图 3.129　单序列结构

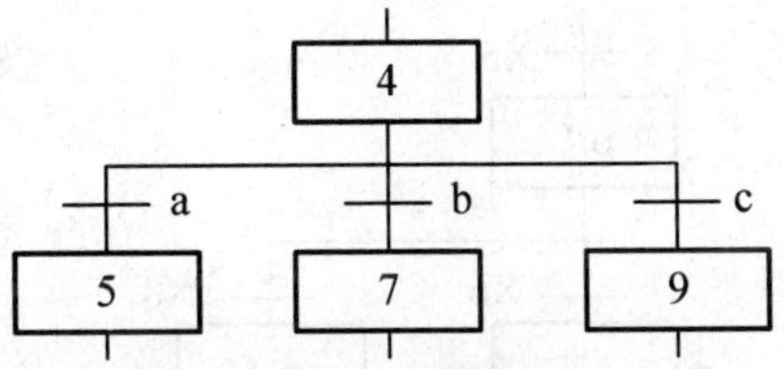

图 3.130　选择序列的分支

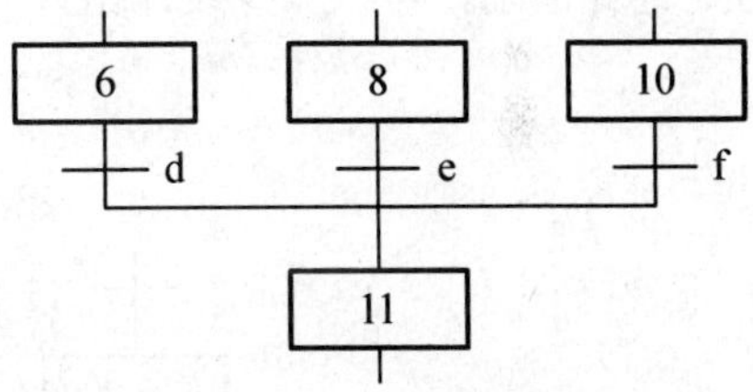

图 3.131　选择序列的合并

3) 并行序列结构

并行序列也有开始和结束之分。并行序列的开始也称为分支，并行序列的结束也称为合并。

如图 3.132 所示为并行序列的分支。它是指当转换条件成立后将同时使多个后续步激活。

为了强调转换的同步实现，水平连线用双线表示。如果步 1 为活动步，且转换条件 a 成立，则步 2、步 3、步 4 同时变成活动步，而步 1 变为不活动步。

特别提示

当步 2、步 3、步 4 被同时激活后，每一个序列接下来的转换将是独立的。

如图 3.133 所示为并行序列的合并。当直接连在双线上的所有前级步 5、步 6、步 7 都为活动步时，且转换条件 e 成立，才能使转换实现，即步 8 变为活动步，而步 5、步 6、步 7 均变为不活动步。

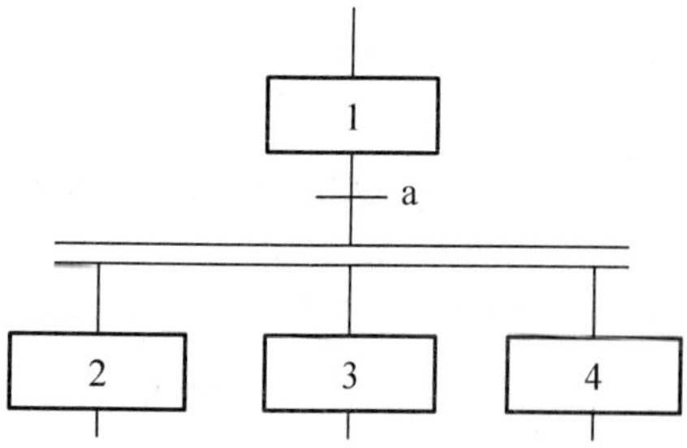

图 3.132　并行序列的分支

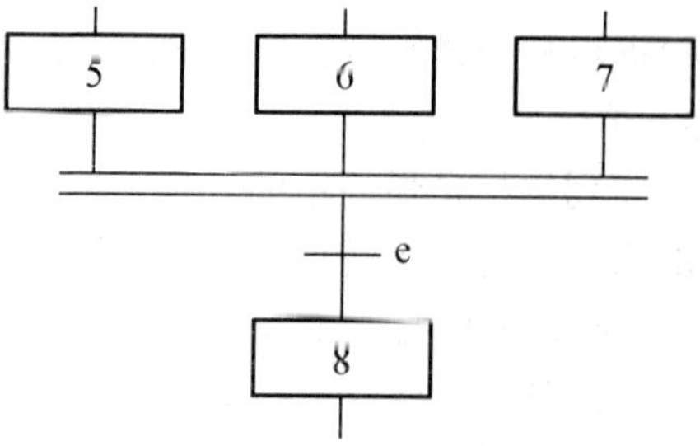

图 3.133　并行序列的合并

4) 子步结构

在绘制复杂控制系统顺序功能图时，为了在总体设计上容易抓住系统的主要矛盾，并能更简洁地表示系统的整体功能和全貌，通常采用子步的结构形式，这样可避免一开始就陷入某些细节当中。

所谓子步结构是指在顺序功能图中某一步包含着一系列子步和转换。如图 3.134 所示的顺序功能图采用了子步的结构形式，顺序功能图中步 6 包含了步 6.1、步 6.2、步 6.3、步 6.4 这 4 个子步。

这些子步结构通常表示整个系统中的一个完整子功能，类似于计算机编程中的子程序。因此，设计时只需先画出简单地描述整个系统的总顺序功能图，然后再进一步画出更详细的子顺序功能图即可。子步中可以包含更详细的子步。这种采用子步的结构形式，逻辑性强、思路清晰，可以减少设计错误，缩短设计时间。

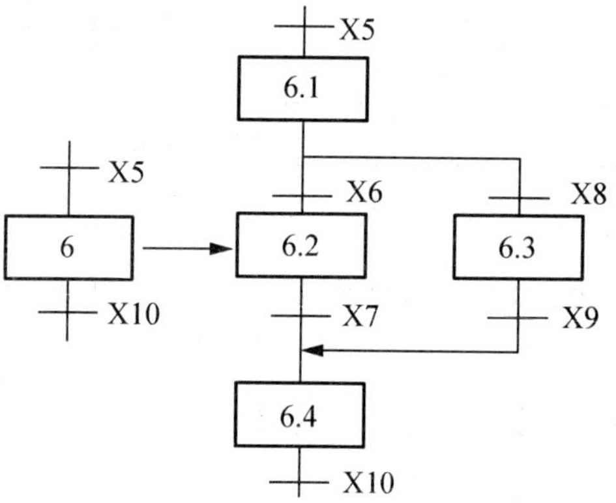

图 3.134　子步结构

5) 跳步、重复和循环序列结构

跳步、重复和循环序列结构实际上都是选择序列结构的特殊形式。

如图 3.135 所示为跳步序列结构。当步 2 为活动步时，如果转换条件 e 成立，则跳过步 3 和步 4 直接进入步 5。

如图 3.136 所示为重复序列结构。当步 4 为活动步时，如果转换条件 d 不成立而条件 e

成立，则重新返回步 2，重复执行步 2、步 3 和步 4，直到转换条件 d 成立为止，重复结束，转入步 5。

如图 3.137 所示为循环序列结构。即在序列结束后，用重复的办法直接返回初始步形成循环。

在实际控制系统中，顺序功能图往往不是单一地含有上述某一种序列结构，而是上述各种序列结构的组合。

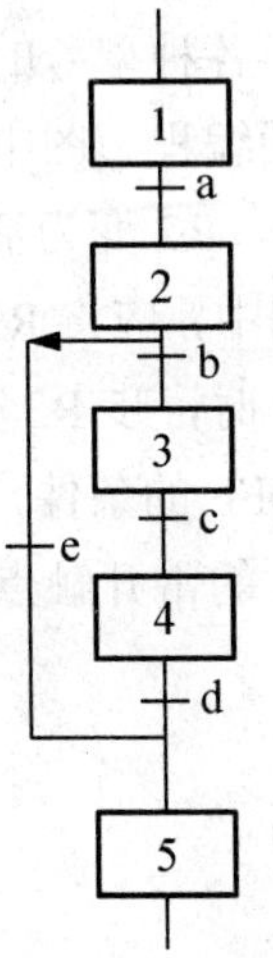

图 3.135 跳步序列结构

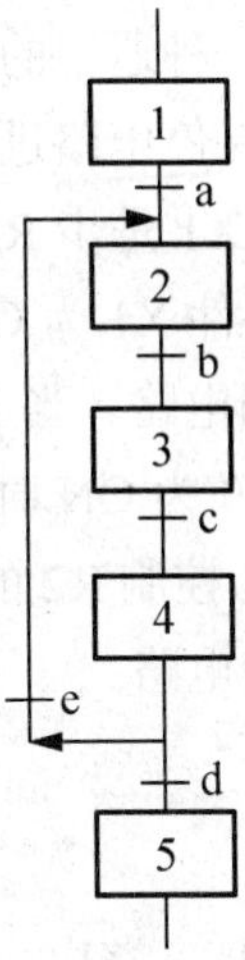

图 3.136 重复序列结构

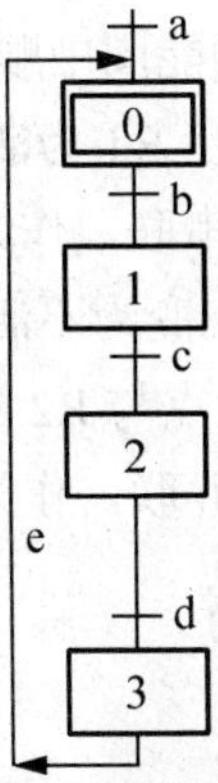

图 3.137 循环序列结构

5. 绘制顺序功能图注意事项

(1) 两个步绝对不能直接相连，必须用一个转换将它们隔开。

(2) 两个转换也不能直接相连，必须用一个步将它们隔开。

(3) 顺序功能图中的初始步一般对应于系统等待启动的初始状态，初始步可能没有输出处于 ON 状态，但初始步是必不可少的。

(4) 自动控制系统应可以多次重复执行同一工艺过程，因此在顺序功能图中一般应有由步和有向连线组成的闭环，即在完成一次工艺过程的全部操作之后，系统应从最后一步返回到初始步，停留在初始状态(单周期操作，如图 3.129 所示)。在连续循环工作方式时，应能从最后一步返回到下一个工作周期开始运行的第一步。

(5) 在顺序功能图中，只有当某一步的前级步是活动步时，该步才有可能变成活动步。如果用没有断电保持功能的编程元件代表各步，当进入 RUN 工作方式时，它们均处于 OFF 状态，此时必须用初始化脉冲 R9013 的常开触点作为转换条件，将初始步预置为活动步，否则因顺序功能图中没有活动步，系统将无法工作。顺序功能图是用来描述自动工作过程的，如果系统有自动、手动两种工作方式，这时还应在系统由手动工作方式进入自动工作方式时用一个适当的信号将初始步置为活动步。

四、顺序控制梯形图的编程方法

根据控制系统的顺序功能图设计梯形图的方法称为顺序控制梯形图的编程方法。本书主要介绍使用启保停电路的编程方法。

根据顺序功能图设计梯形图时，可用辅助继电器 R 来代表各步。当某一步为活动步时，对应的辅助继电器为 ON 状态，当某一转换实现时，该转换的后续步变为活动步，前级步变为不活动步。由于很多转换条件都是短信号，即它存在的时间比它激活后续步为活动步的时间短，因此应使用有记忆(或称保持)功能的电路来控制代表步的辅助继电器。常用的有启保停电路和置位、复位指令组成的电路。

启保停电路适用于与触点和线圈有关的通用逻辑指令，由于各种型号的 PLC 都有这一类指令，所以使用启保停电路编程是一种通用的编程方式，适用于各种型号的 PLC。

如图 3.138 所示，该图采用了启保停电路进行顺序控制梯形图编程。图中 R1、R2 和 R3 是顺序功能图中顺序相连的 3 步，X1 是步 R2 之前的转换条件，R2 变为活动步的条件是它的前级步 R1 为活动步，且转换条件 X1 为 ON。所以在梯形图中，应将 R1 和 X1 对应的常开触点串联，作为控制 R2 的启动电路。当 R2 和 X2 均为 ON 时，步 R3 变为活动步，这时步 R2 应变为不活动步，因此将 R3 为 ON 时作为使 R2 变为 OFF 的条件，即将后续步 R3 的常闭触点与 R2 的线圈串联，作为控制 R2 的停止电路。用 R2 的常开触点与 R1 和 X1 的串联电路并联，作为控制 R2 的保持电路。

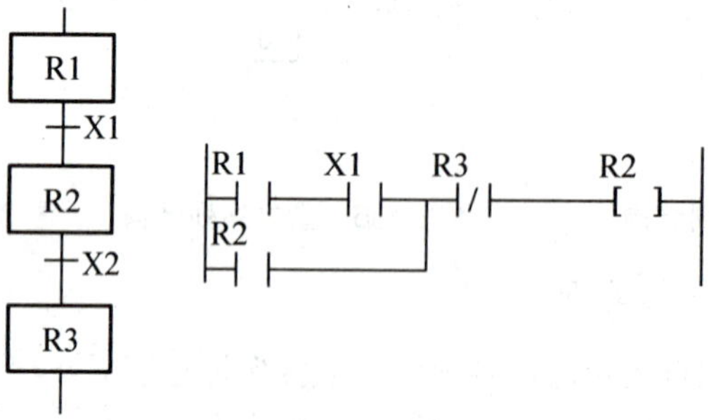

图 3.138　使用启保停电路编程示例

项目实现

在如图 3.126 所示的液压进给装置示意图中，一个工作周期可以分为一个初始步和 4 个运动步，分别用 R0～R4 来代表这 5。启动按钮 X3、限位开关 X0～X2 的常开触点是各步之间的转换条件。图 3.127 为该系统的顺序功能图。

根据上述的编程方法和顺序功能图，很容易画出如图 3.139 所示的液压进给装置梯形图。在图 3.139 中步 R1 的前级步为 R0，该步前面的转换条件为 X3，所以 R1 的启动电路由 R0 和 X3 的常开触点串联而成，启动电路还并联了 R1 的自保持触点。步 R1 的后续步是 R2，所以应将 R2 的常闭触点与 R1 的线圈串联，作为控制 R1 的停止电路，当 R2 为 ON 时，其常闭触点断开，使 R1 的线圈“断电”。

PLC 开始运行时应将 R0 置为 ON，否则系统将无法工作，所以可将 R9013 的常开触点与 R0 的启动电路(由 R4 和 X2 的常开触点串联而成)并联。

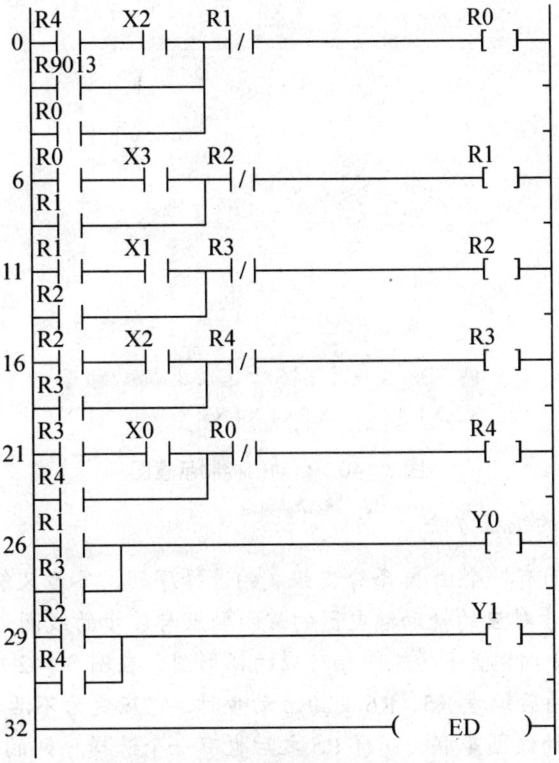

图 3.139 液压进给装置梯形图

特别提示

设计梯形图的输出电路部分时，应注意以下问题。

(1) 若某一输出量在某一步中为ON，可以将它的线圈与对应步的辅助继电器的线圈并联。

(2) 如果某一输出继电器在几步中都应为ON，则应将代表各有关步的辅助继电器的常开触点并联后，再驱动该输出继电器的线圈。如图3.139所示Y0在步R1和步R3中都应为ON，所以将R1和R3的常开触点并联来控制Y0的线圈。

应用实例

图3.140给出了自动门控制示意图。当有人靠近自动门时，感应器X0为ON，Y0驱动电动机高速开门，碰到开门减速开关X1时，变为低速开门，碰到开门极限开关X2时电动机停转，开始延时，若在0.5s内感应器检测到无人，Y2启动电动机高速关门。碰到关门减速开关X3时，改为低速关门，碰到关门极限开关X4时电动机停转。在关门期间若感应器检测到有人，则停止关门，T1延时0.5s后自动转换为高速开门。

图 3.141 是根据自动门控制原理绘制的顺序功能图，这是一个含有选择序列分支及合并的功能图，其编程方法如下。

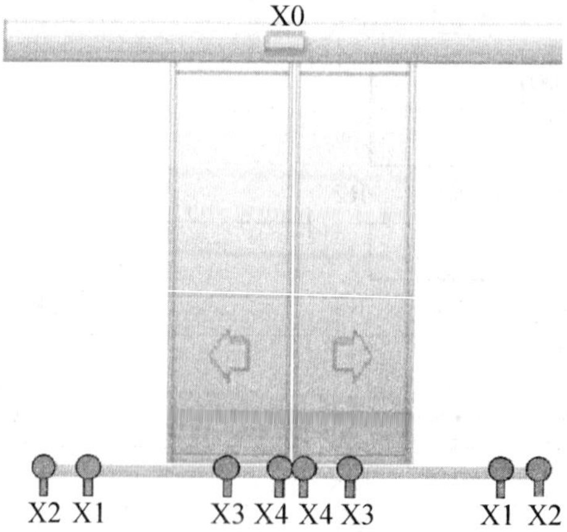

图 3.140　自动门控制示意图

1. 选择序列分支的编程方法

如果某一步的后面有一个由N条分支组成的选择序列，各步又能转到不同的N步去，此时应将这N个后续步对应的辅助继电器的常闭触点与该步的线圈串联作为结束该步的条件。图3.142是与图3.141顺序功能图相对应的梯形图。在图3.142中步R4之后有一个选择序列的分支，当它的后续步R5、R6变为活动步时，它应变为不活动步，所以需将R5和R6的常闭触点与R4的线圈串联。同样R5之后也有一个选择序列的分支，处理方法同上。

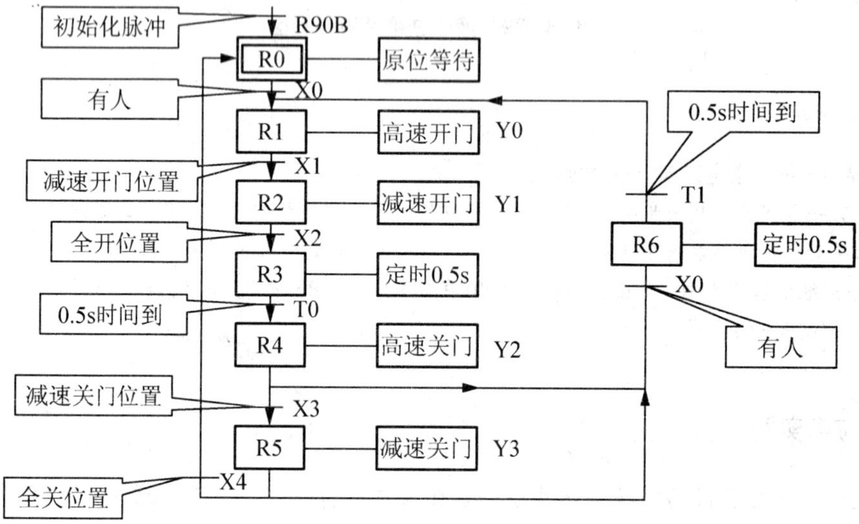

图 3.141　自动门控制系统的顺序功能图

2. 选择序列合并的编程方法

对于选择序列的合并，如果某一步之前有N个转换(即有N条分支在该步之前合并后进入该步)，则代表该步的辅助继电器的启动电路应由N条支路并联而成，各支路由某一前级步对应的辅助继电器的常开触点与相应转换条件对应的触点或电路串联而成。

图3.142中，步R1之前有一个选择序列的合并，当步R0为活动步并且转换条件X0满足，或R6为活动步，并且转换条件T1满足时，步R1都应变为活动步，即控制R1的启

保停电路的启动条件应为 R0 和 X0 的常开触点串联电路与 R6 和 T1 的常开触点串联电路进行并联。

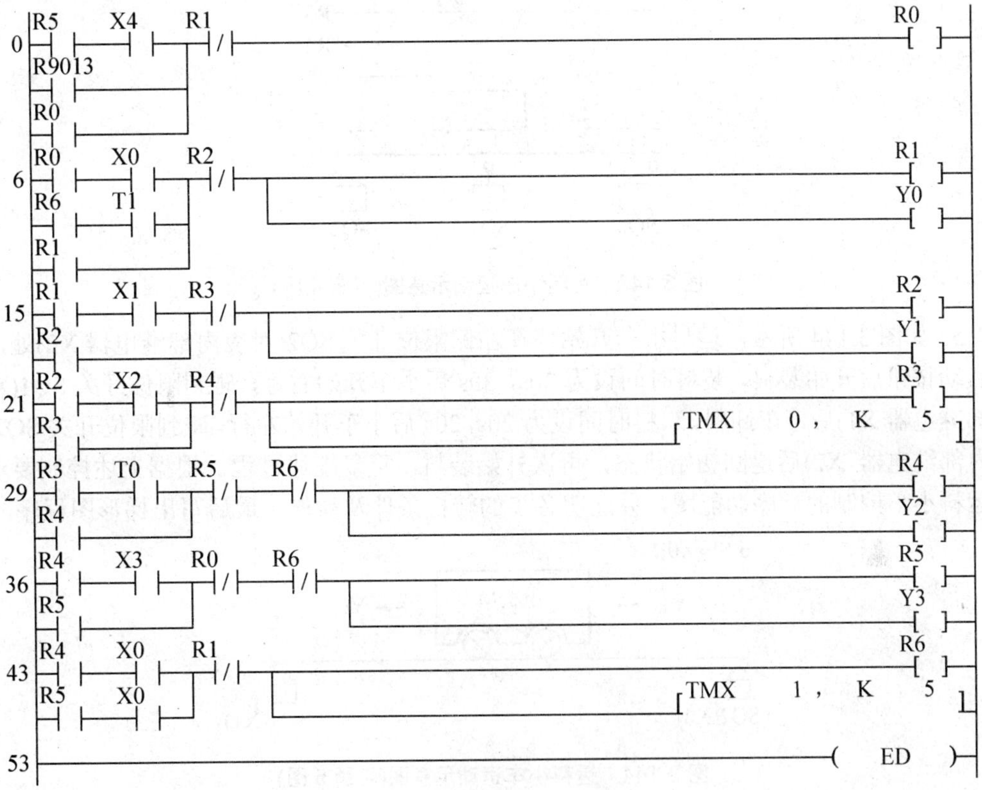

图 3.142　自动门控制系统梯形图

项目小结

顺序控制设计法是一种先进的设计方法，只要掌握了其绘制功能图的技巧，很容易为初学者所接受，对于有经验的工程师而言也会提高设计效率。

复习思考题

1. 顺序控制设计法的基本步骤有哪些？

2. 顺序功能图有哪几种基本结构形式？

3. 绘制顺序功能图时应注意哪些事项？

4. 运料小车运动如图 3.143 所示，小车初始位置时停在右侧，限位开关 SQ2 为 ON。按下启动按钮 SB 后，小车向左运行，碰到限位开关 SQ1 时变为右行，返回限位开关 SQ2 处又变为左行，碰到限位开关 SQ0 时又变为右行，返回起始位置后停止运动。试画出控制小车运动过程的顺序功能图，并根据功能图绘制出相应的梯形图。

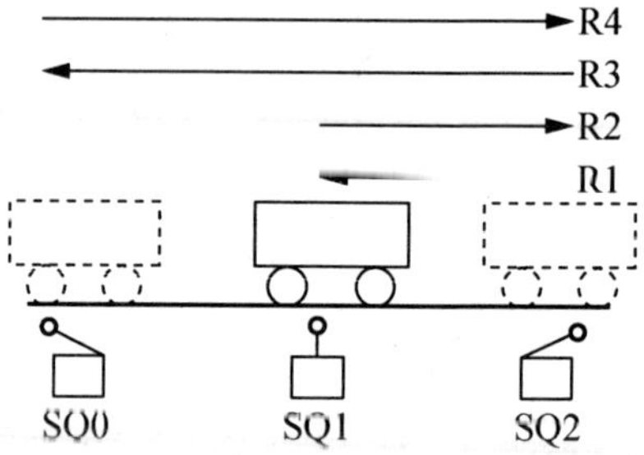

图 3.143 运料小车运动示意图(习题 4 图)

5. 如图 3.144 所示，运料小车开始停在左侧限位开关 SQ2(对应内部继电器 X2)处，按下启动按钮后开始装料，装料时间设为 30s，30s 后小车开始右行，碰到限位开关 SQ1(对应内部继电器 X1)后停车卸料，卸料时间设为 20s，20s 后小车开始左行，碰到限位开关 SQ2(对应内部继电器 X2)后返回初始状态，再次开始装料，重复上述过程。根据上述控制要求画出运料小车控制的顺序功能图，并注明各步的转换条件及动作。最后写出梯形图程序。

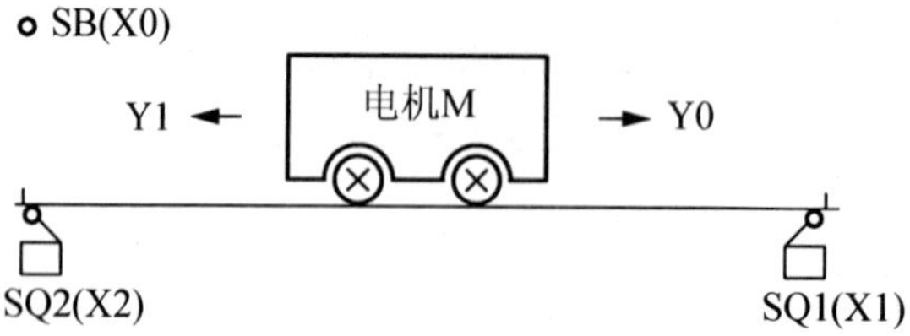

图 3.144 运料小车运动示意图(习题 5 图)

6. 图 3.145 是一个搬运机械手的工作示意图。该机械手的任务是将工件从工作台 A 搬往工作台 B。机械手的初始位置是在原位，按下启动按钮后，机械手将依次完成：下降→夹紧→上升→右移→下降→放松→上升→左移等 8 个动作，实现一个周期的自动循环。机械手动作流程图如图 3.146 所示。现要求画出用 PLC 控制该机械手的顺序功能图和相应的梯形图。

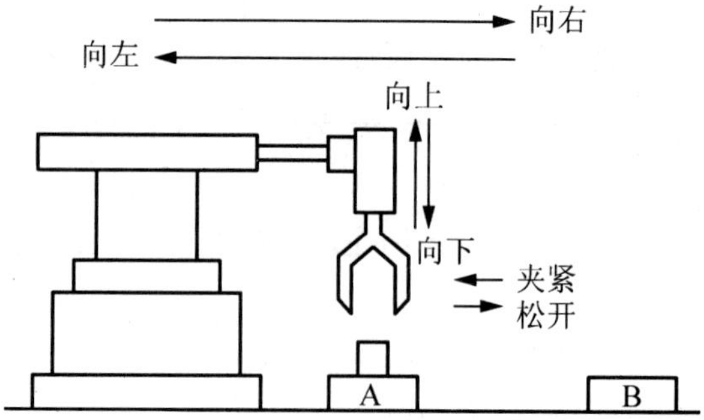

图 3.145 搬运机械手的工作示意图

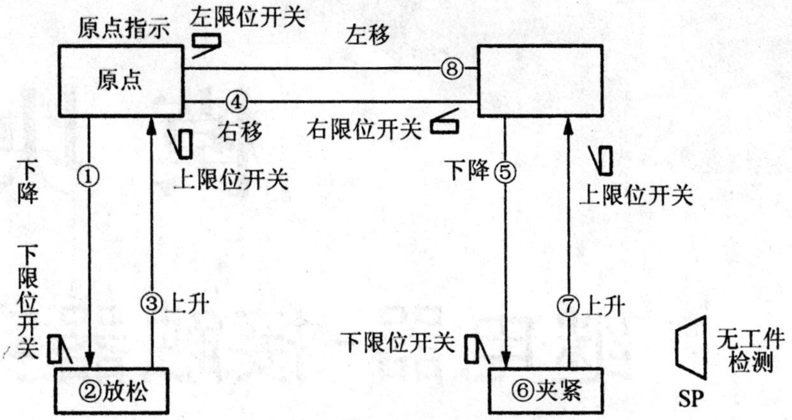

图 3.146　机械手的动作流程图

模块 4

继电器-接触器实验

实验 4.1　三相异步电动机的直接启动

一、实验目的

(1) 熟悉并掌握接触器的控制作用及其在电路中的接线。
(2) 进一步了解热继电器的结构及使用方法。

二、实验仪器及设备

三相异步电动机	1 台	剥线钳	1 把
三联按钮	1 组	斜口钳	1 把
接触器	1 个	十字螺丝刀	1 把
热继电器	1 个	一字螺丝刀	1 把
万用表	1 块	连接导线	若干

三、实验内容

1. 主电路及控制电路的绘制(图 4.1)

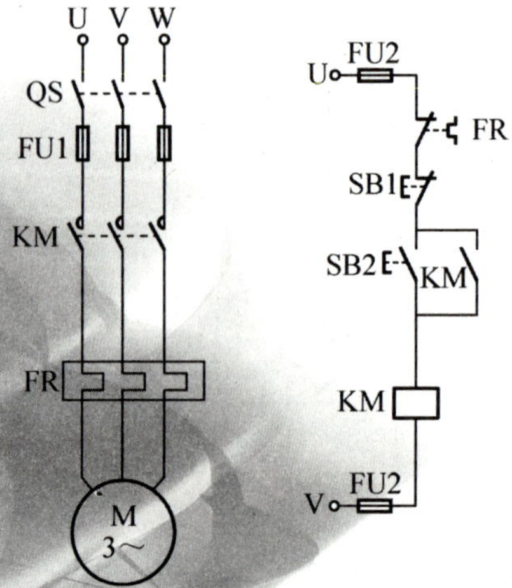

图 4.1　三相异步电动机单方向运转的主电路及控制电路

2. 按图连线

1) 安装及布线工艺要求

(1) 安装工艺要求。

① 各元件的间距合理，以便于元件的更换。

② 紧固各元件时应用力均匀，紧固程度适当，用手轻摇，以确保其稳固。

(2) 布线工艺要求。

① 布线通道要尽可能少。主电路、控制电路要分类清晰，同一类线路要单层密排，紧贴安装板面布线。

② 同一平面内的导线要尽量避免交叉。当必须交叉时，布线线路要清晰，便于识别。

③ 布线应横平竖直，走线改变方向时应垂直转向。

④ 布线一般以接触器为中心，由里向外，由低至高，以不妨碍后续布线为原则。

⑤ 布线一般按照先控制线路，后主电路的顺序。主电路和控制电路要尽量分开。

⑥ 导线与接线端子或接线柱连接时，应不压绝缘层、不反圈及不露铜过长，并做到同一元件、同一回路的不同接点的导线间距离保持一致。

⑦ 一个电气元件接线端子上的连接导线不得超过两根。每节接线端子板上的连接导线一般只允许连接一根。

⑧ 布线时，严禁损伤线芯和导线绝缘。

⑨ 布线时，不在控制板上的电气元件，要从端子排上引出。

⑩ 布线时，要确保连接牢靠，用手轻拉不会脱落或断开。

2) 实验步骤

(1) 第一步，主电路的连接。

按图 4.1 所示的主电路(左侧电路)，由电源 U、V、W 经负荷开关 QS、熔断器 FU1、接触器的主触点 KM、热继电器的热元件 FR 至电动机的定子绕组接线端(定子绕组接成星形)。

(2) 第二步，控制电路的连接。

按图 4.1 所示的控制电路(右侧电路)，由电源的 U 相经熔断器 FU2、热继电器的常闭辅助触点 FR、停止按钮的常闭触点 SB1、启动按钮的常开触点 SB2、接触器线圈 KM、熔断器 FU2 至电源的 V 相，再在启动按钮 SB2 的接线两端并联上接触器的一对常开辅助触点(自锁)。

(3) 第三步，电路的检查。

① 按电路图或接线图从电源端开始，逐段核对连线是否正确，连接点是否符合要求。

② 用万用表的欧姆挡检查所连电路。断开电源开关 QS，检查接触器主触点电源侧任意两相的电阻值，读数若为“∞”则是合格的，否则检查电路出现电阻值的原因。

③ 仍用万用表的欧姆挡检查控制电路。将万用表的两支表笔分别放置在电源侧的 U、V 两相上(控制电路)，按下启动按钮，若此时万用表中反映的数值是接触器线圈的电阻值，则接线正确，否则检查电路不正确的原因。

(4) 第四步，在上述检查合格后，经指导教师同意后通电试车。

四、本实验中可能出现的故障和解决办法

(1) 按下启动按钮 SB2，整机无反应。

可能原因：

① 实验台无电。解决办法：观察电源指示灯是否亮，若否，用万用表电压挡检查三相电源输出口电压是否正常，若否，通知指导教师并查明原因(熔断器是否熔断）。

② 电源连接导线断路。解决办法：用万用表电阻挡检查电源线是否断路。

③ 重新检查控制电路接线，可能出现的错误：热继电器 FR 常闭触点不通或接错；控制电源电压为零(同相)；停止按钮接成常开；接触器线圈接错等。在整个检查过程中可借助万用表。

(2) 按下停止按钮 SB1，电动机没有停止转动。

可能原因：

① 停止按钮出现问题。解决办法：检查停止按钮是否没有使用或被短路。

② 接触器有剩磁现象或常开触点无法断开。解决办法：切断实验台总电源，观察接触器工作是否正常。

(3) 按下启动按钮 SB2，出现短路情况。

可能原因：

① 负载电动机接线出现问题。解决办法：用万用表检查接触器负载侧 U、V、W 三相是否有电阻。

② 接线过程不符合接线工艺。解决办法：检查电路连接导线是否有毛刺造成的搭接。

(4) 按下启动按钮 SB2，出现点动情况。

可能原因：

① 启动按钮 SB2 常开触点没有与接触器辅助触点完全并联。解决办法：用万用表检查上述触点是否完全并联。

② 接触器辅助触点工作时出现断路情况。解决办法：手动压下接触器常开触点，用万用表检查是否出现断路情况，若是，通知指导教师并换掉接触器。

(5) 通电后电动机直接进入工作状态。

可能原因：

启动按钮 SB2 常开触点被短路。解决办法：用万用表检查启动按钮 SB2 常开触点是否断开。

实验过程当中应当严格遵循接线工艺，细心大胆，思维敏捷，完成实验过程。

五、本实验所训练的技能

(1) 弄清利用接触器、启动按钮组成的启动、停止控制电路的工作原理。

(2) 学会实验线路接线及故障分析和排除。

六、实验报告

(1) 按电气原理图的绘图原则画主电路及控制电路图。

(2) 总结实验电路、接线、检查、试车、排除故障步骤，写出本次实验的收获和体会。

实验 4.2　三相异步电动机的点动与连续运转控制

一、实验目的

(1) 进一步熟悉并掌握接触器的控制作用及其在电路中的接线。
(2) 进一步了解热继电器的结构及使用方法。
(3) 比较常用点动控制电路的特点。

二、实验仪器及设备

三相异步电动机	1 台	剥线钳	1 把
三联按钮	1 组	斜口钳	1 把
接触器	1 个	十字螺丝刀	1 把
热继电器	1 个	一字螺丝刀	1 把
万用表	1 块	连接导线	若干

三、实验内容

1. 主电路及控制电路的绘制(图 4.2)

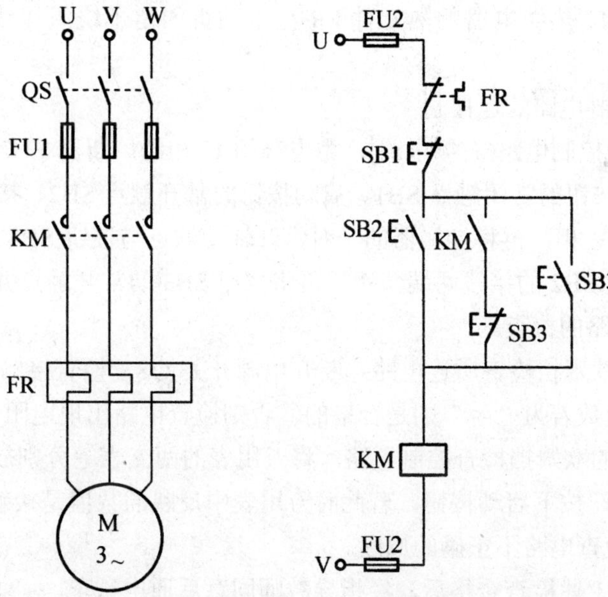

图 4.2　三相异步电动机的单方向点动与连续运转控制的主电路及控制电路

2. 按图连线

1) 安装及布线工艺要求

(1) 安装工艺要求。
① 各元件的间距合理，以便于元件的更换。
② 紧固各元件时应用力均匀，紧固程度适当。用手轻摇，以确保其稳固。

(2) 布线工艺要求。

① 布线通道要尽可能少。主电路、控制电路要分类清晰，同一类线路要单层密排，紧贴安装板面布线。

② 同一平面内的导线要尽量避免交叉。当必须交叉时，布线线路要清晰，便于识别。

③ 布线应横平竖直，走线改变方向时应垂直转向。

④ 布线一般以接触器为中心，由里向外，由低至高，以不妨碍后续布线为原则。

⑤ 布线一般按照先控制线路，后主电路的顺序。主电路和控制电路要尽量分开。

⑥ 导线与接线端子或接线柱连接时，应不压绝缘层、不反圈及不露铜过长，并做到同一元件、同一回路的不同接点的导线间距离保持一致。

⑦ 一个电气元件接线端子上的连接导线不得超过两根。每节接线端子板上的连接导线一般只允许连接一根。

⑧ 布线时，严禁损伤线芯和导线绝缘。

⑨ 布线时，不在控制板上的电气元件，要从端子排上引出。

⑩ 布线时，要确保连接牢靠，用手轻拉不会脱落或断开。

2) 实验步骤

(1) 第一步，主电路的连接。

按图 4.2 所示的主电路(左侧电路)，由电源 U、V、W 经负荷开关 QS、熔断器 FU1、接触器的主触点 KM、热继电器的热元件 FR 至电动机的定子绕组接线端(定子绕组接成星形)。

(2) 第二步，控制电路的连接。

按图 4.2 所示的控制电路(右侧电路)，由电源的 U 相经熔断器 FU2、热继电器的常闭辅助触点 FR、停止按钮的常闭触点 SB1、启动按钮的常开触点 SB2、接触器线圈 KM、熔断器 FU2 至电源的 V 相，再将接触器的一对常开辅助触点与按钮 SB3 的常闭触点相串联后再并联到启动按钮 SB2 的接线两端，然后再将按钮 SB3 的常开触点并联到其上。

(3) 第三步，电路的检查。

① 用万用表的欧姆挡检查所连电路。断开电源开关 QS，检查接触器主触点电源侧任意两相的电阻值，读数若为“∞”则是合格的，否则检查电路出现电阻值的原因。

② 仍用万用表的欧姆挡检查控制电路。将万用表的两支表笔分别放置在电源侧的 U、V 两相上(控制电路)，按下启动按钮，若此时万用表中反映的数值是接触器线圈的电阻值，则接线正确，否则检查电路不正确的原因。

(4) 第四步，在上述检查合格后，经指导教师同意后通电试车。

四、本实验中可能出现的故障和解决办法

(1) 按下启动按钮 SB2，整机无反应。

可能原因：

① 实验台无电。解决办法：观察电源指示灯是否亮，若否，用万用表电压挡检查三相电源输出口电压是否正常，若否，通知指导教师并查明原因(熔断器是否熔断)。

② 电源连接导线断路。解决办法：用万用表电阻挡检查电源线是否断路。

③ 重新检查控制电路接线，可能出现的错误：热继电器 FR 常闭触点不通或接错；控制电源电压为零(同相)；停止按钮接成常开；接触器线圈接错；等等。在整个检查过程当中可借助万用表。

(2) 按下停止按钮 SB1，电动机没有停止转动。

可能原因：

① 停止按钮出现问题。解决办法：检查停止按钮是否没有使用或被短路。

② 接触器有剩磁现象或常开触点无法断开。解决办法：切断实验台总电源，观察接触器工作是否正常。

(3) 按下启动按钮 SB2，出现短路情况。

可能原因：

① 负载电动机接线出现问题。解决办法：用万用表检查接触器负载侧 U、V、W 三相是否有电阻。

② 接线过程不符合接线工艺。解决办法：检查电路连接导线是否有毛刺造成的搭接。

(4) 按下启动按钮 SB2，出现点动情况。

可能原因：

① 启动按钮 SB2 常开触点没有与接触器辅助触点完全并联。解决办法：用万用表检查上述触点是否完全并联。

② 接触器辅助触点工作时出现断路情况。解决办法：手动压下接触器常开触点，用万用表检查是否出现断路情况，若是，通知指导教师并换掉接触器。

(5) 通电后电动机直接进入工作状态。

可能原因：

启动按钮 SB2 常开触点被短路。解决办法：用万用表检侧启动按钮 SB2 常开触点是否断开。

(6) 按下点动按钮 SB3，整机无反应。

可能原因：点动按钮 SB3 常开触点未串联在点动支路中。

实验过程当中应当严格遵循接线工艺，细心大胆，思维敏捷，完成实验过程。

五、本实验所训练的技能

(1) 弄清利用接触器、启动按钮组成的点动与连续运行控制电路的工作原理。

(2) 学会实验线路接线及故障分析和排除。

(3) 根据点动与连续控制电路的实验分析理解电路特点。

六、实验报告

(1) 按电气原理图的绘图原则画主电路及控制电路图。

(2) 总结实验电路、接线、检查、试车、排除故障步骤，写出本次实验的收获和体会。

实验 4.3　三相异步电动机两地启动

一、实验目的

(1) 进一步熟悉并掌握接触器的控制作用及其在电路中的接线。
(2) 进一步了解热继电器的结构及使用方法。
(3) 比较常用两地启动动控制电路的特点。

二、实验仪器及设备

三相异步电动机	1 台	剥线钳	1 把
三联按钮	2 组	斜口钳	1 把
接触器	1 个	十字螺丝刀	1 把
热继电器	1 个	一字螺丝刀	1 把
万用表	1 块	连接导线	若干

三、实验内容

1. 主电路及控制电路的绘制(图 4.3)

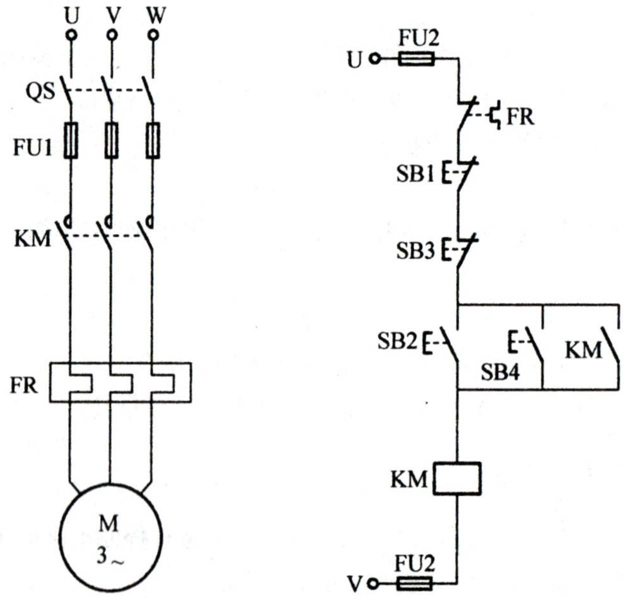

图 4.3　三相异步电动机的两地控制的主电路及控制电路

2. 按图连线

1) 安装及布线工艺要求
(1) 安装工艺要求。
① 各元件的间距合理，便于元件的更换。

② 紧固各元件时应用力均匀，紧固程度适当，用手轻摇，以确保其稳固。

(2) 布线工艺要求。

① 布线通道要尽可能少。主电路、控制电路要分类清晰，同一类线路要单层密排，紧贴安装板面布线。

② 同一平面内的导线要尽量避免交叉。当必须交叉时，布线线路要清晰，便于识别。

③ 布线应横平竖直，走线改变方向时应垂直转向。

④ 布线一般以接触器为中心，由里向外，由低至高，以不妨碍后续布线为原则。

⑤ 布线一般按照先控制线路，后主电路的顺序。主电路和控制电路要尽量分开。

⑥ 导线与接线端子或接线柱连接时，应不压绝缘层、不反圈及不露铜过长，并做到同一元件、同一回路的不同接点的导线间距离保持一致。

⑦ 一个电气元件接线端子上的连接导线不得超过两根。每节接线端子板上的连接导线一般只允许连接一根。

⑧ 布线时，严禁损伤线芯和导线绝缘。

⑨ 布线时，不在控制板上的电气元件，要从端子排上引出。

⑩ 布线时，要确保连接牢靠，用手轻拉不会脱落或断开。

2) 实验步骤

(1) 第一步，主电路的连接。

按图 4.3 所示的主电路(左侧电路)，由电源 U、V、W 经负荷开关 QS、熔断器 FU1、接触器的主触点 KM、热继电器的热元件 FR 至电动机的定子绕组接线端(定子绕组接成星形)。

(2) 第二步，控制电路的连接。

按图 4.3 所示的控制电路(右侧电路)，由电源的 U 相经熔断器 FU2、热继电器的常闭辅助触点 FR、停止按钮的常闭触点 SB1、SB3、启动按钮的常开触点 SB2、接触器线圈 KM、熔断器 FU2 至电源的 V 相，再将启动按钮 SB4 的常开触点并联到 SB2 的两端，然后将接触器的一对常开辅助触点与按钮 SB4 并联。

(3) 第三步，电路的检查。

① 用万用表的欧姆挡检查所连电路。断开电源开关 QS，检查接触器主触点电源侧任意两相的电阻值，读数若为“∞”则是合格的，否则检查电路出现电阻值的原因。

② 仍用万用表的欧姆挡检查控制电路，将万用表的两支表笔分别放置在电源侧的 U、V 两相上(控制电路)，按下启动按钮，若此时万用表中反映的数值是接触器线圈的电阻值，则接线正确，否则检查电路不正确的原因。

(4) 第四步，在上述检查合格后，经指导教师同意后通电试车。

四、本实验中可能出现的故障和解决办法

(1) 按下启动按钮 SB2 或 SB4，整机无反应。

可能原因：

① 实验台无电。解决办法：观察电源指示灯是否亮，若否，用万用表电压挡检测三相电源输出口电压是否正常，若否，通知指导教师并查明原因(熔断器是否熔断)。

② 电源连接导线断路。解决办法：用万用表电阻挡检查电源线是否断路。

③ 重新检查控制电路接线，可能出现的错误：热继电器 FR 常闭触点不通或接错；控

制电源电压为零(同相)；停止按钮接成常开；接触器线圈接错；等等。在整个检查过程当中可借助万用表。

(2) 按下停止按钮 SB1 或 SB3，电机没有停止转动。

可能原因：

① 停止按钮出现问题。解决办法：检查停止按钮是否没有使用或被短路。

② 接触器有剩磁现象或常开触点无法断开。解决办法：切断实验台总电源，观察接触器工作是否正常。

(3) 按下启动按钮 SB2 或 SB4，出现短路情况。

可能原因：

① 负载电机接线出现问题。解决办法：用万用表检查接触器负载侧 U、U、W 3 相是否有电阻。

② 接线过程不符合接线工艺。解决办法：检查电路连接导线是否有毛刺造成的搭接。

(4) 按下启动按钮 SB2 或 SB4，出现点动情况。

可能原因：

① 启动按钮 SB2 或 SB4 常开触点没有与接触器辅助触点完全并联。解决办法：用万用表检查上述触点是否完全并联。

② 接触器辅助触点工作时出现断路情况。解决办法：手动压下接触器常开触点，用万用表检查是否出现断路情况，若是，通知指导教师并换掉接触器。

(5) 通电后电机直接进入工作状态。

可能原因：

启动按钮 SB2 或 SB4 常开触点被短路。解决办法：用万用表检查启动按钮 SB2 或 SB4 常开触点是否断开。

实验过程当中应当严格遵循接线工艺，细心大胆，思维敏捷，完成实验过程。

五、本实验所训练的技能

(1) 学会实验线路接线及故障分析和排除。

(2) 根据两地控制电路实验分析理解不同电路工作特点。

六、实验报告

(1) 按电气原理图的绘图原则画主电路及控制电路图。

(2) 总结实验电路、接线、检查、试车、排除故障步骤，写出本次实验的收获和体会。

实验 4.4　三相异步电动机接触器互锁正反转控制

一、实验目的

(1) 熟悉并掌握可逆旋转工作原理。

(2) 熟悉并掌握接触器互锁正反转控制线路接线。

二、实验仪器及设备

三相异步电动机	1台	剥线钳	1把
三联按钮	1组	斜口钳	1把
接触器	2个	十字螺丝刀	1把
热继电器	1个	一字螺丝刀	1把
万用表	1块	连接导线	若干

三、实验内容

1. 主电路及控制电路的绘制(图4.4)

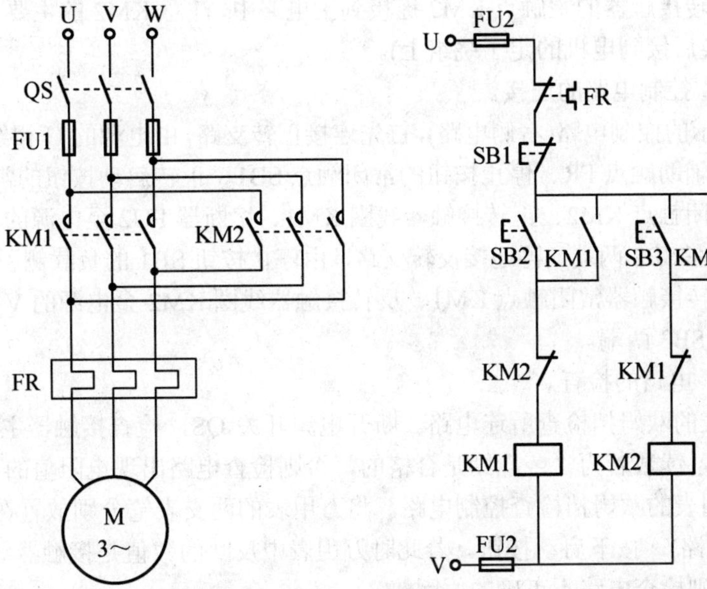

图4.4 三相异步电动机接触器互锁正反转控制的主电路及控制电路

2. 按图连线

1) 安装及布线工艺要求

(1) 安装工艺要求。

① 各元件的间距合理，以便于元件的更换。

② 紧固各元件时应用力均匀，紧固程度适当，用手轻摇，以确保其稳固。

(2) 布线工艺要求。

① 布线通道要尽可能少。主电路、控制电路要分类清晰，同一类线路要单层密排，紧贴安装板面布线。

② 同一平面内的导线要尽量避免交叉。当必须交叉时，布线线路要清晰，便于识别。

③ 布线应横平竖直，走线改变方向时应垂直转向。

④ 布线一般以接触器为中心，由里向外，由低至高，以不妨碍后续布线为原则。

⑤ 布线一般按照先控制线路，后主电路的顺序。主电路和控制电路要尽量分开。

⑥ 导线与接线端子或接线柱连接时，应不压绝缘层、不反圈及不露铜过长，并做到同

一元件、同一回路的不同接点的导线间距离保持一致。

⑦ 一个电气元件接线端子上的连接导线不得超过两根。每节接线端子板上的连接导线一般只允许连接一根。

⑧ 布线时，严禁损伤线芯和导线绝缘。

⑨ 布线时，不在控制板上的电气元件，要从端子排上引出。

⑩ 布线时，要确保连接牢靠，用手轻拉不会脱落或断开。

2) 实验步骤

(1) 第一步，主电路的连接。

按图 4.4 所示的主电路(左侧电路)，由电源 U、V、W 经负荷开关 QS、熔断器 FU1、正转接触器的主触点 KM1、热继电器的热元件 FR 至电动机的定子绕组接线端(定子绕组接成星形)，再将反转接触器的主触点 KM2 连接到主电路中，注意 KM2 的主要作用是换相(将 U 相和 W 相互换后接到电机的定子绕组上)。

(2) 第二步，控制电路的连接。

按图 4.4 所示的控制电路(右侧电路)，首先连接正转支路，由电源的 U 相经熔断器 FU2、热继电器的常闭辅助触点 FR、停止按钮的常闭触点 SB1、正转启动按钮的常开触点 SB2、反转接触器的常闭触点 KM2、正转接触器线圈 KM1、熔断器 FU2 至电源的 V 相，并将正转自锁触点并联在 SB2 两端。再连接反转支路，由停止按钮 SB1 的负载侧引线，经反转启动按钮 SB3、正转接触器常闭触点 KM1、反转接触器线圈 KM2 至电源的 V 相，并将反转自锁触点并联在 SB3 两端。

(3) 第三步，电路的检查。

① 用万用表的欧姆挡检查所连电路。断开电源开关 QS，检查接触器主触点电源侧任意两相的电阻值，读数若为“∞”则是合格的，否则检查电路出现电阻值的原因。

② 仍用万用表的欧姆挡检查控制电路。将万用表的两支表笔分别放置在电源侧的 U、V 两相上(控制电路)，按下启动按钮，若此时万用表中反映的数值是接触器线圈的电阻值，则接线正确，否则检查电路不正确的原因。

(4) 第四步，在上述检查合格后，经指导教师同意后通电试车。

四、本实验中可能出现的故障和解决办法

(1) 按下启动按钮 SB2、SB3，整机无反应。

可能原因：

① 实验台无电。解决办法：观察电源指示灯是否亮，若否，用万用表电压挡检查三相电源输出口电压是否正常，若否，通知指导教师并查明原因(熔断器是否熔断)。

② 电源连接导线断路。解决办法：用万用表电阻挡检查电源线是否断路。

③ 重新检查控制电路接线，可能出现的错误：热继电器 FR 常闭触点不通或接错；控制电源电压为零(同相)；停止按钮接成常开；接触器线圈接错等。在整个检查过程当中可借助万用表。

(2) 按下停止按钮 SB1，电机没有停止转动。

可能原因：

① 停止按钮出现问题。解决办法：检查停止按钮是否没有使用或被短路。

② 接触器有剩磁现象或常开触点无法断开。解决办法：切断实验台总电源，观察接触器工作是否正常。

(3) 按下启动按钮 SB2 或 SB3，出现短路情况。

可能原因：

① 负载电机接线出现问题。解决办法：用万用表检查接触器负载侧 U、V、W 三相是否有电阻。

② 接线过程不符合接线工艺。解决办法：检查电路连接导线是否有毛刺造成的搭接。

(4) 按下启动按钮 SB2 或 SB3，出现点动情况。

可能原因：

① 启动按钮 SB2 或 SB3 常开触点没有与接触器辅助触点完全并联。解决办法：用万用表检查上述触点是否完全并联。

② 接触器辅助触点工作时出现断路情况。解决办法：手动压下接触器常开触点，用万用表检查是否出现断路情况，若是，通知指导教师并换掉接触器。

(5) 通电后电机直接进入工作状态。

可能原因：

启动按钮 SB2 或 SB3 常开触点被短路。解决办法：用万用表检查启动按钮 SB2 或 SB3 常开触点是否断开。

(6) 不能实现可逆旋转控制。

可能原因：

① 主电路问题。解决办法：断电检查主电路电路三相电源是否换相且只换一次。

② 接线过程出现马虎错误。解决办法：断电检查电路。

(7) 按下启动按钮 SB2 或 SB3 后，出现振荡情况。

可能原因：

接触器电气互锁接反。解决办法：检查接触器的常闭触点是否连接到另外一个接触器的线圈上。

实验过程当中应当严格遵循接线工艺，细心大胆，思维敏捷，完成实验过程。

五、本实验所训练的技能

(1) 掌握可逆控制电路的工作原理、特点、应用。

(2) 弄清利用接触器、启动按钮组成的三相异步电动机接触器互锁正反转控制的主电路及控制电路的工作原理。

(3) 学会实验线路接线及故障分析和排除。

六、实验报告

(1) 按电气原理图的绘图原则画主电路及控制电路图。

(2) 了解电气互锁在电路中的作用。

(3) 总结实验电路、接线、检查、试车、排除故障步骤，写出本次实验的收获和体会。

实验 4.5　三相异步电动机按钮切换接触器互锁正反转控制

一、实验目的

(1) 熟悉并掌握可逆旋转线路接线。
(2) 理解可逆控制线路的电气、机械联锁原理。

二、实验仪器及设备

三相异步电动机	1 台	剥线钳	1 把
三联按钮	1 组	斜口钳	1 把
接触器	2 个	十字螺丝刀	1 把
热继电器	1 个	一字螺丝刀	1 把
万用表	1 块	连接导线	若干

三、实验内容

1. 主电路及控制电路的绘制(图 4.5)

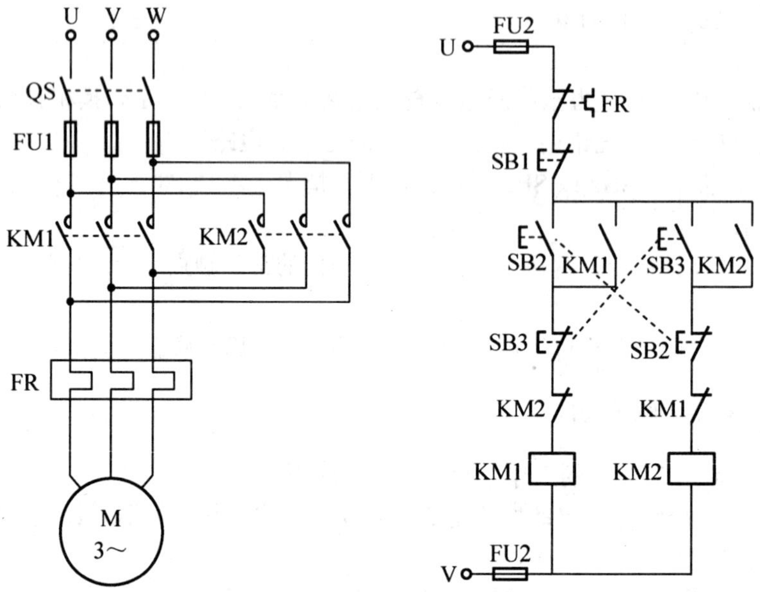

图 4.5　三相异步电动机按钮切换接触器互锁正反转控制的主电路及控制电路

2. 按图接线

1) 安装及布线工艺要求

(1) 安装工艺要求。

① 各元件的间距合理，以便于元件的更换。

② 紧固各元件时应用力均匀，紧固程度适当，用手轻摇，以确保其稳固。

(2) 布线工艺要求。

① 布线通道要尽可能少。主电路、控制电路要分类清晰，同一类线路要单层密排，紧贴安装板面布线。

② 同一平面内的导线要尽量避免交叉。当必须交叉时，布线线路要清晰，便于识别。

③ 布线应横平竖直，走线改变方向时应垂直转向。

④ 布线一般以接触器为中心，由里向外，由低至高，以不妨碍后续布线为原则。

⑤ 布线一般按照先控制线路，后主电路的顺序。主电路和控制电路要尽量分开。

⑥ 导线与接线端子或接线柱连接时，应不压绝缘层、不反圈及不露铜过长，并做到同一元件、同一回路的不同接点的导线间距离保持一致。

⑦ 一个电气元件接线端子上的连接导线不得超过两根。每节接线端子板上的连接导线一般只允许连接一根。

⑧ 布线时，严禁损伤线芯和导线绝缘。

⑨ 布线时，不在控制板上的电气元件，要从端子排上引出。

⑩ 布线时，要确保连接牢靠，用手轻拉不会脱落或断开。

2) 实验步骤

(1) 第一步，主电路的连接。

按图 4.5 所示的主电路(左侧电路)，由电源 U、V、W 经负荷开关 QS、熔断器 FU1、正转接触器的主触点 KM1、热继电器的热元件 FR 至电动机的定子绕组接线端(定子绕组接成星形)，再将反转接触器的主触点 KM2 连接到主电路中，注意 KM2 的主要作用是换相(将 U 相和 W 相互换后接到电机的定子绕组上)。

(2) 第二步，控制电路的连接。

按图 4.5 所示的控制电路(右侧电路)，首先连接正转支路，由电源的 U 相经熔断器 FU2、热继电器的常闭辅助触点 FR、停止按钮的常闭触点 SB1、正转启动按钮的常开触点 SB2、反转按钮的常闭触点 SB3(机械互锁)、反转接触器 KM2 的常闭触点(电气互锁)、正转接触器 KM1 线圈、熔断器 FU2 至电源的 V 相，并将正转自锁触点 KM1 并联在 SB2 的常开触点的两端。再连接反转支路，由停止按钮 SB1 常闭触点的负载侧引线，经反转启动按钮 SB3 常开触点、正转按钮 SB2 常闭触点(机械互锁)、正转接触器 KM1 常闭触点(电气互锁)、反转接触器 KM2 线圈至电源的 V 相，并将反转自锁触点 KM2 并联在 SB3 的常开触点的两端。

(3) 第三步，电路的检查。

① 用万用表的欧姆挡检查所连电路。断开电源开关 QS，检查接触器主触点电源侧任意两相的电阻值，读数若为“∞”则是合格的，否则检查电路出现电阻值的原因。

② 仍用万用表的欧姆挡检查控制电路。将万用表的两只表笔分别放置在电源侧的 U、V 两相上(控制电路)，按下启动按钮，若此时万用表中反映的数值是接触器线圈的电阻值，则接线正确，否则检查电路不正确的原因。

(4) 第四步，在上述检查合格后，经指导教师同意后通电试车。

四、本实验中可能出现的故障和解决办法

(1) 按下启动按钮 SB2 或 SB3，整机无反应。

可能原因：

① 实验台无电。解决办法：观察电源指示灯是否亮，若否，用万用表电压挡检查三相电源输出口电压是否正常，若否，通知指导教师并查明原因(熔断器是否熔断)。

② 电源连接导线断路。解决办法：用万用表电阻挡检查电源线是否断路。

③ 重新检查控制电路接线，可能出现的错误：热继电器 FR 常闭触点不通或接错；控制电源电压为零(同相)；停止按钮接成常开；接触器线圈接错等。在整个检查过程当中可借助万用表。

(2) 按下停止按钮 SB1，电机没有停止转动。

可能原因：

① 停止按钮出现问题。解决办法：检查停止按钮是否没有使用或被短路。

② 接触器有剩磁现象或常开触点无法断开。解决办法：切断实验台总电源，观察接触器工作是否正常。

(3) 按下启动按钮 SB2 或 SB3，出现短路情况。

可能原因：

① 负载电机接线出现问题。解决办法：用万用表检查接触器负载侧 U、V、W 三相是否有电阻。

② 接线过程不符合接线工艺。解决办法：检查电路连接导线是否有毛刺造成的搭接。

(4) 按下启动按钮 SB2 或 SB3，出现点动情况。

可能原因：

① 启动按钮 SB2 或 SB3 常开触点没有与接触器辅助触点完全并联。解决办法：用万用表检查上述触点是否完全并联。

② 接触器辅助触点工作时出现断路情况。解决办法：手动压下接触器常开触点，用万用表检查是否出现断路情况，若是，通知指导教师并换掉接触器。

(5) 通电后电机直接进入工作状态。

可能原因：

启动按钮 SB2 或 SB3 常开触点被短路。解决办法：用万用表检查启动按钮 SB2 或 SB3 常开触点是否断开。

(6) 不能实现可逆旋转控制。

可能原因：

① 主电路问题。解决办法：断电检查主电路三相电源是否换相且只换一次。

② 接线过程出现马虎错误。解决办法：断电检查电路。

(7) 按下启动按钮 SB2 或 SB3 后，出现振荡情况。

可能原因：

接触器电气互锁接反。解决办法：检查接触器的常闭触点是否连接到另外一个接触器的线圈上。

(8) 按钮互锁不好用。

可能原因：

启动按钮 SB2、SB3 常闭触点没有串联到控制电路当中。解决办法：断电检查控制电路中启动按钮 SB2、SB3 常闭触点是否串联进去。

实验过程当中应当严格遵循接线工艺，细心大胆，思维敏捷，完成实验过程。

五、本实验所训练的技能

(1) 掌握可逆控制电路的工作原理、特点、应用。

(2) 弄清利用接触器、启动按钮组成的启动、停止电路工作原理以及按钮互锁的工作原理。

(3) 学会实验线路接线及故障分析和排除。

六、实验报告

(1) 按电气原理图的绘图原则画主电路及控制电路图。

(2) 了解电气互锁、机械互锁在电路中的作用。

(3) 总结实验电路、接线、检查、试车、排除故障步骤，写出本次实验的收获和体会。

实验 4.6　三相异步电动机自动循环往复控制

一、实验目的

(1) 熟悉并掌握可逆旋转线路接线。

(2) 熟悉并掌握自动往返控制线路接线。

(3) 理解可逆控制线路的电气、机械互锁原理。

二、实验仪器及设备

三相异步电动机	1 台	行程开关	2 个
三联按钮	1 组	剥线钳	1 把
接触器	2 个	十字螺丝刀	1 把
热继电器	1 个	一字螺丝刀	1 把
万用表	1 块	连接导线	若干

三、实验内容

1. 主电路及控制电路的绘制(图 4.6)

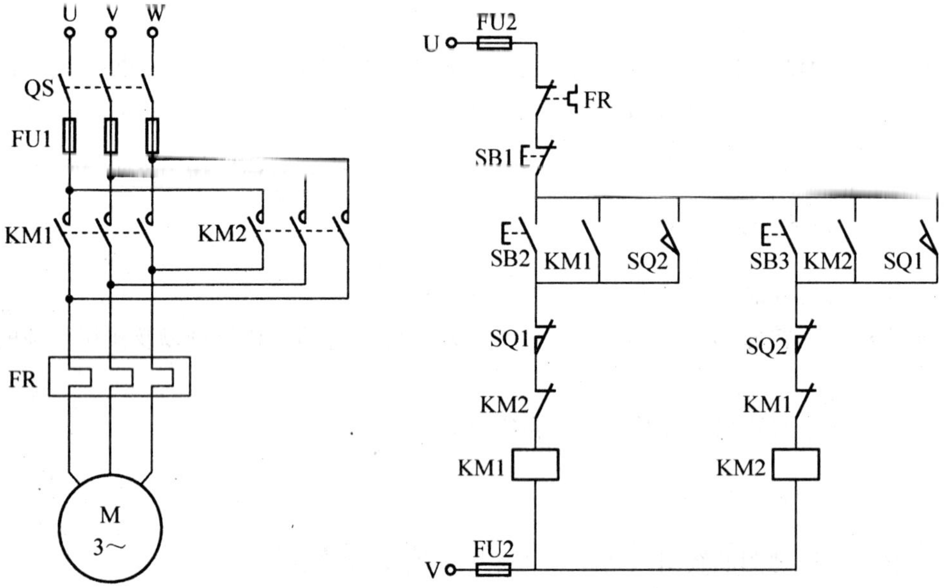

图 4.6　三相异步电动机自动循环控制的主电路及控制电路

2. 按图接线

1) 安装及布线工艺要求

(1) 安装工艺要求。

① 各元件的间距合理，以便于元件的更换。

② 紧固各元件时应用力均匀，紧固程度适当。用手轻摇，以确保其稳固。

(2) 布线工艺要求。

① 布线通道要尽可能少。主电路、控制电路要分类清晰，同一类线路要单层密排，紧贴安装板面布线。

② 同一平面内的导线应尽量避免交叉。当必须交叉时布线线路要清晰，便于识别。

③ 布线应横平竖直，走线改变方向时，应垂直转向。

④ 布线一般以接触器为中心，由里向外，由低至高，以不妨碍后续布线为原则。

⑤ 布线一般按照先控制线路，后主电路的顺序。主电路和控制电路要尽量分开。

⑥ 导线与接线端子或接线柱连接时，应不压绝缘层、不反圈及不露铜过长，并做到同一元件、同一回路的不同接点的导线间距离保持一致。

⑦ 一个电气元件接线端子上的连接导线不得超过两根。每节接线端子板上的连接导线一般只允许连接一根。

⑧ 布线时，严禁损伤线芯和导线绝缘。

⑨ 布线时，不在控制板上的电气元件，要从端子排上引出。

⑩ 布线时，要确保连接劳靠，用手轻拉不会脱落或断开。

2) 实验步骤

(1) 第一步，主电路的连接。

按图 4.6 所示的主电路(左侧电路)，由电源 U、V、W 经负荷开关 QS、熔断器 FU1、正转接触器的主触点 KM1、热继电器的热元件 FR 至电动机的定子绕组接线端(定子绕组接成星形)，再将反转接触器的主触点 KM2 连接到主电路中，注意 KM2 的主要作用是换相(将 U 相和 W 相互换后接到电机的定子绕组上)。

(2) 第二步，控制电路的连接。

按图 4.6 所示的控制电路(右侧电路)，首先连接正转支路，由电源的 U 相经熔断器 FU2、热继电器的常闭辅助触点 FR、停止按钮的常闭触点 SB1、正转启动按钮的常开触点 SB2、行程开关常闭触点 SQ1(机械互锁)、反转接触器的常闭触点 KM2(电气互锁)、正转接触器线圈 KM1、熔断器 FU2 至电源的 V 相，并将正转自锁触点 KM1 并联在 SB2 两端，还要并联上行程开关的常开触点 SQ2。再连接反转支路，由停止按钮 SB1 的负载侧引线，经反转启动按钮 SB3、行程开关的常闭触点 SQ2(机械互锁)、正转接触器常闭触点 KM1(电气互锁)、反转接触器线圈 KM2 至电源的 V 相，并将反转自锁触点 KM2 并联在 SB3 两端，也还要并联上行程开关的常开触点 SQ1。

(3) 第三步，电路的检查。

① 用万用表的欧姆挡检查所连电路。断开电源开关 QS，检查接触器主触点电源侧任意两相的电阻值，读数若为“∞”则是合格的，否则检查电路出现电阻值的原因。

② 仍用万用表的欧姆挡检查控制电路。将万用表的两支表笔分别放置在电源侧的 U、V 两相上(控制电路)，按下启动按钮，若此时万用表中反映的数字是接触器线圈的电阻值，则接线正确，否则检查电路不正确的原因。

(4) 第四步，在上述检查合格后，经指导教师同意后通电试车。

四、本实验中可能出现的故障和解决办法

(1) 按下启动按钮 SB2 或 SB3，整机无反应。

可能原因：

① 实验台无电。解决办法：观察电源指示灯是否亮，若否，用万用表电压挡检查三相电源输出口电压是否正常，若否，通知指导教师并查明原因(熔断器是否熔断)。

② 电源连接导线断路。解决办法：用万用表电阻挡检查电源线是否断路。

③ 重新检查控制电路接线，可能出现的错误：热继电器 FR 常闭触点不通或接错；控制电源电压为零(同相)；停止按钮接成常开；接触器线圈接错等。在整个检查过程当中可借助万用表。

④ 行程开关 SQ1、SQ2 常闭触点问题。解决办法：检查电路当中行程开关 SQ1、SQ2 常闭触点是否串联到电路当中，若否，改正电路；断电用万用表检查行程开关 SQ1、SQ2 常闭触点是否工作正常。

(2) 按下停止按钮 SB1，电机没有停止转动。

可能原因：

① 停止按钮出现问题。解决办法：检查停止按钮是否没有使用或被短路。

② 接触器有剩磁现象或常开触点无法断开。解决办法：切断实验台总电源，观察接触

器工作是否正常。

(3) 按下启动按钮 SB2 或 SB3，出现短路情况。

可能原因：

① 负载电机接线出现问题。解决办法：用万用表检查接触器负载侧 U、V、W 三相是否有电阻。

② 接线过程不符合接线工艺。解决办法：检查电路连接导线是否有毛刺造成的搭接。

(4) 按下启动按钮 SB2 或 SB3，出现点动情况。

可能原因：

① 启动按钮 SB2 或 SB3 常开触点没有与接触器辅助触点完全并联。解决办法：用万用表检查上述触点是否完全并联。

② 接触器辅助触点工作时出现断路情况。解决办法：手动压下接触器常开触点，用万用表检查是否出现断路情况，若是，通知指导教师并换掉接触器。

(5) 通电后电机直接进入工作状态。

可能原因：

启动按钮 SB2 或 SB3 常开触点被短路。解决办法：用万用表检查启动按钮 SB2 或 SB3 常开触点是否断开。

(6) 不能实现可逆旋转控制。

可能原因：

① 主电路问题。解决办法：断电检查主电路三相电源是否换相且只换一次。

② 接线过程出现马虎错误。解决办法：断电检查电路。

(7) 按下启动按钮 SB2 或 SB3 后，出现振荡情况。

可能原因：

接触器电气互锁接反。解决办法：检查接触器的常闭触点是否连接到另外一个接触器的线圈上。

(8) 按下行程开关 SQ1 或 SQ2，整机无反应。

可能原因：

① 行程开关 SQ1 或 SQ2 常开触点没有与相应的启动按钮常开触点完全并联。解决办法：用万用表检查行程开关 SQ1 或 SQ2 常开触点是否与相应的启动按钮常开触点完全并联。

② 行程开关 SQ1 或 SQ2 常开触点工作不正常。解决办法：断电用万用表检查行程开关 SQ1 或 SQ2 常开触点能否正常工作，若否，通知指导教师，并维修或换掉不正常的行程开关。

实验过程当中应当严格遵循接线工艺，细心大胆，思维敏捷，完成实验过程。

五、本实验所训练的技能

(1) 掌握循环往复控制电路的工作原理、应用。

(2) 弄清利用接触器、启动按钮组成的启动、停止电路的工作原理。

(3) 学会实验线路接线及故障分析和排除。

六、实验报告

(1) 按电气原理图的绘图原则画主电路及控制电路图。

(2) 了解电气互锁、机械互锁在电路中的作用。

(3) 了解行程开关在电路中所起作用，以及行程开关和其他器件的配合所达到的效果。

(4) 总结实验电路、接线、检查、试车、排除故障步骤，写出本次实验的收获和体会。

实验 4.7　两台三相异步电动机顺序启动控制

一、实验目的

(1) 熟悉并掌握电动机顺序启动线路接线。

(2) 掌握两台三相异步电动机顺序启动控制的工作原理及接线方法。

二、实验仪器及设备

三相异步电动机	2 台	剥线钳	1 把
三联按钮	2 组	斜口钳	1 把
接触器	2 个	十字螺丝刀	1 把
热继电器	2 个	一字螺丝刀	1 把
万用表	1 块	连接导线	若干

三、实验内容

1. 主电路及控制电路的绘制(图 4.7)

2. 按图接线

1) 安装及布线工艺要求。

(1) 安装工艺要求。

① 各元件的间距合理，以便于元件的更换。

② 紧固各元件时应用力均匀，紧固程度适当。用手轻摇，以确保其稳固。

(2) 布线工艺要求。

① 布线通道要尽可能少。主电路、控制电路要分类清晰，同一类线路要单层密排，紧贴安装板面布线。

② 同一平面内的导线要尽量避免交叉。当必须交叉时，布线线路要清晰，便于识别。

③ 布线应横平竖直，走线改变方向时应垂直转向。

④ 布线一般以接触器为中心，由里向外，由低至高，以不妨碍后续布线为原则。

⑤ 布线一般按照先控制线路，后主电路的顺序。主电路和控制电路要尽量分开。

⑥ 导线与接线端子或接线柱连接时，应不压绝缘层、不反圈及不露铜过长，并做到同

一元件、同一回路的不同接点的导线间距离保持一致。

⑦ 一个电气元件接线端子上的连接导线不得超过两根。每节接线端子板上的连接导线一般只允许连接一根。

⑧ 布线时，严禁损伤线芯和导线绝缘。

⑨ 布线时，不在控制板上的电气元件，要从端子排上引出。

⑩ 布线时，要确保连接牢靠，用手轻拉不会脱落或断开。

2) 实验步骤

(1) 第一步，主电路的连接。

按图4.7所示的主电路(左侧电路)，先连接第一台电动机M1，由电源U、V、W经负荷开关QS、熔断器FU1、接触器的主触点KM1、热继电器的热元件FR1至第一台电动机的定子绕组接线端(定子绕组接成星形)。然后连接第二台电动机，将接触器KM2主触点的电源侧接到熔断器FU1的负载侧，KM2的负载侧与热继电器FR2相接后再接到电机M2的定子绕组上(电机M2的定子绕组也要接成星形)。

(2) 第二步，控制电路的连接。

图4.7所示的控制电路(右侧电路)由两条支路，第一条支路是控制电动机M1的，第二条支路是控制电动机M2的，每条支路的接线与直接启动相似，其中，在KM2线圈支路串联KM1的常开触点是为了达到只有在第一台电动机启动后，第二台电动机才能启动的目的，将KM2的常开触点并到SB1停止按钮两端的目的是为了能满足只有在第二台电动机停止后，第一台电动机才能停止的要求。

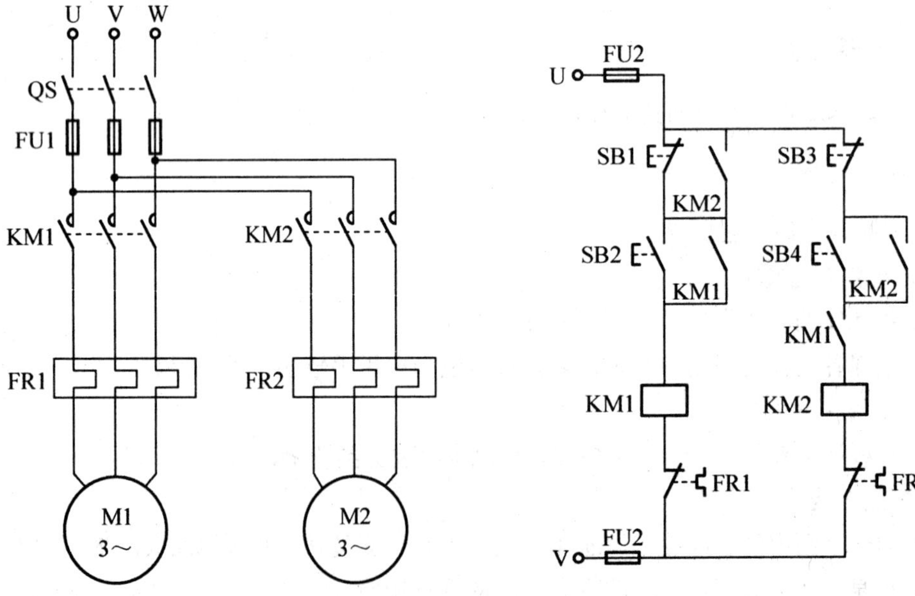

图4.7 两台三相电机顺序启动主电路及控制电路

(3) 第三步，电路的检查

① 用万用表的欧姆挡检查所连电路。断开电源开关QS，检查接触器主触点电源侧任

意两相的电阻值，读数若为“∞”则是合格的，否则检查电路出现电阻值的原因。

② 仍用万用表的欧姆挡检查控制电路。将万用表的两只表笔分别放置在电源侧的 U、V 两相上(控制电路)，按下启动按钮，若此时万用表中反映的数字是接触器线圈的电阻值，则接线正确，否则检查电路不正确的原因。

(4) 第四步，在上述检查合格后，经指导教师同意后通电试车。

四、本实验中可能出现的故障和解决办法

(1) 按下启动按钮 SB2，整机无反应。

可能原因：

① 实验台无电。解决办法：观察电源指示灯是否亮，若否，用万用表电压挡检查三相电源输出口电压是否正常，若否，通知指导教师并查明原因(熔断器是否熔断)。

② 电源连接导线断路。解决办法：用万用表电阻挡检查电源线是否断路。

③ 重新检查控制电路接线，可能出现的错误：热继电器 FR 常闭触点不通或接错；控制电源电压为零(同相)；停止按钮接成常开；接触器线圈接错等。在整个检查过程当中可借助万用表。

(2) 按下停止按钮 SB1，电机没有停止转动。

可能原因：

① 停止按钮出现问题。解决办法：检查停止按钮是否没有使用或被短路。

② 接触器有剩磁现象或常开触点无法断开。解决办法：切断实验台总电源，观察接触器工作是否正常。

(3) 按下启动按钮 SB2，出现短路情况。

可能原因：

① 负载电机接线出现问题。解决办法：用万用表检查接触器负载侧 U、V、W 三相是否有电阻。

② 接线过程不符合接线工艺。解决办法：检查电路连接导线是否有毛刺造成的搭接。

(4) 按下启动按钮 SB2，出现点动情况。

可能原因：

① 启动按钮 SB2 常开触点没有与接触器辅助触点完全并联。解决办法：用万用表检查上述触点是否完全并联。

② 接触器辅助触点工作时出现断路情况。解决办法：手动压下接触器常开触点，用万用表检查是否出现断路情况，若是，通知指导教师并换掉接触器。

(5) 通电后电机直接进入工作状态。

可能原因：

启动按钮 SB2 常开触点被短路。解决办法：用万用表检查启动按钮 SB2 常开触点是否断开。

(6) 两台电机不能顺序启动。

可能原因：

① 顺序启动按钮 SB4 支路接触器 KM1 辅助常开触点出现问题。解决办法：检查电路当中是否把顺序启动按钮 SB4 支路接触器 KM1 辅助常开触点串接进去；检查顺序启动按钮 SB4 支路接触器 KM1 辅助常开触点工作是否正常。

② 电路连接出现错误。解决办法：断电仔细检查主电路、控制电路是否按照电路原理图和接线工艺完成接线。

(7) 两台电动机不能顺序停止。

可能原因：

① 顺序停止按钮 SB1 支路接触器 KM2 辅助常开触点出现问题。解决办法：检查电路当中是否把顺序停止按钮 SB1 支路接触器 KM2 辅助常开触点与 SB1 常闭触点进行完全并联；检查顺序停止按钮 SB1 支路接触器 KM2 辅助常开触点工作是否正常。

② 电路连接出现错误。解决办法：断电仔细检查主电路、控制电路是否按照电路原理图和接线工艺完成接线。

实验过程当中应当严格遵循接线工艺，细心大胆，思维敏捷，完成实验过程。

五、本实验所训练的技能

(1) 熟悉并掌握两台三相异步电动机顺序启动控制的工作原理。

(2) 学会实验线路接线及故障分析和排除。

六、实验报告

(1) 按绘图原则画两台三相异步电动机顺序启动控制的工作原理图。

(2) 两台三相异步电动机顺序启动控制的特点，使用场合。

(3) 总结实验电路、接线、检查、试车、排除故障步骤，写出本次实验的收获和体会。

实验 4.8　两台三相异步电动机顺序延时启动控制

一、实验目的

(1) 了解时间继电器的结构、动作原理及其使用方法。

(2) 掌握两台三相异步电动机顺序延时启动控制的工作原理及接线方法。

二、实验仪器及设备

三相异步电动机	2 台	时间继电器	1 个
三联按钮	1 组	剥线钳	1 把
接触器	2 个	十字螺丝刀	1 把
热继电器	2 个	一字螺丝刀	1 把
万用表	1 块	连接导线	若干

三、实验内容

1. 主电路及控制电路的绘制(图 4.8)

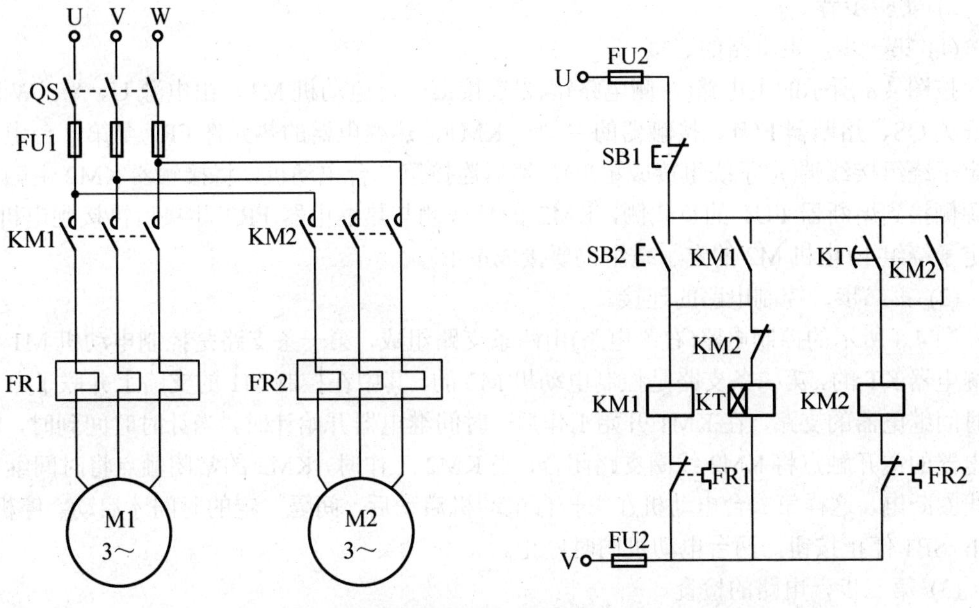

图 4.8　两台三相异步电动机顺序延时启动主电路及控制电路

2. 时间继电器的检测

手动操作确定时间继电器的瞬时与延时常开、常闭触点的位置。用万用表检查时间继电器延时常开、常闭的接点。

3. 按图接线

1) 安装及布线工艺要求

(1) 安装工艺要求。

① 各元件的间距合理，以便于元件的更换。

② 紧固各元件时应用力均匀，紧固程度适当，用手轻摇，以确保其稳固。

(2) 布线工艺要求。

① 布线通道要尽可能少。主电路、控制电路要分类清晰，同一类线路要单层密排，紧贴安装板面布线。

② 同一平面内的导线要尽量避免交叉。当必须交叉时，布线线路要清晰，便于识别。

③ 布线应横平竖直，走线改变方向时应垂直转向。

④ 布线一般以接触器为中心，由里向外，由低至高，以不妨碍后续布线为原则。

⑤ 布线一般按照先控制线路，后主电路的顺序。主电路和控制电路要尽量分开。

⑥ 导线与接线端子或接线柱连接时，应不压绝缘层、不反圈及不露铜过长，并做到同一元件、同一回路的不同接点的导线间距离保持一致。

⑦ 一个电气元件接线端子上的连接导线不得超过两根。每节接线端子板上的连接导线一般只允许连接一根。

⑧ 布线时，严禁损伤线芯和导线绝缘。

⑨ 布线时，不在控制板上的电气元件，要从端子排上引出。

⑩ 布线时，要确保连接牢靠，用手轻拉不会脱落或断开。

2) 实验步骤

(1) 第一步，主电路的连接。

按图 4.8 所示的主电路(左侧电路)，先连接第一台电动机 M1，由电源 U、V、W 经负荷开关 QS、熔断器 FU1、接触器的主触点 KM1、热继电器的热元件 FR1 至第一台电动机的定子绕组接线端(定子绕组接成星形)。然后连接第二台电动机，将接触器 KM2 主触点的电源侧接到熔断器 FU1 的负载侧，KM2 的负载侧与热继电器 FR2 相接后再接到电机 M2 的定子绕组上(电机 M2 的定子绕组也要接成星形)。

(2) 第二步，控制电路的连接。

图 4.8 所示的控制电路(右侧电路)由两条支路组成，第一条支路是控制电动机 M1 和时间继电器 KT 的，第二条支路是控制电动机 M2 的。其中在控制 M1 的支路上并联了一条控制时间继电器的支路，在 KM1 开始工作后，时间继电器开始计时，当计时时间到时，时间继电器的常开触点将 KM2 线圈支路闭合，当 KM2 工作时，KM2 的常闭触点将时间继电器的线圈断电，这样第二台电动机在第一台电动机启动后，间隔一定的时间才启动。停机时，按下 SB1 停止按钮，两台电动机同时停止。

(3) 第三步，电路的检查。

① 用万用表的欧姆挡检查所连电路。断开电源开关 QS，检查接触器主触点电源侧任意两相的电阻值，读数若为“∞”则是合格的，否则检查电路出现电阻值的原因。

② 仍用万用表的欧姆挡检查控制电路。将万用表的两只表笔分别放置在电源侧的 U、V 两相上(控制电路)，按下启动按钮，若此时万用表中反映的数字是接触器线圈的电阻值，则接线正确，否则检查电路不正确的原因。

(4) 第四步，在上述检查合格后，经指导教师同意后通电试车。

四、本实验中可能出现的故障和解决办法

(1) 按下启动按钮 SB2，整机无反应。

可能原因：

① 实验台无电。解决办法：观察电源指示灯是否亮，若否，用万用表电压挡检查三相电源输出口电压是否正常，若否，通知指导教师并查明原因(熔断器是否熔断)。

② 电源连接导线断路。解决办法：用万用表电阻挡检查电源线是否断路。

③ 重新检查控制电路接线，可能出现的错误：热继电器 FR1 或 FR2 常闭触点不通或接错；控制电源电压为零(同相)；停止按钮接成常开；接触器线圈接错等。在整个检查过程当中可借助万用表。

(2) 按下停止按钮 SB1，电动机没有停止转动。

可能原因：

① 停止按钮出现问题。解决办法：检查停止按钮是否没有使用或被短路。

② 接触器有剩磁现象或常开触点无法断开。解决办法：切断实验台总电源，观察接触器工作是否正常。

(3) 按下启动按钮 SB2，出现短路情况。

可能原因：

① 负载电动机接线出现问题。解决办法：用万用表检查接触器负载侧 U、V、W 三相是否有电阻。

② 接线过程不符合接线工艺。解决办法：检查电路连接导线是否有毛刺造成的搭接。

(4) 按下启动按钮 SB2，出现点动情况。

可能原因：

① 启动按钮 SB2 常开触点没有与接触器辅助触点完全并联。解决办法：用万用表检查上述触点是否完全并联。

② 接触器辅助触点工作时出现断路情况。解决办法：手动压下接触器常开触点，用万用表检查是否出现断路情况，若是，通知指导教师并换掉接触器。

(5) 通电后电动机直接进入工作状态。

可能原因：

启动按钮 SB2 常开触点被短路。解决办法：用万用表检查启动按钮 SB2 常开触点是否断开。

(6) 两台电动机不能延时顺序启动。

可能原因：

① 时间继电器常开触点出现问题。解决办法：检查时间继电器常开触点能否正常工作。

② 电路连接出现错误。解决办法：断电仔细检查主电路、控制电路是否按照电路原理图和接线工艺完成接线。

实验过程当中应当严格遵循接线工艺，细心大胆，思维敏捷，完成实验过程。

五、本实验所训练的技能

(1) 两台三相异步电动机顺序延时启动控制的工作原理。

(2) 学会实验线路接线及故障分析和排除。

六、实验报告

(1) 按绘图原则画两台三相电动机顺序延时启动控制的工作原理图。

(2) 两台三相异步电动机顺序延时启动控制的特点，使用场合。

(3) 总结实验电路、接线、检查、试车、排除故障步骤，写出本次实验的收获和体会。

实验 4.9　三相异步电动机定子串电阻降压启动控制

一、实验目的

(1) 进一步了解时间继电器的结构、动作原理及其使用方法。

(2) 熟悉电动机定子串电阻降压启动控制线路的工作原理。

(3) 掌握电动机定子串电阻降压启动的动作过程和接线方法。

二、实验仪器及设备

三相异步电动机	1台	时间继电器	1个
三联按钮	1组	剥线钳	1把
接触器	2个	十字螺丝刀	1把
热继电器	1个	一字螺丝刀	1把
万用表	1块	连接导线	若干

三、实验内容

1. 主电路及控制电路的绘制(图 4.9)

2. 时间继电器的检测

手动操作确定时间继电器的瞬时与延时常开、常闭触点的位置。用万用表检查时间继电器延时常开、常闭的接点。

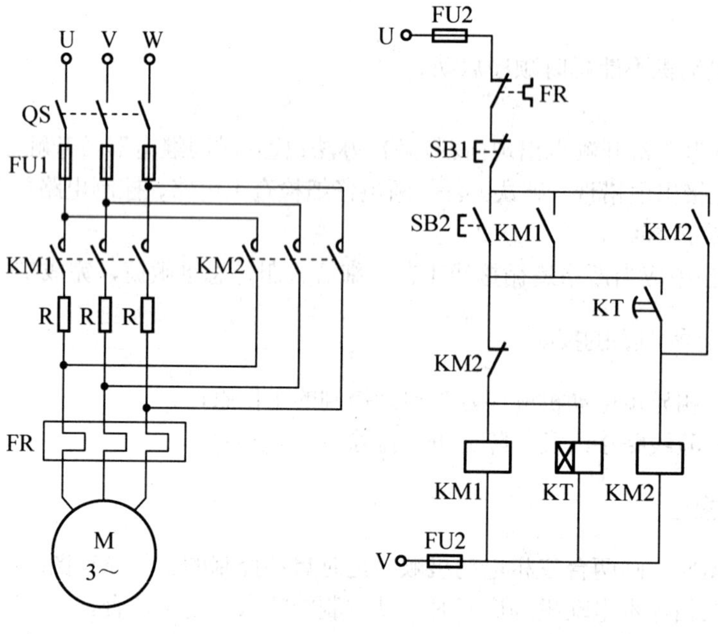

图 4.9　三相异步电动机定子串电阻降压启动控制的主电路及控制电路

3. 按图接线

1) 安装及布线工艺要求

(1) 安装工艺要求。

① 各元件的间距合理，以便于元件的更换。

② 紧固各元件时应用力均匀，紧固程度适当，用手轻摇，以确保其稳固。

(2) 布线工艺要求。

① 布线通道要尽可能少。主电路、控制电路要分类清晰，同一类线路要单层密排，紧贴安装板面布线。

② 同一平面内的导线要尽量避免交叉。当必须交叉时，布线线路要清晰，便于识别。

③ 布线应横平竖直，走线改变方向时应垂直转向。

④ 布线一般以接触器为中心，由里向外，由低至高，以不妨碍后续布线为原则。

⑤ 布线一般按照先控制线路，后主电路的顺序。主电路和控制电路要尽量分开。

⑥ 导线与接线端子或接线柱连接时，应不压绝缘层、不反圈及不露铜过长，并做到同一元件、同一回路的不同接点的导线间距离保持一致。

⑦ 一个电气元件接线端子上的连接导线不得超过两根。每节接线端子板上的连接导线一般只允许连接一根。

⑧ 布线时，严禁损伤线芯和导线绝缘。

⑨ 布线时，不在控制板上的电气元件，要从端子排上引出。

⑩ 布线时，要确保连接牢靠，用手轻拉不会脱落或断开。

2) 实验步骤

(1) 第一步，主电路的连接。

按图 4.9 所示的主电路(左侧电路)，利用接触器 KM1 的主触点将三相电动机串联电阻后接到定子绕组上，此时按下启动按钮，电动机在定子串电阻的条件下降压启动，当电动机的启动电流达到允许值时，计算出这一过程所需时间，利用时间继电器将接触器 KM2 的线圈支路闭合，此时接触器 KM2 的主触点将电动机定子绕组所串联的电阻切除，使电动机全压运行，主电路其余部分的连接与直接启动相同。

(2) 第二步，控制电路的连接。

按图 4.9 所示的控制电路(右侧电路)，由电源的 U 相经熔断器 FU2、热继电器的常闭辅助触点 FR、停止按钮的常闭触点 SB1、启动按钮的常开触点 SB2、KM2 常用触点、接触器线圈 KM1、熔断器 FU2 至电源的 V 相，再在接触器 KM1 的线圈两端并联上两条支路，其中一条支路是 KT 线圈支路，时间继电器支路的主要目的是将电路由定子串电阻降压启动转换成切除电阻全压运行。

(3) 第三步，电路的检查

① 用万用表的欧姆挡检查所连电路。断开电源开关 QS，检查接触器主触点电源侧任意两相的电阻值，读数若为“∞”则是合格的，否则检查电路出现电阻值的原因。

② 仍用万用表的欧姆挡检查控制电路。将万用表的两支表笔分别放置在电源侧的 U、V 两相上(控制电路)，按下启动按钮，若此时万用表中反映的数值是接触器线圈的电阻值，则接线正确，否则检查电路不正确的原因。

(4) 第四步，在上述检查合格后，经指导教师同意后通电试车。

四、本实验中可能出现的故障和解决办法

(1) 按下启动按钮 SB2，整机无反应。

可能原因：

① 实验台无电。解决办法：观察电源指示灯是否亮，若否，用万用表电压挡检查三相电源输出口电压是否正常，若否，通知指导教师并查明原因(熔断器是否熔断)。

② 电源连接导线断路。解决办法：用万用表电阻挡检查电源线是否断路。

③ 重新检查控制电路接线。可能出现的错误：热继电器 FR 常闭触点不通或接错；控

制电源电压为零(同相)；停止按钮接成常开；接触器线圈接错等。在整个检查过程当中可借助万用表。

(2) 按下停止按钮 SB1，电动机没有停止转动。

可能原因·

① 停止按钮出现问题。解决办法：检查停止按钮是否没有使用或被短路。

② 接触器有剩磁现象或常开触点无法断开。解决办法：切断实验台总电源，观察接触器工作是否正常。

(3) 按下启动按钮 SB2，出现短路情况。

可能原因：

① 负载电动机接线出现问题。解决办法：用万用表检查接触器负载侧 U、V、W 三相是否有电阻。

② 接线过程不符合接线工艺。解决办法：检查电路连接导线是否有毛刺造成的搭接。

(4) 按下启动按钮 SB2，出现点动情况。

可能原因：

① 启动按钮 SB2 常开触点没有与接触器辅助触点完全并联。解决办法：用万用表检查上述触点是否完全并联。

② 接触器辅助触点工作时出现断路情况。解决办法：手动压下接触器常开触点，用万用表检查是否出现断路情况，若是，通知指导教师并换掉接触器。

(5) 通电后电动机直接进入工作状态。

可能原因：

启动按钮 SB2 常开触点被短路。解决办法：用万用表检查启动按钮 SB2 常开触点是否断开。

(6) 接触器 KM2 支路不能正常工作。

可能原因：

时间继电器常开触点出现问题。解决办法：检查时间继电器常开触点能否正常工作或有没有串联到降压启动支路当中。

实验过程当中应当严格遵循接线工艺，细心大胆，思维敏捷，完成实验过程。

五、本实验所训练的技能

(1) 调节时间继电器的延时时间。

(2) 掌握定子串电阻降压启动控制线路的工作原理。

(3) 学会实验线路接线及故障分析和排除。

六、实验报告

(1) 按电气原理图的绘图原则画主电路及控制电路图。

(2) 了解各元器件在电路中的作用。

(3) 总结实验电路、接线、检查、试车、排除故障步骤，写出本次实验的收获和体会。

实验 4.10　三相异步电动机 Y-△降压启动控制

一、实验目的

(1) 熟悉利用时间继电器进行 Y-△降压启动控制线路的工作原理。

(2) 了解时间继电器结构及延时长短调整方法。

(3) 掌握 Y-△降压启动的动作过程和接线方法。

二、实验仪器及设备

三相异步电动机	1 台	时间继电器	1 个
三联按钮	1 组	剥线钳	1 把
接触器	3 个	十字螺丝刀	1 把
热继电器	1 个	一字螺丝刀	1 把
万用表	1 块	连接导线	若干

三、实验内容

1. 主电路及控制电路的绘制(图 4.10)

2. 时间继电器的检查

手动操作确定时间继电器的瞬时与延时常开、常闭触点的位置。用万用表检查时间继电器延时常开、常闭的接点。

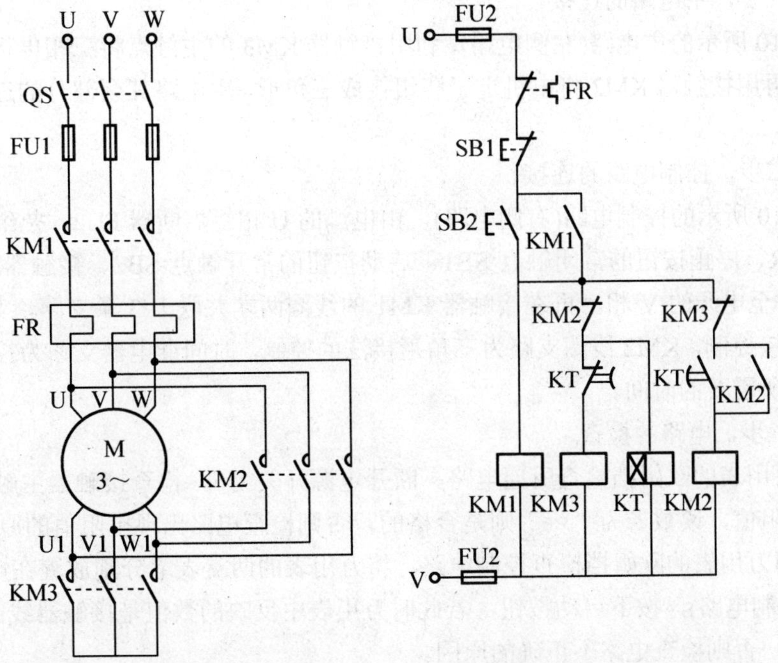

图 4.10　三相异步电动机 Y—△降压启动控制控制的主电路及控制电路

3. 按图接线

1) 安装及布线工艺要求

(1) 安装工艺要求。

① 各元件的间距合理，以便于元件的更换。

② 紧固各元件时应用力均匀，紧固程度适当。用手轻摇，以确保其稳固。

(2) 布线工艺要求。

① 布线通道要尽可能少。主电路、控制电路要分类清晰，同一类线路要单层密排，紧贴安装板面布线。

② 同一平面内的导线要尽量避免交叉。当必须交叉时，布线线路要清晰，便于识别。

③ 布线应横平竖直，走线改变方向时应垂直转向。

④ 布线一般以接触器为中心，由里向外，由低至高，以不妨碍后续布线为原则。

⑤ 布线一般按照先控制线路，后主电路的顺序。主电路和控制电路要尽量分开。

⑥ 导线与接线端子或接线柱连接时，应不压绝缘层、不反圈及不露铜过长，并做到同一元件、同一回路的不同接点的导线间距离保持一致。

⑦ 一个电气元件接线端子上的连接导线不得超过两根。每节接线端子板上的连接导线一般只允许连接一根。

⑧ 布线时，严禁损伤线芯和导线绝缘。

⑨ 布线时，不在控制板上的电气元件，要从端子排上引出。

⑩ 布线时，要确保连接牢靠，用手轻拉不会脱落或断开。

2) 实验步骤

(1) 第一步，主电路的连接。

按图 4.10 所示的主电路(左侧电路)，利用接触器 KM3 的主触点将三相电机的定子绕组接成星形，再用接触器 KM2 将电机定子绕组接成三角形，主电路其余部分的连接与直接启动相同。

(2) 第二步，控制电路的连接。

按图 4.10 所示的控制电路(右侧电路)，由电源的 U 相经熔断器 FU2、热继电器的常闭辅助触点 FR、停止按钮的常闭触点 SB1、启动按钮的常开触点 SB2、接触器线圈 KM1、熔断器 FU2 至电源的 V 相，再在接触器 KM1 的线圈两端并联上 3 条支路，其中 KM3 线圈支路为星接控制，KM2 线圈支路为三角形接法的控制，时间继电器支路为控制由星接转换成角接时所需要的时间。

(3) 第三步，电路的检查

① 用万用表的欧姆挡检查所连电路。断开电源开关 QS，检查接触器主触点电源侧任意两相的电阻值，读数若为“∞”则是合格的，否则检查电路出现电阻值的原因。

② 仍用万用表的欧姆挡检查控制电路。将万用表的两支表笔分别放置在电源侧的 U、V 两相上(控制电路)，按下启动按钮，若此时万用表中反映的数值是接触器线圈的电阻值，则接线正确，否则检查电路不正确的原因。

(4) 第四步，在上述检查合格后，经指导教师同意后通电试车。

四、本实验中可能出现的故障和解决办法

(1) 按下启动按钮 SB2，整机无反应。

可能原因：

① 实验台无电。解决办法：观察电源指示灯是否亮，若否，用万用表电压挡检查三相电源输出口电压是否正常，若否，通知指导教师并查明原因(熔断器是否熔断)。

② 电源连接导线断路。解决办法：用万用表电阻挡检查电源线是否断路。

③ 重新检查控制电路接线。可能出现的错误：热继电器 FR 常闭触点不通或接错；控制电源电压为零(同相)；停止按钮接成常开；接触器线圈接错等。在整个检查过程当中可借助万用表。

(2) 按下停止按钮 SB1，电机没有停止转动。

可能原因：

① 停止按钮出现问题。解决办法：检查停止按钮是否没有使用或被短路。

② 接触器有剩磁现象或常开触点无法断开。解决办法：切断实验台总电源，观察接触器工作是否正常。

(3) 按下启动按钮 SB2，出现短路情况。

可能原因：

① 负载电机接线出现问题。解决办法：用万用表检测接触器负载侧 U、V、W 三相是否有电阻。

② 接线过程不符合接线工艺。解决办法：检查电路连接导线是否有毛刺造成的搭接。

(4) 按下启动按钮 SB2，出现点动情况。

可能原因：

① 启动按钮 SB2 常开触点没有与接触器辅助触点完全并联。解决办法：用万用表检查上述触点是否完全并联。

② 接触器辅助触点工作时出现断路情况。解决办法：手动压下接触器常开触点，用万用表检查是否出现断路情况，若是，通知指导教师并换掉接触器。

(5) 通电后电机直接进入工作状态。

可能原因：

① 启动按钮 SB2 常开触点被短路。解决办法：用万用表检查启动按钮 SB2 常开触点是否断开。

② 3 个接触器和时间继电器控制电源不相同。解决办法：检查 3 个接触器和时间继电器控制电源是否相同。

(6) 不能实现降压启动。

可能原因：

① 时间继电器常开触点出现问题。解决办法：检查时间继电器常开触点能否正常工作或有没有连接到降压启动支路当中。

② 三角形负载不能稳定运行(点动)。解决办法：检查接触器 KM2 常开辅助触点是否完全与时间继电器常开触点并联。

实验过程当中应当严格遵循接线工艺，细心大胆，思维敏捷，完成实验过程。

五、本实验所训练的技能

(1) 调节时间继电器的延时时间。
(2) 掌握 Y-△降压启动控制线路的工作原理。
(3) 学会实验线路接线及故障分析和排除。

六、实验报告

(1) 按电气原理图的绘图原则画出电路及控制电路图。
(2) 了解各元器件在电路中的作用。
(3) 总结实验电路、接线、检查、试车、排除故障步骤，写出本次实验的收获和体会。

实验 4.11　三相异步电动机反接制动控制

一、实验目的

(1) 了解速度继电器的结构、动作原理及其使用方法。
(2) 掌握反接制动电路的工作原理及接线方法。

二、实验仪器及设备

三相异步电动机	1 台	速度继电器	1 个
三联按钮	1 组	剥线钳	1 把
接触器	2 个	十字螺丝刀	1 把
热继电器	1 个	一字螺丝刀	1 把
万用表	1 块	连接导线	若干

三、实验内容

1. 主电路及控制电路的绘制(图 4.11)

2. 按图接线

1) 安装及布线工艺要求

(1) 安装工艺要求。

① 各元件的间距合理，以便于元件的更换。

② 紧固各元件时应用力均匀，紧固程度适当，用手轻摇，以确保其稳固。

(2) 布线工艺要求。

① 布线通道要尽可能减少。主电路、控制电路要分类清晰，同一类线路要单层密排，紧贴安装板面布线。

② 同一平面内的导线要尽量避免交叉。当必须交叉时，布线线路要清晰，便于识别。

③ 布线应横平竖直，走线改变方向时应垂直转向。

④ 布线一般以接触器为中心，由里向外，由低至高，以不妨碍后续布线为原则。

⑤ 布线一般按照先控制线路，后主电路的顺序。主电路和控制电路要尽量分开。

⑥ 导线与接线端子或接线柱连接时，应不压绝缘层、不反圈及不露铜过长，并做到同一元件、同一回路的不同接点的导线间距离保持一致。

⑦ 一个电气元件接线端子上的连接导线不得超过两根。每节接线端子板上的连接导线一般只允许连接一根。

⑧ 布线时，严禁损伤线芯和导线绝缘。

⑨ 布线时，不在控制板上的电气元件，要从端子排上引出。

⑩ 布线时，要确保连接牢靠，用手轻拉不会脱落或断开。

2) 实验步骤

(1) 第一步，主电路的连接。

三相电动机反接制动主电路(左侧电路)的接线与电机正反转控制的接线方式类似，这里与电机转子同轴相连的速度继电器主要作用是当电机反接制动时，防止电机反方向启动。

(2) 第二步，控制电路的连接。

三相电动机反接制动的控制电路(右侧电路)也与电机的正反转控制类似，这里只是增加了一个速度继电器的常开触点 KS 与反接制动的线圈支路相串联，以达到电路能完成反接制动的功能。

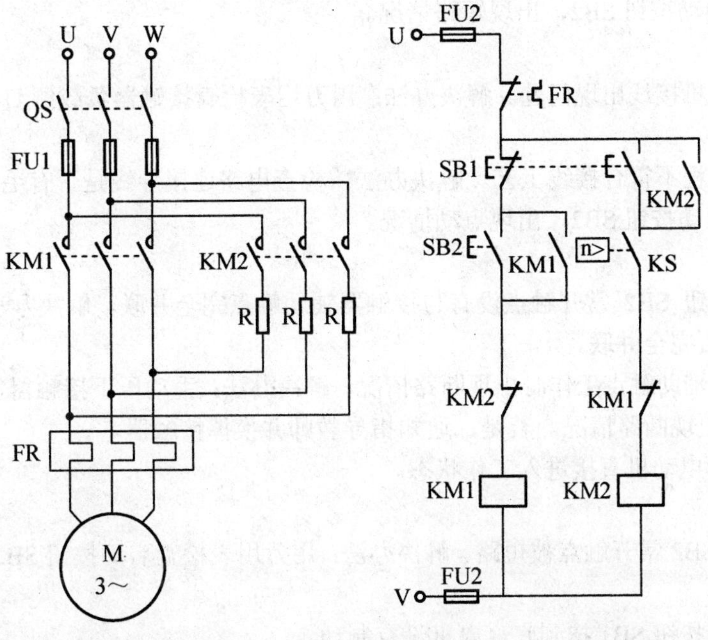

图 4.11　三相异步电动机反接制动的主电路及控制电路

(3) 第三步，电路的检查

① 用万用表的欧姆挡检查所连电路。断开电源开关 QS，检查接触器主触点电源侧任意两相的电阻值，读数若为“∞”则是合格的，否则检查电路出现电阻值的原因。

② 仍用万用表的欧姆挡检查控制电路。将万用表的两支表笔分别放置在电源侧的 U、V 两相上(控制电路)，按下启动按钮，若此时万用表中反映的数值是接触器线圈的电阻值，则接线正确，否则检查电路不正确的原因。

(4) 第四步，在上述检查合格后，经指导教师同意后通电试车。

四、本实验中可能出现的故障和解决办法

(1) 按下启动按钮 SB2，整机无反应。

可能原因：

① 实验台无电。解决办法：观察电源指示灯是否亮，若否，用万用表电压挡检查三相电源输出口电压是否正常，若否，通知指导教师并查明原因(熔断器是否熔断)。

② 电源连接导线断路。解决办法：用万用表电阻挡检测电源线是否断路。

③ 重新检查控制电路接线，可能出现的错误：热继电器 FR 常闭触点不通或接错；控制电源电压为零(同相)；停止按钮接成常开；接触器线圈接错等。在整个检查过程当中可借助万用表。

(2) 按下停止按钮 SB1，电动机没有停止转动。

可能原因：

① 停止按钮出现问题。解决办法：检查停止按钮是否没有使用或被短路。

② 接触器有剩磁现象或常开触点无法断开。解决办法：切断实验台总电源，观察接触器工作是否正常。

(3) 按下启动按钮 SB2，出现短路情况。

可能原因：

① 负载电机接线出现问题。解决办法：用万用表检查接触器负载侧 U、V、W 三相是否有电阻。

② 接线过程不符合接线工艺。解决办法：检查电路连接导线是否有毛刺造成搭接。

(4) 按下启动按钮 SB2，出现点动情况。

可能原因：

① 启动按钮 SB2 常开触点没有与接触器辅助触点完全并联。解决办法：用万用表检查上述触点是否完全并联。

② 接触器辅助触点工作时出现断路情况。解决办法：手动压下接触器常开触点，用万用表检查是否出现断路情况，若是，通知指导教师并换掉接触器。

(5) 通电后电动机直接进入工作状态。

可能原因：

启动按钮 SB2 常开触点被短路。解决办法：用万用表检查启动按钮 SB2 常开触点是否断开。

(6) 把停止按钮 SB1 按到底，电机没有制动。

可能原因：

① 制动支路中的速度继电器工作不正常。解决办法：断电检查速度继电器常开触点工作是否正常。

② 电机继续运转。解决办法：断电查找接触器 KM1、KM2 主触点电源是否只进行一次换相。

实验过程当中应当严格遵循接线工艺，细心大胆，思维敏捷，完成实验过程。

五、本实验所训练的技能

(1) 掌握速度继电器的工作原理和使用方法。
(2) 掌握反接制动的工作原理
(3) 掌握反接制动与正常停车的区别。

六、实验报告

(1) 按绘图原则画反接制动控制原理图。
(2) 熟悉反接制动特点，使用场合。
(3) 总结实验电路、接线、检查、试车、排除故障步骤，写出本次实验的收获和体会。

实验 4.12　三相异步电动机能耗制动

一、实验目的

(1) 通过实验进一步掌握能耗制动的工作原理。
(2) 掌握能耗制动控制电路的接线方法。

二、实验仪器及设备

三相异步电动机	1 台	时间继电器	1 个
三联按钮	1 组	剥线钳	1 把
接触器	2 个	十字螺丝刀	1 把
热继电器	1 个	一字螺丝刀	1 把
万用表	1 块	连接导线	若干

三、实验内容

1. 主电路及控制电路的绘制(图 4.12)

2. 按图接线

1) 安装及布线工艺要求。

(1) 安装工艺要求。

① 各元件的间距合理，以便于元件的更换。

② 紧固各元件时应用力均匀，紧固程度适当，用手轻摇，以确保其稳固。

(2) 布线工艺要求。

① 布线通道要尽可能减少。主电路、控制电路要分类清晰，同一类线路要单层密排，紧贴安装板面布线。

② 同一平面内的导线要尽量避免交叉。当必须交叉时，布线线路要清晰，便于识别。

③ 布线应横平竖直，走线改变方向时应垂直转向。

④ 布线一般以接触器为中心，由里向外，由低至高，以不妨碍后续布线为原则。

⑤ 布线一般按照先控制线路，后主电路的顺序。主电路和控制电路要尽量分开。

⑥ 导线与接线端子或接线柱连接时，应不压绝缘层、不反圈及不露铜过长，并做到同一元件、同一回路的不同接点的导线间距离保持一致。

⑦ 一个电气元件接线端子上的连接导线不得超过两根。每节接线端子板上的连接导线一般只允许连接一根。

⑧ 布线时，严禁损伤线芯和导线绝缘。

⑨ 布线时，不在控制板上的电气元件，要从端子排上引出。

⑩ 布线时，要确保连接牢靠，用手轻拉不会脱落或断开。

2) 实验步骤

(1) 第一步，主电路的连接。

由图 4.12 所示电路图可见，电动机能耗制动的主电路由两部分组成，一部分是直接启动的主电路，另一部分是制动电路，制动电路中所需的直流电源由实验台的整流装置提供。

(2) 第二步，控制电路的连接。

图 4.12 所示的控制电路(右侧电路)由三个线圈支路组成。第一线圈支路是电机的启动电路，由接触器 KM1 线圈控制，第二个线圈支路是能耗制动支路，由接触器 KM2 线圈控制，第三条支路是时间继电器线圈支路，经一定的延时时间后，将电路中的直流电源切除，防止设备长时间带电。

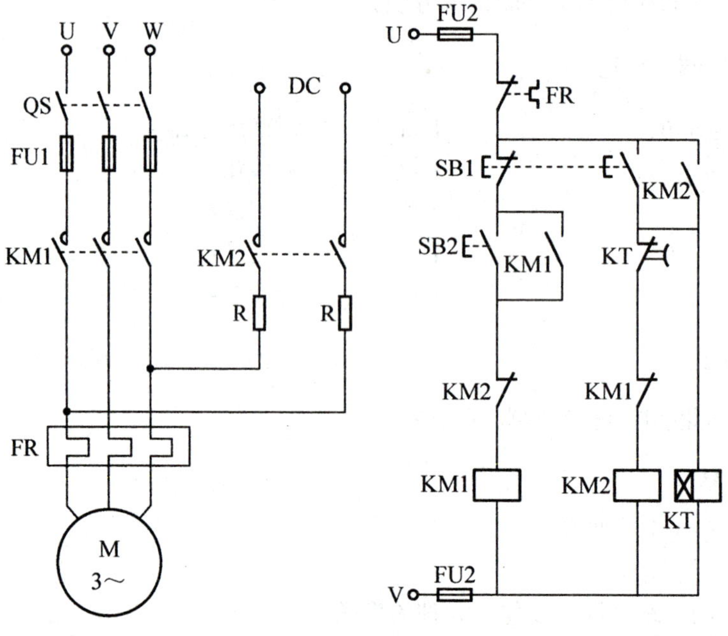

图 4.12　三相异步电动机能耗制动控制的主电路及控制电路

(3) 第三步，电路的检查。

① 用万用表的欧姆挡检查所连电路。断开电源开关 QS，检查接触器主触点电源侧任意两相的电阻值，读数若为“∞”则是合格的，否则检查电路出现电阻值的原因。

② 仍用万用表的欧姆挡检查控制电路。将万用表的两支表笔分别放置在电源侧的 U、V 两相上(控制电路)，按下启动按钮，若此时万用表中反映的数值是接触器线圈的电阻值，则接线正确，否则检查电路不正确的原因。

(4) 第四步，在上述检查合格后，经指导教师同意后通电试车。

四、本实验中可能出现的故障和解决办法

(1) 按下启动按钮 SB2，整机无反应。

可能原因：

① 实验台无电。解决办法：观察电源指示灯是否亮，若否，用万用表电压挡检查三相电源输出口电压是否正常，若否，通知指导教师并查明原因(熔断器是否熔断)。

② 电源连接导线断路。解决办法：用万用表电阻挡检查电源线是否断路。

③ 重新检查控制电路接线，可能出现的错误：热继电器 FR 常闭触点不通或接错；控制电源电压为零(同相)；停止按钮接成常开；接触器线圈接错等。在整个检查过程当中可借助万用表。

(2) 按下停止按钮 SB1，电机没有停止转动。

可能原因：

① 停止按钮出现问题。解决办法：检查停止按钮是否没有使用或被短路。

② 接触器有剩磁现象或常开触点无法断开。解决办法：切断实验台总电源，观察接触器工作是否正常。

(3) 按下启动按钮 SB2，出现短路情况。

可能原因：

① 负载电机接线出现问题。解决办法：用万用表检查接触器负载侧 U、V、W 三相是否有电阻。

② 接线过程不符合接线工艺。解决办法：检查电路连接导线是否有毛刺造成的搭接。

(4) 按下启动按钮 SB2，出现点动情况。

可能原因：

① 启动按钮 SB2 常开触点没有与接触器辅助触点完全并联。解决办法：用万用表检查上述触点是否完全并联。

② 接触器辅助触点工作时出现断路情况。解决办法：手动压下接触器常开触点，用万用表检查是否出现断路情况，若是，通知指导教师并换掉接触器。

(5) 通电后电机直接进入工作状态。

可能原因：

启动按钮 SB2 常开触点被短路。解决办法：用万用表检查启动按钮 SB2 常开触点是否断开。

(6) 把停止按钮 SB1 按到底，电动机没有制动。

可能原因：

① 制动支路中出现问题，解决办法：断电检查停止按钮 SB1 常开触点是否串联到制动电路当中。

② 直流电源出现问题。解决办法：断电检查直流电源是否通过接触器 KM2 接入到电机绕组当中；断电检查直流电源电压的大小，本次实验直流电源大小应该在 50～100V 范围内，太大容易烧坏电机绕组，太小制动效果不好。

实验过程当中应当严格遵循接线工艺，细心大胆，思维敏捷，完成实验过程。

五、本实验所训练的技能

(1) 时间继电器的构造和使用。
(2) 可调直流电源的使用方法。
(3) 掌握能耗制动的基本工作原理、实验线路接线及故障分析和排除。
(4) 分析反接制动和能耗制动的区别，并加以总结。

六、实验报告

(1) 按电气原理图的绘图原则画主电路及控制电路图，并简要说明原理。
(2) 熟悉能耗制动特点，使用场合。
(3) 分析制动电流大小与制动时间关系。
(4) 总结实验电路、接线、检查、试车、排除故障步骤，写出本次实验的收获和体会。

模块 5

PLC 实验

实验 5.1 基本顺序指令的练习

一、实验目的

(1) 熟悉松下 FP1-C40 机的使用，掌握 FPWIN-GR 编程软件的使用方法。

(2) 掌握基本顺序指令的功能。

(3) 掌握调试程序的方法。

二、实验器材

松下 PLC(FP1-C40 机)	1 台
通信电缆	1 根
PLC 教学实验系统	1 台
计算机	1 台
编程软件包(FPWIN-GR)	1 套

三、实验内容与操作

用基本顺序指令编写的实验梯形图如图 5.1 所示。该实验步骤介绍如下。

(1) 连接计算机与 PLC 装置，启动计算机，接通 PLC 装置的电源。

(2) 双击桌面上的 FPWIN-GR 图标，进入 FPWIN-GR 主界面，录入梯形图并编辑转换。

(3) 把转换后的程序下载到 PLC 中。若程序无逻辑性错误，则 PLC 面板上的指示灯会指示 RUN 状态，否则指示 ERR 状态。

(4) 若出现错误，可用 FPWIN-GR 主界面中的【上传】按钮从 PLC 中调出程序重新调试，然后重复以上过程。

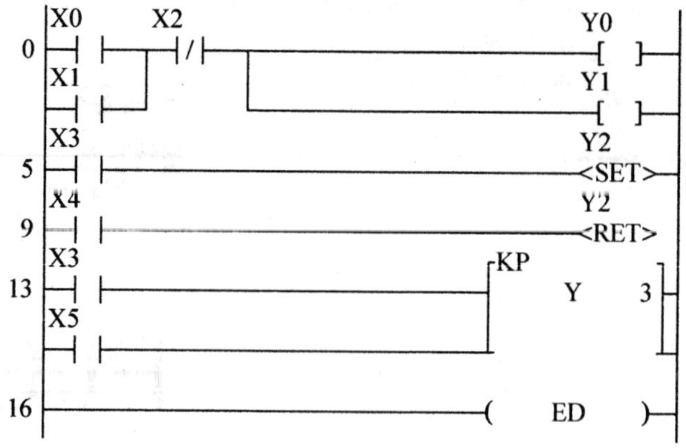

图 5.1　基本顺序指令实验梯形图

(5) 运行并记录结果，填写于表 5-1 中。

表 5-1　实验记录表

输　入						输　出			
X0	X1	X2	X3	X4	X5	Y0	Y1	Y2	Y3
ON	OFF	OFF	ON	OFF	OFF				
OFF	ON	OFF	OFF	OFF	ON				
ON	ON	ON	OFF	ON	OFF				
OFF	OFF	OFF	ON	ON	ON				
OFF	OFF	OFF	ON	OFF	OFF				

四、实验报告

(1) 画出实验程序梯形图并写出指令表。

(2) 分析实验程序的运行结果。

实验 5.2　定时指令和计数指令的应用

一、实验目的

(1) 进一步熟悉掌握 FPWIN-GR 的使用方法。

(2) 掌握定时、计数器指令的功能及用法。

(3) 掌握调试程序的方法。

二、实验器材

松下 PLC(FP1-C40 机)	1 台
通信电缆	1 根
PLC 教学实验系统	1 台
计算机	1 台
编程软件包(FPWIN-GR)	1 套

三、实验原理

在 FP1-C40 型 PLC 中有 144 个定时/计数继电器(TM/CT)，利用它们可进行定时或计数控制。在使用时应注意它们是共用继电器序号的，为了避免重复使用造成混乱，一般把 TM/CT 分区使用，通常 0～99 为 TM 区，100 之后为 CT 区。TM/CT 的预置值均置于同序号的 SV 寄存器内，经过值也均置于同序号的 EV 寄存器内。

四、实验内容与操作

1. 实验程序 1(用 TM 指令编写的实验梯形图如图 5.2 所示)

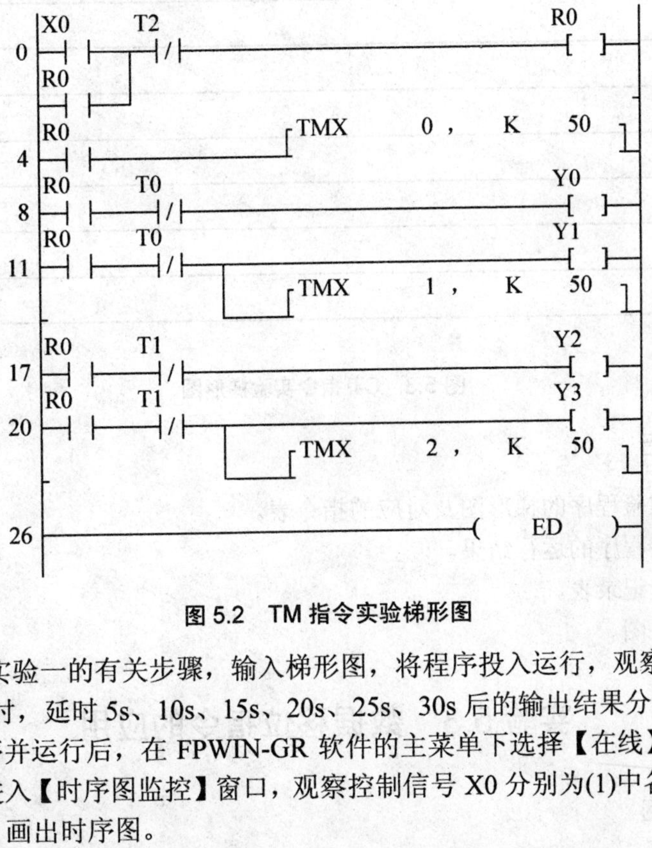

图 5.2　TM 指令实验梯形图

要求：参考实验一的有关步骤，输入梯形图，将程序投入运行，观察并记录结果：

(1) X0 接通时，延时 5s、10s、15s、20s、25s、30s 后的输出结果分别填入表 5-2。

(2) 输入程序并运行后，在 FPWIN-GR 软件的主菜单下选择【在线】菜单中的【时序图监控】命令，进入【时序图监控】窗口，观察控制信号 X0 分别为(1)中各状态时 Y0、Y1、Y2、Y3 的状态，画出时序图。

(3) X0 接通，利用 FPWIN-GR 软件监控功能监控 SV0、SV1、SV2、EV0、EV1、EV2 的内容是否发生变化。

表 5-2　实验记录表

输　入	输　出			
X0	Y0	Y1	Y2	Y3
ON				
ON 后 5s				
ON 后 10s				
ON 后 15s				
ON 后 20s				

2. 实验程序2(用CT指令编写的实验梯形图如图5.3所示)

要求：用X0控制Y0、Y1、Y2，若X0闭合3次，Y0亮；再闭合3次，Y1亮；再闭合一次，Y0～Y2全灭，如此循环进行。

图5.3 CT指令实验梯形图

五、实验报告

(1) 画出各实验程序的梯形图及对应的指令表。
(2) 分析实验程序的运行结果。
(3) 填写实验记录表。
(4) 画出时序图。

实验5.3 数据移位指令的应用

一、实验目的

(1) 熟练掌握高级指令的格式及使用方法。
(2) 掌握数据移位指令的功能及用法。
(3) 掌握调试程序的方法。

二、实验器材

松下PLC(FP1-C40机)	1台
通信电缆	1根
PLC教学实验系统	1台
计算机	1台
编程软件包(FPWIN-GR)	1套

三、实验内容与操作

(1) 程序(图 5.4 的梯形图)。
(2) 输入程序并运行，观察输出 Y0～YF 的变化。
(3) 利用 SR 指令编写一个程序，实现由 Y0 至 YF 依次亮。

四、实验报告

(1) 画出实验程序的梯形图及对应的指令表。
(2) 分析实验程序的运行结果。

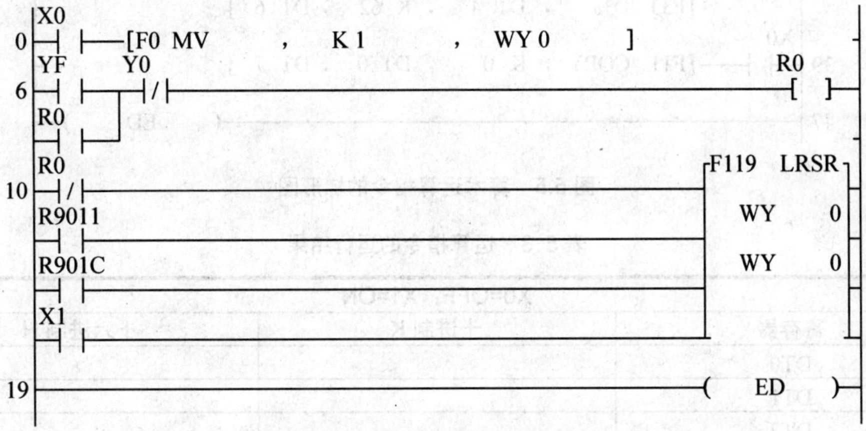

图 5.4　F119(LRSR)指令实验梯形图

实验 5.4　算术运算指令的应用

一、实验目的

(1) 进一步熟悉掌握高级指令的格式及使用方法。
(2) 掌握数据传输指令、算术运算指令的功能及用法。
(3) 掌握调试程序的方法。

二、实验器材

松下 PLC(FP1-C40 机)	1 台
通信电缆	1 根
PLC 教学实验系统	1 台
计算机	1 台
编程软件包(FPWIN-GR)	1 套

三、实验内容与操作

(1) 程序(图 5.5 的梯形图)。

(2) 写出图 5.5 梯形图程序可以实现的计算功能(用数学表达式表示)。

(3) 用 FPWIN-GR 软件监控功能监控 DT0～DT7 的结果，并将结果填入表 5-3。

(4) 记录当 X1=ON，X0=OFF 时的运算结果。

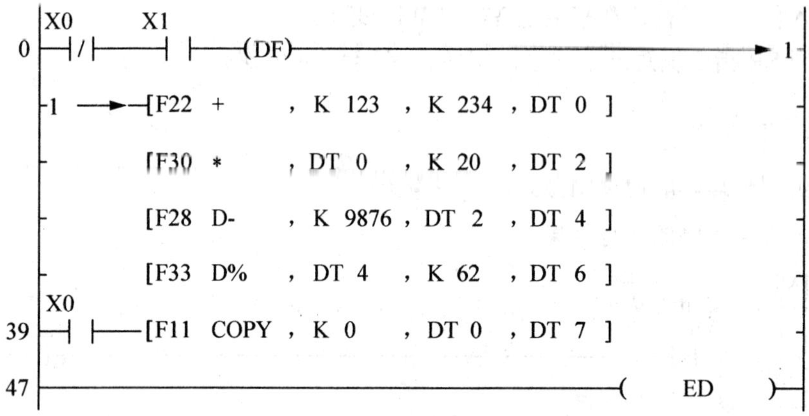

图 5.5　算术运算指令的梯形图

表 5-3　运算指令的运行结果

X0=OFF；X1=ON		
寄存器	十进制 K	十六进制 H
DT0		
DT1		
DT2		
DT3		
DT4		
DT5		
DT6		
DT7		

四、实验报告

(1) 画出实验程序的梯形图及对应的指令表。

(2) 分析实验程序的运行结果。

(3) 编程完成下面算式的程序。

$$\frac{100+25\times40-500}{200+5}$$

实验 5.5　电动机定子串电阻降压启动正反转控制

一、实验目的

用 PLC 设计一个电动机定子串电阻降压启动正反转控制系统，熟悉顺序控制与定时器指令。

二、实验设备

松下 PLC(FP1-C40)机	1 台
通信电缆	1 根
PLC 教学实验系统	1 台
内装编程软件包 FPWIN-GR 的计算机	1 台
电动机定子串电阻降压启动正反转控制模拟实验板	1 块

三、电动机定子串电阻降压启动正反转控制实验面板图

电动机定子串电阻降压启动正反转控制实验面板图如图 5.6 所示。

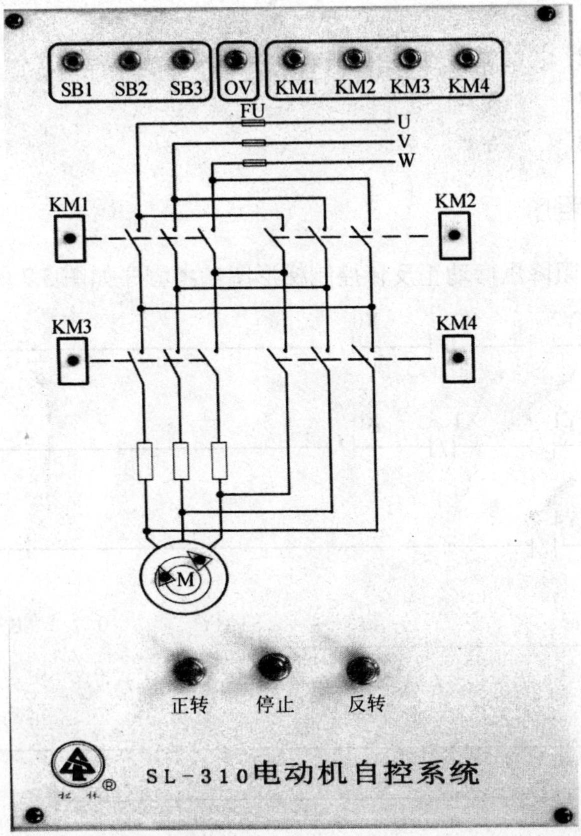

图 5.6　电动机定子串电阻降压启动正反转控制实验面板图

四、实验内容

1. 控制要求

(1) 按下正转按钮时：①若在此之前电动机没有工作，则电动机定子串电阻降压正转启动，3s 后切除电阻全压运行；②若在此之前电动机反转，则将电动机切换到定子串电阻降压正转启动，3s 后切除电阻全压运行；③若在此之前电动机已经是正转，则电动机的转动状态不变。电动机正转状态一直保持到反转按钮或停止按钮按下为止。

(2) 按下反转按钮时：①若在此之前电动机没有工作，则电动机定子串电阻降压反转启动，3s后切除电阻全压运行；②若在此之前电动机正转，则将电动机切换到定子串电阻降压反转启动，3s后切除电阻全压运行；③若在此之前电动机的已经是反转，则电动机的转动状态不变。电机反转状态一直保持到有正转按钮或停止按钮按下为止。

(3) 按下停止按钮时，停止转动。

2. I/O分配表

输入：	正转按钮	X1
	反转按钮	X2
	停止按钮	X0
输出：	KM1	Y1
	KM2	Y2
	KM3	Y3
	KM4	Y4

五、调试并运行程序

电动机定子串电阻降压启动正反转控制梯形图参考程序如图5.7所示。

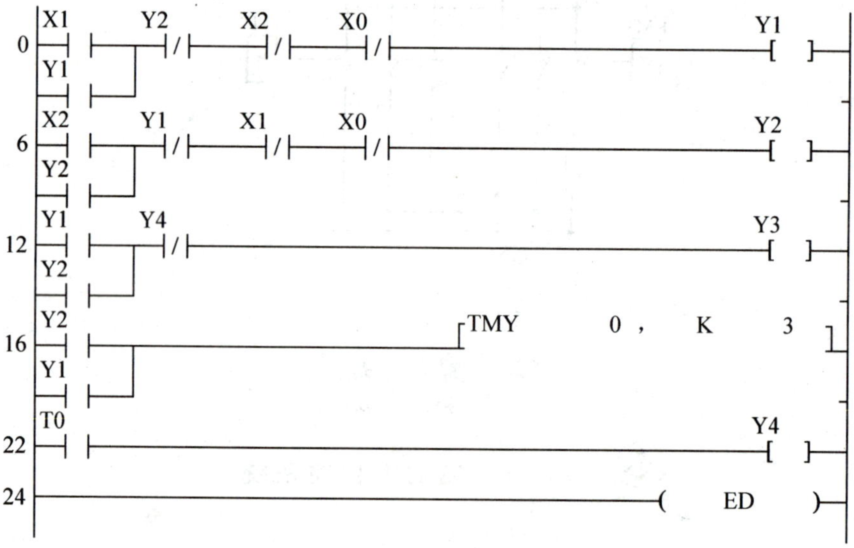

图5.7 实验5.5梯形图参考程序

运行程序时存在的问题：利用按钮由正转直接切换至反转时定时器不能复位，使得反转时成了直接启动而不是降压启动。编写改正上述问题的程序。

六、分析在编制、输入、下载、调试、运行程序时出现的现象并提出解决的方法。

实验 5.6　自动送料装车系统

一、实验目的

用 PLC 构成一个自动送料装车系统

二、实验设备

松下 PLC(FP1-C40 机)	1 台
通信电缆	1 根
PLC 教学实验系统	1 台
内装编程软件包 FPWIN-GR 的计算机	1 台
自动送料装车系统实验板	1 块

三、自动送料装车系统控制实验面板图

自动送料装车系统控制实验面板图如图 5.8 所示。

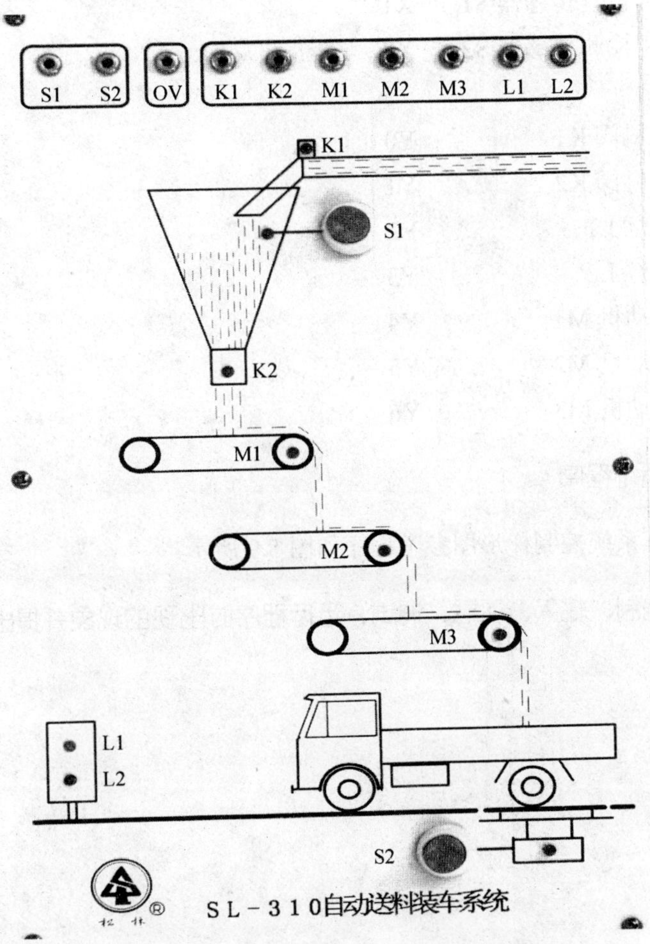

图 5.8　自动送料装车系统控制实验面板图

四、实验内容

1. 控制要求

(1) 绿灯 L1 亮，红灯 L2 灭，表示允许汽车开进装料，料斗 K2、电动机 M1、M2、M3 皆为 OFF。

(2) 当汽车到来时(用 S2 接通表示)，红灯 L2 亮，绿灯 L1 灭，电动机 M3 运行，电动机 M2 在 M3 通 5s 后运行，M1 在 M2 通 5s 后运行，出料阀 K2 在 M1 通 5s 后打开出料。

(3) 当车装满(由检测传感器 S2 断开表示)时，出料阀 K2 关闭，电机 M1 滞后 2s 关断，M2 在 M1 停 2s 后停止，M3 在 M2 停 2s 后停止，绿灯 L1 亮，红灯 L2 灭，表示汽车可以开走。

(4) 料斗中料的多少由料位传感器 S1 控制，当料斗中的料低于 S1 所限位置时，进料阀 K1 是打开的；当料斗中的料到达传感器 S1 所限位置时，S1 动作，关闭进料阀 K1。

2. I/O 分配表

输入：

料斗位置传感器 S1	X1
汽车检测传感器 S2	X2

输出：

进料阀 K1	Y0
出料阀 K2	Y1
绿灯 L1	Y2
红灯 L2	Y3
电动机 M1	Y4
电动机 M2	Y5
电动机 M3	Y6

五、调试并运行程序

自动送料装车系统控制梯形图参考程序如图 5.9 所示。

六、分析在编制、输入、下载、调试、运行程序时出现的现象并提出解决的方法

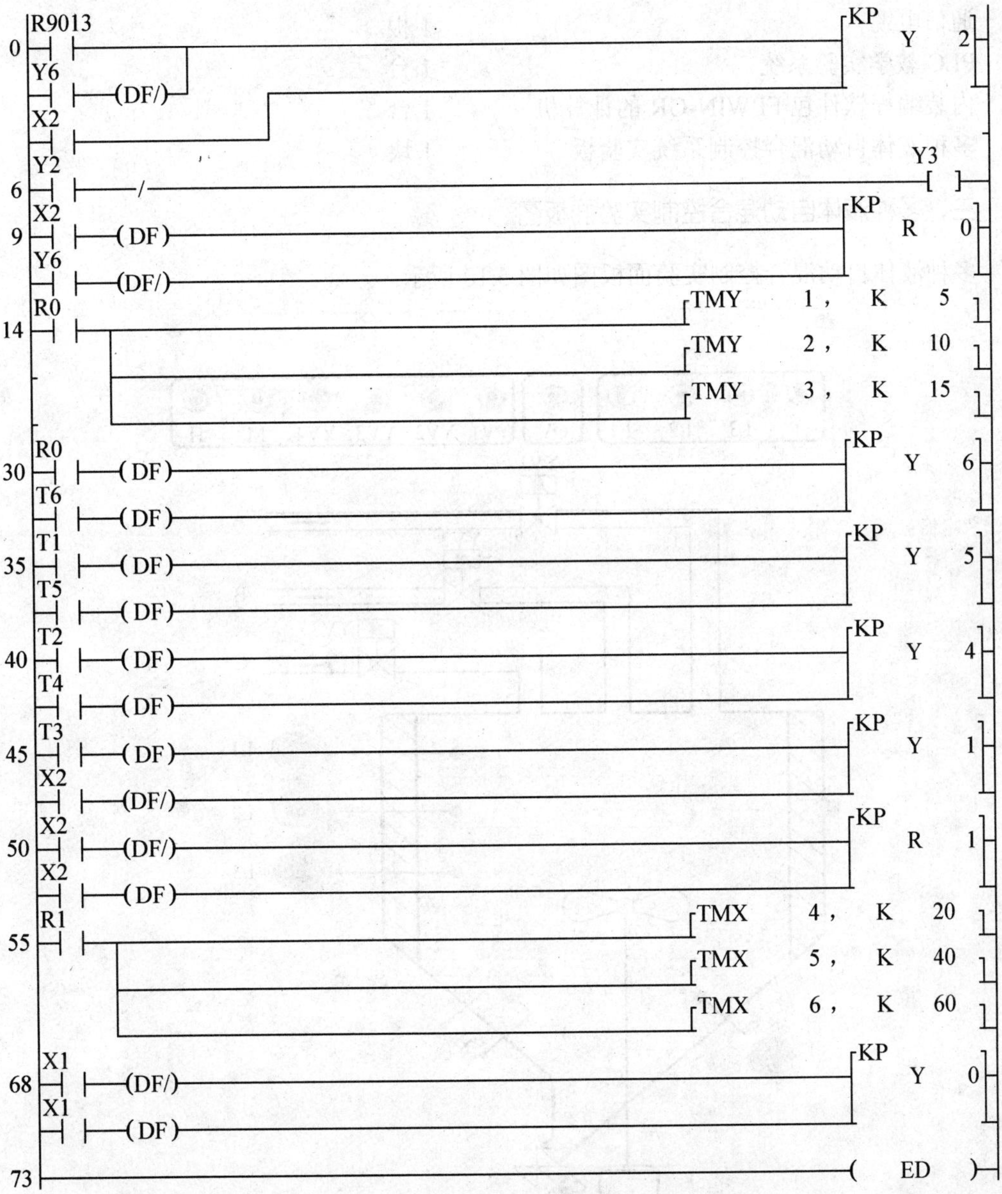

图 5.9 实验 5.6 梯形图参考程序

实验 5.7 多种液体自动混合控制

一、实验目的

用 PLC 构成一个多种液体自动混合控制系统，掌握多种方式控制的编程。

二、实验设备

松下 PLC(FP1-C40 机) 1 台

通信电缆	1 根
PLC 教学实验系统	1 台
内装编程软件包 FPWIN-GR 的计算机	1 台
多种液体自动混合控制系统实验板	1 块

三、多种液体自动混合控制实验面板图

多种液体自动混合控制实验面板图如图 5.10 所示。

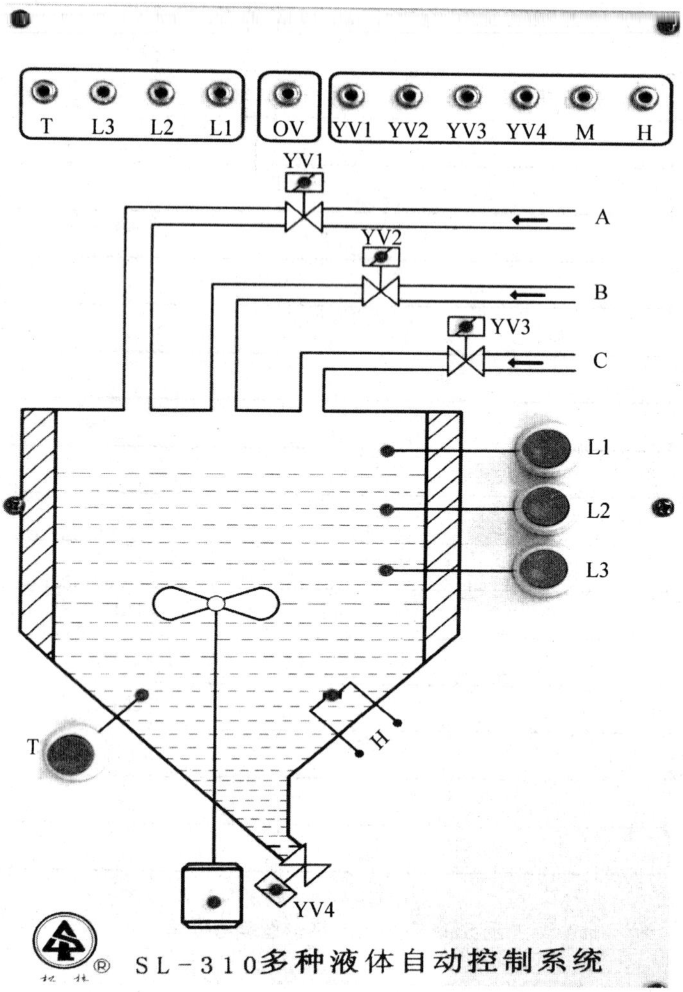

图 5.10　多种液体自动混合控制实验面板图

四、实验内容

1. 两种液体自动混合控制要求

1) 初始状态

容器是空的，电磁阀 YV1、YV2、YV3、YV4 和搅拌电动机 M、液面传感器 L1、L2、L3 及加热器 H 和温度传感器 T 均为 OFF。

2) 物料自动混合控制

按下启动按钮，开始下列操作。

(1) 电磁阀 YV1 开启，开始注入液体 A，当液面上升至高度 L2(此时 L2、L3 为 ON)时，关闭 YV1，同时开启电磁阀 YV2，注入液体 B，当液面上升至 L1 时，关闭 YV2。

(2) 停止液体 B 注入后，启动搅拌电动机 M，使 A、B 两种液体混合搅拌 10s 钟。

(3) 10s 后停止搅拌，开启电磁阀 YV4，放出混合液体，当液面高度降至 L3 后，再经 5s 关闭电磁阀 YV4。

3) 停止操作

按下停止按钮，在当前过程完成以后再停止操作，回到初始状态。

2. 3 种液体自动混合控制要求

1) 初始状态

容器是空的,电磁阀 YV1、YV2、YV3、YV4 和搅拌电动机 M、液面传感器 L1、L2、L3 及加热器 H 和温度传感器 T 均为 OFF。

2) 物料自动混合控制

按下启动按钮开始下列操作。

(1) 电磁阀 YV1 开启，开始注入液体 A，当液面上升至高度 L3(此时 L3 为 ON)时，关闭 YV1，同时开启电磁阀 YV2，注入液体 B，当液面上升至 L2 时，关闭 YV2，同时开启电磁阀 YV3，注入液体 C，当液面上升至 L1 时，关闭 YV3。

(2) 停止液体 C 注入后，启动搅拌电动机 M，使 A、B、C 3 种液体混合 10s。

(3) 10s 后停止搅拌，开启电磁阀 YV4，放出混合物料，当液面高度降至 L3 后，再经 5s 关闭电磁阀 YV4。

3) 停止操作

按下停止按钮，在当前过程完成以后再停止操作，回到初始状态。

3. 3 种物料自动混合后加热的控制要求

1) 初始状态

容器是空的,电磁阀 YV1、YV2、YV3、YV4 和搅拌电动机 M、液面传感器 L1、L2、L3 及加热器 H 和温度传感器 T 均为 OFF。

2) 物料自动混合后加热控制

按下启动按钮开始下列操作。

(1) 电磁阀 YV1 开启，开始注入液体 A，当液面上升至高度 L3(此时 L3 为 ON)时，关闭 YV1，同时开启电磁阀 YV2，注入液体 B，当液面上升至 L2 时，关闭 YV2,同时开启电磁阀 YV3，注入液体 C，当液面上升至 L1 时，关闭 YV3。

(2) 停止液体 C 注入后，启动搅拌电动机 M，使 A、B、C 3 种液体混合 10s。

(3) 10s 后停止搅拌，同时开启加热器 H 开始加热，当物料温度达到设定值 T 时，停止加热。

(4) 当 T 为 ON 时,开启电磁阀 YV4，放出混合物料，当液面高度降至 L3 后，再经 5s 关闭电磁阀 YV4。

3) 停止操作

按下停止按钮，在当前过程完成以后再停止操作，回到初始状态。

4. I/O 分配表

输入：

启动	X0
停止	X4
传感器 L1	X1
传感器 L2	X2
传感器 L3	X3
温度 T	X5

输出：

液体 A	Y1
液体 B	Y2
液体 C	Y3
电动机 M	Y4
放液体电磁阀	Y5
加热器 H	Y6

五、调试并运行程序

多种液体自动混合控制梯形图参考程序如图 5.11 所示。

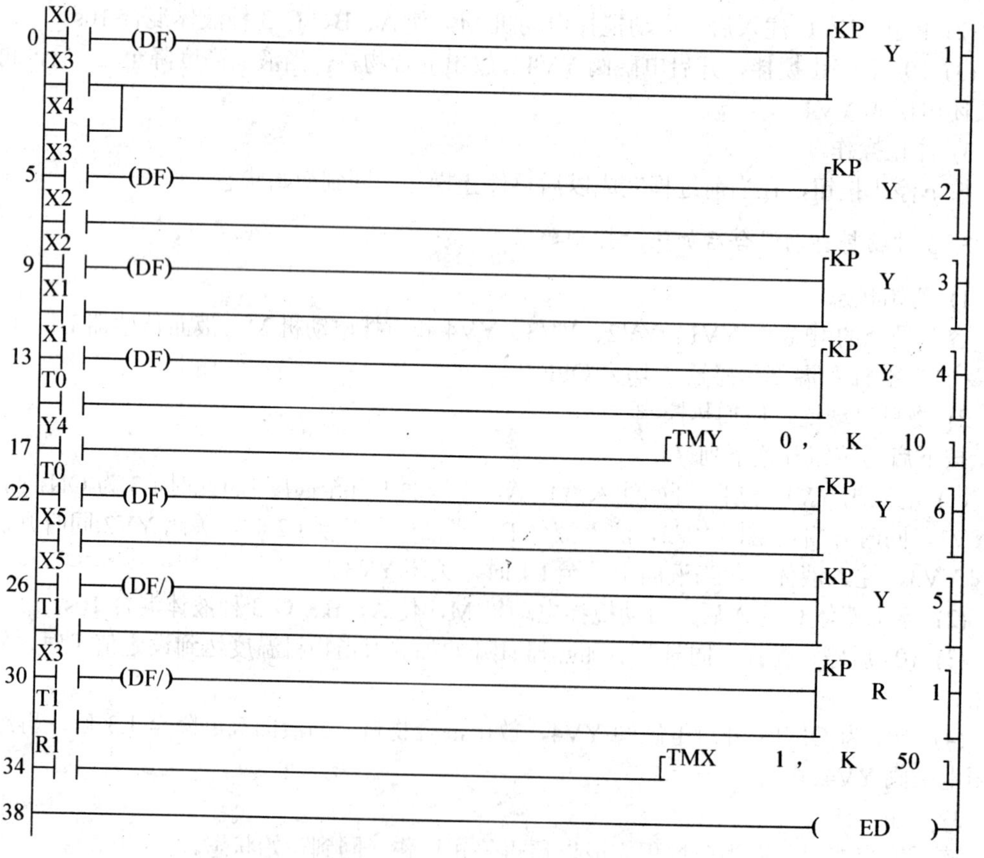

图 5.11　多种液体自动混合控制梯形图参考程序

六、分析在编制、输入、下载、调试、运行程序时出现的现象并提出解决的方法

实验 5.8　十字路口交通信号灯控制

一、实验目的

用 PLC 构成一个十字路口交通信号灯控制系统

二、实验设备

松下 PLC(FP1-C40 机)	1 台
通信电缆	1 根
PLC 教学实验系统	1 台
内装编程软件包 FPWIN-GR 的计算机	1 台
十字路口交通信号灯控制系统实验板	1 块

三、十字路口交通信号灯控制实验面板图

十字路口交通信号灯控制实验面板图如图 5.12 所示。

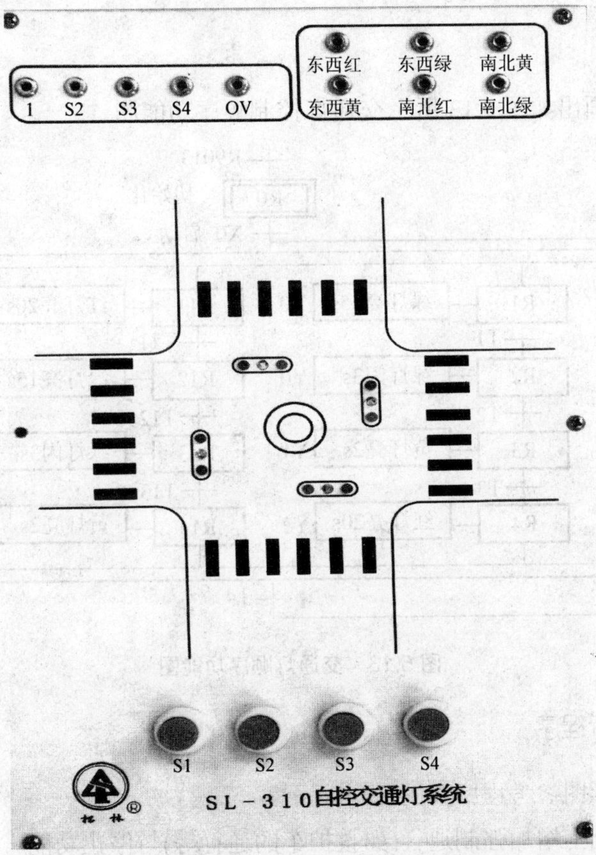

图 5.12　十字路口交通信号灯控制实验面板图

四、实验内容

1. 控制要求

南北红灯亮 20s 后，南北绿灯亮 15s，闪烁 3 s 后，南北黄灯亮 2s；在南北红灯亮 20s 的同时，东西绿灯亮 15s，闪烁 3 s 后，东西黄灯亮 2s，重复上述过程。

2. I/O 分配表

输入：

启动　X0

停止　X1

输出：

东西绿灯　Y0

东西黄灯　Y1

东西红灯　Y2

南北绿灯　Y3

南北黄灯　Y4

南北红灯　Y5

3. 顺序功能图

根据控制要求画出如图 5.13 所示交通灯控制顺序功能图。

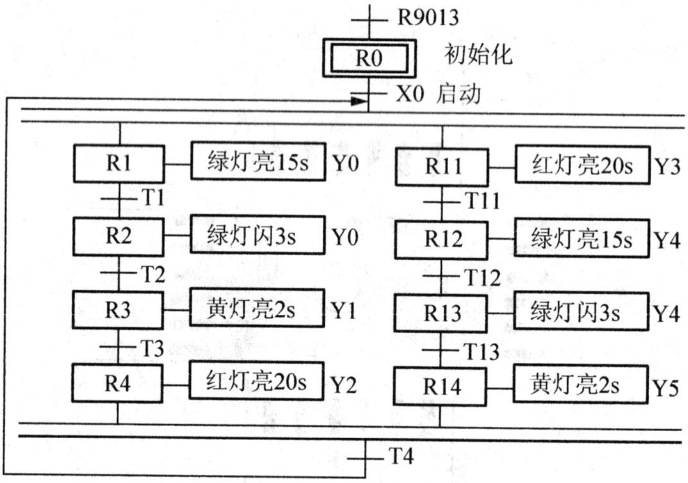

图 5.13　交通灯顺序功能图

五、调试并运行程序

交通灯控制梯形图参考程序如图 5.14 所示。

在上述程序基础上增加强制通行(如救护车的通行等)与停止功能。

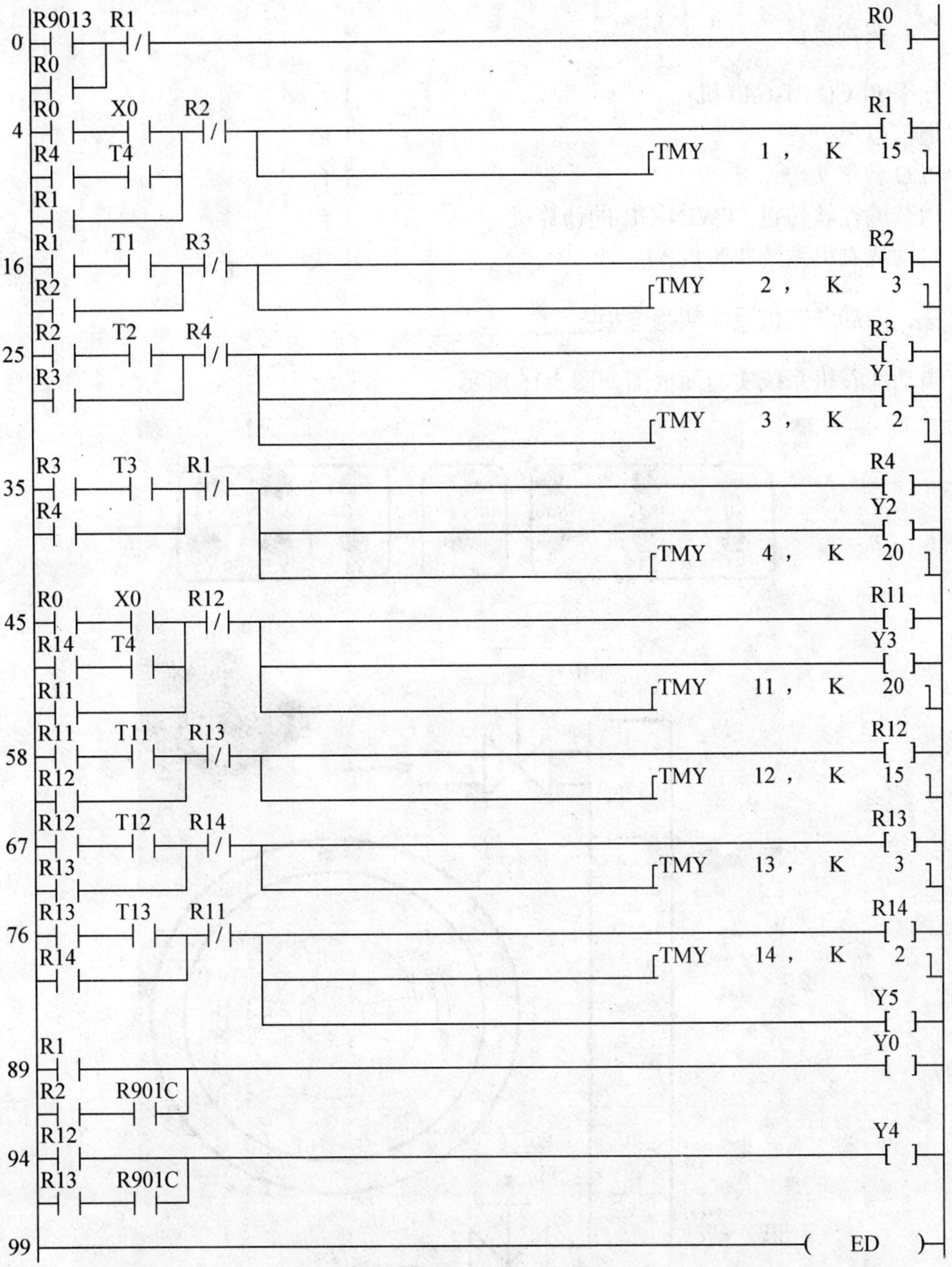

图 5.14 交通灯控制梯形图参考程序

六、分析在编制、输入、下载、调试、运行程序时出现的现象并提出解决的方法

实验 5.9 自动洗衣机系统

一、实验目的

用 PLC 构成一个自动洗衣机系统。

二、实验设备

松下 PLC(FP1-C40 机)	1 台
通信电缆	1 根
PLC 教学实验系统	1 台
内装编程软件包 FPWIN-GR 的计算机	1 台
自动洗衣机系统实验板	1 块

三、自动洗衣机系统实验面板图

自动洗衣机系统实验面板图如图 5.15 所示。

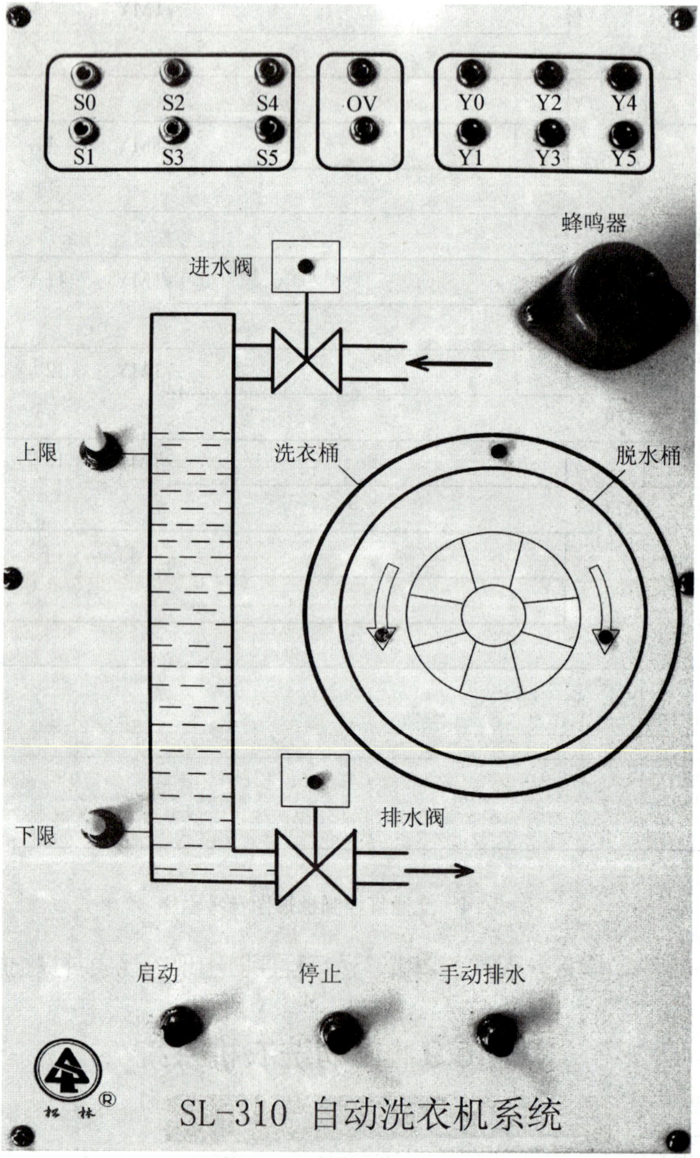

图 5.15 自动洗衣机系统实验面板图

四、实验内容

1. 控制要求

(1) 按下启动键，则进水阀灯亮，洗衣桶开始注水。
(2) 水位到达上限，上限开关按下，则进水阀灯灭，表示水已注满。
(3) 接着波轮开始左右转动，左转 2s，停 0.5s，接着右转 2s，停 0.25。
(4) 洗涤次数达到 10 次后，波轮停止转动，排水阀灯亮，开始排水。
(5) 水位到达下限，下限开关按下，则排水阀门关闭，灯灭。
(6) 甩干桶指示灯亮，甩干桶开始工作 1min。
(7) 1min 后，蜂鸣器响，表示整个洗衣过程完成。
(8) 按下停止键，则洗衣机停止工作。

2. I/O 分配表

输入：

上限 S0	X0
下限 S1	X1
启动 S2	X2
停止 S3	X3
手动排水 S4	X4

输出：

左转	Y0
右转	Y1
脱水	Y2
蜂鸣器	Y3
进水阀	Y4
排水阀	Y5

3. 顺序功能图

根据控制要求画出如图 5.16 所示的自动洗衣机控制顺序功能图。

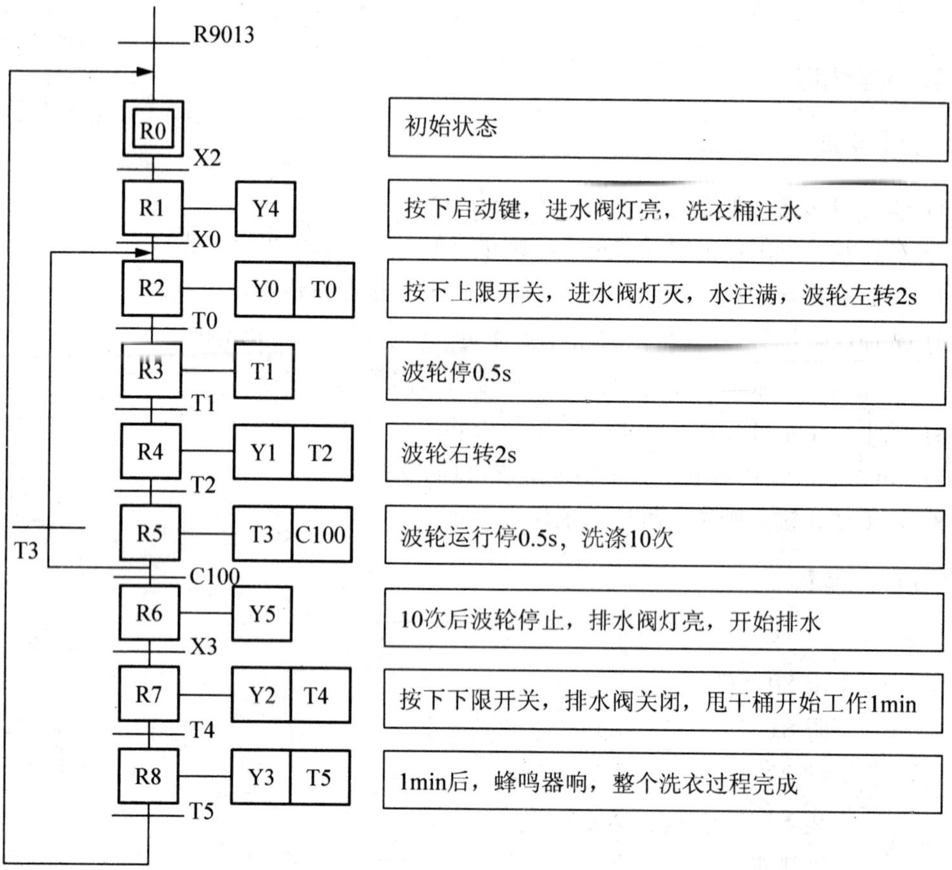

图 5.16　自动洗衣机控制顺序功能图

五、调试并运行程序

自动洗衣机控制梯形图参考程序如图 5.17 所示。

六、分析在编制、输入、下载、调试、运行程序时出现的现象并提出解决的方法

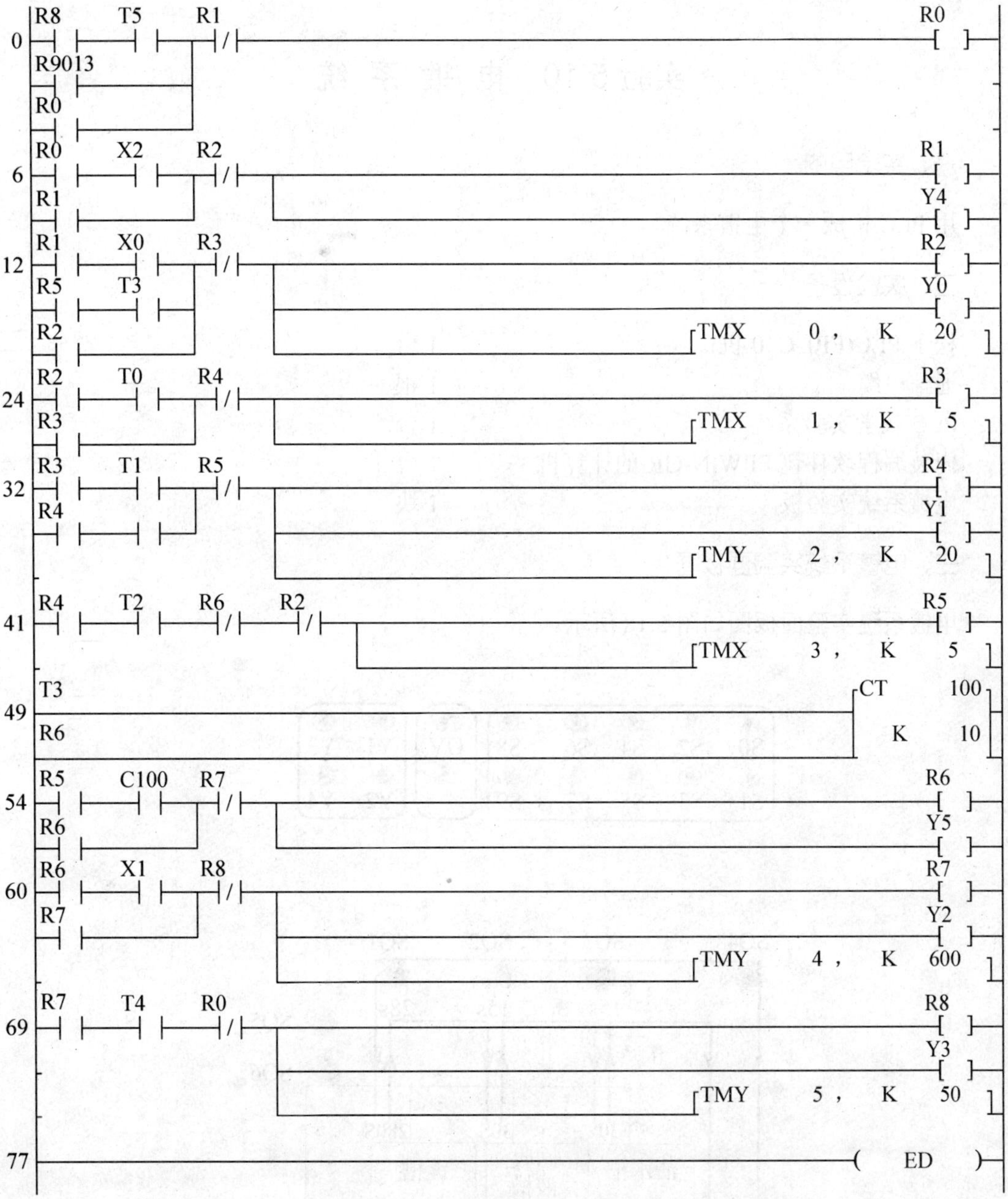

图 5.17　自动洗衣机控制梯形图参考程序

实验5.10　电镀系统

一、实验目的

用PLC构成一个电镀系统。

二、实验设备

松下PLC(FP1-C40机)	1台
通信电缆	1根
PLC教学实验系统	1台
内装编程软件包FPWIN-GR的计算机	1台
电镀系统实验板	1块

三、电镀系统实验面板图

电镀系统实验面板图如图5.18所示。

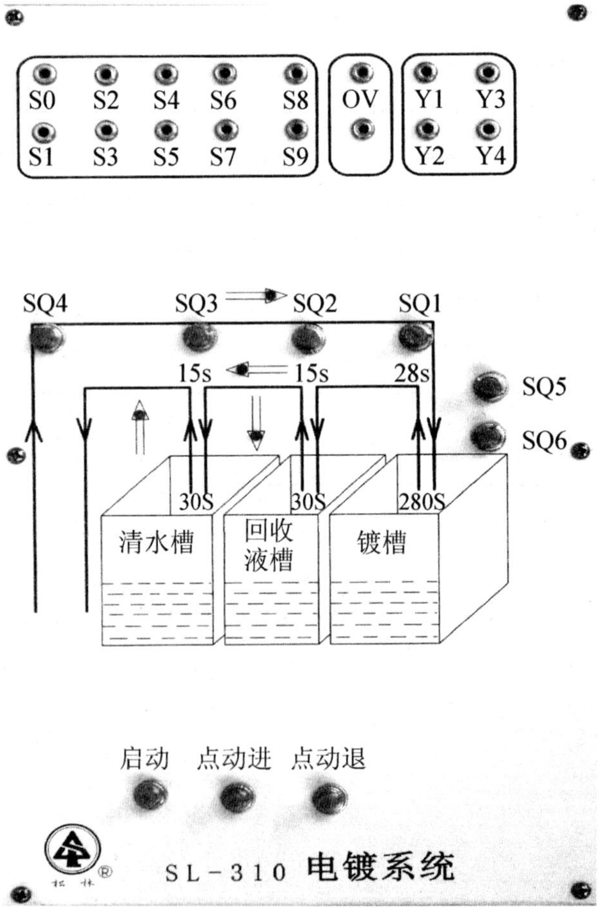

图5.18　电镀系统实验面板图

四、实验内容

1. 控制要求

电镀生产线采用专用行车，行车架上装有可升降的吊钩。行车和吊钩各有一台电动机拖动。行车的进退和吊钩的升降均由相应的限位开关 SQ 定位，流程如下。

(1) 吊钩上升，提起工件，碰到上限开关 SQ4 时停止，转到下一步工序。

(2) 行车前进，至压下 SQ1 时才停止，刚好在镀槽的上方。

(3) 吊钩下降，到压下 SQ6 时才停止，工件浸入镀液中，定时 280s。

(4) 电镀结束，吊钩提起工件上升，至压下 SQ5 时才停止，并在镀槽上方停 15s，让镀液滴回槽中。

(5) 行车后退，到压下 SQ2 时停止，刚好停在回收液槽上方。

(6) 吊钩下降，撞到 SQ6 后，工件放回回收液槽中，定时 30s。

(7) 吊钩上升，至 SQ5 处停 15s。

(8) 行车后退，到 SQ3 处停于清水槽上方 15s。

(9) 吊钩下降，撞到 SQ6 后，工件置于清水池中，清洗 30s。

(10) 吊钩上升至 SQ5 处停 15s。

(11) 行车后退，到 SQ4 处停在原位上方。

(12) 吊钩下降，到 SQ6 处回到原位，被镀好的工件被取下来。

至此，整个电镀生产完成一个工作循环。再按启动按钮，则开始第二个工作循环。

2. I/O 分配表

输入：

启动 S1	X1
原位限位开关 SQ4(S2)	X2
清水槽限位开关 SQ3(S3)	X3
回收液槽限位开关 SQ2(S4)	X4
镀槽限位开关 SQ1(S5)	X5
下限位开关 SQ6(S6)	X6
上限位开关 SQ5(S7)	X7
点动进 S8	X8
点动退 S9	X9

输出：

行车前进	Y0
行车后退	Y1
吊钩上升	Y2
吊钩下降	Y3

3. 顺序功能图

根据控制要求画出如图 5.19 所示电镀系统顺序功能图。

图 5.19　电镀系统顺序功能图

五、调试并运行程序

电镀系统梯形图参考程序如图 5.20 所示。

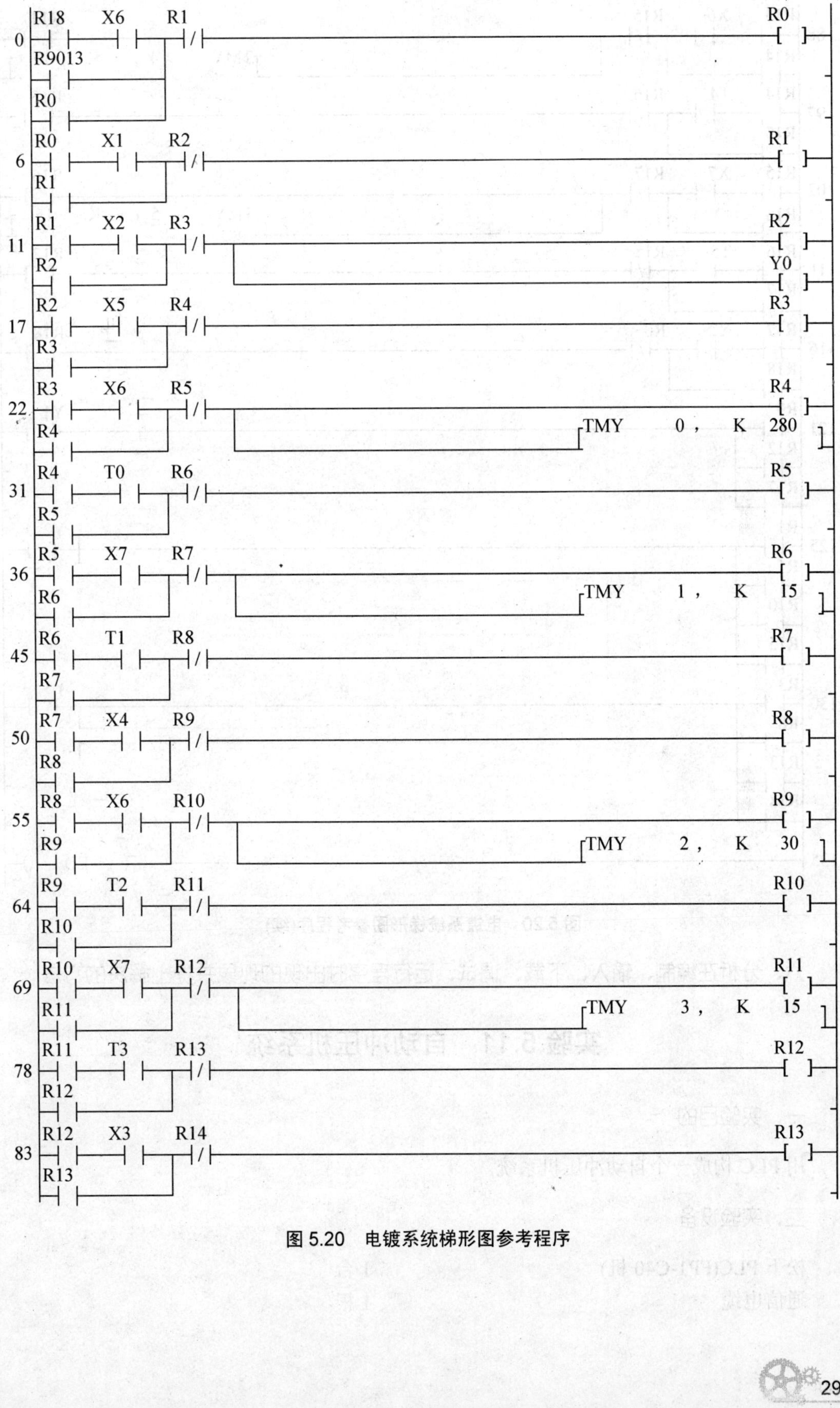

图 5.20 电镀系统梯形图参考程序

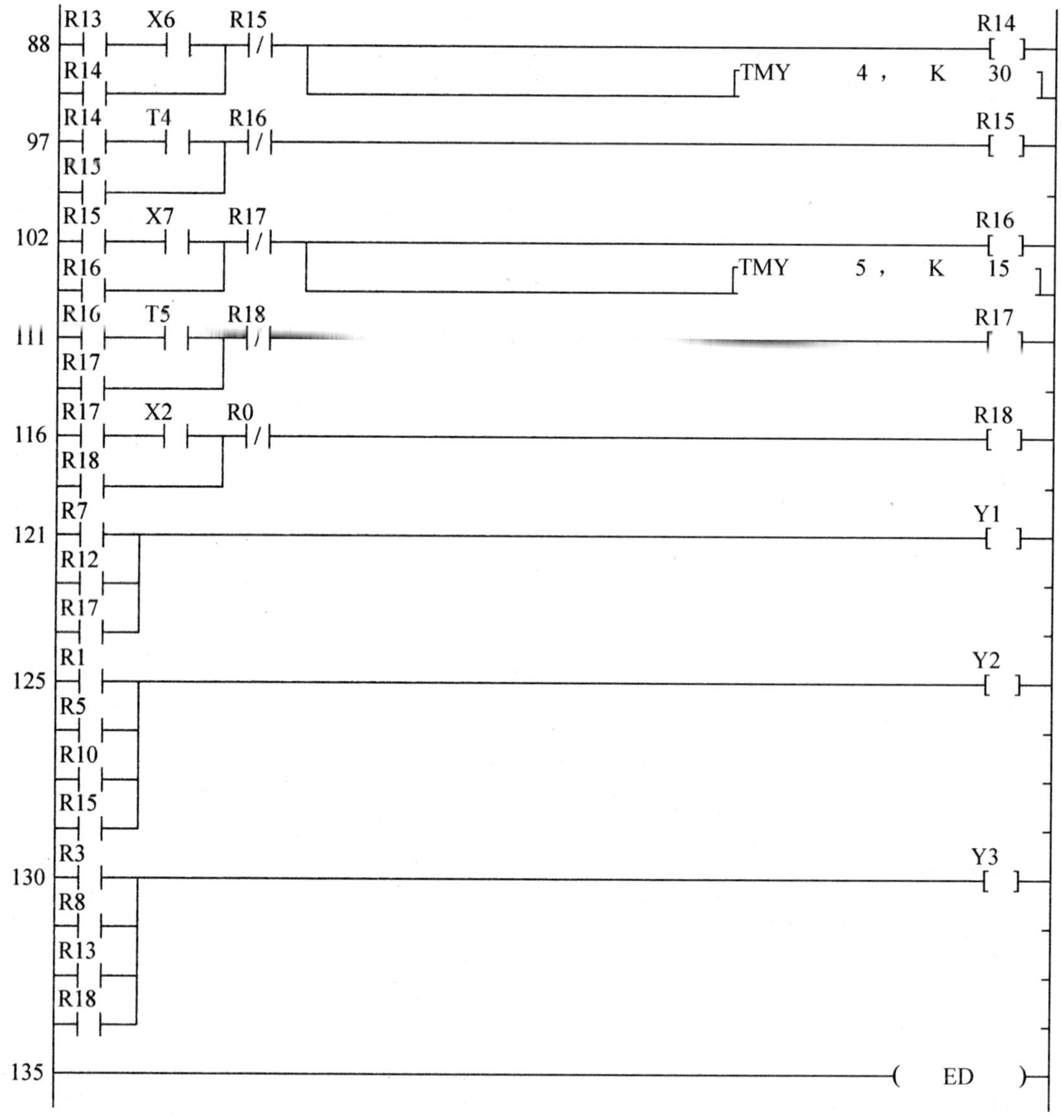

图 5.20　电镀系统梯形图参考程序(续)

六、分析在编制、输入、下载、调试、运行程序时出现的现象并提出解决的方法

实验 5.11　自动冲压机系统

一、实验目的

用 PLC 构成一个自动冲压机系统。

二、实验设备

松下 PLC(FP1-C40 机)	1 台
通信电缆	1 根

PLC 教学实验系统　1 台
内装编程软件包 FPWIN-GR 的计算机　1 台
自动冲压机系统实验板　1 块

三、自动冲压机系统实验面板图

自动冲压机系统实验面板图如图 5.21 所示。

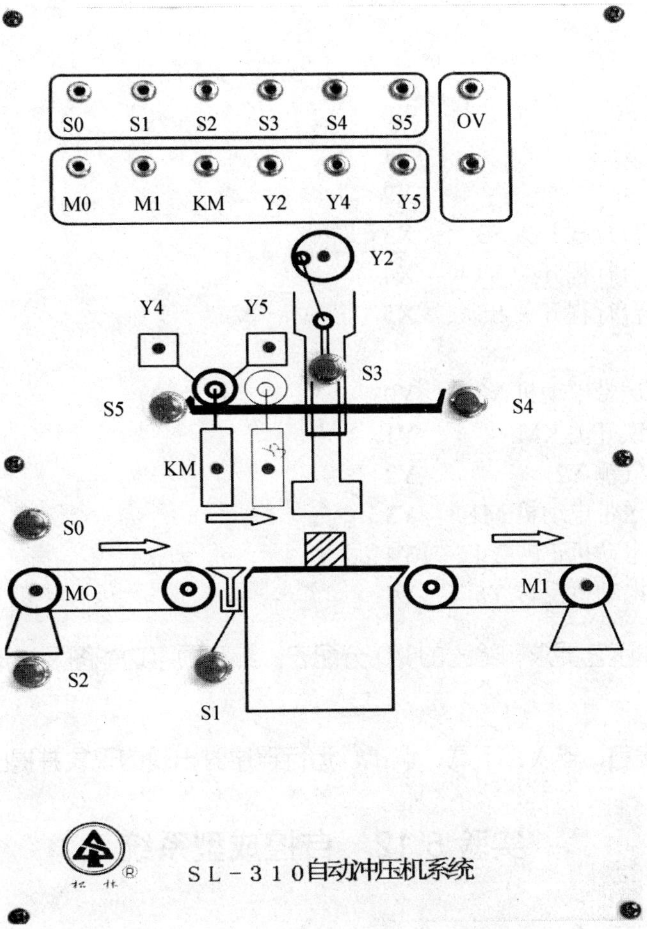

图 5.21　自动冲压机系统实验面板图

四、实验内容

1. 控制要求

(1) 按下启动按钮 S0，前输送带电动机 M0 运行，指示灯为 ON。

(2) 当 S1 检测到有物体到来时，电磁铁断电器 KM 吸合，物体被吸上，同时 M0 停止。

(3) 当磁铁吸上物体 1s 后，电磁铁上电动机正转(Y4 指示灯为 ON)，将物体送上工作台。

(4) 当电磁铁上电动机到达工作台后，则工作台行程开关被压下(S3 为 ON)，电磁铁失电，物体放到工作台上，同时电动机反转(Y5 指示灯为 ON，Y4 指示灯为 OFF)，回到初始点。

(5) 2s 后，冲压气锤开关闭合(Y3 指示灯为 ON)，开始冲压工作，20s 后停止工作(Y3 指示灯为 OFF)。

(6) 电动机正转(Y4 指示灯为 ON)回到工作台吸合物体，同时电磁铁电动机向前运动，将加工好的工件送到输送带 M1 上。

(7) 到达尾行程开关并将其压下后，电磁铁失电放下工件，同时电动机反转(Y5 指示灯为 ON)，电磁铁回到初始位置，压下行程开关(S5)，传送带电动机又运行，重复上述过程。

2. I/O 分配表

输入：

启动 S0	X0
检测 S1	X1
停机 S2	X2
工作台行程开关 S3	X3
工作台行程开关 S4	X4
工作台行程开关 S5	X5

输出：

前传送带电动机 M0	Y0
电磁铁开关 KM	Y1
冲压气锤 Y2	Y2
后传送带电动机 M1	Y3
运行电动机正转 Y4	Y4
运行电动机反转 Y5	Y5

五、根据上述工艺要求和给出的 I/O 分配表，编写顺序功能图及梯形图程序并下载调试和运行

六、分析在编制、输入、下载、调试、运行程序时出现的现象并提出解决的方法

实验 5.12　自控成型系统

一、实验目的

用 PLC 构成一个自控成型系统。

二、实验设备

松下 PLC(FP1-C40 机)	1 台
通讯电缆	1 根
PLC 教学实验系统	1 台
内装编程软件包　FPWIN-GR 的计算机	1 台
自控成型系统实验板	1 块

三、自控成型系统实验面板图

自控成型系统实验面板图如图 5.22 所示。

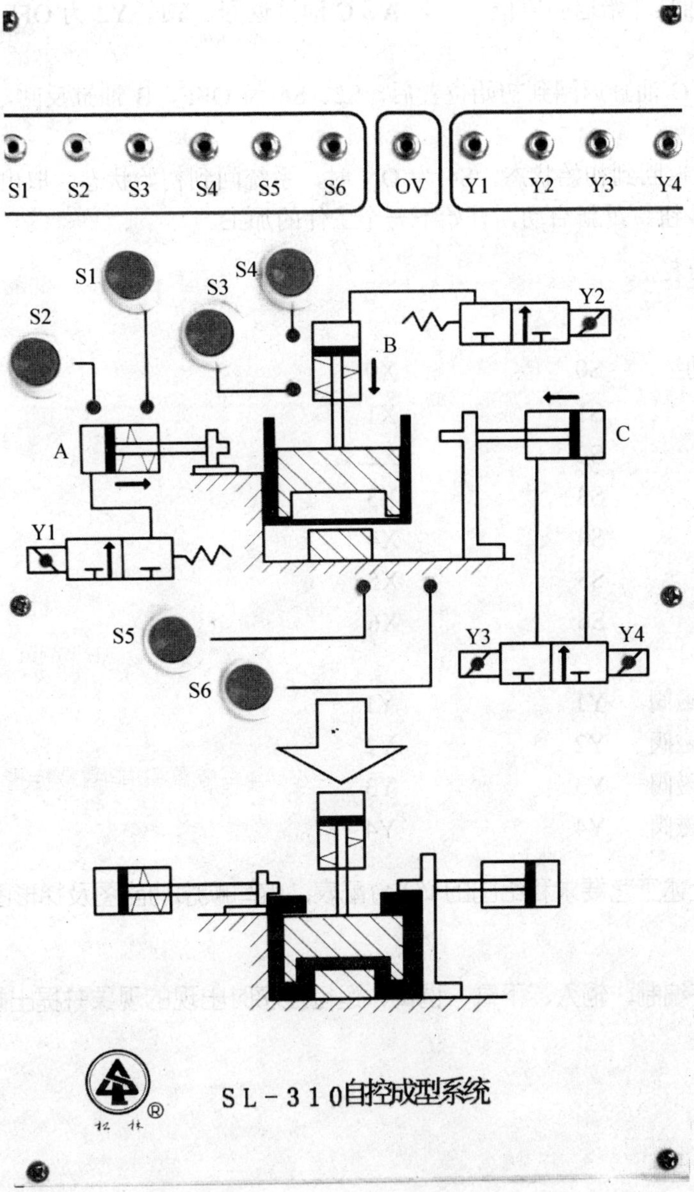

图 5.22　自控成型系统实验面板图

四、实验内容

1. 控制要求

(1) 初始状态。当原料放入成型机时，各油缸为初始状态：Y1、Y2、Y4 为 OFF，Y3 为 ON，S1、S3、S5 为 OFF，S2、S4、S6 为 ON。

(2) 按下启动按钮 S0，则 Y2 为 ON，上面油缸 B 的活塞向下运动，使 S4 为 OFF。

(3) 当该油缸活塞下降到终点时，S3 为 ON，此时启动左油缸 A 的活塞向右运动，右油缸 C 的活塞向左运动。Y1、Y4 为 ON 时，Y3 为 OFF，使 S2、S6 为 OFF。

(4) 当 A 缸活塞运动到终点时，S1 为 ON，并且 C 缸活塞也到终点，S5 为 ON 时，原料已成型，各油缸开始退回原位。首先 A、C 油缸返回，Y1、Y2 为 OFF，Y3 为 ON，使 S1、S5 为 OFF。

(5) 当 A、C 油缸返回到初始位置后，S2、S6 为 OFF，B 油缸反回，Y2 为 OFF，使 S3 为 OFF。

(6) 当油缸返回到初始状态，S4 为 ON 时，系统回到初始状态。取出成品，投入原料后，按下启动按钮，重新启动，开始下一个工件的加工。

2. I/O 分配表

输入：

启动	S0	X0
	S1	X1
	S2	X2
	S3	X3
	S4	X4
	S5	X5
	S6	X6

输出：

电磁阀	Y1	Y1
电磁阀	Y2	Y2
电磁阀	Y3	Y3
电磁阀	Y4	Y4

五、根据上述工艺要求和给出的 I/O 分配表，编写顺序功能图及梯形图程序并下载调试和运行

六、分析在编制、输入、下载、调试、运行程序时出现的现象并提出解决的方法

参 考 文 献

[1] 管旭．可编程控制器原理及应用[M]．大连：大连理工大学出版社，2008.

[2] 刘永华．电气控制与 PLC[M]．北京：北京航空航天大学出版社，2007.

[3] 刘沂．电气控制技术[M]．大连：大连理工大学出版社，2008.

[4] 郭纯生．可编程控制器编程实践与提高[M]．北京：电子工业出版社，2006.

[5] 李俊秀，赵黎明．可编程控制器应用技术实训指导[M]．北京：化学工业出版社，2002.

[6] 夏辛明，黄鸿，高岩．可编程序控制器技术及应用[M]．北京：北京理工大学出版社，2005.

[7] 周美兰，周封，王岳宇．PLC 电气控制与组态设计[M]．北京：科学出版社，2003.

[8] 章文浩．可编程控制器原理及实验[M]．北京：国防工业出版社，2003.

[9] 廖常初．PLC 编程及应用[M]．北京：机械工业出版社，2005.

[10] 田涉珍．工厂电气控制设备及技能训练[M]．北京：机械工业出版社，2007.

[11] 李成良．机电控制技术[M]．北京：中国电力出版社，2007.

[12] 苏家键，许晋仙．电气控制与 PLC 实训[M]．西安：西安电子科技大学出版社，2009.

[13] 李益民，刘晓春．电机与电气控制技术[M]．北京：高等教育出版社，2006．4.

[14] 向晓汉，陆彬．电气控制与 PLC 技术[M]．北京：人民邮电出版社，2009.

[15] 赵承荻，黄旭．电机与电气控制技术[M]．北京：高等教育出版社，2003.

[16] 赵承荻，杨利军．电机与电气控制技术[M]．2 版．北京：高等教育出版社，2007.

北京大学出版社高职高专机电系列规划教材

序号	书号	书名	编著者	定价	出版日期
1	978-7-301-10371-9	液压传动与气动技术	曹建东	28.00	2006.1
2	978-7-5038-4868-1	AutoCAD 机械绘图基础教程与实训	欧阳全会	28.00	2007.8
3	978-7-5038-4866-7	数控技术应用基础	宋建武	22.00	2007.8
4	978-7-5038-4937-4	数控机床	黄应勇	26.00	2007.8
5	978-7-301-13258-6	塑模设计与制造	晏志华	38.00	2007.8
6	978-7-301-12181-8	自动控制原理与应用	梁南丁	23.00	2007.8
7	978-7-5038-4861-2	公差配合与测量技术	南秀蓉	23.00	2007.9
8	978-7-5038-4865-0	CAD/CAM 数控编程与实训(CAXA 版)	刘玉春	27.00	2007.9
9	978-7-5038-4869-8	设备状态监测与故障诊断技术	林英志	22.00	2007.9
10	978-7-301-13260-9	机械制图	徐　萍	32.00	2008.1
11	978-7-301-13263-0	机械制图习题集	吴景淑	40.00	2008.1
12	978-7-301-13264-7	工程材料与成型工艺	杨红玉	35.00	2008.1
13	978-7-301-13262-3	实用数控编程与操作	钱东东	32.00	2008.1
14	978-7-301-13261-6	微机原理及接口技术(数控专业)	程　艳	32.00	2008.1
15	978-7-301-13383-5	机械专业英语图解教程	朱派龙	22.00	2008.3
16	978-7-301-13574-7	机械制造基础	徐从清	32.00	2008.7
17	978-7-301-13573-0	机械设计基础	朱凤芹	32.00	2008.8
18	978-7-301-13582-2	液压与气压传动技术	袁　广	24.00	2008.8
19	978-7-301-13662-1	机械制造技术	宁广庆	42.00	2008.8
20	978-7-301-13653-9	工程力学	武昭晖	25.00	2008.8
21	978-7-301-13652-2	金工实训	柴增田	22.00	2009.1
22	978-7-301-14470-1	数控编程与操作	刘瑞已	29.00	2009.3
23	978-7-301-13651-5	金属工艺学	柴增田	27.00	2009.6
24	978-7-301-12389-8	电机与拖动	梁南丁	32.00	2009.7
25	978-7-301-13659-1	CAD/CAM 实体造型教程与实训(Pro/ENGINEER 版)	诸小丽	38.00	2009.7
26	978-7-301-13656-0	机械设计基础	时忠明	25.00	2009.8
27	978-7-301-15692-6	机械制图	吴百中	26.00	2009.9
28	978-7-301-15676-6	机械制图习题集	吴百中	26.00	2009.9
29	978-7-301-17122-6	AutoCAD 机械绘图项目教程	张海鹏	36.00	2010.5
30	978-7-301-17148-6	普通机床零件加工	杨雪青	26.00	2010.6
31	978-7-301-17398-5	数控加工技术项目教程	李东君	48.00	2010.8
32	978-7-301-17573-6	AutoCAD 机械绘图基础教程	王长忠	32.00	2010.8
33	978-7-301-17557-6	CAD/CAM 数控编程项目教程(UG 版)	慕　灿	45.00	2010.8
34	978-7-301-17609-2	液压传动	龚肖新	22.00	2010.8
35	978-7-301-17679-5	机械零件数控加工	李　文	38.00	2010.8
36	978-7-301-17608-5	机械加工工艺编制	于爱武	45.00	2010.8
37	978-7-301-17707-5	零件加工信息分析	谢　蕾	46.00	2010.8
38	978-7-301-18357-1	机械制图	徐连孝	27.00	2011.1
39	978-7-301-18143-0	机械制图习题集	徐连孝	20.00	2011.1
40	978-7-301-18470-7	传感器检测技术及应用	王晓敏	35.00	2011.1
41	978-7-301-18471-4	冲压工艺与模具设计	张　芳	39.00	2011.3
42	978-7-301-18630-5	电机与电力拖动	孙英伟	33.00	2011.3
43	978-7-301-18852-1	机电专业英语	戴正阳	28.00	2011.5
44	978-7-301-19272-6	电气控制与 PLC 程序设计（松下系列）	姜秀玲	36.00	2011.8

北京大学出版社高职高专电子信息系列规划教材

序号	书号	书名	编著者	定价	出版日期
1	978-7-301-11566-4	电路分析与仿真教程与实训	刘辉珞	20.00	2007.2
2	978-7-301-12182-5	电工电子技术	李艳新	29.00	2007.8
3	978-7-301-12181-8	自动控制原理与应用	梁南丁	23.00	2007.8
4	978-7-301-12180-1	单片机开发应用技术	李国兴	21.00	2007.8
5	978-7-301-09529-5	电路电工基础与实训	李春彪	31.00	2007.8
6	978-7-301-12392-8	电工与电子技术基础	卢菊洪	28.00	2007.9
7	978-7-301-12386-7	高频电子线路	李福勤	20.00	2008.1
8	978-7-301-12384-3	电路分析基础	徐　锋	22.00	2008.5
9	978-7-301-13572-3	模拟电子技术及应用	刁修睦	28.00	2008.6
10	978-7-301-13575-4	数字电子技术及应用	何首贤	28.00	2008.6
11	978-7-301-14453-4	EDA 技术与 VHDL	宋振辉	28.00	2009.2
12	978-7-301-14469-5	可编程控制器原理及应用(三菱机型)	张玉华	24.00	2009.3
13	978-7-301-12385-0	微机原理及接口技术	王用伦	29.00	2009.4
14	978-7-301-12390-4	电力电子技术	梁南丁	29.00	2009.4
15	978-7-301-12383-6	电气控制与 PLC(西门子系列)	李　伟	26.00	2009.6
16	978-7-301-12391-1	数字电子技术	房永刚	24.00	2009.7
17	978-7-301-12387-4	电子线路 CAD	殷庆纵	28.00	2009.8
18	978-7-301-12382-9	电气控制及 PLC 应用(三菱系列)	华满香	24.00	2009.9
19	978-7-301-16898-1	单片机设计应用与仿真	陆旭明	26.00	2010.2
20	978-7-301-16830-1	维修电工技能与实训	陈学平	37.00	2010.7
21	978-7-301-17324-4	电机控制与应用	魏润仙	34.00	2010.8
22	978-7-301-17569-9	电工电子技术项目教程	杨德明	32.00	2010.8
23	978-7-301-17696-2	模拟电子技术	蒋　然	35.00	2010.8
24	978-7-301-17712-9	电子技术应用项目式教程	王志伟	32.00	2010.8
25	978-7-301-17730-3	电力电子技术	崔　红	23.00	2010.9
26	978-7-301-17877-5	电子信息专业英语	高金玉	26.00	2010.10
27	978-7-301-17958-1	单片机开发入门及应用实例	熊华波	30.00	2011.1
28	978-7-301-18188-1	可编程控制器应用技术项目教程(西门子)	崔维群	38.00	2011.1
29	978-7-301-18322-9	电子 EDA 技术(Multisim)	刘训非	30.00	2011.1
30	978-7-301-18144-7	数字电子技术项目教程	冯泽虎	28.00	2011.1
31	978-7-301-18470-7	传感器检测技术及应用	王晓敏	35.00	2011.1
32	978-7-301-18630-5	电机与电力拖动	孙英伟	33.00	2011.3
33	978-7-301-18519-3	电工技术应用	孙建领	26.00	2011.3
34	978-7-301-18770-8	电机应用技术	郭宝宁	33.00	2011.5
35	978-7-301-18520-9	电子线路分析与应用	梁玉国	34.00	2011.7
36	978-7-301-18622-0	PLC 与变频器控制系统设计与调试	姜永华	34.00	2011.6